人力资源和社会保障部职业能力建设司推荐
有色金属行业职业教育培训规划教材

有色金属分析化学

梅恒星 编著

北 京
冶 金 工 业 出 版 社
2011

内 容 简 介

本书是有色金属行业职业教育培训规划教材之一，是根据有色金属企业生产实际、岗位技能要求以及职业学校教学需要编写的，并经人力资源和社会保障部职业培训教材工作委员会办公室组织专家评审通过。

本书共分13章，详细介绍了分析化学的基础知识、基本操作；论述了各种分析方法的原理、使用的仪器和分析方法；具体讲述了各种分析方法在有色金属分析中的实际应用；重点介绍了铜及铜合金、铝及铝合金标准分析方法；简要叙述了测量的误差理论；介绍了分析实验室建设和实验室认可的要求等。在内容组织和结构安排上，力求理论与实际结合，列举了较多的标准分析方法和操作注意事项，目的是让读者既懂得化学分析的基本知识，又了解实际操作要求；既知道各种分析方法的相关理论知识，又懂得实验室管理的基本要求。

有些篇章附有习题和实验，供复习、巩固所学内容之用。

本书可作为有色金属企业岗位操作人员的培训教材，也可作为职业学校（院）相关专业的教材，同时也可供相关专业工程技术人员参考。

图书在版编目(CIP)数据

有色金属分析化学/梅恒星编著. —北京：冶金工业出版社，2011.1

有色金属行业职业教育培训规划教材

ISBN 978-7-5024-5372-5

Ⅰ.①有… Ⅱ.①梅… Ⅲ.①分析化学—技术培训—教材 Ⅳ.①065

中国版本图书馆CIP数据核字(2010)第192383号

出 版 人 曹胜利
地　　址 北京北河沿大街嵩祝院北巷39号，邮编100009
电　　话 (010)64027926 电子信箱 yjcbs@cnmip.com.cn
责任编辑 张登科 美术编辑 张媛媛 版式设计 葛新霞
责任校对 刘 倩 责任印制 张祺鑫
ISBN 978-7-5024-5372-5
北京百善印刷厂印刷；冶金工业出版社发行；各地新华书店经销
2011年1月第1版，2011年1月第1次印刷
787mm×1092mm 1/16；18印张；476千字；270页
46.00元

冶金工业出版社发行部 电话：(010)64044283 传真：(010)64027893
冶金书店 地址：北京东四西大街46号(100010) 电话：(010)65289081(兼传真)
(本书如有印装质量问题，本社发行部负责退换)

有色金属行业职业教育培训规划教材
编辑委员会

序

有色金属是重要的基础原材料,产品种类多,关联度广,是现代高新技术产业发展的关键支撑材料,广泛应用于电力、交通、建筑、机械、电子信息、航空航天和国防军工等领域,在保障国民经济和社会发展等方面发挥着重要作用。

改革开放以来,我国有色金属工业持续快速发展,十种常用有色金属总产量已连续7年居世界第一,产业结构调整和技术进步加快,在国际同行业中的地位明显提高,市场竞争力显著增强。我国有色金属工业的发展已经站在一个新的历史起点上,成为拉动世界有色金属工业增长的主导因素,成为推进世界有色金属科技进步的重要力量,将对世界有色金属工业的发展发挥越来越重要的作用。

当前,我国有色金属工业正处在调整产业结构,转变发展方式,依靠科技进步推动行业发展的关键时期。随着我国城镇化、工业化、信息化进程加快,对有色金属的需求潜力巨大,产业发展具有良好的前景。今后一个时期,我国有色金属工业发展的指导思想是:以邓小平理论和“三个代表”重要思想为指导,深入落实科学发展观,按照保增长、扩内需、调结构的总体要求,以控制总量、淘汰落后、加快技术改造、推进企业重组为重点,推动产业结构调整和优化升级;充分利用境内外两种资源,提高资源保障能力,建设资源节约型、环境友好型和科技创新型产业,促进我国有色金属工业可持续发展。

为了实现我国有色金属工业强国的宏伟目标,关键在人才,需要培养造就一大批高素质的职工队伍,既要有高级经营管理者、各类工程技术人才,更要有高素质、高技能、创新型的生产一线人才。因此,大力发展职业教育和职工培训是实施技能型人才培养的主要途径,是提高企业整体素质,增强企业核心竞争力的重要举措,是实现有色金属工业科学发展的迫切需要。

冶金工业出版社和洛阳有色金属工业学校为了适应有色金属工业中等职业学校教学和企业生产的实际需求,组织编写了这套培训教材。教材既有系统的理论知识,又有生产现场的实际经验,同时还吸纳了一些国内外的先进生产工艺技术,是一套行业教学和职工培训较为实用的中级教材。

加强中等职业教育和职工培训教材的建设,是增强职业教育和培训工作实效的重要途径。要坚持少而精、管用的原则,精心组织、精心编写,使教材做到理论与实际相结合,体现创新理念、时代特色,在建设高素质、高技能的有色金属工业职工队伍中发挥积极作用。

中国有色金属工业协会会长 康义

2009 年 6 月

前　言

本书是按照人力资源和社会保障部的规划，参照行业职业技能标准和职业技能鉴定规范，根据有色金属企业生产实际、岗位技能要求以及职业学校教学需要编写的。书稿经人力资源和社会保障部职业培训教材工作委员会办公室组织专家评审通过，由人力资源和社会保障部职业能力建设司推荐作为有色金属行业职业教育培训规划教材。

分析化学是服务于农业、工业、环保、贸易、国防、食品安全等各个领域的综合性学科。随着经济的发展和科技的进步，分析化学成为发展最快的学科之一。在有色金属的地质勘探、采矿选矿、冶炼加工和材料应用全过程中，都离不开分析化学。因此，分析化学被称为科研和生产的“眼睛”。

本书共分13章，详细介绍了分析化学的基础知识、基本操作；论述了各种分析方法的原理、使用的仪器和分析方法；具体讲述了各种分析方法在有色金属分析中的实际应用；重点介绍了铜及铜合金、铝及铝合金标准分析方法；简要叙述了测量的误差理论；介绍了分析实验室建设和实验室认可的要求等。在内容组织和结构安排上，力求理论与实际结合，列举了较多的标准分析方法和操作注意事项，目的是让读者既懂得化学分析的基本知识，又了解实际操作要求；既知道各种分析方法的相关理论知识，又懂得实验室管理的基本要求。

有些篇章附有习题和实验，供复习、巩固所学内容之用。

本书可作为有色金属企业岗位操作人员的培训教材，也可作为职业学校（院）相关专业的教材，同时也可供相关专业工程技术人员参考。

本书由梅恒星编写，中铝洛阳铜业有限公司质量管理中心主任秦勇审稿。本书在编写过程中，得到了杨伟宏、李巧云、张敬华、路俊攀、夏庆珠、秦书平、高钰、王爽、娄东阁、张晓群、孟惠娟、董亚正等同志的支持和帮助，并参阅了一些有关著作和文献的内容，在此一并表示衷心的感谢。

由于编者水平有限，经验不足，书中不妥之处，请读者批评指正。

作　者

2010年10月

目　录

1　绪论 …… 1
1.1　分析化学是认识世界的“眼睛”、改造世界的助手 …… 1
1.2　分析化学的发展历程 …… 1
1.3　分析化学的分类 …… 2
1.4　分析化学伴随有色金属生产全过程 …… 4
复习思考题 …… 4

2　常用器皿与化学试剂 …… 5
2.1　玻璃器皿 …… 5
2.1.1　常用玻璃器皿 …… 5
2.1.2　玻璃器皿的洗涤 …… 6
2.1.3　容量器皿的校正 …… 7
2.2　金属器皿 …… 7
2.2.1　铂器皿 …… 7
2.2.2　镍坩埚、铁坩埚 …… 8
2.3　其他非金属器皿 …… 8
2.3.1　塑料器皿 …… 8
2.3.2　石英器皿 …… 8
2.3.3　其他非金属器皿 …… 8
2.4　天平 …… 9
2.4.1　天平的主要技术指标 …… 9
2.4.2　天平的分类和选用原则 …… 9
2.4.3　机械天平 …… 9
2.4.4　电子天平 …… 10
2.4.5　分析天平使用注意事项 …… 10
2.5　加热电器 …… 11
2.5.1　电炉和电热板 …… 11
2.5.2　高温炉 …… 11
2.5.3　电热恒温干燥箱 …… 11
2.6　纯水与化学试剂 …… 11
2.6.1　纯水质量及检验 …… 12
2.6.2　纯水制备、贮存和使用 …… 13
2.6.3　化学试剂 …… 16
复习思考题 …… 17

实验 …… 17

3　溶液浓度和溶液配制 …… 19
3.1　分析化学中的计量关系 …… 19
3.1.1　法定计量单位 …… 19
3.1.2　分析化学常用的法定计量单位 …… 20
3.2　溶液浓度的不同表示方法 …… 23
3.2.1　物质B的物质的量浓度 …… 23
3.2.2　物质B的质量浓度 …… 25
3.2.3　物质B的质量分数 …… 26
3.2.4　比例浓度 …… 26
3.2.5　滴定度 …… 27
3.3　一般溶液的配制方法 …… 27
3.3.1　以物质的量浓度表示的一般溶液配制 …… 27
3.3.2　以质量浓度表示的一般溶液配制 …… 29
3.3.3　以体积比例浓度表示的一般溶液配制 …… 29
3.4　标准溶液的配制方法 …… 30
3.4.1　滴定分析用标准溶液配制 …… 30
3.4.2　离子标准溶液配制 …… 31
3.5　溶液配制注意事项 …… 32
复习思考题 …… 34
实验 …… 34

4　分析样品的采集、试样制备与分解 …… 37
4.1　分析样品的采集和试样制备 …… 37
4.1.1　组成比较均匀物品的样品采集和试样制备 …… 37
4.1.2　组成很不均匀物品的样品采集和试样制备 …… 39
4.1.3　试样的管理 …… 39
4.2　试样的分解 …… 40
4.2.1　分解试样的一般要求 …… 40
4.2.2　酸碱分解法 …… 40
4.2.3　熔融分解法 …… 42
4.2.4　其他分解法 …… 44
4.2.5　分解方法的选择 …… 44
复习思考题 …… 45

5　重量分析法 …… 46
5.1　方法原理 …… 46
5.1.1　沉淀法 …… 46
5.1.2　挥发法 …… 46

5.1.3　电解法 …… 47
5.2　重量法对沉淀的要求 …… 47
5.2.1　对沉淀形式的要求 …… 47
5.2.2　对称量形式的要求 …… 47
5.3　影响沉淀完全的因素 …… 48
5.3.1　溶解度与溶度积 …… 48
5.3.2　影响沉淀完全的主要因素 …… 48
5.4　沉淀的类型及影响沉淀纯度的因素 …… 50
5.4.1　沉淀的形成 …… 50
5.4.2　沉淀纯度的影响因素 …… 50
5.5　沉淀条件的控制 …… 51
5.5.1　不同类型沉淀的沉淀条件 …… 51
5.5.2　均相沉淀和有机沉淀 …… 51
5.6　重量分析法的基本操作 …… 52
5.6.1　试样溶解 …… 52
5.6.2　沉淀 …… 52
5.6.3　过滤的准备 …… 52
5.6.4　过滤和洗涤 …… 53
5.6.5　干燥和灼烧 …… 54
5.7　重量分析法结果的计算 …… 54
5.8　重量分析法在有色金属分析中的应用 …… 55
5.8.1　重量法分析铜合金中的硅量 …… 55
5.8.2　重量法分析铝及铝合金中的硅量 …… 57
5.8.3　直接电解－原子吸收光谱法测定铜及铜合金中的铜量 …… 59
复习思考题 …… 62

6　滴定分析法 …… 64
6.1　概述 …… 64
6.1.1　滴定分析中的术语 …… 64
6.1.2　对滴定反应的要求 …… 65
6.1.3　滴定分析方法分类 …… 65
6.2　滴定分析的基本操作 …… 66
6.2.1　滴定管的种类 …… 66
6.2.2　滴定管的技术要求 …… 66
6.2.3　滴定管的使用 …… 67
6.3　滴定分析的计算 …… 68
6.3.1　计算步骤 …… 68
6.3.2　不同类型的滴定方法计算例题 …… 70
6.4　酸碱滴定法 …… 73
6.4.1　酸碱质子理论及酸碱强度 …… 73

6.4.2　溶液 pH 值计算 …… 76
6.4.3　酸碱滴定指示剂 …… 77
6.4.4　酸碱滴定曲线 …… 79
6.4.5　酸碱标准溶液的配制和标定 …… 81
6.4.6　酸碱滴定法测定铍青铜中铍量的分析规程 …… 83
6.5　配位(络合)滴定法 …… 84
6.5.1　概述 …… 84
6.5.2　EDTA 配位反应的特点及配位平衡 …… 86
6.5.3　EDTA 配位滴定法 …… 88
6.5.4　配位滴定法在有色金属分析中的应用 …… 97
6.6　氧化还原滴定 …… 103
6.6.1　概述 …… 103
6.6.2　氧化还原滴定 …… 105
6.6.3　氧化还原滴定方法及在有色金属分析中的应用 …… 108
6.6.4　重铬酸钾法 …… 108
6.6.5　碘量法 …… 110
6.6.6　高锰酸钾法 …… 116
6.6.7　硫酸铈法 …… 117
6.7　沉淀滴定法 …… 117
6.8　铜合金常用的滴定分析方法综述 …… 118
复习思考题 …… 119
实验 …… 120

7　分析误差和分析结果的处理 …… 125
7.1　准确度和精密度 …… 125
7.1.1　真实值与平均值 …… 125
7.1.2　准确度与误差 …… 126
7.1.3　精密度与偏差 …… 126
7.1.4　准确度与精密度的关系 …… 128
7.2　误差来源与减少的方法 …… 129
7.2.1　系统误差 …… 129
7.2.2　偶然误差 …… 131
7.2.3　提高测量准确度的方法 …… 133
7.3　数据处理与产品合格值判定 …… 134
7.3.1　有效数字 …… 134
7.3.2　数值修约 …… 134
7.3.3　产品合格值判定 …… 135
7.4　分析结果有效性判定 …… 135
7.4.1　分析结果的重复性 …… 135
7.4.2　分析结果的再现性 …… 137

复习思考题……137

8　紫外-可见分光光度法……139
8.1　概述……139
8.2　光吸收定律……139
8.2.1　光的基本特性……139
8.2.2　物质对光的选择性吸收……140
8.2.3　光吸收定律……141
8.3　紫外-可见分光光度计……144
8.3.1　分光光度计的构造……144
8.3.2　分光光度计的类型……146
8.3.3　分光光度计的使用……147
8.4　可见分光光度定量分析方法……150
8.4.1　显色剂和显色反应……150
8.4.2　显色条件的选择……151
8.4.3　测量条件的选择……154
8.4.4　定量方法……155
8.5　紫外分光光度法……158
8.6　可见分光光度法在有色金属分析中的应用……159
8.6.1　铜及铜合金分析常用的分光光度法综述……159
8.6.2　铝及铝合金中钛的过氧化氢分光光度法……162
8.6.3　钼蓝分光光度法测定铜及铜合金中的硅量……164
复习思考题……166
实验……167

9　原子吸收光谱法……173
9.1　概述……173
9.1.1　原子吸收光谱的发展……173
9.1.2　原子吸收光谱分析过程……173
9.1.3　原子吸收光谱法特点……174
9.1.4　基态原子、共振吸收及谱线变宽……174
9.1.5　原子吸收值与待测元素浓度的关系……175
9.2　原子吸收光谱仪……175
9.2.1　光源……176
9.2.2　原子化系统……177
9.2.3　光学系统……180
9.2.4　检测系统……180
9.2.5　原子吸收光谱仪类型……181
9.2.6　原子吸收光谱仪使用……181
9.3　原子吸收光谱分析技术……184

9.3.1 试样溶液和标准溶液的制备 …… 184
9.3.2 测量条件的选择 …… 185
9.3.3 测量的干扰与减少干扰方法 …… 186
9.3.4 定量方法 …… 188
9.3.5 原子吸收光谱法的灵敏度、检出限 …… 190
9.4 原子吸收光谱法在有色金属分析中的应用 …… 192
9.4.1 火焰原子吸收光谱法测定铜合金中的镉量 …… 192
9.4.2 冷原子吸收光谱法测定铝及铝合金中的汞 …… 194
9.4.3 原子吸收光谱法测定铜合金中的镍量 …… 196
复习思考题 …… 198

10 原子发射光谱法 …… 199
10.1 基本原理 …… 199
10.1.1 原子发射光谱的产生 …… 199
10.1.2 原子发射光谱的谱线强度 …… 200
10.1.3 原子发射光谱定性分析 …… 201
10.1.4 原子发射光谱定量分析 …… 202
10.2 原子发射光谱仪 …… 203
10.2.1 激发光源 …… 203
10.2.2 分光系统 …… 204
10.2.3 检测系统 …… 205
10.3 光电直读原子发射光谱分析的应用 …… 206
10.3.1 铜及铜合金分析——光电直读发射光谱法 …… 207
10.3.2 铝及铝合金分析——光电直读发射光谱法 …… 210
10.4 电感耦合等离子体原子发射光谱法(ICP - AES)的应用 …… 214
10.4.1 方法概述 …… 214
10.4.2 仪器各部分功能 …… 214
10.4.3 仪器测量条件选择 …… 216
10.4.4 分析中的干扰 …… 217
10.4.5 ICP 光谱在铜合金和铝合金分析中的应用 …… 218
复习思考题 …… 220

11 其他分析方法 …… 221
11.1 X 射线荧光光谱法 …… 221
11.1.1 X 射线的产生 …… 221
11.1.2 X 射线荧光光谱仪 …… 222
11.1.3 X 射线荧光光谱定量分析 …… 223
11.1.4 铜合金 X 射线荧光光谱分析方法行业标准 …… 224
11.2 气体分析 …… 227
11.2.1 碳、硫的测定 …… 227

11.2.2 氧的测定 …… 228

12 化学分析的标准方法与标准样品 …… 230
12.1 化学分析的标准方法 …… 230
12.1.1 标准及化学分析的标准方法 …… 230
12.1.2 化学分析标准方法的制定 …… 231
12.1.3 有色金属(铜、铝、钛)化学分析标准方法和分析规程 …… 231
12.2 化学分析的标准样品 …… 243
12.2.1 化学分析标准样品相关术语及应用 …… 243
12.2.2 化学分析标准样品的研制 …… 244

13 实验室建设与实验室认可 …… 248
13.1 实验室能力的通用要求 …… 248
13.1.1 实验室认可及认可组织 …… 248
13.1.2 对实验室能力提出的要求 …… 248
13.2 检测实验室的认可评定 …… 255
13.2.1 检测实验室质量体系的建立和运行 …… 255
13.2.2 实验室认可评定程序 …… 258

附录 …… 259
附录1 相对原子质量表 …… 259
附录2 常用化合物相对分子质量表 …… 259
附录3 常见化合物的俗称及化学成分 …… 261
附录4 常见液体商品试剂的密度和浓度 …… 263
附录5 配合物稳定常数 …… 263
附录6 标准电极电位(18～25℃) …… 264
附录7 条件电极电位 …… 267
附录8 部分难溶化合物的溶度积 K_{sp} 和它的负对数 pK_{sp}(18～25℃) …… 268
附录9 重要物理常数 …… 269

参考文献 …… 270

1 绪　论

1.1 分析化学是认识世界的“眼睛”、改造世界的助手

田里庄稼长得不好，农民想知道是缺少了哪种肥料？

河水受到污染，环保人员想查出污染物是什么？

山上勘探发现铜矿，地质工作者想知道矿石中铜含量是多少，有没有伴生金、银？

长期给婴儿喂养“××”奶粉，孩子得了泌尿系统结石症，人们想知道是奶粉中的什么成分危害了婴儿健康？

铝加工厂想知道买来的原料电解铝的化学成分是什么？

上述这些问题都需要借助分析化学方法来解决。

分析化学是研究物质化学组成和结构信息的分析方法及相关理论的科学，是化学学科的一个重要分支。

分析化学的主要任务是鉴定物质的化学组成（元素、离子、官能团或化合物）；测定物质的有关组分的含量；确定物质的结构（化学结构、晶体结构、空间分布）和存在形态（价态、配位态、结晶态）以及组分、结构、形态与物质性质之间的关系等。

运用分析化学的各种方法，研究、分析物质的成分和结构，可以使物质的化学成分得以定性和定量，化学结构得以确定。分析化学是化学家最基础的训练之一，化学家在实验技术和基础知识上的训练，皆得力于分析化学。

地质学、冶金材料学、宇宙天体研究、医学、环境科学、生命科学和农业科学等许多技术科学的研究，都必须与分析化学密切配合；工业生产、农业生产、国防建设和商品流通等国民经济各部门都离不开分析化学。因此，分析化学被誉为科研和生产的“眼睛”。

在农业方面，土壤酸碱性、组织成分的测定，化肥、农药的分析和选择，农作物生长过程的研究，都需要分析化学的配合。

在工业方面，资源的勘探、矿藏的开发、原料的鉴别、生产流程的控制、新产品的试制、成品的检测、“三废”（废气、废水、固体废弃物的总称）处理及利用，都必须以化学分析结果为根据。

在商品经济时代，消费者追求高性能、高质量的商品，以便提高自己的生活质量；而个别唯利是图的经营者却千方百计掺杂造假、以次充好，欺骗消费者。质量监督工作就是利用分析化学等手段，对流通领域各环节的商品进行分析检测，揭露掺杂造假、以次充好的劣质商品及其经营者，保护质量优良商品和信誉好的经营者，维护广大消费者的利益。因此，分析化学也是商品流通的“眼睛”。

总之，人们要认识世界，离不开分析化学；人们要改造世界，也离不开分析化学。

1.2 分析化学的发展历程

分析化学的历史可以追溯到古代的炼金术。当时的分析主要依靠人的感官和双手，对物质的种类和性质进行判别。

到了16世纪，出现了第一个使用天平的试金实验室。到17世纪，开始出现了以化学反应鉴

定物质的定性分析方法，例如用加入硝酸银生成沉淀来鉴定盐酸。到19世纪，分析化学的定量分析方法开始应用。

进入20世纪，随着现代科学的发展，相邻学科之间的相互渗透，分析化学从一门技术发展为一门学科，并经历了三次巨大变革：

(1)20世纪30年代，由于溶液平衡理论(酸碱平衡、配位平衡、沉淀平衡、电离平衡等)的发展，为分析化学奠定了理论基础，出现了以滴定分析和重量分析(虽然称量的是物质的质量，但本书仍按习惯用法，即沿用“重量分析”，下同)为主的化学分析方法。

(2)20世纪40年代后，物理学与电子学的发展促进了分析化学中物理方法的应用，出现了一系列仪器分析方法，如分光光度法、原子发射光谱法(AES)、色谱法、原子吸收光谱法(AAS)、X射线荧光光谱法(XRF)、电感耦合等离子体原子发射光谱法(ICP－AES)等。仪器分析方法的出现和发展，不断提高分析速度，而且扩大了分析化学在少量、痕量分析方面的应用。

(3)20世纪70年代后，材料科学，尤其是计算机科学的发展，信息时代对分析化学提出了新的要求，促使分析化学进入第三次大变革时代。分析化学不再仅仅解决“有什么”和“有多少”的问题，而是要提供更快、更多、更全面的信息：

1)分析的灵敏度不断提高。从常量分析、微量分析向超微量分析甚至微粒分析发展，分析待测组分的含量从μg/g到ng/g、pg/g级，甚至更低。

2)提高了分析准确度。例如，对μg/g级含量的成分分析，其测定的相对偏差，从允许±10%提高到±1%。这使得分析化学提供的信息更确切。

3)从组分的含量分析、宏观分析发展到组分的形态分析、微观结构分析(元素价态、分子结构等)。例如，六价铬对人体是剧毒的，甲基汞的毒性比金属汞和无机盐中的汞大得多。因此，只分析水中总的铬量或汞量是不够的，还要知道元素以什么价态和化学形态存在，它们的含量是多少。

4)从总体分析向微区分析发展，从表面分析向逐层分析发展。例如，无氧铜中残余的氧量，对无氧铜在电真空器件中的使用危害很大。因此，除了要了解无氧铜中平均氧含量外，还应了解在某一微区中氧是否有聚集现象，从金属表面到中心部位各层氧的分布是否均匀。

5)从静态分析向在线动态分析发展。这样，就实现了对生产和产品实验过程的实时监控，便于及时对过程进行调整，提高效率，避免造成损失。

总之，现代科学技术的飞速发展，推动了分析化学的迅速变革；分析化学的发展，又为其他学科的发展提供了新的手段。分析化学成为近年来发展最迅速的学科之一。

1.3 分析化学的分类

分析化学服务的行业多，因此，分析方法呈现出多种多样。根据分析方法原理、分析任务、分析对象、分析含量范围以及分析试样量等的不同，分析方法有不同的分类方法。

根据分析任务的不同，分析化学可以分为定性分析、定量分析、结构分析。

根据试样用量及操作方法不同，分析化学可以分为常量分析、半微量分析、微量分析、超微量分析(见表1－1)。

表1－1 按试样用量(体积)的分类

类 别	试样用量/g	试样体积/mL
常量分析	>0.1	>10
半微量分析	0.01～0.1	1～10
微量分析	0.0001～0.01	0.01～1
超微量分析	<0.0001	<0.01

根据待测元素(组分)的含量不同,分析化学可以分为:含量超过1%的称为主量成分分析;含量在0.01%~1%范围的称为少量成分分析;含量低于0.01%的称为痕量分析;含量低于0.0001%的称为超痕量分析。当然,也有习惯上把上述含量范围的分析分别称为常量、半微量、微量、超微量分析的(见表1-2)。

表1-2 按待测元素(组分)含量(质量分数)的分类

类 别	待测元素(组分)的含量/%
主量成分分析(常量分析)	>1
少量成分分析(半微量分析)	0.01~1
痕量成分分析(微量分析)	<0.01
超痕量成分分析(超微量分析)	<0.0001

根据分析化学与生产过程的关系,分析方法又可分为快速分析(炉前分析)、常规分析(炉后分析、全分析)、仲裁分析。快速分析一般只分析主要组分,采用快速、简便的分析方法进行分析,当分析结果符合生产预期时,就可以从冶炼或熔炼过程转为铸造过程;常规分析是对样品进行全面分析,对分析结果的准确度要求更高;当供需双方对分析结果产生异议时,共同委托另一单位(在分析领域有权威、有资质的第三方)用指定的分析方法(一般是标准分析方法)进行分析,以判断样品比较准确的结果,这称为仲裁分析。

根据分析方法原理,分析化学方法可分为化学分析和仪器分析。这是应用最多的一种分类方法。

(1)化学分析。以化学反应为分析基础的分析方法称为化学分析方法,主要指重量分析方法和滴定分析方法。

1)重量分析方法。根据化学反应生成的沉淀物的重量,或者根据化学反应中生成物挥发后减少的重量,计算待测组分的含量。

2)滴定分析方法。将已知浓度的滴定剂溶液(标准溶液),用滴定管准确加入到含有待测组分的溶液中,直到化学反应恰好完全(即达到化学计量点),依据加入标准溶液的体积和它的浓度,计算待测组分的含量。

化学分析方法的优点是测量精密度和准确度较高,相对分析误差为0.2%左右,常用来进行主量组分的分析;一般不使用昂贵的分析仪器;可根据化学反应来直接计算分析结果,确定组分含量,从计量学的角度看,是直接溯源到基本计量单位,不依赖标准样品(标准物质)进行量值传递。所以,化学分析方法常被选择用来对标准样品进行定值分析。

化学分析方法的缺点是操作烦琐、分析速度慢,一般每次只能分析一个组分,不适应现代化大型企业快速生产节奏的要求。因此,化学分析方法必须和仪器分析方法相结合,才能满足现代化生产对分析化学方法准确、快速的要求。

(2)仪器分析。它是以物质的光学性质(如吸光度、谱线强度)、电学性质(如电流、电位、电导)等物理的或物理化学的性质为基础的分析方法。因此它又可划分为光学分析法、电学化学分析法、色谱分析法等。

1)光学分析法。在仪器分析中,光学分析法是种类最多、应用最广的分析方法。它是依据待测物质发射电磁辐射或吸收电磁辐射的特性进行分析的方法。如原子发射光谱法(AES)、电感耦合等离子体原子发射光谱法(ICP-AES)、X射线荧光光谱法(XRF)、原子荧光光谱法(AFS)等,属于发射光谱法;而原子吸收光谱法(AAS)、紫外-可见分光光度法、红外吸收光谱法

(IR)等,属于吸收光谱法。

2)电化学分析法。它是依据物质的电化学性质及其变化程度进行分析的方法。根据电信号不同,它又分为电位分析法、电导分析法、电解分析法、极谱分析法等。

3)色谱分析法。根据固定相和流动相的不同,它又分为气相色谱法、液相色谱法、离子色谱法。

4)其他仪器分析方法。如质谱分析法、放射化学分析法等。

仪器分析方法的优点是测量灵敏度高,一般方法的检出限可达到 μg/mL ~ pg/mL 级,甚至达到 fg/mL 级以下;选择性好,干扰因素少,一般无须繁杂的化学分离手续;分析速度快,仪器条件的选择、测量、分析结果显示都可以自动进行;有的可以同时进行多元素测定,测量效率高。

虽然仪器分析方法具有上述优点,但是多数仪器分析方法属于相对分析法,需要与试样组成相近的一组标准样品作为计量依据,方能进行分析,而标准样品的含量的定值大多需要用化学分析方法;为了提高仪器分析方法的灵敏度,也需要采用化学分析的沉淀、萃取、掩蔽等操作进行分离、富集;有时,仪器分析方法的分析结果需要与化学分析方法的分析结果进行对照。因此,仪器分析方法和化学分析方法是相辅相成、互为补充的。目前,企业常规分析一般用仪器分析方法,而仲裁分析、标准样品定值分析、与仪器分析方法校对等采用化学分析方法。

1.4 分析化学伴随有色金属生产全过程

在有色金属工业中,从有色金属矿藏的勘探、开采、选矿到有色金属的冶炼和加工,都需要与分析化学紧密配合。尤其是在有色金属的冶炼和加工工业中,原材料的采购、计价,需要对有价成分进行准确分析;生产过程中,需要对物料的化学组成及时进行分析,以便了解、判断其化学组成是否符合质量要求;产品出厂前,需要对产品的质量指标进行全面分析检测,以便确定产品是否合格和判定产品符合哪一等级。在加工领域,不同化学成分的合金具有不同的物理、化学性能,可满足不同用户的各种需求。只有通过分析检测,才能确定有色金属材料的成百上千种合金牌号、规格和冶金状态,以便供机械、电子、电力、通信、船舶、航空、航天、医药、日用品等行业,根据不同用途进行选择、使用。

随着科学技术的日新月异,各行各业不断对使用的有色金属材料提出新的要求。因此,有色金属材料加工企业必须不断研制新的合金材料,才能占有新的市场,发展新的用户。而新合金材料的研制,从配料、熔炼到加工、产品鉴定,都时刻离不开分析检测。

因此,有色金属的冶炼和加工企业和研究机构都配置了分析检测实验室,对原料、中间产品、产成品进行化学成分分析和物理、力学性能检验。这既是满足企业正常生产和新产品开发的需要,也是满足出厂产品质量、取信于用户的需要。

复习思考题

1. 根据分析方法原理,分析化学方法可分为哪两类?
2. 化学分析方法和仪器分析方法各有哪些特点?

2 常用器皿与化学试剂

本章提要:介绍化学分析常用的玻璃器皿、金属器皿、塑料器皿和分析天平的性能及使用,尤其强调诸如天平和需要准确计量溶液体积的容器一定要进行检定(校正);介绍纯水的制取方法、化学试剂的使用。

2.1 玻璃器皿

2.1.1 常用玻璃器皿

化学分析实验室所用的玻璃器皿是由"仪器玻璃"制作的。仪器玻璃具有很高的化学稳定性、热稳定性,有良好的透明度、一定的机械强度和绝缘性、较低的线膨胀系数。表2-1列出了各种仪器玻璃的化学组成和主要用途。

表2-1 仪器玻璃的化学组成和主要用途

类别	名称	俗称	化学组成/%						线膨胀系数①/℃$^{-1}$	耐热急变温差/℃	软化点/℃	主要用途
			SiO_2	B_2O_3	Al_2O_3	R_2O②	CaO	ZnO				
高硼硅酸盐类	特硬玻璃	特硬料	80.7	12.8	2.1	3.8	0.6	—	32×10^{-7}	≥270	820	制作烧器类、耐热仪器
高硼硅酸盐类	硬质玻璃	九五料	79.1	12.5	2.1	5.7	0.6	—	41×10^{-7}	≥220	770	制作烧器类、各种玻璃仪器
软质类	一般仪器玻璃	管料	74	4.5	4.5	12	3.3	1.7	71×10^{-7}	≥140	750	制作滴管、吸管
软质类	量器玻璃	白料	73	4.5	5	13	3.8	0.5	73×10^{-7}	≥120	740	制作量器类

①线膨胀系数是指物体温度每升高1K时,每单位长度上增加的长度;

②R_2O是指Na_2O和K_2O的含量。

高硼硅酸盐类玻璃具有较高的热稳定性,耐酸、耐水性好,耐碱性稍差;软质料类的热稳定性稍差,不用来制作烧杯类。

仪器玻璃耐酸、耐水等化学稳定性好,但不是绝对不受侵蚀。长时间盛放时,会有痕量的离子溶入溶液中,或玻璃表面吸附待测的离子。因此,痕量分析时要考虑此因素的影响。

氢氟酸与SiO_2等发生化学反应,强烈腐蚀玻璃。因此,仪器玻璃不能盛放氢氟酸,不能在玻璃器皿中进行含有氢氟酸的实验。

强碱,特别是浓的或热的强碱溶液,对玻璃有明显的腐蚀。因此,仪器玻璃不能长时间盛放强碱溶液。

化学分析用玻璃器皿种类很多。常用的玻璃器皿见表2-2。

另外,干燥器、滴瓶、表面皿等,也是常用的玻璃器皿。

表2-2 常用的玻璃器皿

名 称	规格/mL	主 要 用 途	使用注意事项
烧 杯	10、25、50、100、250、400、500、1000	配制溶液、溶解试样	应置于电热板、石棉网上加热
洗 瓶	250、500、1000	盛纯水或溶液，洗涤容器及沉淀	
量筒、量杯	5、10、25、50、100、250、500、1000	粗略地量取一定体积的液体	不能加热、烘烤。操作时沿容器壁加入或倒出溶液
容量瓶	10、25、50、100、200、250、500、1000	配制准确体积的溶液	应校正合格后用。不能直接加热、烘烤，可水浴加热
滴定管	5、10、25、50、100	准确量取滴定所消耗的标准溶液	应校正合格后用。不能直接加热、烘烤。活塞应转动灵活、不应漏水。尖端不可磕破。使用时，先2~3次灌装少量（滴定管体积的三分之一）标准溶液，充分洗涤管壁，然后正式灌满标准溶液
单刻线移液管	1、2、5、10、15、20、25、50、100	准确移取一定体积液体	应校正合格后用。不能直接加热、尖端不可磕破。放出溶液时要直立，放出溶液后管尖端应接触瓶内壁15s后移去
吸量管	0.1、0.2、0.5、1、2、5、10、25、50	较准确移取不同体积液体，准确度稍逊于移液管	不能直接加热、尖端不可磕破。放出溶液时要直立，若全部放出溶液后管尖端应接触瓶内壁15s后移去
漏 斗	有长颈、短颈之分，有不同口径	长颈过滤沉淀，短颈一般过滤	不能直接加热
分液漏斗	50、100、250、500、1000	萃取分开两种互不相溶的液体	上部磨口旋塞不应漏水，下边活塞应转动灵活、不应漏水

带磨口塞的器皿，当磨口塞粘住时，可用木器敲击、热水浸泡、石油醚等有机溶剂浸泡等方法打开。

2.1.2 玻璃器皿的洗涤

不同分析准确度的要求和不同的玻璃器皿，也相应有不同的洗涤要求。

化学分析用容量瓶、滴定管、移液管等要求准确量取液体体积的玻璃器皿，要求洁净度高，至少器皿内壁上不挂水珠。否则，会影响分析结果的准确度。

其他玻璃器皿，也应该充分洗涤。

洗涤玻璃仪器的方法步骤是：

(1)自来水冲洗、刷洗，除去玻璃器皿表面的附尘、可溶盐。

(2)用低泡沫洗涤剂浸泡、刷洗。但是，去污粉含有细砂，可能擦伤器皿内壁，一般不要使用。

(3)对于经过上述洗涤仍不符合要求的玻璃器皿，或不便用毛刷刷洗的玻璃器皿，可选用洗液浸泡洗涤。常用的洗液及应用见表2-3。

表 2-3 常用的洗液及应用

洗液名称及配制方法	洗涤目标及使用方法
工业盐酸(浓或 1+1)	洗涤碱性物质、无机物残留。可加热使用
铬酸溶液:20g 研细的 $K_2Cr_2O_7$,溶于 40mL 水中,边搅拌边缓缓加入 360mL 浓硫酸,冷却后,储存于磨口瓶中	洗涤油污、有机物; 用铬酸溶液浸泡并刷洗容器; 当铬酸溶液变为绿色时,加固体高锰酸钾,并滤去 MnO_2 沉淀,使其再生
碱性洗液:100g/L 的 NaOH 水溶液或乙醇溶液。储存于塑料瓶中	洗涤油污; 因碱液腐蚀玻璃,故一般不用于滴定管、容量瓶、移液管的洗涤; NaOH 水溶液可加热使用,NaOH 乙醇溶液不要加热
$KMnO_4$ 溶液:4g$KMnO_4$,溶于水中,加 10gNaOH,加水到 100mL	洗涤油污、有机物; 浸泡洗涤后,容器有 MnO_2 棕色残留,可用 HCl 还原洗去

用洗液洗涤应当注意以下事项:

(1)当需要使用不同的洗液时,一定要将前一种洗液用水清洗后,再加入另一种洗液;

(2)铬酸洗液毒性大,且易烧伤皮肤、腐蚀衣服,使用时要小心,尽量少用、不用;

(3)无论用哪一种洗涤方法洗涤后,都要用水冲洗,然后,将洗净的器皿倒置,水流出后器壁不挂水珠为洗净。最后用纯水冲洗 3 遍即可使用。

2.1.3 容量器皿的校正

容量瓶、滴定管、移液管所标示的刻度是否准确,直接影响到分析结果的准确性。因此,使用前必须先经过计量校正(检定)合格,才可以使用。

新采购的容量瓶、滴定管、移液管,尽管有出厂合格证书,也必须先经过计量校正合格后,才可以放心使用。

容量瓶、滴定管、移液管,经过计量校正合格后,应设法加上表示合格的标识,便于分析人员使用。

容量瓶、滴定管、移液管的计量校正,应由计量检定人员根据计量检定规程进行。使用单位,如果经过计量管理部门考核、授权,也可从事授权范围内容量器皿的计量校正。

玻璃容量器皿检定合格后,使用中不用再次检定。

2.2 金属器皿

除了玻璃器皿外,铂、铁、镍等金属器皿也是常用器皿。

2.2.1 铂器皿

铂,又称铂金,银白色,熔点 1773.5℃,沸点 4300℃,耐热性极好。900℃以下基本不挥发;1200℃灼烧 1h,100cm^2 面积的铂损失 1mg,精确度要求很高的分析项目要考虑校正。

铂化学稳定性强。铂器皿与浓盐酸、硫酸、硝酸、高氯酸不发生化学反应;尤其是可以在铂器皿中进行有氢氟酸参与的化学反应;铂器皿与熔融的碱金属硫酸盐、焦硫酸盐也不发生化学反应。

使用贵重铂器皿的注意事项：

(1)铂器皿不能接触王水、卤素溶液或能产生卤素的溶液；不能接触固体的碱金属氧化物、过氧化物、氢氧化物、硝酸盐、亚硝酸盐、氰化物；铂器皿加热时，不要与其他金属接触。

(2)铂器皿质地软，应轻拿轻放，以免变形。避免用玻璃棒等尖、硬物品刮、擦铂器皿，以免出现划痕。

(3)加热后处于高温的铂器皿，不要马上投入冷水中。

(4)铂器皿用燃气火焰加热时，须放在氧化焰部位。

(5)铂器皿使用后，及时洗净。可用 HCl 单独浸泡，再用水冲洗。

2.2.2　镍坩埚、铁坩埚

镍坩埚用于熔融矿物、炉渣，温度不应超过 900℃，适用于碱性熔剂 NaOH、Na_2O_2 等；铁坩埚价格便宜，在用 Na_2O_2 作熔剂时，可代替镍坩埚。

2.3　其他非金属器皿

除了玻璃器皿和金属器皿外，还常用其他非金属器皿。

2.3.1　塑料器皿

玻璃器皿不能处理含氢氟酸的溶液，不能长时间盛放强碱溶液；铂金器皿不能接触王水；而塑料器皿有良好的特殊化学稳定性，氢氟酸、王水、强碱溶液都可在塑料器皿中盛放和进行化学处理。而且，塑料器皿价格便宜，所以在化学分析中得到广泛应用。但是，塑料器皿不能直接加热或者要控制加热温度。

2.3.1.1　聚乙烯器皿

聚乙烯，无毒，化学稳定性好。在化学分析实验室中，聚乙烯提桶用于盛放纯水；聚乙烯烧杯、漏斗用于处理含氢氟酸的溶液；聚乙烯细口瓶用于盛放氢氟酸、强碱溶液、碱金属盐；聚乙烯瓶配上聚乙烯管，可以做成使用方便的洗瓶。

聚乙烯器皿只可以用水浴加热。

2.3.1.2　聚四氟乙烯器皿

聚乙烯的软化点是 105℃，而聚四氟乙烯(特氟隆)耐热性好，最高可耐温 250℃，可以加热使用；聚四氟乙烯可以耐一切强酸、强碱、强氧化剂侵蚀，可以用王水、氢氟酸在聚四氟乙烯容器中处理试样。

聚四氟乙烯在 415℃以上急剧分解成剧毒气体，加热使用时要注意不超过 250℃。

2.3.2　石英器皿

石英器皿由纯二氧化硅制作，耐急冷急热，软化温度 1650℃。

由于石英器皿纯度高，因此，微量分析时，常用石英烧杯溶解试样；可以用石英蒸发皿制取高纯水；由于石英能透过紫外线，可以用于制作比色皿(吸收池)。

石英器皿不耐氢氟酸腐蚀；较高温度下也不耐磷酸、强碱溶液腐蚀。

2.3.3　其他非金属器皿

玛瑙研钵，是天然二氧化硅的一种，它的硬度很大，用于研细矿样、炉渣等，以便装入电极激发进行发射光谱分析或溶解后进行化学分析。

瓷坩埚，耐高温，价格便宜，灼烧后失重甚微，用于重量分析法中灰化滤纸、灼烧沉淀并进行恒量。

2.4 天平

天平是精确称量物体质量的常用计量仪器，是化学分析工作者称取用于分析的试样、称取配制标准溶液的基准物质（试剂）、称取重量分析生成的沉淀等经常使用的仪器。

2.4.1 天平的主要技术指标

最大载荷，表示天平可称量的最大值。实际称量时，所称量的物质的质量应小于最大载荷。

分度值，即天平标尺一个分度所对应的质量。

2.4.2 天平的分类和选用原则

2.4.2.1 天平的分类方法

天平按结构分为机械天平和电子天平；按称量的相对精度，即按名义分度值与最大载荷之比值，分为1~10级；按准确度分为大称量天平、精密分析天平、微量天平、超微量天平等级别。

分析人员更习惯于按分析天平的名义分度值，将天平分为一般天平，即名义分度值1mg以上；万分之一天平，即名义分度值0.1mg，这是化学分析最常用的天平，一般称为分析天平；十万分之一天平，即名义分度值0.01mg；百万分之一天平，即名义分度值0.001mg；千万分之一天平，即名义分度值0.1μg。后两种天平主要用来称量贵金属。

记录称量结果时，有效数字的最后一位应与分析天平的名义分度值相同。如用万分之一天平称量，记为0.5000g。

2.4.2.2 天平的选用原则

化学分析工作者应根据称量的最大质量和要求的精度来选用天平：

(1)配制一般溶液，称量几克到几十克物质，准确到0.1g就可以了。可选用大称量的一般天平（也称架盘药物天平）。

(2)称取分析所用的试样，其质量为零点几克到几十克，需准确到0.0002g。可选用分析天平，即万分之一天平。

(3)微量分析、贵金属分析，称量几毫克物质，可选用微量天平、超微量天平，即十万分之一天平、百万分之一天平或千万分之一天平。

2.4.3 机械天平

机械天平（即杠杆式机械天平）是根据杠杆原理制作的衡量仪器。图2-1为杠杆原理示意图。Q是被称量物的重力，P为砝码的重力，a为力臂，b为重臂。g为重力加速度，m_P为被称物体的质量，m_Q为砝码的质量，杠杆平衡时，

图2-1 杠杆原理示意图

$$Pa = Qb$$
$$m_P g a = m_Q g b$$

对于等臂天平，$a=b$，且在同一地理位置，重力加速度 g 相同，故

$$m_P = m_Q$$

利用杠杆原理，可以通过比较被称量试样的质量和已知砝码的质量达到称量的目的。

在杠杆式机械天平上称量的是试样的质量，而不是重力，所以不随地域不同而改变。

机械天平的安装和校正（检定）应由专门计量人员进行。

机械天平的砝码与每台天平是配套的，不允许调换和借用另一台天平的配套砝码。

2.4.4　电子天平

电子天平是根据电磁力平衡原理制作的衡量仪器。采用电磁平衡传感器的电子天平，其特点是称量准确、可靠，显示快速、清晰，并且具有自动检测系统、简便的自动校准装置以及超载保护等装置。

图 2－2 为电子天平结构示意图。

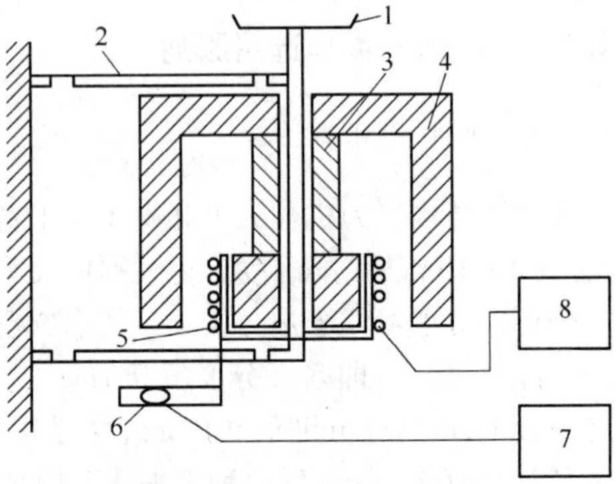

图 2－2　电子天平结构示意图
1—秤盘；2—簧片；3—磁钢；4—磁回路体；
5—线圈及线圈架；6—位移传感器；
7—放大器；8—控制电路

电子天平的秤盘及被测物体的重力，通过连杆支架作用于线圈上，方向向下。线圈内有电流通过，产生一个向上作用的电磁力，与秤盘重力方向相反，大小相等。平衡时位移传感器处于预定的中心位置。

当秤盘上称试样时，其质量发生变化，传感器检出位移信号，经调节器和放大器改变线圈的电流，直到线圈回到中心位置。电流的变化转换为试样质量并显示出来。

电子天平应远离有磁性的设备，放置在稳固、抗振动的台子上。电子天平房间内理想的温度是（20±2）℃，相对湿度 45%～60%。应经常更换天平内用于吸潮的干燥剂。室内应避免波动气流及阳光照射。

电子天平具有去皮功能：将称量容器置于天平盘上，待读数稳定后，不记读数，按“去皮”钮，读数回零。然后，向称量容器内加待测试样，此时，天平显示的仅是试样的质量。

电子天平有校准功能，校准方法分为内校准和外校准两种：

（1）内校准。使用此功能时，天平内部装有的标准砝码启用，自动修正天平的示值。

（2）外校准。以 JA1203 型电子天平为例说明如何对天平进行外校准。方法是：轻轻按住校准 CAL 键，当显示器出现 CAL－时即松手，显示器就出现 CAL－100，其中“100”为闪烁码，表示校准砝码需用 100g 的标准砝码。此时就把准备好的“100g”校准砝码放上秤盘，显示器即出现“－－－－”等待状态，经数秒后显示器出现 100.000g。然后拿去校准砝码，显示器应出现 0.000g。若出现不是为零，则按“清零 TAR 键”再清零。再重复以上校准操作（注意：为了得到准确的校准结果，最好重复以上校准操作步骤两次）。

2.4.5　分析天平使用注意事项

使用注意事项如下：

（1）新安装或移动位置的分析天平，都应经过专门计量人员校正（检定）合格，出示合格证书后，方可使用。而且，使用或放置一定时间后，分析天平也要按检定周期的规定进行检定。

(2)同一个实验应该使用同一台天平和砝码。

(3)称量前后,要检查天平是否完好,查看前一使用者的使用记录,确定仪器正常后再用。

(4)称量前,要用水平调节脚调整,使水平仪的水泡位于水平仪中心,仪器处于水平状态。

(5)称量前,要调整零点;使用后,要查看零点,若偏离零点超过0.2mg,对于万分之一天平来说就应重新称量。在对零之前,要认真清理天平盘和周围的灰尘及撒落物。

(6)电子天平使用前应预热30min(或按仪器说明书要求的时间)以上。电子天平不能称量带有磁性的物品。

(7)称量物品质量应小于天平最大载荷。

(8)称量物品应放置到其温度与室温平衡后再称量。

(9)称量物品应放置到天平盘的中央。

(10)读数时应关闭天平门,并即时做记录。

2.5 加热电器

化学分析过程中,溶解试样、加热溶液、蒸发液体、熔融试样和其他物料等,都需要用到加热电器。常用的加热电器有以下几种。

2.5.1 电炉和电热板

电炉的功率一般为500~3000W,有多种规格。企业实验室往往根据需要,自制不同形状、不同功率的电炉,满足使用需求。

电炉有明火,使用时要注意安全,不要在电炉上加热易燃的有机溶液,以免着火。

电热板具有避免明火、加热面积大、加热温度均匀的优点,适合处理批量的试样或溶液,较受分析人员欢迎。

商品电炉和电热板,一般装有控制温度的器件,方便使用。

2.5.2 高温炉

高温炉用于灼烧试样、坩埚、沉淀,或用于熔融试样。

由于发热元件不同,高温炉的最高工作温度也不同,分析人员可根据需要选用。

高温炉的热电偶和温度控制显示系统,必须由专门计量人员进行检定,才能确保所显示的温度的准确性。

2.5.3 电热恒温干燥箱

电热恒温干燥箱又称烘箱。用于烘干试样、试剂、器皿、沉淀等,或用于测定吸附的水分。电热恒温干燥箱的使用温度为100~150℃。

电热恒温干燥箱内的热传导,有自然对流式和鼓风对流式两类。

使用自然对流式电热恒温干燥箱时,为准确反映被烘干物品的温度,温度计应靠近被烘干物品。

用于指示温度的温度计,需经计量校正合格。

2.6 纯水与化学试剂

天然水和自来水中含有可溶性无机物、有机物及带电的胶体离子等,如Ca^{2+}、Mg^{2+}、Na^{+}、K^{+}等阳离子和OH^{-}、Cl^{-}、CO_3^{2-}等阴离子,因此不能直接用于化学分析。必须制备成纯水,才能用来溶解化学试剂、配制溶液。

2.6.1　纯水质量及检验

国家标准 GB 6682—1992《分析实验室用水规格和试验方法》规定了合格的纯水的各项指标，见表 2-4。

表 2-4　分析实验室用水规格

项　目	一级水	二级水	三级水
外观（目视观察）	无色透明液体		
pH 值范围（25℃）	—①	—①	5.0 ~ 7.5
电导率（25℃）/$mS \cdot m^{-1}$	≤0.01②	≤0.10②	≤0.50
可氧化物质（以 O 计）/$mg \cdot L^{-1}$	—③	<0.08	<0.4
吸光度（254nm，1cm 光程）	≤0.001	≤0.01	—
蒸发残渣（105℃ ±2℃）/$mg \cdot L^{-1}$	—③	≤1.0	≤2.0
可溶性硅（以 SiO_2 计）/$mg \cdot L^{-1}$	<0.01	<0.02	—

①由于在一级水、二级水纯度下难以测定其真实的 pH 值，因此，对一级水、二级水的 pH 值范围不做规定。

②一级水、二级水的电导率需用新制备的水“在线”测定。

③由于在一级水纯度下难以测定可氧化物质和蒸发残渣，对其限量不做规定。

纯水各个项目的检验，可采用标准方法 GB 6682—1992《分析实验室用水规格和试验方法》进行。但是，由于标准方法费时，一般分析工作用纯水可以用测定电导率法和化学方法检验。

2.6.1.1　电导率法检验

当水的电导率小于或等于 0.10mS/m 时，就可达到二级水标准，此时残余的阴、阳离子通常检不出来。使用电导率仪可以方便地进行此项测定。

2.6.1.2　化学方法检验

A　阳离子检验

取水样 10mL 于试管中，加入 2 ~ 3 滴 pH 值为 10 的氨缓冲液（5.4g 氯化铵溶于 20mL 水中，加入 35mL 浓氨水，加水至 100mL，混匀），加 2 ~ 3 滴铬黑 T 指示剂（0.05g 铬黑 T，加入 2mL 二级三乙醇胺，以 95% 的乙醇溶解并稀释至 100mL），摇匀。若水呈现蓝色，表明金属阳离子的含量合格；若水呈现紫红色，表明金属阳离子的含量超标。

B　氯离子检验

取水样 10mL 于试管中，加入数滴硝酸银溶液（1.7g 硝酸银溶于水中，加浓硝酸 4mL，用水稀释到 100mL，混匀），摇匀，在黑色背景下观察溶液，若出现白色浑浊，表明氯离子超标；若溶液无色透明，表明氯离子合格。

C　pH 值检验

取水样 10mL 于试管中，加甲基红指示剂（甲基红指示剂变色范围 pH 值为 4.2 ~ 6.3，红→黄；称取甲基红 0.100g 于研钵中研细，加 18.6mL 的 0.02mol/L 氢氧化钠溶液，研至完全溶解，加水至 250mL，混匀）2 滴，摇匀，水不显红色；另取水样 10mL 于试管中，加溴麝香草酚蓝指示剂（变色范围 pH 值为 6.0 ~ 7.6，黄→蓝；称取溴麝香草酚蓝 0.100g，加入 8.0mL 的 0.02mol/L 氢氧化钠溶液，研至完全溶解，加水至250mL，混匀）5滴，摇匀，水不显蓝色。此时，水的pH值为5.0~7.5，pH值合格。

2.6.2 纯水制备、贮存和使用

2.6.2.1 纯水的制备

蒸馏法、离子交换法和电渗析法是实验室化学分析用纯水的常用制备方法。

A 蒸馏法

蒸馏法又分沸腾蒸馏法和亚沸蒸馏法。

a 沸腾蒸馏法（一次、二次蒸馏水）

用蒸馏器将天然水蒸馏得到一次蒸馏水。由于大部分无机盐类不随着水蒸发，因此，一次蒸馏水可适用于一般分析要求。

用水量不大的实验室可选用电热蒸馏水器，它是用电阻加热使水蒸发的。

电热蒸馏水器一般是用铜、铝或不锈钢材料制成的。

由于CO_2等低沸物易挥发，随水蒸气一起蒸发、冷凝，进入蒸馏水中；少量天然水雾滴也随水蒸气一起进入蒸馏水中；蒸馏器材料的微量成分也会带入蒸馏水中。因此，若需要更纯的水时，需要再次蒸馏，即制取重蒸馏水（二次蒸馏水）。其方法是：用硬质玻璃或石英蒸馏器以一次蒸馏水或去离子水为原料，并向每1L原料水中加入50mL碱性高锰酸钾溶液（每1L含8g$KMnO_4$+300gKOH）重新蒸馏。冷凝的重蒸馏水要弃去头和尾各1/4容积的水量，只收集中段的重蒸馏水。采用此方法去除有机物较好。

b 亚沸蒸馏法

一般的沸腾蒸馏法由于沸腾的水泡破裂，使蒸汽中带入原料水的雾滴，沿蒸馏器器壁爬行的未经蒸馏液体也会使蒸馏水污染。因此，当要求纯度更高的蒸馏水时，要在液体不沸腾的条件下蒸馏即亚沸蒸馏。亚沸蒸馏不仅是制取高纯水的标准方法，也是制取高纯酸的标准方法。

亚沸蒸馏装置见图2-3。

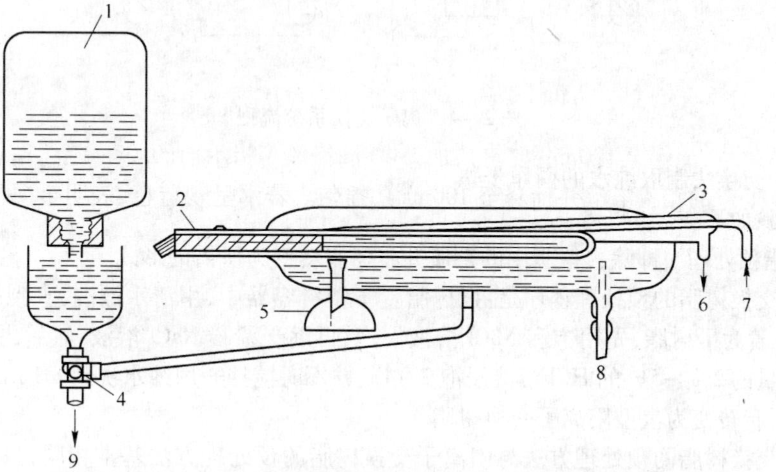

图2-3 石英亚沸蒸馏器

1—原料水瓶；2—红外辐射加热器；3—冷凝管；4—三通活塞；5—蒸馏产物出口；6—冷却水出口；7—冷却水进口；8—溢出口；9—排出口

B　离子交换法

用离子交换法制取的纯水也称“去离子水”。

离子交换法制取纯水可以较好去除电解质，纯水电导率很低。但不能去除非电解质、胶体物质等，树脂本身也会溶解出少量有机物。但去离子水已经可以满足一般化学分析需要了。而且离子交换法制取纯水比蒸馏法成本低，操作易掌握，因此它是各类实验室最常用的制取纯水方法。

a　离子交换法制取纯水的原理和流程

离子交换法制取纯水，一般选用强酸型阳离子交换树脂（R—H）和强碱型阴离子交换树脂（R—OH），分别或混合装入交换柱中，使已经除去悬浮物和胶体的自来水，通过交换柱进行离子交换。

R 表示离子交换树脂的本体。R—H 表示氢型阳离子交换树脂，R—OH 表示氢氧型阴离子交换树脂。

交换时，水中的阳离子与强酸型阳离子交换树脂中的 H^+ 交换，达到去除阳离子的目的：

$$R—H + Na^+ \rightleftharpoons R—Na + H^+$$

水中的阴离子与强碱型阴离子交换树脂中的 OH^- 交换，达到去除阴离子的目的：

$$R—OH + Cl^- \rightleftharpoons R—Cl + OH^-$$

交换后，被水中的阴、阳离子交换下来的 OH^- 和 H^+ 结合生成 H_2O。同时，氢型阳离子交换树脂转变为钠型阳离子交换树脂，氢氧型阴离子交换树脂转变为氯型阴离子交换树脂。

只装阳离子交换树脂的交换柱称阳柱，只装阴离子交换树脂的交换柱称阴柱，阴阳离子混合装的称混合柱（混柱）。

为了满足各种分析的要求，一般用一个阳柱、一个阴柱和一个混合柱相串联的流程制取交换水，见图 2－4。

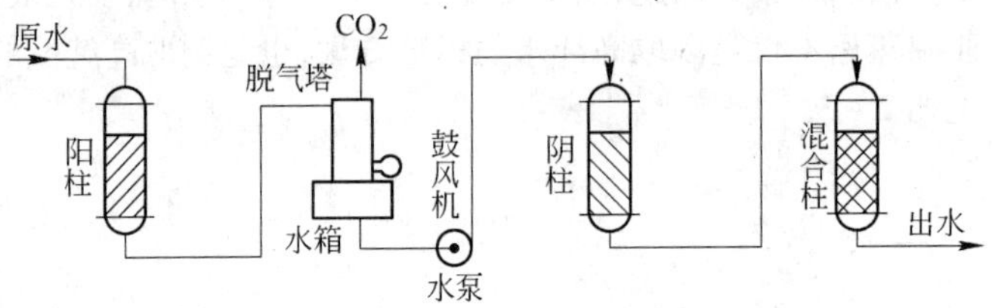

图 2－4　离子交换系统流程

b　离子交换法制取纯水的操作步骤

操作步骤如下：

（1）树脂预处理。即除去树脂中的杂质并将树脂转变为所需的形式。

阳离子交换树脂的预处理程序是：把树脂置于塑料容器中，用清水漂洗，直到排水清澈—用水浸泡 24h（若为干树脂，先用饱和 NaCl 溶液浸泡，再逐步稀释 NaCl 溶液，然后再用水浸泡）—用树脂 2 倍量的 2% ~5% 的 HCl 溶液浸泡 2 ~4h，并不时搅拌—用纯水洗到 pH 值为 4，无 Cl^- 即可。此时，树脂转变为氢型阳离子交换树脂。

阴离子交换树脂的预处理方法与阳离子交换树脂的预处理方法基本相同，只是改用树脂 2 倍量以上的 5% ~8% NaOH 溶液浸泡。此时，树脂转变为氢氧型阴离子交换树脂。

（2）装柱。阳柱或阴柱装入树脂量为柱高的 2/3（按膨胀后树脂体积计算）。混合柱装入树脂量为柱高的 3/5，其中阳离子交换树脂与阴离子交换树脂的比例为 2:1。

装柱前先在柱中装半柱水。

(3)制水。按图2-4连接之后,自来水从阳柱进入,从混合柱流出。用电导仪监测水质,合格后,将纯水贮存于高位槽中。

(4)树脂再生。当混合柱出水电导率不合格时,表明离子交换树脂失效。可用酸、碱对各柱再生处理。

阳柱再生处理分三个步骤:逆洗(自来水从底部通入,废水从顶部排出,直到排出水清澈)—加酸(将4%~5%的HCl溶液从顶部加入,控制流速,0.5h加完)—正洗(自来水从柱顶部通入,废水从底部排出。用铬黑T指示剂检验,若水呈现蓝色,表明金属阳离子的残余量合格)。

阴柱再生处理也分三个步骤:逆洗(阳柱水从底部通入,废水从顶部排出,直到排出水清澈)—加碱(将5% NaOH溶液从顶部加入,控制流速,1h加完)—正洗(阳柱水从柱顶部通入,废水从底部排出。用硝酸银指示剂检验,若无氯离子即合格)。

混合柱再生步骤:逆洗分层(自来水从底部通入,利用阴、阳离子交换树脂密度的差异使之分层)—再生阴离子树脂(自顶部加入5% NaOH溶液,废液从底部排出)—正洗(阳柱水从顶部通入,废水从底部排出)—再生阳离子树脂(从中部进酸管加5%的HCl溶液,从底部排出废液)—正洗(从顶部通入纯水,从底部排出废液,洗至pH值为4~5)—混合、正洗(下端通压缩空气,上部抽气,使阴、阳离子交换树脂混合,然后用纯水从顶部正洗)。

C　电渗析法

电渗析法是利用膜分离技术除去自来水中的电解质。电渗析设备由阴离子交换膜、阳离子交换膜、浓水室和淡水室交替排列组成,见图2-5。

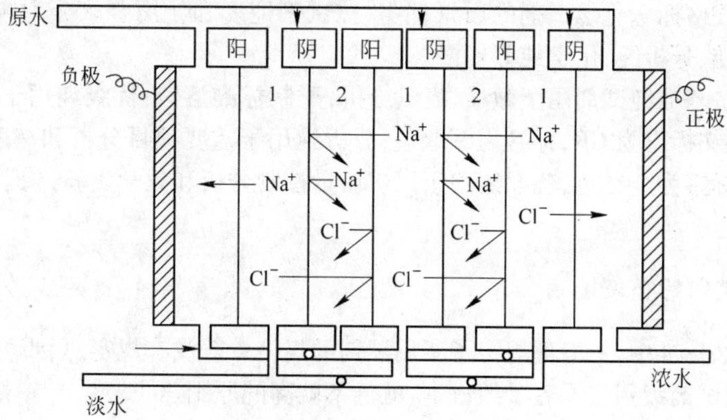

图2-5　电渗析器工作原理

1—淡水室;2—浓水室;阴—阴膜;阳—阳膜

2.6.2.2　纯水的贮存和使用

纯水的传输和贮存应该在聚乙烯等塑料管道或容器中。由于塑料管道或容器中的可溶成分易溶解在纯水中,空气中的二氧化碳等也会被水吸收,纯水会受到污染。因此纯水都不宜长期贮存。尤其是一级水,应在使用前临时制备。

纯水的使用应按分析方法的要求选择其纯度。工艺控制分析,三级水即可满足需要;超纯、半导体材料分析、痕量组分分析,可选用一级水。

2.6.3 化学试剂

2.6.3.1 化学试剂的分类

化学试剂品种繁多,可有不同的分类方法。以下类别是从事有色金属化学分析需要了解的。

A 基准试剂

基准试剂是化学分析中的标准物质。其化学组成恒定,纯度高,所含杂质很少。

在滴定分析时,可以直接用基准试剂配制一定浓度的标准溶液;高纯金属(属于高纯物质)可以直接配制一定浓度的离子标准溶液。

B 标准物质

标准物质也称标准样品(简称标样)。它是按相关标准样品研制的标准方法进行研制并经过鉴定、附有证书的样品。标准样品用于计量溯源、校正仪器、监控分析过程。

C 无机试剂

无机试剂有金属、非金属、氧化物、酸、碱、盐等。

D 有机试剂

有机试剂有烃、醇、醚、醛、有机酸、酯、胺等。

E 其他试剂

其他试剂有氧化剂、还原剂、显色剂、指示剂、络合剂、有毒试剂等。

2.6.3.2 化学试剂的规格

化学试剂的规格标志化学试剂的质量优劣,按试剂纯度和使用要求分为高纯(特纯)、光谱纯、基准纯、优级纯、分析纯、化学纯等规格。

高纯、光谱纯、基准纯试剂用于微量、痕量分析,配制标准溶液;优级纯用于仲裁分析和微量分析,优级纯的英文标志为GR,标签为深绿色;分析纯用于重要项目分析和一般分析,分析纯的英文标志为AR,标签为金红色;化学纯用于厂矿质量控制分析和教学实验,化学纯的英文标志为CR,标签为中蓝色。

2.6.3.3 化学试剂的合理选用

化学分析方法标准中,一般都规定了所用试剂的规格。若没有规定,只要可以满足分析方法准确度要求,选用试剂级别应本着节约成本、就低不就高的原则。

分光光度法要求所用试剂纯度较高,以降低测量空白值。

常量分析中,有时也选用较高纯度试剂,如滴定分析中,若试剂纯度不够,含有的杂质金属离子可能封闭指示剂,无法判断滴定终点。

2.6.3.4 化学试剂的使用管理

有毒试剂和腐蚀性试剂应单独放置;剧毒试剂应建立领用审批和登记制度。

试剂应有标识(标签),标明试剂名称、规格、质量、批号、出厂日期。

配制的液体试剂应在标签上标明名称、浓度、配制日期。有的试剂易变质失效,应注明有效期。取出的试剂不可再倒回原瓶。

打开易挥发试剂(如浓氨水、盐酸)瓶塞时,不要把瓶口对着脸部,高温季节时最好先在冷水中降温后再打开。这些操作,应在通风柜内进行。

复习思考题

1. 判断下列操作是否允许：

　(1)玻璃容器可以盛放：氢氟酸(　　)，浓硫酸(　　)，热的浓氢氧化钠溶液(　　)。

　(2)在铂坩埚中用王水溶解矿石(　　)。

　(3)聚四氟乙烯器皿中用硝酸＋氢氟酸溶解硅铜合金，加热到450℃以加速溶解(　　)。

2. 下列哪些器皿必须经过检定(校正)合格后方可使用：

　滴定管；烧杯；容量瓶；量筒、量杯；天平；移液管。

3. 使用天平称量时，应注意哪些事项？
4. 天平按结构可以分为哪两类，它们的工作原理分别是什么？
5. 化学分析用的纯水有哪几种制取方式？
6. 基准物质的特点是什么？
7. 什么叫标准物质(标准样品、标样)？
8. 化学试剂使用管理应注意哪些方面？

实　验

【实验】滴定管、容量瓶等玻璃器皿的准备、洗涤与试用

1. 实验目的

让初学者认识几种玻璃器皿；学习洗涤用于精确量取体积的滴定管、容量瓶和移液管等玻璃器皿的方法；了解滴定管、容量瓶、移液管等玻璃器皿校正的重要性。

2. 实验用品

滴定管(25mL或50mL)、容量瓶、移液管、量筒(杯)、烧杯、锥形瓶、洗瓶、漏斗、分液漏斗、长短毛刷、定性滤纸、重铬酸钾、硫酸、纯水、药物天平、洗衣粉、凡士林。

3. 实验内容

(1)了解各种玻璃器皿的名称、用途。

(2)讲解滴定管、容量瓶、移液管必须事先校正合格的道理。

(3)实际进行滴定管(25mL或50mL)的准备和洗涤：涂油、试漏、水冲洗、洗衣粉泡洗、铬酸洗液洗涤。

1)铬酸洗液洗涤配制：称取重铬酸钾20g，溶于40mL水中，边搅拌边缓缓加入360mL浓硫酸。冷却后小心倒入带磨口塞的玻璃瓶中，贴上铬酸洗液标签。

2)滴定管先用水冲洗、洗衣粉泡洗后，活塞孔若有堵塞，可用细丝剔去；管尖若有堵塞，可塞上活塞，滴定管充满水，将管尖部分浸入热水片刻，突然打开活塞，冲走污物，或小心用细丝剔去。

3)尽量控干滴定管内水分，关闭活塞，倒入铬酸洗液约为管子三分之一体积，两手端住滴定管，转动使洗液布满全管。立起，打开活塞，把洗液放回原瓶。若滴定管油垢多，可将洗液充满滴定管浸泡0.5h，甚至用温热洗液浸泡。洗液放出后，用水冲洗，再用纯水洗3～4次。

4)拔出滴定管活塞，用干净的滤纸把活塞和塞套内壁擦干。用手指蘸少量凡士林在活塞两头涂上薄薄一层，把活塞放入套内，朝一个方向旋转几次。用橡皮圈套住活塞另一头。经过试漏(滴定管充水，记下刻线，2min后液面不应下降；活塞转180°，再观察。若漏，重新涂凡士林，再试)合格。

(4)滴定管试用：

1)装1/3标准溶液(练习时,可用非标准溶液代替),从下口放出1~2mL,关闭活塞,横持滴定管慢慢转动,使溶液与管壁充分接触,从管口弃去溶液,倒空。再重复2~3次,每次都要冲洗下口。

2)装满标准溶液(练习时,可用非标准溶液代替),转动活塞,使溶液快速冲出,以便排出下端存留的气泡。关闭活塞,调节液面在0.00mL处,应能保持1min不变。

3)一般在锥形瓶或烧杯内滴定。左手握活塞(见图6-1)。练习控制活塞快滴、慢滴、逐滴放出、只放1滴、半滴(悬而未滴)等技术。

4)读数:滴定结束30s~1min后读数。无色溶液,视线与弯月面下缘实线最低点相切;有色溶液,视线与液面两侧最高点相切(见图6-2)。

(5)注意事项:

1)硫酸腐蚀衣物和皮肤,需小心操作;

2)配制铬酸洗涤溶液时应严格按2.1.2节表2-3方法操作。

3　溶液浓度和溶液配制

本章提要:谈到溶液浓度就涉及计量的关系,因此,首先介绍与化学分析有关的计量单位,其中重点介绍“物质的量”;表示溶液浓度的各种形式,特别是“物质的量浓度”;分别介绍一般溶液的配制和标准溶液的配制与标定。以上内容对化学分析的计算,尤其是对滴定分析的计算是必不可少的知识。

3.1　分析化学中的计量关系

分析化学是研究物质中各组分的量的多少,因此也有人称其为计量化学。所以,应该明了分析化学中的计量单位,熟练应用各种表示量的方法。

3.1.1　法定计量单位

3.1.1.1　法定计量单位的构成

法定计量单位是由国家以法令形式规定使用或允许使用的计量单位。

我国的法定计量单位是以国际单位制(SI)为基础,由以下五部分构成:

(1)国际单位制的基本单位,共有7个基本单位,如物质的量,单位名称是摩[尔],单位符号是mol;

(2)国际单位制中具有专门名称的导出单位,如压力、压强、应力的单位名称是帕[斯卡],单位符号是Pa;

(3)国家选定的非国际单位制单位,如体积(升,L),时间(年,a);

(4)由以上单位组成的组合形式的单位;

(5)由词头和以上单位构成的十进倍数和分数单位。

本章只介绍基本单位、词头和分析化学常用的计量单位。

3.1.1.2　国际单位制(SI)的基本单位

国际单位制(SI)的基本单位见表3-1。

表3-1　国际单位制(SI)的基本单位

量的名称	单位名称	单位符号
长　度	米	m
质　量	千克(公斤)	kg
时　间	秒	s
电　流	安[培]	A
热力学温度	开[尔文]	K
物质的量	摩[尔]	mol
发光强度	坎[德拉]	cd

3.1.1.3　国际单位制(SI)的词头

国际单位制(SI)的词头符号见表3－2。

表3－2　国际单位制(SI)的词头符号

表示的因数	10^{24}	10^{21}	10^{18}	10^{15}	10^{12}	10^{9}	10^{6}	10^{3}	10^{2}	10^{1}
词头名称	尧[它]	泽[它]	艾[可萨]	拍[它]	太[拉]	吉[咖]	兆	千	百	十
词头符号	Y	Z	E	P	T	G	M	k	h	da
表示的因数	10^{-1}	10^{-2}	10^{-3}	10^{-6}	10^{-9}	10^{-12}	10^{-15}	10^{-18}	10^{-21}	10^{-24}
词头名称	分	厘	毫	微	纳[诺]	皮[可]	飞[母托]	阿[托]	仄[普托]	幺[科托]
词头符号	d	c	m	μ	n	p	f	a	z	y

国际单位制(SI)词头共有20个,分别表示10的24次方至－24次方。

10^3 及以下的词头用小写拉丁字母表示,如:10^3 用词头k表示,1kg表示质量1千克,即1000克;3μg表示质量3微克,即 1×10^{-6} 克。

10^6 及以上的词头用大写拉丁字母表示,如:10^6 用词头M表示,1Mg表示质量1兆克,即 1×10^6 克;3Gg表示质量3吉克,即 1×10^9 克。

词头应用注意事项:

(1)词头不可重叠使用,如:质量3吉克,不能写成3kMg,应写成3Gg;

(2)词头不可单独使用,如:质量 $m=1$kg,不能写成 $m=1$k;

(3)两个及两个以上的字母构成的单位符号,必须作为一个整体看待。如 km^3 是“立方千米”,不是“千立方米”;

(4)天平感量1μg,一般不写成 1×10^{-3}mg。

3.1.2　分析化学常用的法定计量单位

3.1.2.1　物质的量

物质的量是国际单位制(SI)的7个基本单位之一,它表示一个系统中物质基本单元B的数目是多少。

物质的量的单位是摩尔(mol)。

当一个系统中,物质单元B的数目,与质量为0.012kg的碳－12的原子的数目相等时,物质单元B的物质的量就是1mol。

0.012kg的碳－12的原子的数目等于阿伏伽德罗常数,即 6.02×10^{23}。

因此,也可以说,物质的量是表示物质所含微粒数(N)与阿伏伽德罗常数(N_A)之比,即 $n=N/N_A$。物质的量是把微观粒子与宏观可称量物质联系起来的一个物理量。

如果在一个系统中,物质单元B的数目是质量为0.012kg的碳－12的原子的数目的几倍,那么物质单元B的物质的量就是几摩尔。

物质单元B是指分子、原子、离子、电子、光子等粒子或粒子的特定组合。如Cu的原子、Cl^- 离子、H_2SO_4 分子、$1/2H_2SO_4$ 粒子组合、$1/6Cr_2O_7^{2-}$ 粒子组合等等。

凡是提到“物质的量”,必须指明粒子的基本单元是什么。基本单元是Cu的原子、是 Cl^-、是 H_2SO_4 分子、是 $1/2H_2SO_4$ 粒子组合等等。

在使用摩尔表示物质的量时,应该用化学式指明粒子(基本单元B)的种类,而不使用该粒子的中文名称表示基本单元。

"物质的量"是这个物理量的整体名称,不能将"物质"与"量"分开来理解。

一般用 n_B 或 $n(B)$ 作为物质的量的符号。例如:

$n(H_2SO_4)=1mol$,表示系统中质量 98.08g 的硫酸,当以"H_2SO_4"作为基本单元时,其 H_2SO_4 分子数目与 0.012kg 的碳-12 的原子的数目相等,即含有 6.02×10^{23} 个 H_2SO_4 的分子。这时,H_2SO_4 的物质的量为 1mol。

$n(1/2H_2SO_4)=1mol$,表示系统中质量 49.04g 的硫酸,当以"$1/2H_2SO_4$"作为基本单元时,其 $1/2H_2SO_4$ 粒子组合的数目与 0.012kg 的碳-12 的原子的数目相等,即含有 6.02×10^{23} 个 $1/2H_2SO_4$ 的单元数。这时,$1/2H_2SO_4$ 的物质的量为 1mol。

$n(1/2H_2SO_4)=2mol$,表示系统中质量 98.08g 的硫酸,当以"$1/2H_2SO_4$"作为基本单元时,其 $1/2H_2SO_4$ 粒子组合的数目是 0.012kg 的碳-12 的原子的数目的 2 倍,即含有 $2\times6.02\times10^{23}$ 个 $1/2H_2SO_4$ 的单元数。这时,$1/2H_2SO_4$ 的物质的量为 2mol。

由此可以看出:同样是系统中质量 98.08g 的硫酸,当以"$1/2H_2SO_4$"作为基本单元时,$n(1/2H_2SO_4)=2mol$;而当以"H_2SO_4"作为基本单元时,$n(H_2SO_4)=1mol$。

$n(Cu)=2mol$,表示系统中质量 127.092g 的铜,当以"Cu"作为基本单元时,其 Cu 原子数目是 0.012kg 的碳-12 的原子的数目的 2 倍,即含有 $2\times6.02\times10^{23}$ 个 Cu 的原子。这时,Cu 的物质的量为 2mol。

$n(Cl^-)=3mol$,表示系统中质量 106.36g 的氯,当以"Cl^-"作为基本单元时,其 Cl^- 离子数目是 0.012kg 的碳-12 的原子的数目的 3 倍,即含有 $3\times6.02\times10^{23}$ 个 Cl^- 的离子。这时,Cl^- 的物质的量为 3mol。

可见,相同质量的同一物质,由于指定的基本单元不同,其物质的量也不同。因此,只有指明用化学式表示的粒子(基本单元 B)的种类,才能谈物质的量。

在分析化学中,尤其在滴定分析中,物质的量是使用方便的计量单位。

分析化学中,物质的量的单位除了用摩[尔]外,还用毫摩。

3.1.2.2 质量

质量表示物体中所含物质的多少,是表示物体惯性的物理量。质量与物体的形状、物体所处空间变化都无关,也不因高度、纬度的改变而改变。

一般用符号 m_B 或 $m(B)$ 表示 B 物质的质量。

质量的单位为千克(公斤),单位符号为 kg。分析化学中常用克(g)、毫克(mg)、微克(μg)、纳克(ng)。它们的关系是:

1kg = 1000g;1g = 1000mg;1mg = 1000μg;1μg = 1000ng。

3.1.2.3 摩尔质量

摩尔质量定义为质量(m_B)除以物质的量(n_B),是指定单元的物质的量为 1mol 时的物质的质量,也就是单位物质的量的物质所具有的质量。

摩尔质量的符号为 M_B 或 $M(B)$。

$$M_B=\frac{m_B}{n_B} \tag{3-1}$$

摩尔质量单位为千克/摩(kg/mol)。分析化学常用克/摩(g/mol 或 $g\cdot mol^{-1}$)。

在分析化学中,摩尔质量把物质的量与物质的质量联系起来,是计算时常用的一个量。

摩尔质量在数值上与表达该基本单元的分子(原子)的相对分子质量 M_r(相对原子质量 A_r)

相等。

例如：$KMnO_4$ 的相对分子质量 $M_r = 158.03$，其不同基本单元的摩尔质量分别是：

$$M_{KMnO_4} = 158.03\text{g/mol}$$

$$M_{\frac{1}{3}KMnO_4} = 52.68\text{g/mol}$$

$$M_{\frac{1}{5}KMnO_4} = 31.61\text{g/mol}$$

又如：铜的相对原子质量 $A_r = 63.546$，其不同基本单元的摩尔质量分别是：

$$M_{Cu} = 63.546\text{g/mol}$$

$$M_{Cu^{2+}} = 63.546\text{g/mol}$$

因此，确定了物质的基本单元之后，就可以确定其摩尔质量了。

分析化学中常用物质（试剂）的摩尔质量列入表 3－3，便于查找使用。本书附录 2 列出更多物质的相对分子质量，便于计算时使用。

表 3－3　分析化学常用物质的摩尔质量（M_B）

物　质	化 学 式	式　量	基本单元	M_B /g · mol^{-1}	重要化学反应式
氯化银	AgCl	143.32	AgCl	143.32	$Ag^+ + Cl^- \rightleftharpoons AgCl\downarrow$
硝酸银	$AgNO_3$	169.87	$AgNO_3$	169.87	$AgNO_3 + Cl^- \rightleftharpoons AgCl\downarrow + NO_3^-$
硫氢酸银	AgSCN	165.95	AgSCN	165.95	$AgNO_3 + NH_4SCN \rightleftharpoons AgSCN\downarrow + NH_4NO_3$
硫酸铜	$CuSO_4$	159.60	$CuSO_4$	159.60	$CuSO_4 + Zn \rightleftharpoons ZnSO_4 + Cu$
三氧化二铁	Fe_2O_3	159.69	Fe_2O_3	159.69	$Fe_2O_3 + 6HCl \rightleftharpoons 2FeCl_3 + 3H_2O$
硫酸亚铁铵	$FeSO_4 \cdot (NH_4)_2SO_4 \cdot 6H_2O$	392.13	$FeSO_4 \cdot (NH_4)_2SO_4 \cdot 6H_2O$	392.13	$6Fe^{2+} + Cr_2O_7^{2-} + 14H^+ \rightleftharpoons 6Fe^{3+} + 2Cr^{3+} + 7H_2O$
盐酸	HCl	36.46	HCl	36.46	$HCl + OH^- \rightleftharpoons H_2O + Cl^-$
硫酸	H_2SO_4	98.08	$1/2H_2SO_4$	49.04	$H_2SO_4 + 2OH^- \rightleftharpoons 2H_2O + SO_4^{2-}$
草酸	$H_2C_2O_4 \cdot 2H_2O$	126.07	$1/2H_2C_2O_4 \cdot 2H_2O$	63.04	$H_2C_2O_4 + 2OH^- \rightleftharpoons 2H_2O + C_2O_4^{2-}$
碘	I_2	253.81	$1/2I_2$	126.90	$I_3^- + 2e \rightleftharpoons 3I^-$
高锰酸钾	$KMnO_4$	158.04	$1/5KMnO_4$	31.61	$MnO_4^- + 8H^+ + 5e \rightleftharpoons Mn^{2+} + 4H_2O$
重铬酸钾	$K_2Cr_2O_7$	294.18	$1/6K_2Cr_2O_7$	49.03	$Cr_2O_7^{2-} + 14H^+ + 6e \rightleftharpoons 2Cr^{3+} + 7H_2O$
邻苯二甲酸氢钾	$KHC_8H_4O_4$	204.22	$KHC_8H_4O_4$	204.22	$KHC_8H_4O_4 + NaOH \rightleftharpoons KNaC_8H_4O_4 + H_2O$
氢氧化钠	NaOH	40.00	NaOH	40.00	$NaOH + H^+ \rightleftharpoons Na^+ + H_2O$
氯化钠	NaCl	58.45	NaCl	58.45	$NaCl + AgNO_3 \rightleftharpoons AgCl\downarrow + NaNO_3$
碳酸钠	Na_2CO_3	105.99	$1/2Na_2CO_3$	53.00	$Na_2CO_3 + 2H^+ \rightleftharpoons 2Na^+ + H_2O + CO_2\uparrow$
硫代硫酸钠	$Na_2S_2O_3 \cdot 5H_2O$	248.18	$Na_2S_2O_3 \cdot 5H_2O$	248.18	$2Na_2S_2O_3 + I_2 \rightleftharpoons Na_2S_4O_6 + 2NaI$
EDTA	$Na_2H_2Y \cdot 2H_2O$	372.24	$Na_2H_2Y \cdot 2H_2O$	372.24	$H_2Y^{2-} + M^{n+} \rightleftharpoons MY^{2-} + 2H^+$
氨水	$NH_3 \cdot H_2O$	35.05	$NH_3 \cdot H_2O$	35.05	$NH_3 + H^+ \rightleftharpoons NH_4^+$

3.1.2.4　体积

体积（容积）用符号 V 表示，国际单位为立方米（m^3）。在分析化学中常用升（L）、毫升（mL）和微升（μL），它们之间的关系是：

$$1m^3 = 1000L; 1L = 1000mL; 1mL = 1000\mu L$$

3.1.2.5　密度

密度是单位体积的质量，用符号 ρ 表示，单位是千克/米^3（kg/m^3）。分析化学中常用克/厘米^3(g/cm^3)或克/毫升(g/mL)。

由于体积受环境温度的影响,因此提到密度必须注明有关温度。

3.1.2.6 元素的相对原子质量

元素的相对原子质量是指元素的平均原子质量与^{12}C原子质量的1/12之比。

元素的相对原子质量用符号A_r表示,其量纲为1。以前称为原子量。

例如:Cu的相对原子质量是63.546,Al的相对原子质量是26.98。

3.1.2.7 物质的相对分子质量

物质的相对分子质量是指物质的分子或物质的特定单元的平均质量与^{12}C原子质量的1/12之比。

物质的相对分子质量用符号M_r表示,其量纲为1。以前称为分子量。

例如:硫酸(H_2SO_4)的相对分子质量是98.08,硫酸($1/2H_2SO_4$)的相对分子质量是49.04,重铬酸钾($1/6K_2Cr_2O_7$)的相对分子质量是49.03。

3.2 溶液浓度的不同表示方法

化学分析方法,一般在溶液中进行化学反应,通过反应测定化学组分的量。因此,随时用到各种浓度的溶液。

一般来说,溶液是混合物,有溶剂,有溶质。如果没有特别指明,本书说到溶液就是指水作溶剂的溶液。

溶液浓度通常是指在一定量的溶液中所含有的溶质的量。

在化学分析中,只要知道了溶液中待测物质的浓度,就可以根据溶液体积计算出待测物质的质量,进而计算待测物质的质量分数。

分析化学中常用的溶液的浓度表示方法有以下几种。

3.2.1 物质B的物质的量浓度

3.2.1.1 物质的量浓度

物质B的物质的量浓度,在化学分析中就简称B的浓度,定义为B的物质的量(n_B)除以溶液的体积(V)。

物质B的物质的量浓度以c_B或$c(B)$表示(c为英文小写斜体,下标B为英文大写正体),单位符号为mol/L或mol·L^{-1}(摩[尔]每升),即

$$c_B = \frac{n_B}{V} \tag{3-2}$$

式中 c_B——物质B的物质的量浓度,mol/L;

n_B——物质B的物质的量,mol;

V——溶液的体积,L。

c_B是浓度的通用符号,下标B指基本单元。

物质B的物质的量浓度还可用$c(B)$表示,例如:

$c(H_2SO_4)=1mol/L$的硫酸溶液,表示1L溶液中含H_2SO_4物质的量是1mol,硫酸的质量为98.08g;

$c(1/2H_2SO_4)=1mol/L$ 的硫酸溶液，表示 1L 溶液中含 $1/2H_2SO_4$ 物质的量是 1mol，硫酸的质量为 49.04g；

$c(Cl^-)=3mol/L$ 含氯溶液，表示 1L 溶液中含 Cl^- 物质的量是 3mol，氯的质量为 106.36g；

$c(Cu)=2mol/L$ 含铜溶液，表示 1L 溶液中含 Cu 物质的量是 2mol，铜的质量为 127.09g。

这里应将“物质的量浓度”作为一个整体的物理量来理解。

在滴定分析和重量分析等以化学反应为基础的化学分析方法中，使用物质的量浓度可以方便地计算出反应物或生成物的物质的量，进而计算出待测物质的质量，再求出其质量分数。

3.2.1.2　物质的量、物质的量浓度、质量、摩尔质量和溶液的体积的关系

根据式 3－1 和式 3－2，可以把物质的量浓度 c_B、摩尔质量 M_B、质量 m_B、溶液的体积 V 和物质的量 n_B 之间的关系用下式联系起来：

$$c_B=\frac{n_B}{V}=\frac{m_B}{VM_B} \tag{3-3}$$

只要指定了基本单元，摩尔质量 M_B 就是已知量了。因此，在式 3－3 的 5 个量中，只要再知道体积 V 和其他任意一个量，就可以求出另外两个未知量。

【例 3－1】　称取 8.0gNaOH，配成 1L 溶液，求 $c(NaOH)$ 是多少？

解：因 $M(NaOH)=40g/mol$

所以
$$c(NaOH)=\frac{m_B}{V\cdot M(NaOH)}=\frac{8.0g}{1L\times 40g\cdot mol^{-1}}=0.2mol/L$$

【例 3－2】　若配置 $c(1/5KMnO_4)=0.2mol/L$ 的溶液 500mL，需要称取 $KMnO_4$ 多少克？

解：$M(1/5KMnO_4)=31.61g/mol$

所需要称取 $KMnO_4$ 的质量为：

$$\begin{aligned}m_B&=c(1/5KMnO_4)\times V\times M(1/5KMnO_4)\\&=0.2mol/L\times 500\times 10^{-3}L\times 31.61g/mol\\&=3.16g\end{aligned}$$

3.2.1.3　物质 B 的不同基本单元之间物质的量的关系、物质的量浓度的关系

在一个系统中，对于一定质量 m 的 B 物质来说，不同基本单元之间物质的量的关系是：

$$\frac{n(B)}{n\left(\frac{1}{b}B\right)}=\frac{M\left(\frac{1}{b}B\right)}{M(B)}=\frac{1}{b} \tag{3-4}$$

在一个系统中，对于一定质量 m 的 B 物质来说，不同基本单元之间物质的量浓度的关系是：

$$\frac{c(B)}{c\left(\frac{1}{b}B\right)}=\frac{M\left(\frac{1}{b}B\right)}{M(B)}=\frac{1}{b} \tag{3-5}$$

式中 n、c、M 分别为物质的量、物质的量浓度、摩尔质量。利用这两个换算式，就可以在同一种物质的不同基本单元之间进行相互换算。

如：在 1L 溶液中，重铬酸钾的质量为 294.18g。则，$n(K_2Cr_2O_7)=1mol/L$。

若换算成$n\left(\frac{1}{6}K_2Cr_2O_7\right)$,按式3-4得:$\frac{n(K_2Cr_2O_7)}{n\left(\frac{1}{6}K_2Cr_2O_7\right)}=\frac{1}{6}$

则$n\left(\frac{1}{6}K_2Cr_2O_7\right)=6n(K_2Cr_2O_7)=6\text{mol/L}$

【例3-3】 已知物质的量$n(MnO_4^-)=1\text{mol}$,根据需要换算成$n(\frac{1}{3}MnO_4^-)$,$n(\frac{1}{5}MnO_4^-)$;已知浓度$c(MnO_4^-)=1\text{mol/L}$的溶液,根据需要换算成$c(\frac{1}{3}MnO_4^-)$,$c(\frac{1}{5}MnO_4^-)$。

解:

按式3-4进行换算

$$n(\frac{1}{3}MnO_4^-)=3n(MnO_4^-)=3\text{mol}$$

$$n(\frac{1}{5}MnO_4^-)=5n(MnO_4^-)=5\text{mol}$$

按式3-5进行换算

$$c(\frac{1}{3}MnO_4^-)=3c(MnO_4^-)=3\text{mol/L}$$

$$c(\frac{1}{5}MnO_4^-)=5c(MnO_4^-)=5\text{mol/L}$$

3.2.2 物质B的质量浓度

物质B的质量浓度定义为物质B的质量(m_B)除以溶液(混合物)的体积(V)。即

$$\rho_B=\frac{m_B}{V} \tag{3-6}$$

式中 ρ_B——物质B的质量浓度,g/L;

m_B——物质B的质量,g;

V——溶液的体积,L。

若V用毫升(mL),则ρ_B的单位为g/mL。与密度单位相同。

例如:$\rho(NH_4Cl)=10\text{g/L}$氯化铵溶液,表示1L氯化铵溶液中含有10g NH_4Cl;$\rho(Cu^{2+})=0.050\text{mg/mL}$铜标准溶液,表示每毫升含铜溶液中有铜0.050mg。为了应用方便,还可以根据浓度的大小,选择以下ρ_B的各种单位:

mg/L(毫克每升)、μg/L(微克每升)、g/mL(克每毫升)、mg/mL(毫克每毫升)、μg/mL(微克每毫升)和ng/mL(纳克每毫升)等。

以前使用的ppm、ppb、ppt等表示溶液浓度的方式应予废止。

在分光光度法和原子吸收光谱法等方法中,使用质量浓度表示工作曲线的各点的浓度和待测物质的浓度,可以比较方便地计算出待测物质的质量,再求出其质量分数。

【例3-4】 原子吸收法测定Cu。已知两份Cu的标准溶液的质量浓度分别为5.00μg/mL和10.00μg/mL,测得其吸光度分别是0.180和0.355。同时测得含Cu待测溶液的吸光度是0.27。计算待测溶液中Cu的质量浓度c。

解:由吸收定律,吸光度与浓度在一定条件下成正比,用内插法可以方便地计算出待测溶液中Cu的质量浓度c。

$$\frac{c-5.00}{10.00-5.00}=\frac{0.27-0.18}{0.355-0.18}$$

得出 $c=7.57\mu g/mL$。

当质量浓度以 g/L 为单位时，质量浓度 ρ_B 与物质的量浓度 c_B、摩尔质量 M_B 之间的关系是：

$$\rho_B=c_BM_B$$

【例 3－5】 已知铅标准溶液的质量浓度 $\rho(Pb^{2+})=1.0mg/mL$，求 $c(Pb^{2+})$。

解：因 $M(Pb^{2+})=207.2g/mol$，$\rho(Pb^{2+})=1.0mg/mL=1.0g/L$

所以 $$c(Pb^{2+})=\frac{\rho(Pb^{2+})}{M(Pb^{2+})}=\frac{1.0g/L}{207.2g/mol}=0.00483mol/L$$

3.2.3 物质 B 的质量分数

有色金属及其合金中，某元素（或组分）在金属或合金中的量有多少，通常用该元素（或组分）的质量分数来表示。

质量分数常常是用来表示固体物质中各组分的浓度的一种方法。

例如 H62 黄铜中，Cu 的质量分数是 62% 左右；又如 1A99 纯铝中，Si 的质量分数要控制在 0.003% 以下。

市售的浓酸、浓碱溶液也常用质量分数表示其浓度。例如市售的浓盐酸中，HCl 的质量分数是 36% ~38%；浓硫酸中，H_2SO_4 的质量分数是 95% ~98%。

物质 B 的质量分数定义为：混合物中物质 B 的质量 m_B 与混合物的总质量 m_0 之比，以 w_B 表示。

$$w_B=\frac{m_B}{m_0}$$

质量分数是相同物理量之比，因此其量纲为 1，一律以 1 作为其 SI 单位。但是在量值的表达时这个 1 并不出现，而是以纯数表达，例如 $w(HCl)=38$。

实际应用时，一般用以下两种方式表达质量分数。

3.2.3.1 以“百分数”表达质量分数

即 $$w_B=\frac{m}{m_0}\times100\% \qquad (3-7)$$

例如：$w(HCl)=38\%$；$w(Cu)=62\%$。

3.2.3.2 以分子、分母不同的质量单位表达质量分数

例如：$w(Si)=0.003\%$，也可以表达为 $30.0\mu g/g$ 或 $0.030mg/g$。

以前使用的 ppm、ppb、ppt 等表示固体混合物浓度的方式应予废止。

例如零号无氧铜 TU0 中，控制磷的质量分数不大于 0.0003%，也可以写成不大于 $3\mu g/g$ 或 $w(P)\leqslant3\times10^{-6}$。但是不可以再写成 $w(P)\leqslant3ppm$。

3.2.4 比例浓度

在稀释浓的溶液为稀的溶液时，在配制固体混合物指示剂时，常用比例浓度。

比例浓度有容量比浓度和质量比浓度两种形式。

容量比浓度是两种（或几种）试剂相互混合或用溶剂（一般为水）稀释浓的试剂时的表示方

法。例如 HCl(1+5)溶液表示由1体积的市售的浓盐酸与5体积的纯水混合而成。

质量比浓度是两种(或几种)固体相互混合时的表示方法。例如钙指示剂-氯化钠(1+100)混合指示剂,表示由1单位质量的钙指示剂和100个单位质量的氯化钠相互混合而成。

3.2.5 滴定度

滴定分析时常用滴定度表示标准溶液的浓度。有时使用滴定度计算比较方便。

3.2.5.1 滴定度的两种表示方法

A 用 $T_{被测物质/滴定剂}$ 表示

这是指1mL滴定剂标准溶液相当于试液中待测物质的质量,单位是g/mL。

例如使用滴定度为 $T_{Fe/K_2Cr_2O_7}=0.003489g/mL$ 的重铬酸钾标准溶液氧化滴定溶液中的 Fe^{2+},消耗了滴定剂溶液24.75mL,则该溶液中含 Fe^{2+} 的质量为:

$$m=0.003489g/mL\times24.75mL=0.08635g$$

B 用 $T_{滴定剂/被测物质}$ 表示

例如,$T_{AgNO_3/Cl^-}=0.001000g/mL$ 溶液,表示滴定每消耗1mL $AgNO_3$ 标准溶液,就相当于试液中含 Cl^- 0.001000g。

3.2.5.2 滴定度的实际应用

在工矿企业中,常规分析的合金和待测的元素比较固定,用滴定度计算其质量分数时,只需将滴定度乘以所消耗的滴定剂(标准溶液)的体积(mL),即可得到待测元素的质量,计算起来十分方便。

再进一步,如果每次称取试样的质量是固定的,那么滴定度可直接用1mL标准溶液相当于待测物质的质量分数表示。这样,只需将滴定度乘以滴定所消耗的滴定剂(标准溶液)的体积(mL),即可直接得到待测元素的质量分数。

例如,$T_{Fe/K_2Cr_2O_7}=1.02\%\ Fe/mL$ 的 $K_2Cr_2O_7$ 溶液,表示当所称取试样的质量固定时,滴定每消耗1mL $K_2Cr_2O_7$ 标准溶液,就相当于试样含Fe1.02%。若滴定到终点消耗 $K_2Cr_2O_7$ 标准溶液20.00mL,那么该试样中 $w(Fe)=1.02\%\times20.00=20.4\%$。

如果预先编制"标准溶液体积(mL)-试样中待测元素的质量分数表",那么,滴定结束后,由所消耗的滴定剂(标准溶液)的体积(mL),就可以从表上查到待测元素的质量分数,省去了计算步骤,减少了出现计算差错的机会。

3.3 一般溶液的配制方法

一般溶液是指非标准溶液。例如溶解样品加入的酸、碱等,调整溶液pH值加入的酸、碱、缓冲溶液,分离或掩蔽干扰离子而加入的试剂等,都属于一般溶液。

配制一般溶液对其浓度的精度要求不高,1位或2位有效数字即可。配制时称取固体试剂的质量,可以使用架盘天平称量;量取液体的体积,可以使用量筒、量杯量取。

3.3.1 以物质的量浓度表示的一般溶液配制

3.3.1.1 用固体试剂配制

由式3-3可知,配制物质的量浓度为 c_B、配制溶液的体积为 V 时,需要称取的固体物质的质

量 m_B 为：

$$m_B = c_B \times V \times M_B(\text{当} V \text{以升为单位时}) \quad (3-8)$$

或

$$m_B = c_B \times M_B \times \frac{V}{1000}(\text{当} V \text{以毫升为单位时}) \quad (3-9)$$

式中　M_B——配制物的摩尔质量，g/mol；

c_B——欲配制的物质的量浓度，mol/L；

V——欲配制的溶液的体积，L 或 mL；

m_B——需要称取的固体物质的质量，g。

【例 3-6】　欲配制 $c(Na_2CO_3) = 0.5$mol/L 溶液 500mL，如何配制？

解：按式 3-9 计算

$$m(Na_2CO_3) = c(Na_2CO_3) \times M(Na_2CO_3) \times \frac{V}{1000}$$

$$= 0.5\text{mol/L} \times 106\text{g/mol} \times \frac{500\text{L}}{1000}$$

$$= 26.5\text{g}$$

称取 26.5g 固体 Na_2CO_3，溶解于水中，用水稀释到 500mL，混匀。

3.3.1.2　用浓溶液配制稀溶液

溶液稀释前后，其溶质的物质的量不会改变。因此下式成立：

$$c_{\text{浓}} V_{\text{浓}} = c_{\text{稀}} V_{\text{稀}} \quad (3-10)$$

式中　$c_{\text{浓}}$——浓溶液的物质的量浓度，mol/L；

$V_{\text{浓}}$——需要量取浓溶液的体积，L；

$c_{\text{稀}}$——稀溶液的物质的量浓度，mol/L；

$V_{\text{稀}}$——稀释后的溶液的体积，L。

所以，稀释所需要的浓溶液的体积 $V_{\text{浓}} = \dfrac{c_{\text{稀}} V_{\text{稀}}}{c_{\text{浓}}}$。

【例 3-7】　用 $c_1(HCl) = 12$mol/L 的市售盐酸配制 $c_2(HCl) = 2$mol/L 的溶液 2L，需用多少浓溶液？

解：根据上式，需用浓溶液 $V_1 = \dfrac{c_2 \times V_2}{c_1}$

$$= \frac{2\text{mol/L} \times 2\text{L}}{12\text{mol/L}}$$

$$= 0.334\text{L}$$

$$= 334\text{mL}$$

量取 334mL 市售浓盐酸倒入 2L 的容器中，加水到 2L 刻度，混匀。

如果给出的不是浓溶液的物质的量浓度，而是浓溶液的密度 ρ(g/mL)和质量分数(%)，那么由它们的乘积，可以计算每 1mL 浓溶液的溶质的质量；而由公式 $m_B = c_B \times M_B \times \dfrac{V}{1000}$ 可以计算出稀释后溶液中溶质的全部质量，进而可以计算出所需浓溶液的体积：

$$V_{\text{浓}} = \frac{c_{\text{稀}} \times M_B \times \frac{V_{\text{稀}}}{1000}}{\rho_{\text{浓}} \times \text{质量分数}} \quad (3-11)$$

式中 M_B——配制物质的摩尔质量，g/mol；

$\rho_{浓}$——浓溶液的密度，g/mL；

$V_{浓}$——需要量取浓溶液的体积，mL；

$c_{稀}$——稀溶液的物质的量浓度，mol/L；

$V_{稀}$——稀释后的溶液的体积，mL。

注意：式 3-11 计算结果是用毫升（mL）作为体积的单位，与式 3-10 不同。

【例 3-8】 配制 $c(H_3PO_3)=0.5mol/L$ 的稀磷酸溶液 500mL，应量取密度 $\rho=1.69g/mL$、质量分数 85% 的市售浓磷酸多少毫升？

解：按式 3-11 计算

$$V_{浓}=\frac{c_{稀}\times M_B\times\frac{V_{稀}}{1000}}{\rho_{浓}\times 质量分数}$$

$$=\frac{0.5mol/L\times 98.00g/mol\times\frac{500L}{1000}}{1.69g/mL\times 85\%}$$

$$=17.05mL$$

$$\approx 17mL$$

量取市售浓磷酸 17mL，加水到 500mL，混匀，即可得到 $c(H_3PO_3)=0.5mol/L$ 的稀磷酸溶液。

3.3.2 以质量浓度表示的一般溶液配制

用分光光度法和原子吸收法配制标准曲线溶液时，若以质量浓度 ρ_B 表示溶液浓度，可使计算简单、方便。常用的质量浓度单位为 g/L、g/mL、mg/mL、μg/mL。

以前用的质量百分浓度应改为质量浓度表示。

若配制溶液的体积为 V(mL)、质量浓度为 ρ_B(g/mL) 的溶液时，需要称取的固体试剂的质量可按式 3-6 计算：

$$\rho_B=\frac{m_B}{V}$$

$$m_B=\rho_B\times V \tag{3-12}$$

式中 m_B——配制溶液需要称取的固体试剂的质量，g；

ρ_B——配制溶液的质量浓度，g/mL；

V——配制溶液的体积，mL。

若 ρ_B 单位用 g/L 时，溶液体积 V 也要换算为 L。

例如：配制质量浓度 20g/L 的亚硫酸钠溶液 200mL。需要称取的固体亚硫酸钠质量为：

$$m_B=20g/L\times\frac{200L}{1000}=4g$$

即称取 4g 亚硫酸钠，用水溶解后加水到 200mL 混匀即可。

3.3.3 以体积比例浓度表示的一般溶液配制

用液体浓溶液稀释成稀溶液时，常用体积比例浓度。

若配制 $(A+B)$ 溶液 V(mL)，A 一般指浓溶液的体积比例份数；B 一般指水等溶剂的体积比例份数。那么：

应该量取 A 溶液的体积 $V_A = V \times \frac{A}{A+B}$ (3-13)

应该量取 B 溶液的体积 $V_B = V \times \frac{B}{A+B}$ (3-14)

例如：配制 $H_2SO_4(5+95)$ 溶液 500mL，应该量取浓 H_2SO_4 溶液的体积 $V_A = 500 \times \frac{5}{5+95} = 25mL$；应该量取纯水的体积 $V_B = 500 \times \frac{95}{5+95} = 475mL$。配制时应该一边搅拌，一边将 25mL 浓硫酸慢慢倒入 475mL 水中。

3.4　标准溶液的配制方法

确切知道准确浓度的溶液称为标准溶液。标准溶液的浓度的准确度直接影响到分析结果的准确度。因此，对标准溶液的配制、储存、使用都有严格要求，应按照 GB 601—1988"化学试剂滴定分析（容量分析）用标准溶液的制备"执行。

标准溶液可分为滴定分析用标准溶液、离子标准溶液和特殊用途标准溶液。后一种标准溶液是校正仪器专用，如校正分光光度计波长、校正 pH 计等专用溶液。这里只介绍前两种标准溶液。

3.4.1　滴定分析用标准溶液配制

3.4.1.1　直接配制法

基准物质（见 2.6.3 节）经干燥后，可以在分析天平上准确称量，溶解后在经过校正的容量瓶中稀释到刻度，混匀，即可计算出其准确的浓度。

常用的基准物质及干燥条件见表 3-4。

表 3-4　常用基准物质及干燥条件

基准物质	化学式	式量	使用前干燥条件
铜	Cu	63.546	用2%乙酸、水、乙醇依次洗涤，置干燥器保存24h以上
锌	Zn	65.38	用1+3HCl、水、乙醇依次洗涤，置干燥器保存24h以上
邻苯二甲酸氢钾	$KHC_8H_4O_4$	204.22	105～110℃
重铬酸钾	$K_2Cr_2O_7$	294.18	120℃
三氧化二砷	As_2O_3	197.84	置浓硫酸干燥器中干燥到恒量
碳酸钠	Na_2CO_3	105.99	270～300℃
草酸钠	$Na_2C_2O_4$	134.00	105～110℃
碘酸钾	KIO_3	214.00	130℃
溴酸钾	$KBrO_3$	167.00	130℃
硝酸银	$AgNO_3$	169.87	置浓硫酸干燥器中干燥到恒量

【例 3-9】　欲配制 $c(1/6)K_2Cr_2O_7 = 0.1000mol/L$ 标准溶液 500mL，应如何配制？

解：按式 3-9 计算出需要 $K_2Cr_2O_7$ 的质量

$$m_B = c_B \times M_B \times \frac{V}{1000}$$

$$= 0.1000mol/L \times \frac{294.18}{6}g/mol \times \frac{500L}{1000}$$

$=2.4515g$

准确称取基准物质 $K_2Cr_2O_7$ 2.4515g，溶解于水中，移入 500mL 经过校正的容量瓶中，加水到刻度，混匀。

【例 3－10】 欲配制 $T_{Cl^-/AgNO_3}=0.001000gCl^-/mLAgNO_3$ 溶液 500mL，应如何配制？

解：滴定反应 $AgNO_3 + Cl^- \longrightarrow AgCl\downarrow + NO_3^-$

$169.87:35.453$

$x:0.001\times500$

$35.453\times x = 169.87\times0.001\times500$

$x = 2.396(g)$

准确称取干燥恒量的基准物质 $AgNO_3$ 2.396g，溶于水，移入 500mL 经过校正的容量瓶中，加水到刻度，混匀。

3.4.1.2 标定法

很多物质是非基准物质，不能直接配制准确的标准溶液。例如高锰酸钾不易提纯，浓盐酸中的氯化氢易挥发，固体氢氧化钠易吸收水分，它们都不能用来直接配制标准溶液。所以，一般先将这些物质配成近似所需浓度的溶液，再用基准物质测定其准确浓度。这一操作称为“标定”。

标定方法有直接标定和间接标定两种。

A 直接标定

若待标定的物质可以和某基准物质进行滴定反应，则可根据反应的定量关系，确定待标定物质的准确浓度。例如标定 HCl 标准溶液，可用基准物质无水碳酸钠进行标定。具体方法见滴定分析中酸碱滴定（6.4.5 节）有关内容。

实际工作中，也可以用有证标准物质（标准样品、标样）进行标定。例如称取质量为 m(g)、已知品位（质量分数）为 c 的基准物铜，用硝酸溶解后调节酸度，加入碘化钾溶液，以待标定的硫代硫酸钠（$Na_2S_2O_3$）溶液滴定到淡黄色，加入淀粉溶液，继续滴定到淡蓝色，加入硫氰酸钾溶液，再滴定到淡蓝色，加入乙酸铅溶液，再滴定到淡黄色为终点。读出消耗硫代硫酸钠溶液的体积 V(mL)。若多次平行测定的平均体积为 $\overline{V}$(mL)，那么滴定度 $T_{Cu/Na_2S_2O_3}=\dfrac{m\times c}{\overline{V}}$(gCu/mL)。

如果标定硫代硫酸钠（$Na_2S_2O_3$）溶液时，称取的基准物铜的质量和日常分析时称取试样铜（或粗铜、铜合金）的质量 m 是相同的，操作方法也相同，那么滴定度可以直接表示为每 1mL 的 $Na_2S_2O_3$ 标准溶液相当于 Cu 的质量分数，这样计算起来就更方便了。

B 间接标定

若没有合适的用以直接标定的基准物质，只能用其他已知浓度的标准溶液来标定。例如乙酸溶液的标定，只能用经过基准物质邻苯二甲酸氢钾标定过的 NaOH 标准溶液来标定。

间接标定经过两次滴定，量值传递环节多，产生的误差较大。

3.4.2 离子标准溶液配制

在分析试样中的少量、微量及痕量组分时，要使用低浓度的离子标准溶液。例如采用分光光度法、原子吸收光谱法、等离子发射光谱法，制作工作曲线时，需配制不同浓度的离子标准溶液，做加入回收试验也需要离子标准溶液。

配制离子标准溶液使用的物质（即单质或化合物）的纯度应符合基准物质的要求。

离子标准溶液，浓度常用 mg/mL（毫克每毫升）、μg/mL（微克每毫升）表示。

实际工作中，一般先配制成储存离子标准溶液，其浓度为0.1mg/mL或更大的浓度；当直接使用的标准溶液，其浓度低于0.1mg/mL时，可在使用前临时用储存离子标准溶液稀释配制。稀释时要注意保持一定酸碱度。

【例3-11】 配制1000mL 0.0100mg/mL（即10.0μg/mL）的铜标准溶液。

解：由于欲配制的标准溶液浓度低于0.1mg/mL，因此应先配制较浓的储存溶液。

铜标准储存溶液：称取1.0000g纯铜（铜的质量分数不小于99.95%），置于250mL烧杯中，加入40mL硝酸（1+1），盖上表皿，加热至完全溶解，煮沸除去氮的氧化物，用水洗涤表皿及杯壁，冷却。移入1000mL容量瓶中，用水稀释至刻度，混匀。此溶液1mL含铜1mg。

铜标准溶液1：移取100.00mL铜标准储存溶液于1000mL容量瓶中，加水到刻度，混匀。此溶液1mL含铜0.100mg。

铜标准溶液2：移取100.00mL铜标准溶液1于1000mL容量瓶中，加水到刻度，混匀。此溶液1mL含铜0.0100mg。

【例3-12】 配制500mL 0.0050mg/mL（即5.0μg/mL）的磷标准溶液。

解：先配制较浓的储存溶液。

磷标准储存溶液：称取0.4394g优级纯磷酸二氢钾（KH_2PO_4，预先经100~105℃烘干并置于干燥器中冷却至室温），置于250mL烧杯中，加水溶解。移入1000mL容量瓶中，以水稀释至刻度，混匀。此溶液1mL含磷100μg。

磷标准溶液：移取25.00mL磷标准储存溶液于500mL容量瓶中，加水到刻度，混匀。此溶液1mL含磷5.0μg。

3.5　溶液配制注意事项

注意事项如下：

（1）制备标准溶液用水，若无特殊规定，至少应符合三级水规格。

（2）所用试剂纯度在分析纯以上。

（3）所用计量器具，如天平（包括砝码）、滴定管、容量瓶及移液管，均需经过检定（校正）。

（4）一般应在20℃配制和使用标准溶液。当测定准确度要求较高时，应按表3-5进行补正，补正到20℃时的体积再进行计算。

表3-5　标准溶液温度补正值①　（mL/L）

温度/℃	标准溶液的浓度及介质					
	0~0.05mol/L 各种水溶液	0.1~0.2mol/L 各种水溶液	0.5mol/L HCl溶液	1mol/L HCl溶液	0.5mol/L NaOH溶液或（$1/2H_2SO_4$）溶液	1mol/L NaOH溶液或0.5mol/L H_2SO_4溶液
5	+1.38	+1.7	+1.9	+2.3	+2.4	+3.6
6	+1.38	+1.7	+1.9	+2.2	+2.3	+3.4
7	+1.36	+1.6	+1.8	+2.2	+2.2	+3.2
8	+1.33	+1.6	+1.8	+2.1	+2.2	+3.0
9	+1.29	+1.5	+1.7	+2.0	+2.1	+2.7
10	+1.23	+1.5	+1.6	+1.9	+2.0	+2.5
11	+1.17	+1.4	+1.5	+1.8	+1.8	+2.3
12	+1.10	+1.3	+1.4	+1.6	+1.7	+2.0

续表 3-5

温度/℃	标准溶液的浓度及介质					
	0~0.05mol/L 各种水溶液	0.1~0.2mol/L 各种水溶液	0.5mol/L HCl 溶液	1mol/L HCl 溶液	0.5mol/L NaOH 溶液或 ($1/2H_2SO_4$)溶液	1mol/L NaOH 溶液或 0.5mol/L H_2SO_4 溶液
13	+0.99	+1.1	+1.2	+1.4	+1.5	+1.8
14	+0.88	+1.0	+1.1	+1.2	+1.3	+1.6
15	+0.77	+0.9	+0.9	+1.0	+1.1	+1.3
16	+0.64	+0.7	+0.8	+0.8	+0.9	+1.1
17	+0.50	+0.6	+0.6	+0.6	+0.7	+0.8
18	+0.34	+0.4	+0.4	+0.4	+0.5	+0.6
19	+0.18	+0.2	+0.2	+0.2	+0.2	+0.3
20	0.00	0.00	0.00	0.00	0.00	0.00
21	−0.18	−0.2	−0.2	−0.2	−0.2	−0.3
22	−0.38	−0.4	−0.4	−0.5	−0.5	−0.6
23	−0.58	−0.6	−0.7	−0.7	−0.8	−0.9
24	−0.80	−0.9	−0.9	−1.0	−1.0	−1.2
25	−1.03	−1.1	−1.1	−1.2	−1.3	−1.5
26	−1.26	−1.4	−1.4	−1.4	−1.5	−1.8
27	−1.51	−1.7	−1.7	−1.7	−1.8	−2.1
28	−1.76	−2.0	−2.0	−2.0	−2.1	−2.4
29	−2.01	−2.3	−2.3	−2.3	−2.4	−2.8
30	−2.30	−2.5	−2.5	−2.6	−2.8	−3.2
31	−2.58	−2.7	−2.7	−2.9	−3.1	−3.5
32	−2.86	−3.0	−3.0	−3.2	−3.4	−3.9
33	−3.04	−3.2	−3.3	−3.5	−3.7	−4.2
34	−3.47	−3.7	−3.6	−3.8	−4.1	−4.6
35	−3.78	−4.0	−4.0	−4.1	−4.4	−5.0
36	−4.10	−4.3	−4.3	−4.4	−4.7	−5.3

①用法说明:因为 1L[$c(1/2H_2SO_4)=1mol/L$]硫酸溶液,相当于 1L[$c(H_2SO_4)=0.5mol/L$]硫酸溶液,因此,如在 25℃时,可查 0.5mol/L H_2SO_4 溶液一栏,得其补正值为 −1.5,即换算为 20℃的体积应为:1000mL − 1.5mL = 998.5mL。若 40.00mL[$c(1/2H_2SO_4)=1mol/L$]硫酸溶液,则换算为 20℃的体积应为:$40+\frac{-1.5}{1000}\times 40=40-0.06=39.4$mL。

(5)对标准溶液进行"标定"或"比较"时,平行实验不少于 8 次,两人各做 4 次平行测定,每人 4 次平行测定结果的极差 R_{max} 与平均值 $\overline{X}$ 之比不得大于 0.1%。此时,"标定"或"比较"结果可取平均值,一般保留 4 位有效数字。

(6)碘量法反应时,溶液温度应在 20℃以下。

(7)滴定用标准溶液在常温(15~25℃)下保存时间不应超过 2 个月。

(8)有规模的实验室,应该固定专人配制、管理标准溶液。

(9)储存标准溶液的容器上应标明溶液名称、浓度、溶液介质、配制日期、有效日期、配制人等。

(10)分析用各种容器须用纯水洗涤3次以上。

(11)见光易分解的试剂应在棕色容器中存放。

复习思考题

1. 物质的量的单位名称是________,单位符号是________。
2. 判断下列说法是否正确:

①凡是说到物质的量,就必须明确指明该物质的基本单元。(　　)

②基本单元可以是原子、分子、离子、电子及其他粒子,或者是这些粒子的特定组合。(　　)

③基本单元要用元素符号、化学式、离子符号、其他粒子符号表示,或者是用化学式和粒子符号表示的特定组合,并将这些符号写在括号中。如 $n(Cu)$、$n(Cl_2)$、$n(MnO_4^-)$、$n(\frac{1}{6}Cr_2O_7^{2-})$。(　　)

④基本单元也可用中文名称或英文缩写表示,如 n(铜)、n(氯气)、n(高锰酸根)。(　　)

⑤相同质量的同一物质,由于采用的基本单元不同,其物质的量的数值也不同。(　　)

3. 摩尔质量的定义是什么,化学分析中常用的摩尔质量的单位是什么?
4. 已知 $Al_2(SO_4)_3$ 的质量 $m=85.5g$,求 $n(Al^{3+})$、$n(SO_4^{2-})$。
5. 已知 H_2SO_4 的质量 $m=147g$,求 $n(H_2SO_4)$、$n(1/2H_2SO_4)$。
6. 称取 49.03g $K_2Cr_2O_7$ 配制 5.00L 溶液,求该溶液 $c(K_2Cr_2O_7)$、$c(1/6K_2Cr_2O_7)$。
7. 已知铜标准溶液的质量浓度 $\rho(Cu^{2+})=1.000g/L$,求 $c(Cu^{2+})$。
8. 配制 1000mL $c(HNO_3)=0.100mol/L$ 的硝酸溶液,应取密度 $\rho=1.42g/mL$、$w(HNO_3)=69.8\%$ 的浓硝酸多少?
9. 用燃烧法测定钢中的硫。称取 $w(S)$ 为 0.064% 的钢的标准样品 1.000g 来标定 I_2 溶液,消耗 I_2 溶液 5.00mLI_2,求 $c(I_2)$。化学反应:$S+O_2+I_2+2H_2O=H_2SO_4+2HI$。
10. 以 $AgNO_3$ 标准溶液滴定溶液中的 Cl^-,欲配制 $T_{Cl^-/AgNO_3}=0.001000gCl^-/mL$ 溶液 1000mL,应如何配制?
11. 欲配制 10μg/mL 锌标准溶液 100mL,应如何配制(盐酸性溶液)?
12. HCl(1+3)比例浓度溶液相当于物质的量浓度 $c(HCl)$ 是多少?
13. 用基准物 Na_2CO_3 标定 0.1mol/LHCl 溶液,若消耗 HCl 溶液 30mL,则应称取 Na_2CO_3 多少克?
14. 称取草酸($H_2C_2O_4\cdot 2H_2O$)0.3808g,溶解于水,用 NaOH 溶液滴定,到终点消耗 NaOH 溶液 24.56mL,计算 NaOH 溶液的物质的量浓度 $c(NaOH)$。

实　验

【实验1】一般溶液的配制

1. 实验目的

(1)学会配制比例浓度溶液;

(2)学会配制质量浓度溶液;

(3)学会配制物质的量浓度溶液。

2. 实验用品

(1)盐酸(ρ1. 19g/mL);

(2)钼酸铵[$(NH_4)_6Mo_7O_{24}\cdot 4H_2O$](固体);

(3)乙二胺四乙酸二钠($C_{10}H_{14}N_2O_8Na_2\cdot 2H_2O$)(固体)。

3. 实验内容

(1)配制 HCl(1+1)比例浓度溶液:量取 20. 0mL 浓 HCl,注入到 20mL 水中,摇匀。此溶液即为 HCl(1+1)比例浓度溶液。

(2)配制钼酸铵[$(NH_4)_6Mo_7O_{24}\cdot 4H_2O$](100g/L)质量浓度溶液:称取 10g 钼酸铵[$(NH_4)_6Mo_7O_{24}\cdot 4H_2O$],溶于 80mL 水中,摇匀。冷却后用水稀释至 100mL,摇匀。

(3)配制 EDTA 0. 1mol/L 物质的量浓度溶液:称取 9. 3g 乙二胺四乙酸二钠($C_{10}H_{14}N_2O_8Na_2\cdot 2H_2O$),溶于约 100mL 热水中,冷却,移入 250mL 容量瓶中,用水稀释至刻度,混匀。

4. 实验报告

写出配制过程,能够计算比例浓度、质量浓度和物质的量浓度的配制时各种试剂的用量。

【实验 2】离子标准溶液的配制

1. 实验目的

(1)学会配制金属离子标准溶液;

(2)学会配制非金属离子标准溶液。

2. 实验用品

(1)纯铝($w_{Al}\geqslant 99.95\%$);

(2)氢氧化钠溶液(200g/L);

(3)盐酸溶液(1+1);

(4)磷酸二氢钾。

3. 实验内容

(1)配制 Al 离子标准溶液:称取 0. 2500g 纯铝(1)置于 150mL 聚四氟乙烯烧杯或聚乙烯烧杯中,加入 8mL 氢氧化钠溶液(2),直接低温加热或水浴加热至溶解完全,冷却。用盐酸(1+1)调至沉淀消失,再过量 2. 5mL,溶液清澈,此时溶液呈酸性,冷却,移入 500mL 容量瓶中,用水稀释至刻度,混匀。此溶液 1mL 含铝 0. 500mg。

(2)配制 P 离子标准溶液:称取 0. 1099g 磷酸二氢钾于烧杯中,用水溶解后,移入 250mL 容量瓶中,用水稀释至刻度,混匀。此溶液 1mL 含磷 0. 1mg。

【实验 3】HCl 滴定标准溶液的配制与标定

1. 实验目的

学会配制和标定 HCl 标准溶液。

2. 实验用品

(1)盐酸(ρ1. 19g/mL);

(2)无水碳酸钠(Na_2CO_3)(固体);

(3)溴甲酚绿(固体);

(4)甲基红(固体);

(5)无水乙醇;

(6)溴甲酚绿－甲基红混合指示剂:3 份 1g/L 的溴甲酚绿乙醇溶液与 1 份 2g/L 的甲基红乙醇溶液混合;

(7)滴定管:50mL,经过洗涤合格。

3. 实验内容

浓 HCl 不是基准物质，因此应先配制近似浓度溶液，再用无水 Na_2CO_3 基准物标定。

(1) 配制：量取 9.0mL 浓 HCl，注入到 1000mL 水中，摇匀。该溶液近似浓度为 0.1mol/L。

(2) 标定：称取于 270 ~ 300℃ 灼烧至恒定质量的基准物质无水 Na_2CO_3 0.20g，称准至 0.0001g。溶于 50mL 水中，摇匀。加 10 滴溴甲酚绿 - 甲基红混合指示剂，用欲标定的 HCl 标准溶液滴定至由绿色变为暗红色。煮沸 2min，冷却后继续滴定至溶液再次呈暗红色。同时做空白试验。

(3) 写出滴定反应方程式。

(4) 计算：写出计算方程式，并计算 HCl 标准溶液的准确浓度。

(5) 写出实验报告：内容包括实验目的、所用试剂、标准溶液配制和标定步骤、滴定反应方程式和计算结果。

【实验 4】配制 $K_2Cr_2O_7$ 标准溶液

1. 实验目的

学会配制 $K_2Cr_2O_7$ 标准溶液。

2. 实验用品

重铬酸钾（基准物质）。

3. 实验内容

重铬酸钾为基准物质，可以直接配制标准溶液作为滴定剂使用。

重铬酸钾标准滴定溶液 [$(1/6K_2Cr_2O_7) = 0.01791mol/L$]：称取 0.4388g 预先经 140 ~ 150℃ 烘至恒量、置于干燥器中冷却至室温的基准重铬酸钾，置于 250mL 烧杯中，以水溶解。移入 500mL 容量瓶中，用水稀释至刻度，混匀。此溶液的滴定度为 1mL 相当于 0.001000g 铁。

4 分析样品的采集、试样制备与分解

本章提要：一堆铁矿石几十吨，分析其铁含量时，称取的试样的质量只有几克，甚至不到1g；一块铜锭几吨，分析其铜含量时，称取的试样的质量只有3～5g，甚至零点几克。

分析所用的少量试样与它所代表的几十吨矿石、几吨铸锭的化学组成能完全一致吗？也就是说，分析所用的少量试样能代表那相对质量庞大的物料吗？如果试样与物料的化学组成不能完全一致，试样的组成不能代表物料的组成，那么，经过精心选择分析方法、认真操作所得到的分析结果不是就毫无价值了吗？

可见，样品的采集、试样的制备和分解（化学分析时）应该是分析工作者首先关心、重视的事。

总的要求是：采集的样品要有代表性，制备的试样要有均匀性，不带入污染、混杂，试样的分解要完全且没有损失。

4.1 分析样品的采集和试样制备

试样的分析，一般经过采样、制样、称样、分解、调整溶液酸度、分离掩蔽、完成测定、计算结果等步骤。

分析样品的采集和试样制备是化学分析的首要程序，是一项重要工作。分析结果是否有价值，真正能起到生产的"眼睛"的作用，是与试样的代表性、均匀性和制样过程有很大关系的。

采样和制样不当，给分析结果所带来的偏差，往往比分析方法本身产生的偏差大，而采样和制样又往往不被足够重视。

在产品的标准中，一般都具体规定了采样的方法、部位和数量，因此本章只介绍采样的一些原则。

物料是各种各样的，本书主要介绍矿石、金属及其合金的样品的采集和试样制备。

4.1.1 组成比较均匀物品的样品采集和试样制备

金属及其合金、水及溶液、气体、一些化工产品的组成都比较均匀，采集任何部位或稍加混合后取其一部分，就是有代表性的样品。

4.1.1.1 金属及其合金样品采集和试样制备

A 样品采集

电解生产的金属，应按产品标准规定，在一批产品中随机抽取部分产品，在规定部位采集样品；铸造生产的金属或合金，应按产品标准规定，在铸造过程某一阶段浇铸样品，或在铸锭的指定部位采集样品。

如果产品标准中没有取样规定，就需经供需双方协商后，在合同中约定截取样品的部位和取样的数量。

有的组分，在浇铸时易挥发，如检测磷脱氧铜中低量的磷，因为在空气中浇铸样品时磷容易挥发逸失，所以必须用坩埚直接从熔体中取样。如果检测的是在大气中浇铸一个小的样品，那么,它的磷含量是偏低的,检测的结果代表不了铸锭中的实际的磷含量。

B　试样制备

试样分为屑状试样和块状试样。

一般采用车屑或钻屑的方法对采集的金属及其合金样品进行加工,制取用于化学分析溶解用的屑状试样;采用车、铣或磨的方法对采集的金属及其合金样品进行加工,制取发射光谱激发用的块状试样。

但是,有些金属表面有附着物或氧化皮,应除去表皮后才能代表金属本身;有些合金的某些组分在铸造凝固时会发生偏析,使合金成分不均匀,必须设法处理。

所以,无论是车、铣、磨还是钻,金属及其合金的表面层都要先去掉一定的厚度,然后清理干净,再车屑、钻屑或加工成平面,制备用于分析的金属及合金试样。铜合金样品中,对于锡磷青铜和锡锌铅青铜这样有偏析组分的合金,应通过试验确定表皮去除的厚度,并在制样方法中明确规定。

制取屑状试样时应注意以下事项:

(1)清理加工设备和收集试样的用品,然后再加工试样,以避免相互混杂。

(2)控制加工强度,不要因过热使金属氧化,加工过程中可用无水乙醇给刀具降温。

(3)若所制取的样品量太少,有时不能满足检测需要,也难以满足为了减小测量相对误差而需要多称取试样的要求。因此,需要根据使用的检测方法,并考虑保留试样以备仲裁分析等因素,来确定制取试样的量。样品量一般应是单次分析用量的5~6倍。

(4)要用磁铁把加工时可能混入的铁屑除去。

对于某些金属及其合金来说,制样还有特殊要求。例如检测纯铜中的铜量时,由于铜的含量高达99.90%以上,要求检测的误差小于0.02%。因此,哪怕试样的轻微氧化都会影响到检测结果的准确性。此时,需要细心处理试样:试样(屑状)要用冰乙酸(1+4)在烧杯中煮沸2~3min,倒掉乙酸溶液,依次用水、无水乙醇洗涤样品,冷却、干燥后,放置在干燥器内,备用。

对于某些合金,处理样品时要考虑其性质。例如黄铜样品表面的油污,不能用盐酸溶液清洗,以避免合金表面的锌被溶解(铜不被盐酸溶解)后,改变合金组成,使铜的检测结果偏高,锌的检测结果偏低。对于油污,可以用汽油、乙醚、丙酮等清洗。

4.1.1.2　水样品采集

天然水的水质变化不大,因此,在规定的地点和规定深度,按季节采集1次或2次即可具有代表性。

生活污水与人们的作息时间和季节有关,一天中不同时间的水质不完全一样,不同季节也不同;工业废水由于工艺变化和工艺过程不同的环节,变化更大。对于生活污水和工业废水的采集必须根据分析目的采取不同采集方式,如平均混合水样,比例混合水样,自动连续取样的混合水样,间隔式采样,单独式采样,瞬间式采样等等。

水样采集后应尽快分析,以免水质发生变化。

4.1.1.3　化工样品采集

储存在大容器的产品,可在上、中、下不同部位取样,然后混合。

储存在多个小容器中的同一产品,可采取不同的随机抽样方式取样,然后混合。

4.1.1.4　气体(气溶胶)样品采集

一般采用水溶液吸收法、有机溶剂吸收法、吸附法、滤纸采样法和直接采样法采集气体(气溶胶)样品。

4.1.2 组成很不均匀物品的样品采集和试样制备

矿石、煤炭、土壤等物料,其颗粒大小不均匀,组分混杂,选取具有代表性的样品并加工制成试样,必须按一定程序和方法进行采集和制备。

4.1.2.1 样品采集

从物料整体的不同部位,采集一定数量、大小不同的颗粒。取出的份数越多,所制备的试样的组成与物料整体的平均组成越接近,试样越具有代表性。

根据经验,平均样品选取量 Q(kg)与物料中最大颗粒直径 d(mm) 之间关系为:

$$Q = Kd^a \tag{4-1}$$

式中 K——经验系数,一般为 0.05 ~ 1,由物料均匀程度和易破碎程度决定;

a——经验系数,一般为 1.8 ~ 2.5,由物料均匀程度和易破碎程度决定。

地质部门将 a 规定为 2,这样式 4 - 1 可写成:

$$Q = Kd^2 \tag{4-2}$$

例如采集赤铁矿样品时,K 取值为 0.06,若最大颗粒直径为 20mm,则样品选取量为:

$$Q = 0.06 \times 20^2 = 24(\text{kg})$$

4.1.2.2 试样制备

试样制备一般经过以下步骤:粗碎—过筛、混匀、缩分—中碎—过筛、混匀、缩分—细碎—过筛、混匀 ,得到分析正样和细碎样。

破碎可用破碎机械或手工方法。

缩分目的是使破碎的试样的质量逐渐减小,并保证缩分后的试样与原始样品的组分保持一致。

缩分常用“四分法”,即将破碎的样品混匀后,堆成圆锥形,略压平,通过中心分为四等份,把任意对角的两份弃去,另外的两份混匀。这样,样品就缩减了一半。

缩减的样品再度破碎—缩分—破碎—缩分,颗粒越来越小。

最后破碎的分析试样一般要求全部通过 100 ~ 200 号筛。筛号与孔径的关系见表 4 - 1。

表 4 - 1 筛号与孔径的对应关系

筛号/网目	3	10	40	100	140	200	230	270
孔径/mm	6.72	2.00	0.42	0.149	0.105	0.074	0.063	0.053

对于金属(塑性)与非金属(脆性)大比例混杂时的情况(如粗杂铜),可分类称量并分别制样、分别检验,采用质量比例加权平均的方法。在破碎时,应控制破碎时间间隔,采用破碎—停止—破碎—停止的方法,尽量减少样品发热氧化。

4.1.3 试样的管理

既然样品采集和试样制备如此重要,那么试样的管理就要精心。除了前面已提到的要求之外,还要做到:

(1)无论是屑状试样、粉状试样还是块状试样,都要有唯一标识(编号),作为区别于其他试样的根据。这个标识要从接受试样到制样、称量、检测、留样保存直到试样销毁,伴随全过程。

(2)盛放试样的袋子或容器上,除了有标识(编号)外,还要标明试样名称、分析项目、委托单位、接样日期。

(3)样品采集、试样制备、试样交接、分析、分析报告签发,每个环节的经手人都应登记、签字。

(4)应按照实验室规定的期限,对已经保存到期的试样进行销毁。

4.2　试样的分解

除了块状试样可直接用于发射光谱激发外,采用滴定分析、重量分析、分光光度分析、原子吸收分析、等离子发射光谱分析等分析方法,都要先把称量的试样进行分解,制成溶液,再进入分析程序。因此试样分解是分析的首要步骤。

4.2.1　分解试样的一般要求

一般要求如下:

(1)试样应分解完全,不应有残留物。

(2)试样分解过程中待测组分不应挥发损失。如在分析钢铁中的磷时,若单独用 HCl 或者单独用 H_2SO_4 溶解试样,则部分的磷生成磷化氢(PH_3)而挥发,造成分析磷的结果偏低。用 $HCl+HNO_3$ 或者 $H_2SO_4+HNO_3$ 分解,则可避免磷的挥发损失。

(3)试样分解过程中,不应引入待测组分和干扰物质。如光度法分析钢铁中的磷、硅时,由于溶解时引入 HNO_3,生成了氮的氧化物,使加入显色剂后显色不稳定。所以,必须预先加热煮沸,将氧化氮除去后再显色。

4.2.2　酸碱分解法

分解试样的方法很多,应该首先选择最简便的方法。酸碱分解法是指用酸或碱作为溶剂,使试样分解,也称“湿法”分解,这是比较简便的方法。在铜、铝及其合金的化学分析中,一般采用酸碱分解法。

4.2.2.1　盐酸分解

盐酸,HCl,密度 1.19g/mL,质量分数 38%,$c(HCl)\approx 12mol/L$。

(1)在电位序中,氢前面的金属 M 及其合金都能溶于盐酸,和盐酸发生置换反应。如 Mg、Al、Zn、Fe、Ni、Pb、Co 等金属,都可与盐酸发生置换反应,生成氯化物和氢气。

$$M+nHCl = MCl_n+\frac{n}{2}H_2\uparrow$$

许多金属的氧化物、氢氧化物、碳酸盐矿物也都可溶于盐酸。由于 Cl^- 具有一定的还原作用和配位(络合)能力,所以盐酸是软锰矿(MnO_2)、赤铁矿(Fe_2O_3)、辉锑矿(Sb_2S_3)等的最好溶剂。

(2)除了银、铅等少数金属外,多数金属的氯化物易溶于水,便于后续操作。

(3)盐酸与某些氧化剂组成混合溶剂,可增强溶解能力。

例如,盐酸+硝酸,当三体积盐酸与一体积硝酸混合时称为王水。

$$HCl+HNO_3 \longrightarrow NOCl+Cl_2+2H_2O$$

由于生成的新生态氯和亚硝酰氯(NOCl)都是强氧化剂,溶解能力更强,一般酸不能溶解的贵金属(金、铂等)都可溶于王水。

盐酸和硝酸也以其他比例混合(类王水),溶解试样。

例如，$HCl + H_2O_2$、$HCl + Br_2$也具有强溶解能力，常用于铜合金和硫化物矿石等试样的分解。

(4)加入某些配位剂，能增强盐酸的溶解能力。例如，加入硼酸能促使萤石(CaF_2)溶解；加入酒石酸能促使辉锑矿(Sb_2S_3)溶解；加入柠檬酸能促使正磷酸盐溶解。

(5)用盐酸溶解时，As^{3+}、Sb^{3+}、Se^{4+}等的氯化物容易挥发损失，尤其在加热时；当盐酸蒸发到最后阶段时，Sn^{4+}、Hg^{2+}等氯化物也容易挥发损失。这是需要注意的。

4.2.2.2　硝酸分解

硝酸，HNO_3，密度1.42g/mL，质量分数70%，$c(HNO_3) \approx 16mol/L$。

(1)浓硝酸具有氧化性，随着硝酸的稀释，其氧化性也降低。所以，硝酸兼有酸性和氧化性。除了贵金属(金、铂等)元素外，绝大多数金属都能快速溶于硝酸。

硝酸与金属溶解反应不是置换反应，而是氧化－还原反应，硝酸被还原的程度与硝酸的浓度和金属的电位有关：

$$Cu + 4HNO_3(浓) = Cu(NO_3)_2 + 2NO_2\uparrow + 2H_2O$$

$$3Pb + 8HNO_3(稀) = 3Pb(NO_3)_2 + 2NO\uparrow + 4H_2O$$

$$4Mg + 10HNO_3(极稀) = 4Mg(NO_3)_2 + NH_4NO_3 + 3H_2O$$

(2)几乎所有的硝酸盐都溶于水。但钨、锡、锑等金属溶于硝酸时，分别生成难溶的钨酸(H_2WO_4)、锡酸(H_2SnO_3)、锑酸($HSbO_3$)。

(3)硝酸的氧化性会使铝、铬及含铬的合金材料在硝酸中形成表面氧化膜而钝化，阻止溶解作用的进行，须滴加盐酸助溶。

(4)用硝酸分解试样后，溶液中含有亚硝酸(HNO_2)和含氮的低价氧化物，能破坏有机显色剂和指示剂，影响分光光度法和滴定法分析。可预先加入尿素使其分解，也可预先加热煮沸将其除去。

(5)硝酸加氢氟酸，对溶解硅、钛、铌、钽、锆、铪、钨及其合金特别有效；也可溶解铼、锡与锡合金，以及碳化物、氮化物，钨矿石、硫化物矿石、硅酸盐等。

4.2.2.3　硫酸分解

硫酸，H_2SO_4，密度1.84g/mL，质量分数98%，$c(H_2SO_4) \approx 18mol/L$。

(1)稀硫酸没有氧化性，一般金属溶于硫酸，可发生置换反应，生成氢气。可溶解Fe、Co、Ni、Zn、Cr等金属及其合金。

(2)浓硫酸具有氧化性，在反应中本身被还原为SO_2、S甚至H_2S。

(3)碱土金属(Ca、Mg、Ba等)和Pb的硫酸盐溶解度较小，其他金属的硫酸盐溶解度也小于相应的氯化物和硝酸盐。

(4)硫酸的沸点较高(338℃)。若HCl、HNO_3、HF等低沸点酸对分析有影响时，可加入硫酸，蒸发可使低沸点酸挥发掉。

(5)含硅较高的试样，用稀硫酸溶解时，硅不易呈硅酸析出。

(6)测定磷的试样不可单独用硫酸溶解。因为磷在硫酸溶液中易生成PH_3而挥发损失。

4.2.2.4　磷酸分解

磷酸，H_3PO_4，密度1.69g/mL，质量分数85%，$c(H_3PO_4) \approx 15mol/L$。

磷酸是中等强酸，但具有较强的配位(络合)能力，在酸性溶液中，能与W^{4+}、Mo^{6+}、Fe^{3+}等形成无色的配合物(络合物),因此在钢铁等试样分析中常用磷酸作溶剂。

4.2.2.5 高氯酸分解

高氯酸,$HClO_4$,密度 1.67g/mL,质量分数 70%,$c(HClO_4) \approx 12mol/L$。

(1)高氯酸又称过氯酸,是强氧化剂和脱水剂。浓热高氯酸遇有机物时,由于激烈氧化会引起爆炸。所以,处理有机物时,先加浓硝酸破坏有机物后,再使用高氯酸。

(2)除 K^+、NH_4^+ 等少数离子外,一般金属的高氯酸盐易溶于水。

(3)用高氯酸氧化铬为 $Cr_2O_7^{2-}$,再滴加盐酸或氯化钠溶液,可将 $Cr_2O_7^{2-}$ 转化为氯化铬酰(CrO_2Cl_2)而挥发。分析中,排除铬的干扰时,常用此方法将它除去。

(4)高氯酸的沸点为 203℃,用它蒸发赶走低沸点的酸后,残渣易溶于水。而用硫酸蒸发赶走低沸点的酸后,残渣不易溶解。

(5)在用重量法分析硅时,用高氯酸脱水一次即可,比用硫酸和盐酸脱水要省时,且所得 SiO_2 较纯净。

4.2.2.6 氢氟酸分解

氢氟酸,HF,密度 1.13g/mL,质量分数 40%,$c(HF) \approx 22mol/L$。

(1)氢氟酸是弱酸,但有毒性和腐蚀性,使用时应避免与皮肤接触。

(2)用氢氟酸溶解试样需要用铂金器皿,也可在 250℃ 以下使用聚四氟乙烯烧杯和坩埚;含硅的铜合金可在聚乙烯烧杯中用硝酸溶解试样,滴加几滴氢氟酸助溶。

(3)氢氟酸和其他酸(如硝酸、硫酸、高氯酸)混合溶解硅酸盐矿石,Fe^{3+}、Al^{3+}、Ti^{4+}、Zr^{4+}、W^{6+}、Nb^{5+} 等形成氟配合物进入溶液,Ca^{2+}、Mg^{2+}、稀土形成氟化物沉淀,SiO_2 形成 SiF_4 挥发。

(4)用重量法分析硅时,沉淀经过干燥、灼烧得 SiO_2,称量。但 SiO_2 含有杂质,可在铂金器皿中加入硫酸和氢氟酸,加热使硅生成四氟化硅(SiF_4)挥发,再灼烧、称量,两次称量所得的质量差就是纯 SiO_2 的量。

4.2.2.7 氢氧化钠分解

NaOH(200~300g/L)溶液能剧烈分解铝及铝合金:

$$2Al + 2NaOH + 2H_2O = 2NaAlO_2 + 3H_2\uparrow$$

反应可在银质或聚乙烯烧杯中进行。试样中的铁、铜、锰、镍、镁等形成金属残渣析出,而铝、锌、锡和部分硅形成含氧酸根离子进入溶液。溶解后用硝酸、硫酸酸化并溶解残渣就可以分析各组分。

4.2.3 熔融分解法

熔融分解是利用酸性或碱性熔剂与试样混合,在高温下进行复分解反应,将试样中的全部组分转化为易溶于水或酸的化合物。

熔融分解又称"干法"分解。虽然熔融分解的分解能力比"湿法"分解强得多,但加入的大量熔剂带来熔剂本身的离子和杂质,还有坩埚材料的腐蚀,都使后面的分析受影响。因此,只有用酸碱分解有困难的试样,才不得已采用熔融分解。

常用的熔剂有以下几种。

4.2.3.1 焦硫酸钾($K_2S_2O_7$)

焦硫酸钾是酸性熔剂,熔点 419℃,可与碱性或中性氧化物进行复分解反应,生成可溶性硫酸盐。铝、铁、钛、锆、铌、钽的氧化物矿石，碱性或中性的耐火材料，都可以用 $K_2S_2O_7$ 熔融分解。例如：

$$Al_2O_3 + 3K_2S_2O_7 \longrightarrow Al_2(SO_4)_3 + 3K_2SO_4$$

用 $K_2S_2O_7$ 熔融分解试样时，可用瓷坩埚，也可用铂金器皿。熔融的温度为600～700℃，时间也不宜太长，以免 SO_3 大量挥发和硫酸盐分解为难溶氧化物。

熔融后将熔块冷却，加少量酸，用水浸出。

4.2.3.2 铵盐（NH_4F、NH_4Cl、NH_4NO_3 等）混合熔剂

铵盐混合熔剂也是酸性熔剂。

近年来，采用铵盐混合熔剂熔融试样取得好效果。本方法熔融分解力强，试样在 2～3min 内可分解完全。方法原理是铵盐在加热时分解出相应的无水酸，高温下具有很强熔融分解能力。

例如部分铵盐的加热分解反应：

$$NH_4F \xrightarrow{\text{约 }110℃} NH_3\uparrow + HF$$

$$NH_4Cl \xrightarrow{120℃} NH_3\uparrow + HCl$$

$$(NH_4)_2SO_4 \xrightarrow{350℃} 2NH_3\uparrow + H_2SO_4$$

对于不同的试样，选用不同质量比例的混合铵盐。例如：

含锌试样选用 $NH_4Cl : NH_4NO_3 : (NH_4)_2SO_4 = 1.5 : 1 : 0.5$

硅酸盐试样选用 $NH_4Cl : NH_4NO_3 : (NH_4)_2SO_4 : NH_4F = 1 : 1 : 1 : 3$

铵盐混合熔剂熔融试样一般选用瓷坩埚，硅酸盐试样可选用镍坩埚。

4.2.3.3 碳酸钠（Na_2CO_3）或碳酸钾（K_2CO_3）

碳酸钠、碳酸钾都是碱性熔剂，熔点分别为 853℃、903℃，常把两者混合使用，熔点降至 712℃。可与酸性氧化物（硅酸盐、黏土）、硫酸盐、酸性炉渣、酸不溶残渣进行复分解反应，生成可溶性盐。例如：

分解钠长石：$NaAlSi_3O_8 + 3Na_2CO_3 \longrightarrow NaAlO_2 + 3Na_2SiO_3 + 3CO_2\uparrow$

分解重晶石：$BaSO_4 + Na_2CO_3 \longrightarrow BaCO_3 + Na_2SO_4$

碳酸钠、碳酸钾熔融可在铂器皿中进行，但含硫的混合熔剂会腐蚀铂器皿，应尽量避免。

4.2.3.4 过氧化钠（Na_2O_2）

过氧化钠是强氧化性、强腐蚀性碱性熔剂，能分解多种难溶物质，如铬铁、硅铁、绿柱石 $Be_3Al(SiO_3)_6$、锡石、独居石、黑钨矿 $(Fe,Mn)WO_4$、辉钼矿（MoS_2）等。

Na_2O_2 熔融后以水浸出时，Fe^{3+}、Co^{2+}、Ni^{2+}、Ti^{4+}、Mn^{4+}、Mg^{2+}、Zr^{4+} 及稀土等定量形成氢氧化物沉淀；Al^{3+}、As^{5+}、Sb^{5+}、Si^{4+}、P^{5+} 等形成含氧酸根离子进入溶液。

4.2.3.5 氢氧化钠（NaOH）或氢氧化钾（KOH）

NaOH、KOH 都是低熔点的碱性熔剂，能分解铝土矿、硅酸盐等试样。

常用混合熔剂分解试样：NaOH 加少量 Na_2O_2、NaOH 加 Zn 粉、NaOH 加 Na_2CO_3 等。

NaOH 或 KOH 可以在铁、镍或银坩埚内进行熔融。

4.2.4　其他分解法

除了酸碱分解法和熔融分解法外，还有其他分解试样的方法。

4.2.4.1　烧结分解法

它又称半熔法。即在低于熔点的温度下，试样与固体熔剂发生反应。烧结法温度低，但加热时间长，不易损坏坩埚，可在瓷坩埚中进行。

以 Na_2CO_3-ZnO 作熔剂，于800℃左右烧结，常用于矿石或煤中全硫量的分析。ZnO 能疏松通气，使空气中的氧将硫化物氧化为 SO_4^{2-}。

以 $CaCO_3-NH_4Cl$ 作熔剂，于750～800℃烧结，常用于硅酸盐中 K^+、Na^+ 的分析。如分解钾长石中的 K^+，用 $CaCO_3-NH_4Cl$ 烧结后，K^+ 生成可溶的 KCl。

4.2.4.2　高压分解法

试样在密闭的容器内，在高温、高压下分解是一种新的分解方法。此时，无机酸的酸性增强，分解速度加快，难溶物被分解。

高压分解法有两种：

一是试样和溶剂封闭在硬质玻璃管中分解，玻璃管置于钢筒内，加热使试样溶解。该方法简单，不需要复杂装置。其缺点是玻璃中的有些成分也进入溶液。

二是聚四氟乙烯内衬的钢高压罐分解，使用温度不超过250℃。该方法可分解地质岩矿、贵金属、炉渣等。在超纯分析中采用聚四氟乙烯容器可避免产生沾污。

4.2.4.3　微波分解法

频率为 $300\sim3\times10^5$ MHz（波长0.1～100cm）的电磁波，称为微波。微波可以穿透玻璃、塑料、陶瓷等绝缘材料制作的容器。

微波辅助酸分解法就是利用酸与试样混合液中的极性分子在微波电磁场作用下，迅速产生大量的热能，促进酸与试样之间的接触和反应，加速溶解。

微波分解法有常压和增压两种方式。常压微波分解法多用于树叶、面粉、鱼虾等生物试样；增压微波分解法可用于金属、矿石、矿渣等试样。

4.2.5　分解方法的选择

试样完全分解是保证分析结果准确的前提。试样分解是一个复杂的问题，应该考虑试样种类、化学组成、性质等，选用适宜的分解方法：

（1）某些碱金属化合物、氯化物（银、铅、亚汞的氯化物除外）、硝酸盐（锡、锑的硝酸盐除外）、硫酸盐（钙、锶、钡、铅的硫酸盐除外）等，都可用水溶解；

（2）电位在氢前面的金属，如铁、锌、镍、镁、铝、铅等，可首选非氧化性的强酸（盐酸、稀硫酸）溶解，当然也可用氧化性的强酸溶解；

（3）电位在氢后面的金属，如铜、汞、金等，可用氧化性的强酸或混合酸溶解；

（4）酸性化合物试样可用碱或碱性熔剂来溶（熔）；碱性化合物可用酸或酸性熔剂来溶（熔）；

（5）有些难溶（熔）的物质，可考虑用增压法溶解。

此外，分解试样还要考虑试样和溶剂（熔剂）中其他组分对待测组分有无干扰，以及分解方法对后续测定有无影响。

复习思考题

1. 制取金属的屑状试样时,应注意什么?
2. 采集很不均匀的物料的样品时,样品的选取量与物料中最大颗粒的直径有什么关系?
3. 试样管理应做好哪些工作?
4. 分解试样的一般要求是什么?
5. 用盐酸分解试样有哪些特点?
6. 用硝酸分解试样有哪些特点?

5 重量分析法

本章提要：围绕沉淀的类型、沉淀纯度、沉淀的溶解性及影响因素进行探讨，从而找出不同沉淀形成的控制条件；介绍沉淀法分析的各环节的操作要点；沉淀分析结果的计算方法；分别介绍铜合金和铝合金中硅的重量法国家标准分析方法；介绍铜及铜合金中铜的电解重量法国家标准分析方法；简介钼酸铅重量法测定钼精矿中钼量。

5.1 方法原理

重量分析是根据称量生成物的质量来确定被测组分的质量分数(含量)的。这里要说明的是，虽然称量的是质量，但本书仍按习惯用法，称为重量分析而不称为“质量分析”。

测定时，一般采用适当方法，将试样中待测组分与其他组分分离，或生成沉淀，或挥发逸失，然后称量得到的沉淀或称量挥发后剩余的质量，由称得的质量计算待测组分的质量分数。因此，该方法称为称量分析似乎更确切。

重量分析适宜分析试样中含量在0.1%以上的组分。

根据待测组分与其他组分分离的方法，通常分为沉淀法、挥发法和电解法。

重量分析只涉及称量，目前分析天平能达到十分精密的程度。因此，一般来说，重量分析是准确度很高的分析方法，常被选作标准分析方法。现行铜及铜合金国家标准化学分析方法中，铜的测定是电解重量法，硅的测定是沉淀重量法与挥发减量法结合。现行铝及铝合金国家标准化学分析方法中，稀土总量的测定是草酸盐重量法，铜和硅的测定方法也是电解重量法、沉淀重量法与挥发减量法。

5.1.1 沉淀法

利用沉淀反应使待测组分形成难溶化合物沉淀，再将沉淀过滤、洗涤、烘干或灼烧，然后称量，计算待测组分的质量分数。

测定溶液中的SO_4^{2-}的含量时，可在试液中加过量的$BaCl_2$溶液，使SO_4^{2-}完全生成难溶的$BaSO_4$沉淀，经过过滤、洗涤、干燥、灼烧，称量$BaSO_4$的质量，从而计算出试液中SO_4^{2-}的含量。

在铜合金中，硅含量大于0.40%～5.00%的试样，用酸溶解后，反复用盐酸蒸干，使硅形成硅酸沉淀，经过过滤、洗涤、烘干、灼烧，硅酸转化为SiO_2，然后称量。

5.1.2 挥发法

利用物质的挥发性，通过加热或其他方法，使试样中的待测组分挥发逸出，根据试样质量减轻的量，计算待测组分的质量分数；或者利用吸收剂将逸出的气体全部吸收，然后根据吸收剂质量的增加量计算待测组分的质量分数。

如测定$BaCl_2 \cdot 2H_2O$中的结晶水的含量，可将一定质量的氯化钡试样加热，使水分逸出，根据氯化钡试样质量减轻的量，计算氯化钡中结晶水的质量分数；或用吸湿剂(高氯酸镁)吸收逸出的水分，根据吸湿剂质量的增加量，计算结晶水的质量分数。

在铜合金和铝合金分析硅含量时，沉淀的硅酸经过灼烧得到的SiO_2不够纯净，可以在铂坩埚中加硫酸和氢氟酸,加热使硅形成氟化硅挥发,余下杂质,称量杂质的质量。与挥发前所称量质量的差,就是纯的 SiO_2 的质量。

5.1.3 电解法

通过电解,将待测组分金属离子在电极上析出,通过称量,得到析出金属的质量,进而计算待测金属的质量分数。

例如铜及铜合金中的铜,用硝酸加硫酸溶解后进行恒电流电解,Cu^{2+} 在铂阴极上得电子析出金属铜。称量电解前后铂阴极的质量,即可得到析出铜的质量,再计算出铜的质量分数。

以上不同分离方式的重量分析方法,都是通过称量来分析被测组分含量的。分析中既不需要引入容量器皿的体积数据,也不需要与基准物质或标准溶液进行比较,是属于绝对分析方法。因此,重量分析法的准确度高。

但是,重量分析程序长、费时,且难以分析微量组分。目前,它已逐渐被滴定分析法、X 射线荧光分析法等方法代替。在有色金属分析中,只在某些高含量的硅、硫、铜、镍、钼、钨及部分稀土元素的精确分析时仍采用重量分析法。

重量分析法中以沉淀法应用较多,本章主要介绍对沉淀形式和称量形式的要求;分别讨论影响沉淀完全和影响沉淀纯度的因素;提出针对不同沉淀类型(晶形、非晶形)控制不同的沉淀条件;并介绍重量分析法的基本操作、重量分析法的计算等内容。

5.2 重量法对沉淀的要求

向试液中加入适当的沉淀剂,使被测组分沉淀下来,所得到的沉淀,称为沉淀形式;沉淀经过过滤、洗涤、干燥、灼烧所得到的,称为称量形式。

在干燥、灼烧过程中,沉淀也可能发生变化,即称量形式和沉淀形式可以相同,也可以不同。如测定溶液中的 SO_4^{2-} 的含量时,在试液中加过量的 $BaCl_2$ 溶液,得到 $BaSO_4$ 沉淀,经过过滤、洗涤、干燥、灼烧,称量的也是 $BaSO_4$ 的质量,沉淀形式与称量形式相同;而测定硅的含量时,沉淀形式是硅酸,经过过滤、洗涤、干燥、灼烧,转变为称量形式 SiO_2,称量形式与沉淀形式不同。

5.2.1 对沉淀形式的要求

(1)沉淀溶解度要小,才能保证被测组分沉淀完全。

一般要求沉淀溶解损失不超过 0.0002g。

例如测定 Ca^{2+} 时,不能使用 H_2SO_4 作沉淀剂(溶度积 $K_{sp(CaSO_4)}=2.45\times10^{-5}$),因为沉淀平衡时 Ca^{2+} 和 SO_4^{2-} 的浓度达到 0.005mol/L,溶解损失过于大。若选择草酸铵作沉淀剂($K_{sp(CaC_2O_4)}=1.78\times10^{-9}$),沉淀更完全,其溶解损失小得多。

(2)沉淀要纯净,尽量避免沉淀剂和其他杂质混入沉淀中。

(3)沉淀应易于过滤和洗涤。因此,要控制沉淀条件,尽量获得粗大的晶形沉淀。对无定形沉淀,也要尽量获得结构紧密的沉淀。

(4)沉淀要便于转化为合适的称量形式。

5.2.2 对称量形式的要求

(1)称量形式的组成必须与化学式符合,否则无法计算分析结果。

例如磷钼酸铵虽然是溶解度很小的晶形沉淀,但其化学组成不确定,故不选择作为测定 PO_4^{3-} 的称量形式。

(2)称量形式必须很稳定,不受空气中的水分、CO_2和O_2等的影响。

(3)称量形式的相对分子质量应尽可能大,而被测组分在称量形式中的含量应尽可能小。这样可减小称量造成的相对误差。

为了满足对沉淀形式和称量形式的要求,需要了解影响沉淀完全的因素,了解沉淀类型,优化沉淀条件。

5.3 影响沉淀完全的因素

沉淀反应是否进行完全,可以根据反应达到平衡后,溶液中未被沉淀的被测组分的量来衡量,即根据沉淀的溶解度的大小来衡量。沉淀的溶解度以难溶化合物的溶度积 K_{sp}来计算。

5.3.1 溶解度与溶度积

5.3.1.1 溶解度

溶解度是在一定温度下,某种物质在100g 溶剂中达到溶解平衡状态时所溶解的克数。例如在20℃时,KCl 在100g 水中最多能溶解34.0g,KCl 的溶解度就是34.0g/100g 水。

多数固体物质的溶解度随着温度的升高而增大。不同物质在同一溶剂中的溶解度不同,同一物质在不同溶剂中的溶解度也不同。

对溶解度很小的难溶物质来说,用溶度积表示其溶解性能。

5.3.1.2 溶度积

在一定温度下,难溶物质在水中发生溶解和沉淀两个可逆过程,经过一定时间后,溶解速率与沉淀速率相等,建立了动态的沉淀溶解平衡:

$$\mathrm{MA(固)} \rightleftharpoons \mathrm{M^+ + A^-}$$

其平衡常数 $K_{sp} = c(\mathrm{M^+}) \times c(\mathrm{A^-})$

式中 $c(\mathrm{M^+})$,$c(\mathrm{A^-})$——分别为 M^+和 A^-的浓度,mol/L;

K_{sp}——溶度积常数,简称溶度积。K_{sp}值越小(即它的负对数值 pK_{sp}值越大),说明沉淀溶解出的离子越少,物质越难溶解。

从附录8“部分难溶化合物的溶度积 K_{sp}和它的负对数值 pK_{sp}(18~25℃)”中可查到部分难溶物质的 K_{sp}数值和 pK_{sp}值。

5.3.2 影响沉淀完全的主要因素

影响沉淀完全的主要因素有:同离子效应,可以使沉淀的溶解度减小;盐效应、酸效应、配位效应,可以使沉淀溶解度增大。

5.3.2.1 同离子效应

组成沉淀的离子称为构晶离子,在难溶化合物的饱和溶液中,加入含有构晶离子的溶液,则沉淀的溶解度就会减小。这一效应称为同离子效应。

要使沉淀完全,可在沉淀反应达到平衡后,加入过量的沉淀剂,利用同离子效应来降低沉淀的溶解度。

例如,以 $BaCl_2$ 溶液作为沉淀剂,使 SO_4^{2-} 沉淀为 $BaSO_4$。当加入 $BaCl_2$ 的量与 SO_4^{2-} 的量达到化学计量关系要求时,达到沉淀平衡:$BaSO_4 \rightleftharpoons Ba^{2+} + SO_4^{2-}$,$K_{sp} = 8.7 \times 10^{-11}$,此时,$Ba^{2+}$的浓

度 $c(Ba^{2+})$ 等于 SO_4^{2-} 的浓度 $c(SO_4^{2-})$。

在200mL溶液中，溶解的 $BaSO_4$ 的浓度为：

$$c(BaSO_4)=c(SO_4^{2-})=\sqrt{K_{sp}}$$

溶解的 $BaSO_4$ 的物质的量为：$n(BaSO_4)=c(BaSO_4)\times V$

溶解的 $BaSO_4$ 的质量为：

$$\begin{aligned}m(BaSO_4)&=n(BaSO_4)\times M(BaSO_4)\\&=\sqrt{K_{sp}}\times V\times M(BaSO_4)\\&=\sqrt{8.7\times10^{-11}}\times\frac{200}{1000}\times233\\&=0.4\text{mg}\end{aligned}$$

溶解损失超过重量分析的要求。

如果加入过量的沉淀剂 $BaCl_2$ 溶液，利用构晶离子 Ba^{2+} 的同离子效应，就可以降低 $BaSO_4$ 的溶解度。

加入过量的 $BaCl_2$ 溶液，重新达到沉淀溶解平衡，若此时溶液中 Ba^{2+} 的浓度 $c(Ba^{2+})=0.01\text{mol/L}$，那么溶解的 $BaSO_4$ 的浓度 $c(BaSO_4)=c(SO_4^{2-})=K_{sp}/0.01$

溶解的 $BaSO_4$ 的质量为：

$$\begin{aligned}m(BaSO_4)&=c(SO_4^{2-})\times V\times M(BaSO_4)\\&=\frac{8.7\times10^{-11}}{0.01}\times\frac{200}{1000}\times233\\&=0.00041\text{mg}\end{aligned}$$

此时，溶解的 $BaSO_4$ 的质量只是原来的千分之一，溶液中被测定的 SO_4^{2-} 浓度极低，沉淀完全。

但是，如果沉淀剂浓度过大，可能引起盐效应、配位效应，又会导致沉淀溶解度增大。而且，若沉淀剂不易挥发，可能影响沉淀的纯度。所以，一般情况下沉淀剂过量50%～100%，而沉淀灼烧时不易挥发的沉淀剂，只可过量20%～30%。

5.3.2.2 盐效应

在难溶化合物的饱和溶液中，加入其他易溶的盐类化合物，会使难溶电解质的溶解度比同温度时在纯水中的溶解度大。这种效应称为盐效应。

例如，$BaSO_4$ 沉淀在0.01mol/L KNO_3 溶液中的溶解度比在水中的溶解度增大约50%。这是由于受 K^+ 和 NO_3^- 的电场影响，阻碍了 Ba^{2+} 和 SO_4^{2-} 的相互碰撞形成沉淀的运动，降低了 Ba^{2+} 和 SO_4^{2-} 的有效浓度。

若沉淀的溶解度很小，则盐效应的影响不大。

5.3.2.3 酸效应

溶液的酸度对沉淀溶解度的影响称为酸效应。

若沉淀是弱酸盐，酸效应使沉淀溶解度增大。如 CaC_2O_4 是弱酸盐沉淀，在酸性较强的溶液中，由于生成 $HC_2O_4^-$ 或 $H_2C_2O_4$ 而使部分 CaC_2O_4 溶解。

5.3.2.4 配位效应

当溶液中存在能与沉淀的构晶离子形成配合物的配位剂时，沉淀平衡朝溶解成构晶离子的方向移动，沉淀溶解度增大，称为配位效应。

例如用 HCl 沉淀 Ag^+ 时,若 HCl 过量太多,会形成 $AgCl_2^-$、$AgCl_3^{2-}$ 等配合物,导致溶液中游离的 Ag^+ 浓度降低,促使沉淀朝离解为 Ag^+ 和 Cl^- 的方向移动,使沉淀部分溶解。

所以沉淀剂不能过量太多,既要考虑同离子效应,也要考虑盐效应和配位效应。

5.3.2.5 其他影响

温度(温度升高,溶解度增大)、溶剂(在有机溶剂中,无机物沉淀的溶解度比在水中小)、沉淀颗粒(沉淀颗粒大的,溶解度小)都会对沉淀溶解度有影响。

5.4 沉淀的类型及影响沉淀纯度的因素

沉淀可分为晶形沉淀和非晶形(无定形)沉淀两种。$BaSO_4$ 是典型的晶形沉淀,$Fe_2O_3 \cdot nH_2O$ 是典型的非晶形沉淀。

重量分析希望得到容易过滤和洗涤的晶形沉淀。

5.4.1 沉淀的形成

将沉淀剂加入试液中,当形成沉淀的离子的浓度的乘积大于该条件下沉淀的溶度积时,离子通过相互碰撞并聚集形成小晶核。溶液中的构晶离子向小晶核表面扩散并沉积,晶核就长大成沉淀微粒,这种速度称为聚集速度。

同时,构晶离子在一定晶格中进行定向排列,这种速度称为定向速度。

当定向速度大于聚集速度时,构晶离子能充分在晶格中定向排列,就得到晶形沉淀;若聚集速度大于定向速度,构晶离子来不及定向排列于晶格内,得到的就是非晶形沉淀。

5.4.2 沉淀纯度的影响因素

重量分析不仅要求沉淀的溶解度小,而且要求沉淀纯净。而共沉淀和后沉淀都影响沉淀的纯度。

5.4.2.1 共沉淀

当沉淀从溶液析出时,溶液中其他可溶性组分被沉淀带下而混入沉淀之中的现象称为共沉淀。如用沉淀剂 $BaCl_2$ 沉淀 SO_4^{2-} 时,可溶性的 Na_2SO_4、$BaCl_2$ 可能被 $BaSO_4$ 沉淀带下来。

产生共沉淀的原因有以下三点。

A 表面吸附

由于静电吸附等原因,沉淀表面的构晶离子有吸附溶液中带有相反电荷的离子的能力。表面吸附量的多少与被吸附离子的浓度、沉淀总的表面积呈正相关关系,与溶液温度呈负相关关系。

B 生成混晶

若某种离子与构晶离子的半径相近、所带电荷也相同,那么这种离子就容易进入晶格排列而形成混晶。

C 包藏(吸留)

进行沉淀时,若沉淀剂浓度过大且加入过快,沉淀迅速形成,使得吸附在沉淀表面的其他离子来不及离开而被包夹在沉淀内部的现象称为包藏。

5.4.2.2 后沉淀

沉淀析出后,在放置过程中,溶液中本来难以析出的某些离子也慢慢沉淀到该沉淀表面的现象称为后沉淀。后沉淀引入的杂质量往往比共沉淀引入的杂质量要多。

适当缩短沉淀后母液与沉淀共存的时间,可以尽量减少后沉淀产生。

5.5 沉淀条件的控制

5.5.1 不同类型沉淀的沉淀条件

要得到纯净的沉淀、易过滤的沉淀,除了选择沉淀剂应具有特效性,减少共沉淀等措施外,还要从操作上控制沉淀的条件,尽可能获得纯净、易于过滤和洗涤的沉淀。

5.5.1.1 形成晶形沉淀的条件

微小的结晶易穿透滤纸,要得到较大的晶形,必须减少聚集速度,使生成更多晶核的速度要慢;提高定向速度,使晶体成长速度要快。为此,必须创造以下条件(即"稀、热、慢、搅、陈"):

(1)沉淀要在适当稀的溶液中进行,减缓生成晶核的速度,即延缓聚集速度。

(2) 沉淀要在热的溶液中进行,这样晶核的形成少,晶体吸附杂质也少。

(3)在不断搅拌下慢慢加入沉淀剂,使构晶离子能充分在晶格中定向排列,得到晶形沉淀。

(4)过滤前进行"陈化"处理,即将沉淀与母液一起放置一段时间再过滤。

5.5.1.2 形成非晶形沉淀的条件

要避免形成胶体溶液,而使非晶形沉淀成为结构紧密的形状,减少吸附。为此,必须创造以下条件(即"浓、热、快、搅、盐"):

(1)在浓溶液中沉淀,可使生成的沉淀含水量少,较紧密。等到沉淀完毕后再加大量热水稀释并搅拌,使吸附的杂质离开沉淀表面转入溶液中。

(2)在热溶液中沉淀,既可防止形成胶体溶液,又可减少杂质吸附量。

(3)快速加入沉淀剂,并不断搅拌,使微粒凝集,便于过滤和洗涤。

(4)加入电解质盐类(如挥发性铵盐)作为凝结剂,破坏胶体溶液。

(5)不必陈化,趁热过滤。

5.5.2 均相沉淀和有机沉淀

除了一些常规的沉淀剂和沉淀条件外,新的沉淀方法——均相沉淀法,新的沉淀剂——有机沉淀剂的应用逐渐增多。

5.5.2.1 均相沉淀法

在沉淀反应时,即使沉淀剂缓慢加入,也难免在溶液中局部过浓。为此,提出了均相沉淀法,即另外加入一种物质,通过这种物质参与的化学反应,逐步、缓慢、均匀地产生出沉淀剂,与待测离子产生颗粒较大的沉淀。

如测定 Ba^{2+} 时,不直接加 SO_4^{2-} 形成沉淀,而是将硫酸二甲酯加入到含 Ba^{2+} 的试液中,可利用酯水解产生的 SO_4^{2-} 缓慢、均匀地与 Ba^{2+} 生成 $BaSO_4$ 沉淀。

均相沉淀法的缺点是沉淀的纯度不太令人满意。

5.5.2.2 有机沉淀剂的应用

有机沉淀剂选择性高,沉淀溶解度小,吸附杂质少,易于过滤和洗涤,沉淀的摩尔质量大,被测组分在称量形式中占的百分比小，沉淀一般经烘干即可称量。

但是有机沉淀剂在水中溶解度小，容易夹杂在沉淀中。

例如在氨性溶液中，有机沉淀剂丁二酮肟与 Ni^{2+} 生成红色螯合物沉淀，在120℃烘干后冷却到室温即可称量。Fe^{3+}、Al^{3+}、Cr^{3+} 在氨性溶液中也产生沉淀，干扰镍的测定，可加柠檬酸或酒石酸掩蔽。

5.6　重量分析法的基本操作

重量分析法的基本操作包括试样溶解、沉淀、过滤、洗涤、干燥、灼烧、称量等步骤。

5.6.1　试样溶解

试样置于烧杯中，沿杯壁加入溶解试剂，加盖表皿，轻轻摇动，必要时加热促其溶解，但加热温度不可太高，以防溅失。溶解完全后，水洗表皿和杯壁。

5.6.2　沉淀

按照晶形和非晶形两种沉淀类型，控制不同的操作条件进行沉淀。加沉淀剂时，一般左手拿吸量管滴加沉淀剂，右手持玻璃棒搅拌。搅拌时玻璃棒不要碰烧杯壁和烧杯底，以免划损烧杯。

5.6.3　过滤的准备

过滤是重量分析的重要步骤，对分析速度和分析结果都有较大影响。如果掌握不好，操作者不仅费时，而且分析结果也往往会出问题。因此，要做好过滤的准备。

5.6.3.1　滤纸的选择

滤纸分定性、定量两种。重量分析多用定量滤纸（无灰滤纸）。定量滤纸为圆形，其直径和灰分见表 5－1，滤纸的类型见表 5－2。

表 5－1　国产定量滤纸直径和灰分

直径/cm	7	9	11	12.5
灰分/g·张$^{-1}$	3.5×10^{-5}	5.5×10^{-5}	8.5×10^{-5}	10×10^{-5}

表 5－2　国产定量滤纸的类型

类　型	色带标识	滤速/s·(100mL)$^{-1}$	适 用 范 围
快　速	蓝　色	60～100	非晶形沉淀，如 $Fe(OH)_3$
中　速	白　色	100～160	中等粒度沉淀，如 $MgNH_4PO_4$
慢　速	红　色	160～200	细粒状沉淀，如 $BaSO_4$

5.6.3.2　漏斗选择

应选长颈漏斗，漏斗锥体角60°，颈的直径3～5mm、长15～20cm，出口处呈45°角，见图5－1。

5.6.3.3　滤纸折叠

对折并按紧一半—再对折但不按紧—把折成圆锥形的滤纸放入漏斗，应低于漏斗边缘0.5～

1cm—调整折叠角度,直到滤纸与漏斗贴合紧密—把第二次折边压紧—取出滤纸,把半边为三层的一面的外层折角撕下一小块(保留擦烧杯用)。滤纸折叠见图5-2。

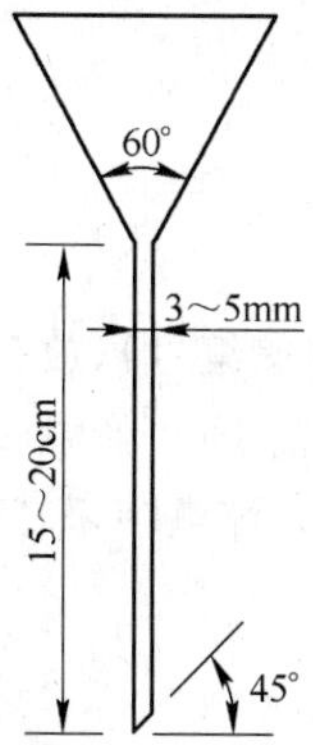

图5-1　漏斗

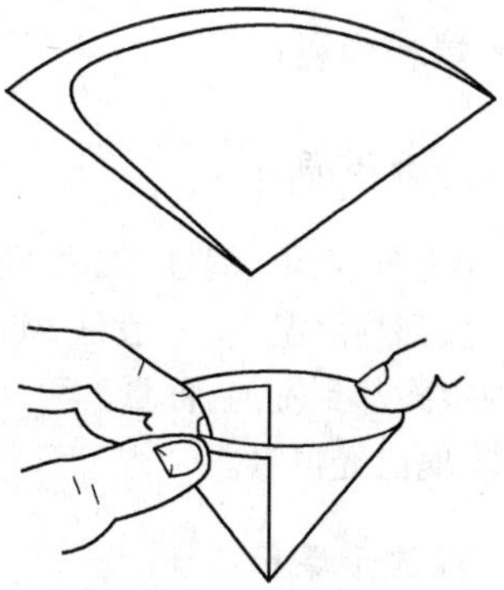

图5-2　滤纸折叠

5.6.3.4　做水柱

滤纸放入漏斗,按紧使与漏斗密合,用洗瓶加水润湿,手指轻压滤纸赶走与漏斗壁之间的气泡。向漏斗中加满水,此时漏斗颈内应充满水,形成水柱。在滤纸上的水漏尽后,水柱仍应保持。否则,可能是漏斗颈没有洗涤干净或漏斗颈直径过大,应更换漏斗。

漏斗下面用干净烧杯(不管滤液是否还有用途)承接,漏斗颈出口的斜口长的一侧贴紧烧杯壁,漏斗高度以不接触滤液为度。

5.6.4　过滤和洗涤

过滤和洗涤应不间断进行,特别是过滤胶状沉淀时更是如此。

过滤一般分三个阶段:第一阶段采用倾泻法把尽可能多的清液先过滤下去,并将烧杯中的沉淀初步洗涤;第二阶段把沉淀转移到漏斗里;第三阶段清洗烧杯和洗涤漏斗里的沉淀。

5.6.4.1　倾泻法过滤和初步洗涤

倾倒溶液时,烧杯嘴接触竖直的玻璃棒、玻璃棒下端轻触三层滤纸的一面。要避免留在玻璃棒和烧杯嘴上的液体流失或流到烧杯外壁上。

对于晶形沉淀,可用冷的稀的沉淀剂作洗涤液,但若沉淀剂为不挥发物质,则不能作洗涤液,可改用水或其他洗涤剂;对于非晶形沉淀,可用热的电解质溶液作洗涤剂,例如易挥发的铵盐溶液;对于溶解度大的沉淀,可采用沉淀剂加有机溶剂作洗涤剂。

应采用“少量多次”的方法洗涤沉淀。每次洗涤烧杯后,把清液倾入漏斗,尽量倒尽。

5.6.4.2　沉淀转移

沉淀用倾泻法过滤、初步洗涤后,再向烧杯中加少量洗涤液,搅拌混合,全部倾入漏斗中。如此反复2~3次。然后玻璃棒横在烧杯口,玻璃棒端轻触三层滤纸的一面,用洗瓶冲洗烧杯壁附着的沉淀,全部转移入漏斗。用撕下的滤纸角擦拭玻璃棒,擦拭烧杯,并把滤纸角拨入漏斗。再冲洗烧杯,转移入漏斗。

5.6.4.3　洗涤

沿滤纸边缘稍下边处螺旋形向下移动冲洗沉淀。一般洗涤 8～10 次。

5.6.5　干燥和灼烧

5.6.5.1　准备坩埚

瓷坩埚洗净、烘干、编号(用含 Fe^{3+} 或 Co^{2+} 的蓝墨水在坩埚外壁编号)，放在冷的高温炉炉膛中，逐渐升温到灼烧温度(一般是 800～950℃)灼烧 0.5h(新坩埚需 1h)，降温后将坩埚移入干燥器，在天平室冷却到室温，称量。再次灼烧、冷却、称量，若前后两次称量结果之差不大于 0.2mg，即可认为坩埚已经恒量。

5.6.5.2　沉淀干燥和灼烧

将漏斗中的滤纸折卷成小包，放入已恒量的坩埚中，滤纸三层的一面朝上。用煤气灯或在高温炉中烘干并灰化，但必须防止滤纸着火。

如同准备坩埚一样，灼烧、冷却、称量，反复直到恒量。

5.7　重量分析法结果的计算

被测组分的质量：$m_B = m_{称} \times \frac{M_B}{M_{称}} \times \frac{a}{b}$　　(5-1)

式中　$m_{称}$——称量形式的质量，g；

M_B——被测组分的相对分子(原子)质量；

$M_{称}$——称量形式的相对分子质量；

a, b——为了使分子和分母中被测元素的原子数相等所需要分别乘以的系数；

$\frac{M_B}{M_{称}} \times \frac{a}{b}$——换算因数。

被测组分的质量分数 $w(B) = \frac{m_B}{m_0} \times 100\%$　　(5-2)

式中　m_0——与 m_B 对应的试样质量，g。

【例 5-1】　测定铁矿石。称取试样 $m = 0.2500g$，重量法分析，沉淀形式是 $Fe(OH)_3$，灼烧后得到称量形式为 Fe_2O_3，称其质量为 $m_{称} = 0.2490g$。求此矿石中 Fe 和 Fe_3O_4 的质量分数。

解：

$$M_{称} = M(Fe_2O_3) = 159.7$$

$$M(Fe) = 55.85$$

$$M(Fe_3O_4) = 231.54$$

(1) 由于每个 Fe_2O_3 分子中含有 2 个 Fe 原子，所以 $a_1 = 2, b_1 = 1$

换算成 Fe 的质量 $m(Fe) = m_{称} \times \frac{M(Fe)}{M(Fe_2O_3)} \times \frac{a_1}{b_1} = 0.2490g \times \frac{55.85}{159.7} \times \frac{2}{1} = 0.1742g$

$$w(Fe) = \frac{0.1742g}{0.2500g} \times 100\% = 69.68\%$$

(2) 由于每个 Fe_2O_3 分子中含有 2 个 Fe 原子，而每个 Fe_3O_4 分子中含有 3 个 Fe 原子，所以，$a_2 = 2, b_2 = 3$

换算成 Fe_3O_4 的质量 $m(Fe_3O_4) = m_{称} \times \frac{M(Fe_3O_4)}{M(Fe_2O_3)} \times \frac{a_2}{b_2} = 0.2490g \times \frac{231.54}{159.7} \times \frac{2}{3} = 0.2407g$

$$w(Fe_3O_4) = \frac{0.2407g}{0.2500g} \times 100\% = 96.28\%$$

5.8 重量分析法在有色金属分析中的应用

重量分析法在有色金属分析中的应用已经不多。在铜及铜合金 68 种标准分析方法中，仅有电解重量法测定铜(3 种方法)、硅酸沉淀重量法测定硅共 4 种方法；在铝及铝合金 39 种标准分析方法中，仅有电解重量法测定铜、硅酸沉淀重量法测定硅和草酸盐重量法测定稀土总量共 3 种方法。

5.8.1 重量法分析铜合金中的硅量

这是铜及铜合金中硅的国家标准分析方法(GB 5121.23—2008)之一。在引用时仅作了个别改动，以便让读者对目前制定一项国家标准化学分析方法的格式有所了解。

5.8.1.1 分析范围

本方法规定了铜及铜合金中硅含量的测定方法。

本方法适用于铜及铜合金中硅含量的测定。测定范围：>0.40% ~5.00%。

5.8.1.2 方法原理

试料用混合酸溶解，酸不溶物用无水碳酸钠熔融。加盐酸反复蒸干使硅酸脱水，过滤，灼烧成二氧化硅。用硫酸及氢氟酸处理，使硅生成四氟化硅挥发掉，由除硅前和除硅后的质量差计算硅的质量分数。

5.8.1.3 试剂

除非另有说明，在分析中仅使用确认为分析纯的试剂和蒸馏水或去离子水或相当纯度的水。

a.1 无水碳酸钠。

a.2 盐酸($\rho = 1.19g/mL$)。

a.3 氢氟酸($\rho = 1.13g/mL$)。

a.4 盐酸 (5 +95)。

a.5 硫酸 (1 +1)。

a.6 混合酸:1 单位体积硝酸($\rho 1.42g/mL$)与 2 单位体积盐酸(a.2)混匀。

5.8.1.4 试样

厚度不大于 1mm 的碎屑。

5.8.1.5 分析步骤

b.1 试料

按表 5-3 称取试样(5.8.1.4)，精确至 0.0001g。

表 5-3　试料量、加水量、加混合酸量

硅的质量分数/%	试料量/g	加水量/mL	加混合酸量/mL
>0.40~2.00	3.000	25	25
>2.00~5.00	1.000	15	15

b.2　测定次数

独立地进行两次测定，取其平均值。

b.3　空白试验

随同试料做空白试验。

b.4　测定

b.4.1　将试料(b.1)置于200mL烧杯中，按表5-3加入水及混合酸，于室温下使试料完全溶解，如作用缓慢可稍微加热。

b.4.2　用中速定量滤纸加少量定量滤纸浆过滤，滤液收集于300mL烧杯中，以热盐酸(a.4)洗净烧杯并洗涤至沉淀无铜离子的颜色，再洗涤5次。保留滤纸，如有黑色不溶物时，应按标准中附录A进行无水碳酸钠熔滴处理(略)。

b.4.3　将盛滤液的烧杯边沿挂上玻璃钩，盖上表皿，于低温处蒸发至干，冷却。加入10mL盐酸(a.2)蒸发至干，再加入10mL盐酸(a.2)蒸发至干。加入10mL盐酸(a.2)，放置3~5min，以水洗涤表皿和杯壁，加入70~80mL热水，搅拌，使盐类溶解。

b.4.4　立即用b.4.2条保留的滤纸及纸浆过滤，用擦棒将黏附在杯壁上的沉淀仔细擦下，以热盐酸(a.4)洗净烧杯，并洗涤至沉淀无铜离子的颜色，再洗涤5次，再以热水洗涤3次。保留沉淀。

b.4.5　将滤液及洗液移入原烧杯中，以下按b.4.3~b.4.4条进行，过滤时使用中速定量滤纸加少量定量滤纸纸浆。

b.4.6　将两次所得的沉淀连同滤纸及纸浆置于铂坩埚中，灰化，置于500~600℃的高温炉中，继续升温至1000~1050℃，灼烧30min。取出稍冷，置于干燥器中，冷至室温后称量，并重复灼烧至恒量。

b.4.7　沿铂坩埚内壁加几滴水，3滴硫酸(a.5)、2~4mL氢氟酸(a.3)，小心地加热至硫酸烟冒尽。将铂坩埚置于1000~1050℃的高温炉中灼烧25min，取出稍冷，置于干燥器中，冷至室温后称量，并重复灼烧至恒量。

5.8.1.6　分析结果的计算

按下式计算硅的质量分数 w_{Si}，数值以%表示：

$$w_{Si} = \frac{[(m_1 - m_2) - (m_3 - m_4)] \times 0.4674}{m_0} \times 100$$

式中　m_1——氢氟酸处理前铂坩埚与沉淀的质量，g；

m_2——氢氟酸处理后铂坩埚与沉淀的质量，g；

m_3——氢氟酸处理前铂坩埚与试料空白沉淀的质量，g；

m_4——氢氟酸处理后铂坩埚与试料空白沉淀的质量，g；

m_0——试料的质量，g；

0.4674——二氧化硅换算为硅的换算因数。

所得结果表示至小数点后第二位。

5.8.1.7 精密度

A 重复性

在重复性条件下获得的两次独立测试结果的测试值,在表5-4给出的平均值范围内,两个测试结果的绝对差值不超过重复性限(r),超过重复性限(r)的情况不超过5%,重复性限(r)按表5-4数据采用线性内插法求得。

表5-4 重复性限

硅的质量分数/%	0.63	2.98	4.89
重复性限(r)/%	0.03	0.07	0.08

注:重复性限(r)为2.83S_r,S_r为重复性标准偏差。

B 再现性

在再现性条件下获得的两次独立测试结果的测试值,在表5-5给出的平均值范围内,两个测试结果的绝对差值不超过再现性限(R),超过再现性限(R)的情况不超过5%,再现性限(R)按表5-5数据采用线性内插法求得。

表5-5 再现性限

硅的质量分数/%	0.63	2.98	4.89
再现性限(R)/%	0.04	0.08	0.10

注:再现性限(R)为2.83S_R,S_R为再现性标准偏差。

5.8.1.8 质量保证和控制

应用国家级标准样品或行业级标准样品(当前两者没有时,也可用控制标样替代),每周或每两周校核一次本分析方法标准的有效性。当过程失控时,应找出原因,纠正错误后,重新进行校核。

5.8.2 重量法分析铝及铝合金中的硅量

这是铝及铝合金国家标准化学分析方法(GB/T 20975—2008)。该标准修改采用了国际标准ISO 797:1973。本书对标准格式作了改动。方法的最后部分的操作,与铜合金测定硅的重量法基本一致。

5.8.2.1 方法提要

试样以氢氧化钠溶解,用高氯酸酸化并脱水,硅酸沉淀经过滤、烘干、灼烧,得到SiO_2,称量SiO_2质量,再用氢氟酸挥发硅,称量残渣质量。依据两次称量的质量差换算为硅量。

本方法适用于铝及铝合金中硅量的测定。测定范围:≥0.3%。

5.8.2.2 试剂

a.1 氢氧化钠(聚乙烯瓶装)。

a.2 氢溴酸(ρ=1.49g/mL)(含锡、锑时用)。

a.3 硝酸(ρ=1.42g/mL)。

a.4 氢氟酸(ρ=1.14g/mL)。

a.5 高氯酸(ρ=1.67g/mL)。

a. 6　高氯酸(1 +2)。

a. 7　盐酸(1 +19)。

a. 8　硫酸(1 +1)。

a. 9　氢氧化钠溶液(50g/L,储存于聚乙烯瓶中)。

a. 10　过氧化氢(1 +4)。

a. 11　溴水(饱和溶液)。

5. 8. 2. 3　分析步骤

b. 1　独立地进行两次测定,取其平均值。

b. 2　按表 5 -6 称取试样(厚度不大于 1mm 的碎屑)。

表 5 -6　试料量、氢氧化钠量、加水量、加酸量

硅量/%	试样量/g	氢氧化钠(a. 1)用量/g	溶解试样加入水体积/mL	硝酸(a. 3)体积/mL	高氯酸(a. 5)体积/mL	蒸发皿加水体积/mL
0. 30 ~ 3. 00	2. 0000	8	15	5	60	30
>3. 00 ~ 7. 00	1. 0000	6	10		45	20
>7. 00	0. 5000 ~ 1. 0000	10	20		60	30

注:对含锡或锑的铝合金,需要加氢溴酸和溴水处理。

b. 3　随同试样做空白试验。

b. 4　测定

b. 4. 1　将试样(b. 2)置于 250mL 镍或银皿中,盖上镍或银表皿。按表 5 -6 加入氢氧化钠(a. 1)和水(小心分次加入)。待试样完全溶解,用尽量少的水洗涤皿盖和皿壁,蒸发至糊状(防止溅出),冷却。滴加 5 ~ 6mL 过氧化氢(a. 10)并再蒸发至糊状。必要时,可用过氧化氢(a. 10)进行重复处理。稍冷却。

b. 4. 2　加入 100mL 热水并冲洗皿壁,煮沸至盐类溶解,冷却。移入按表 5 -6 盛有硝酸(a. 3)、高氯酸(a. 5)和水的瓷蒸发皿中。仔细用热水洗涤镍或银皿及皿盖,用总量约 10mL 高氯酸(a. 6)分次淋洗黏附于镍或银皿及皿盖上的微粒(必要时用带橡皮头的玻璃棒擦下),用热水洗涤,将洗液合并于主液中。

b. 4. 3　用玻璃棒搅拌。若溶液呈棕色,可加入数滴过氧化氢(a. 10)。加热蒸发至有大量高氯酸烟冒出、溶液开始有结晶析出(当高氯酸烟冒 15 ~ 20min 时),冷却。用热水溶解。按试样量将溶液稀释为 200mL(0. 5 ~ 1g 试样)或 400mL(2g 试样)。用玻璃棒仔细搅拌,加热使盐类完全溶解。加数滴过氧化氢(a. 10),使已析出的 MnO_2 溶解。

b. 4. 4　用玻璃棒搅拌,使硅酸的微粒呈悬浮状。用中速定量滤纸过滤,用热盐酸(a. 7)洗涤滤纸 5 ~ 6 次,再以沸水充分洗涤至无高氯酸。滤液和洗涤液收集于烧杯中。

b. 4. 5　将收集的滤液和洗涤液移入原瓷蒸发皿中,加热蒸发至有大量高氯酸烟冒出,继续冒烟 15 ~ 20min,冷却。用热水溶解。将溶液稀释为 200mL,用另一张中速定量滤纸过滤,用热盐酸(a. 7)洗涤滤纸 5 ~ 6 次,再以沸水洗涤至中性。回收黏附于瓷蒸发皿壁上的少量硅酸。

b. 4. 6　将两张滤纸连同沉淀置于已经恒量的铂坩埚中。于 500 ~ 600℃ 小心灰化完全(勿使滤纸着火)。在高温炉中于 1100 ~ 1150℃ 灼烧 1h。稍冷,取出移入干燥器中冷却至室温,称量。重复灼烧、冷却、称量至恒量。

b. 4. 7　于铂坩埚(b. 4. 6)中加入 1 ~ 2mL 硫酸(a. 8)和 3 ~ 5mL 氢氟酸(a. 4),蒸发至干。必要时,用氢氟酸(a. 4)重复处理,在高温炉中灼烧至恒量。

5.8.2.4 计算

$$w_{Si}=\frac{[(m_1-m_2)-(m_3-m_4)]\times 0.4674}{m_0}\times 100$$

式中 m_1——氢氟酸处理前铂坩埚与沉淀的质量,g;

m_2——氢氟酸处理后铂坩埚与残渣的质量,g;

m_3——氢氟酸处理前铂坩埚与试料空白沉淀的质量,g;

m_4——氢氟酸处理后铂坩埚与试料空白沉淀的质量,g;

m_0——试料的质量,g;

0.4674——二氧化硅换算为硅的换算因数。

5.8.2.5 精密度

在重复性条件下获得的两次独立测试结果的测试值,在表5-7给出的平均值范围内,两个测试结果的绝对差值不超过重复性限(r),超过重复性限(r)的情况不超过5%,重复性限(r)按表5-7数据采用线性内插法求得。

表5-7 重复性限

硅的质量分数/%	0.781	2.894	11.09	23.66
重复性限(r)/%	0.039	0.085	0.20	0.19

实验室间分析结果的差值应不大于表5-8所列的允许差。

表5-8 实验室间分析结果允许差

硅量/%	允许差/%	硅量/%	允许差/%
0.30~0.50	0.03	>4.00~5.00	0.25
>0.50~0.75	0.04	>5.00~7.50	0.30
>0.75~1.00	0.05	>7.50~10.00	0.35
>1.00~2.00	0.10	>10.00~15.00	0.40
>2.00~3.00	0.15	>15.00~25.00	0.50
>3.00~4.00	0.20		

5.8.3 直接电解-原子吸收光谱法测定铜及铜合金中的铜量

铜及铜合金标准分析方法中铜含量的测定有三种方法,均为电解重量法。这是其中之一(GB 5121.1—2008)。

5.8.3.1 测定范围

本方法规定了铜及铜合金中铜含量的测定方法。

本方法适用于铜及铜合金中铜含量的测定。测定范围:50.00%~99.00%。

5.8.3.2 方法原理

试料用硝酸和氢氟酸溶解后,以过氧化氢还原氮的氧化物,加入铅以降低阳极铂的损失,电解使铜在铂阴极上析出。阴极烘干后称量。电解液中残留的铜量用火焰原子吸收光谱法测定。

5.8.3.3　试剂

除非另有说明,在分析中仅使用确认为分析纯的试剂和蒸馏水或去离子水或相当纯度的水。

a.1　无水乙醇。

a.2　氢氟酸(ρ=1.13g/mL)。

a.3　硝酸(1+1)。

a.4　过氧化氢(1+9)。

a.5　氯化铵溶液(0.02g/L)。

a.6　硝酸铅溶液(10g/L)。

a.7　铜标准储存溶液:称取1.0000g纯铜(铜的质量分数不小于99.95%),置于250mL烧杯中,加入40mL硝酸(a.3),盖上表皿,加热至完全溶解,煮沸除去氮的氧化物,用水洗涤表皿及杯壁,冷却。移入1000mL容量瓶中,用水稀释至刻度,混匀。此溶液1mL含铜1mg。

a.8　铜标准溶液:移取10.00mL铜标准储存溶液(a.7),置于500mL容量瓶中,用水稀释至刻度,混匀。此溶液1mL含铜20μg。

5.8.3.4　仪器

b.1　备有自动搅拌装置和精密直流电流表、电压表的电解器。

b.2　电热恒温干燥箱。

b.3　铂阴极:用直径约0.2mm的铂丝编成每平方厘米约36μm筛孔的网,制成网状圆筒形(见图5-3)。

b.4　铂阳极:螺旋形(见图5-4)。

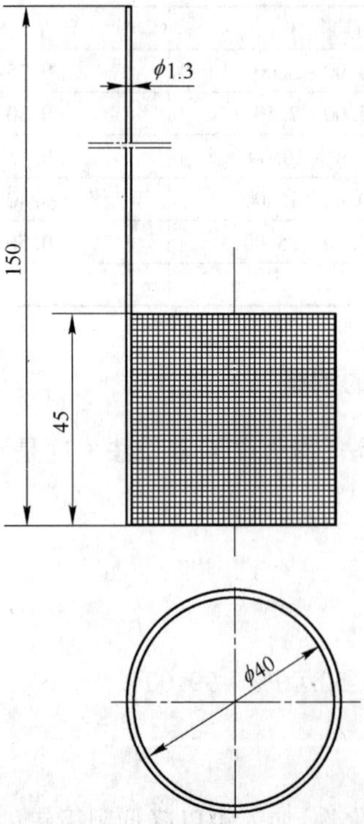

图5-3　铂阴极

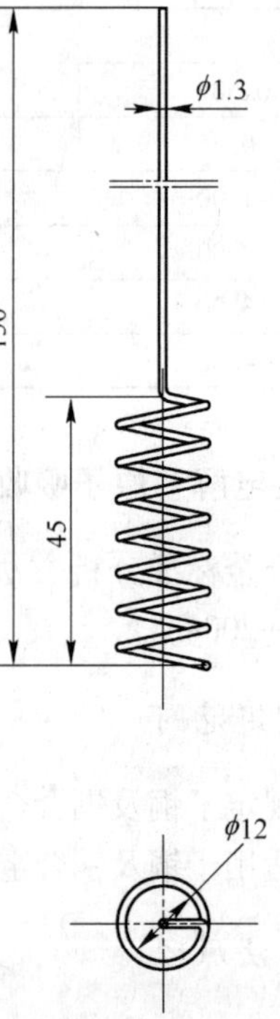

图5-4　铂阳极

b.5 原子吸收光谱仪，附铜空心阴极灯。

在仪器最佳工作条件下，凡能达到下列指标者均可使用。

灵敏度：在与测量试料溶液的基体相一致的溶液中，铜的特征浓度应不大于0.042μg/mL；

精密度：用最高浓度的标准溶液测量10次吸光度，其标准偏差应不超过平均吸光度的1.0%；用最低浓度的标准溶液（不是“零”标准溶液）测量10次吸光度，其标准偏差应不超过最高浓度的标准溶液平均吸光度的0.5%；

工作曲线性：将工作曲线按浓度等分成5段，最高段的吸光度差值与最低段的吸光度差值之比，应不小于0.7。

5.8.3.5 试样

厚度不大于1mm的碎屑。

5.8.3.6 分析步骤

c.1 试料

称取2.000g试样，精确至0.0001g。

c.2 测定次数

独立地进行两次测定，取其平均值。

c.3 空白试验

随同试料做空白试验（可不进行电解）。

c.4 测定

c.4.1 将试料（c.1）置于250mL聚四氟乙烯烧杯中，加入2mL氢氟酸（a.2）、30mL硝酸（a.3），盖上表皿，待反应接近结束，在不高于80℃下加热至试料完全溶解。

c.4.2 加入25mL过氧化氢（a.4）、3mL硝酸铅溶液（a.6），以氯化铵溶液（a.5）洗涤表皿和杯壁，并稀释体积至约150mL。

c.4.3 将铂阳极和精确称量过的铂阴极安装在电解器上，使网浸没在溶液中，用剖开的聚四氟乙烯皿或聚丙烯皿盖上烧杯。

c.4.4 在搅拌下进行电解（电流密度1.0A/dm^2）。电解至铜的颜色褪去，以水洗涤表皿、杯壁和电极杆，继续电解30min。如新浸没的电极部分无铜析出，表示已电解完全。

c.4.5 不切断电源，慢慢地提升电极或降低烧杯，立即用两杯水依次淋洗电极，迅速取下铂阴极，并依次浸入两杯无水乙醇（a.1）中，立即放入105℃的恒温干燥箱中干燥3~5min，取出置于干燥器中，冷却至室温后称量。

c.4.6 将电解析出铜后的溶液（c.4.5）及第一杯洗涤电极的水（c.4.5）分别移入两个300mL烧杯中，盖上表皿。低温蒸发至体积约为80mL，冷却。合并溶液并移入200mL容量瓶中，用水稀释至刻度，混匀。按c.4.8测定。

c.4.7 若残铜量大于0.0005g时，移取25.00mL溶液（c.4.6），置于100mL容量瓶中，用水稀释至刻度，混匀。按c.4.8测定。

c.4.8 使用空气-乙炔火焰，在原子吸收光谱仪的波长324.7nm处，与标准溶液系列同时，以水调零测量试液的吸光度。所测吸光度减去随同试料的空白溶液的吸光度，从工作曲线上查出相应铜的质量浓度。

c.5 工作曲线的绘制

c.5.1 移取0mL、2.50mL、5.00mL、7.50mL、10.00mL、12.50mL铜标准溶液（a.8）于一组

100mL 容量瓶中，分别加入 5mL 硝酸(a.3)，用水稀释至刻度，混匀。

c.5.2 在与试料溶液测定相同条件下，测量标准溶液系列的吸光度，减去标准溶液系列中“零”浓度溶液的吸光度，以铜的质量浓度为横坐标、吸光度为纵坐标，绘制工作曲线。

5.8.3.7 分析结果的计算

按下式计算铜的质量分数 w_{Cu}，数值以% 表示：

$$w(\mathrm{Cu}) = \frac{(m_1 - m_2) + V_0 \times \rho\left(\frac{V_2}{V_1}\right) \times 10^{-6}}{m_0} \times 100\%$$

式中 m_1——铂阴极与沉积铜的总质量，g；

m_2——铂阴极的质量，g；

ρ——从工作曲线上查得的铜的质量浓度，μg/mL；

V_0——电解后残留铜溶液稀释总体积，mL；

V_2——分取部分残留铜溶液稀释后体积，mL；

V_1——分取部分残留铜溶液的体积，mL；

m_0——试料的质量，g。

所得结果表示至小数点后第二位。

5.8.3.8 精密度

A 重复性

在重复性条件下获得的两次独立测试结果的测试值的绝对差值不超过重复性限(r)，超过重复性限(r)的情况不超过 5%，见表 5-9。

表 5-9 重复性限

铜的质量分数/%	55.00 ~ 99.00
重复性限(r)/%	0.10

注：重复性限(r)为 $2.83S_r$，S_r 为重复性标准偏差。

B 再现性

在再现性条件下获得的两次独立测试结果的测试值的绝对差值不超过再现性限(R)，超过再现性限(R)的情况不超过 5%，见表 5-10。

表 5-10 再现性限

铜的质量分数/%	55.00 ~ 99.00
再现性限(R)/%	0.12

注：再现性限(R)为 $2.83S_R$，S_R 为再现性标准偏差。

复习思考题

1. 重量分析用于分离被测组分与其他组分的方法有______、______、______。
2. 重量分析法对沉淀形式和称量形式各有哪些要求？

3. 用________衡量沉淀完全的程度。影响沉淀完全的主要因素有____________、________、________、________。
4. 影响沉淀纯度的主要因素有________和__________。
5. 沉淀大致可分为哪两类？构晶离子的聚集速度与定向速度如何决定沉淀的类型，对不同类型的沉淀应分别按照什么原则控制沉淀时的条件？
6. 国产滤纸有哪几种类型，它们的色带标识是什么，它们各适合过滤哪类沉淀？
7. 过滤沉淀一般分哪三个阶段？
8. 计算下表重量法称量形式与被测组分的换算因数。

称量形式	被测组分	换算因数
$Mg_2P_2O_7$	Mg	
	MgO	
SiO_2	Si	
$PbMoO_4$	Mo	
$PbCrO_4$	Cr_2O_3	
Fe_2O_3	Fe	
	Fe_3O_4	

9. 重量法测定镁，先将 Mg^{2+} 沉淀为 $MgNH_4PO_4$，灼烧得 $Mg_2P_2O_7$，质量为 0.3515g，求镁的质量？
10. 分别简述铜及铜合金和铝及铝合金现行国家标准化学分析方法中重量法测定硅量的方法提要。
11. 用重量法测定铜合金中的 Si 量。称取试样 0.5000g，灼烧硅酸沉淀后得到的不纯的 SiO_2 0.0286g。经过硫酸和氢氟酸处理后，残渣经过灼烧后得到的质量 0.0003g。计算合金中的 Si 量。若不经过硫酸和氢氟酸处理，分析结果的相对误差是多少？
12. 简述电解重量法测定铜及铜合金中的铜量的方法提要。

6　滴定分析法

本章提要:介绍滴定分析的操作要点;讲述滴定分析的计算方法并用例题对不同滴定类型进行计算;然后分别介绍酸碱滴定、配位滴定、氧化还原滴定及沉淀滴定方法,并介绍相应滴定类型的有色金属国家标准化学分析方法或分析规程。

6.1　概述

与重量分析法一样,滴定分析法也是以化学反应为基础的最主要的分析方法。进行分析时,先用一个已知准确浓度的溶液作滴定剂,用滴定管将滴定剂准确滴加到被测物质的溶液中,直到滴定剂与被测物质按化学计量关系定量反应完全为止。根据滴定剂的浓度、滴定所消耗的体积和化学反应的计量关系,计算被测物质的质量及含量。

但是,在溶液中除了滴定反应这一主反应外,还不可避免地伴随着其他副反应,这就使滴定分析增加了变数。

溶液酸度(pH 值)的变化对配位剂存在形式、氧化还原电位、沉淀溶解度的影响,都使酸碱滴定、配位滴定、氧化还原滴定及沉淀滴定的各种平衡变得复杂。

溶液中其他弱酸、配位剂、氧化还原剂、沉淀剂的存在对酸碱滴定、配位滴定、氧化还原滴定及沉淀滴定主反应的平衡关系也会产生影响。

由于上述这些影响的存在,就有了用条件平衡常数代替平衡常数、用活度代替浓度、用实际的突跃范围代替理论突跃范围、用实际滴定终点代替理论滴定终点等问题的产生。

从事有色金属分析工作的人员,对滴定分析各种平衡理论的了解以及通过试验寻找合适的滴定反应、选择合适的指示剂,提高滴定分析的选择性,是相当重要的。

尽管滴定平衡有许多不确定因素,滴定分析的结果要与标准滴定溶液的浓度进行比较,还涉及用滴定管、容量瓶、移液管计量体积可能引起不确定度的因素存在,但与仪器分析方法比较,滴定分析量值传递的环节较少,准确度高,常被选作标准分析方法。在铜及铜合金国家标准化学分析方法中,铝、锡、锰等元素的测定共有 12 种方法是滴定分析方法;在铝及铝合金国家标准化学分析方法中,锌、镁、锡的测定也选用滴定分析方法。

滴定分析适合于分析试样中含量在 0.5% 以上的组分。

6.1.1　滴定分析中的术语

6.1.1.1　化学计量点

在滴定中,按照化学反应方程式确定的计量关系,滴定剂与被测组分刚好定量完全反应的一点称为化学计量点。

如以 0.1000mol/L 的 HCl 标准溶液滴定 0.2000mol/L 的 NaOH 标准溶液 20.00mL,那么当 HCl 标准溶液滴到 40.00mL 时,应该刚好定量完全反应,到达化学计量点。

6.1.1.2　滴定终点

因指示剂颜色明显变化(或其他指示方式)而表示应停止滴定的一点,即滴定终点。

6.1.1.3 终点误差

滴定终点与化学计量点不完全吻合所引起的误差,即终点误差。

如上所述,当 HCl 标准溶液滴到 40.15mL 时,指示剂颜色明显变化。这样,40.15mL 就是滴定终点,0.15mL 是滴定误差。

6.1.1.4 活度(a)

这是指参加反应的物质的有效浓度。它与浓度(c)之间的关系是:

$$a = rc$$

r 称为活度系数,表示离子之间的作用力对离子参与化学反应能力的影响大小。

对于稀溶液,离子之间距离大,相互作用力可忽略,r 趋于 1 ,$a = c$;

对于浓溶液,离子之间距离小,相互作用力大,$r < 1$。

一般情况下,可以用浓度代替活度;测量准确度要求高时,必须采用活度计算。

6.1.2 对滴定反应的要求

并非所有的化学反应都可以用作滴定分析,作为滴定分析的化学反应应满足以下条件:

(1)反应有确切的定量关系,即按照一定的化学反应方程式进行,并且反应进行得完全,一般要求达到 99.9% 以上;

(2)反应迅速完成,或采取措施(如加热、加催化剂)后能加快反应;

(3)主反应(滴定剂与被测物质的反应)不受共存物质的干扰,或有消除干扰的措施;

(4)有判断滴定终点的简便方法。

6.1.3 滴定分析方法分类

6.1.3.1 根据滴定反应的类型不同分类

(1)酸碱滴定法:是以溶液中质子传递反应为基础的滴定方法;

(2)配位滴定法:是以溶液中金属离子与配位剂形成稳定的配合物的配位反应为基础的滴定方法;

(3)氧化还原滴定法:是以溶液中氧化剂和还原剂之间的电子转移为基础的滴定方法;

(4)沉淀滴定法:是以溶液中形成沉淀的反应为基础的滴定方法。

6.1.3.2 根据滴定的方式不同分类

(1)直接滴定法:用标准滴定溶液直接滴定被测物质溶液。这是最常用的滴定方法。

(2)间接滴定法:当被测物质不能直接与滴定剂发生符合滴定反应要求的化学反应时,通过其他反应以间接的方式测定被测物质含量。如分析试液中的 Ca^{2+},由于 Ca^{2+} 与 $KMnO_4$ 不能发生氧化还原反应,可以先使 Ca^{2+} 与 $C_2O_4^{2-}$ 定量沉淀为 CaC_2O_4,再以 $KMnO_4$ 标准滴定溶液滴定 $C_2O_4^{2-}$,间接测得 Ca^{2+} 的含量。

(3)返滴定法:先向被测物质溶液中加入过量的已知浓度的滴定剂标准溶液,待反应完全后,再用另一标准滴定溶液滴定过量的滴定剂。此方法也称回滴。如测定铜合金中的铝,向含 Al^{3+} 的试液中加过量的 EDTA 标准滴定溶液,加热煮沸,使 Al^{3+} 与 EDTA 的配合反应快速完成,加指示剂后用 Zn^{2+} 标准滴定溶液滴定过量的 EDTA 标准溶液。

(4) 置换滴定法：先加适当的试剂与被测物质进行反应，定量地生成（置换成）另一种物质，再用已知浓度的一种滴定剂标准溶液滴定被置换出的物质。如测定 Cu^{2+} 时，向含 Cu^{2+} 的试液中加入 KI 溶液，Cu^{2+} 与 KI 反应，生成相应量的 I_2，用 $Na_2S_2O_3$ 标准滴定溶液还原滴定被置换出来的 I_2，通过计算得到铜的含量。

$$2Cu^{2+} + 4I^- = Cu_2I_2 \downarrow + I_2$$

$$I_2 + 2S_2O_3^{2-} = S_4O_6^{2-} + 2I^-$$

两式合并：

$$2Cu^{2+} + 2I^- + 2S_2O_3^{2-} = Cu_2I_2 + S_4O_6^{2-}$$

6.2　滴定分析的基本操作

在滴定分析中，要用到滴定管、容量瓶和移液管这三种量度溶液体积的仪器，它们的刻度是否准确，使用者操作是否得当，都直接影响到分析结果的准确性。

首先，滴定管、容量瓶和移液管一定要经过认真洗涤（见 2.1.2 节）和经过计量检定（校正）合格，才能使用，并应贴上合格标识。这些器皿在使用过程中不必再定期检定，发现破损（注意尖嘴处易破损）即可报废。

在滴定分析操作中，主要应掌握滴定管的正确使用。

6.2.1　滴定管的种类

6.2.1.1　按容积不同分类

(1) 常量滴定管：容积有 100mL、50mL、25mL 三种，最小刻度为 0.1mL。读数时，两个刻度之间还可估出一个数值，即可读至 0.01mL。

(2) 半微量滴定管：容积为 10mL，最小刻度为 0.05mL。

(3) 微量滴定管：容积为 1～5mL，最小刻度为 0.01mL 或 0.005mL。

6.2.1.2　按用途不同分类

(1) 酸式滴定管：其下端有一玻璃活塞，适宜装酸性和中性溶液；

(2) 碱式滴定管：其下端是用一段胶管连接尖嘴玻璃管，胶管中有一个玻璃珠用以堵住或放开液流，适宜装碱性溶液。

6.2.1.3　自动滴定管是普通滴定管的改进型

用打气球将溶液压入量管，实现灌装溶液半自动化。自动滴定管虽构造比较复杂，但使用方便，适合于经常使用同一标准溶液的企业进行日常例行分析。

6.2.2　滴定管的技术要求

滴定管按精度分为 A 级和 B 级，A 级为较高级，B 级为较低级。GB 12805—1991 规定了滴定管的容量允差，见表 6－1。

表 6－1　滴定管的容量允差

标称容量		1	2	5	10	25	50	100
容量允差/mL	A 级	0.010	0.010	0.010	0.025	0.05	0.05	0.10
	B 级	0.020	0.020	0.020	0.050	0.10	0.10	0.20

滴定管的每一段的直径都应该是均匀一致的。

6.2.3　滴定管的使用

滴定管是滴定分析的主要器具，使用时应注意以下几点。

6.2.3.1　活塞涂油

酸式滴定管应在活塞上涂一薄层凡士林或真空脂，方法是：将活塞取下，用干净的纸把活塞和塞套内壁擦干，蘸少量凡士林，在活塞两头涂上薄薄一圈，靠活塞孔附近不要涂凡士林，以免堵塞。然后，把活塞放回套内，向同一个方向转动，直到凡士林均匀分布呈透明状，再把橡皮圈套住活塞小头，使活塞固定在塞套内，以防滑出。

6.2.3.2　试漏

关闭活塞，装入纯水，放出部分水调整至一定刻线，直立滴定管约2min，仔细观察刻线上液面是否下降，滴定管下端是否有水滴，活塞缝是否有渗水。然后，把活塞旋转180°后再等2min，再如上观察。若有渗漏，应重新擦干、涂油、试漏。

碱式滴定管同样装水、观察试漏。若有渗漏，可调换胶管中的玻璃珠。

6.2.3.3　装溶液

先把盛标准溶液的瓶子摇几下，让瓶内壁上的水珠混入溶液，用此标准溶液洗滴定管2～3次，每次冲洗至少装滴定管容积的1/3。冲洗时先从下端放出几毫升溶液，洗涤尖嘴部分，再关闭活塞横持滴定管转动，使溶液与滴定管内壁充分接触，将溶液从滴定管上口倒出。

洗2～3次后，即可装入标准溶液至“0”刻度以上，转开活塞，排出滴定管下端存留的气泡，仔细调节液面在0.00mL处。

应直接从标准溶液储备瓶中灌装标准溶液，不要再经过其他器皿转移。

6.2.3.4　滴定

滴定操作时，左手拇指在前，食指和中指在后，手指稍微弯曲扣住活塞并转动活塞（或握住碱式滴定管的玻璃球，见图6－1）进行滴定，右手摇锥形瓶（烧杯也可）。自如地控制活塞，以便控制滴定剂流出速度。要求做到：能逐滴放出；能只放一滴；能使溶液呈悬而未滴状态，即练习加半滴的技术。

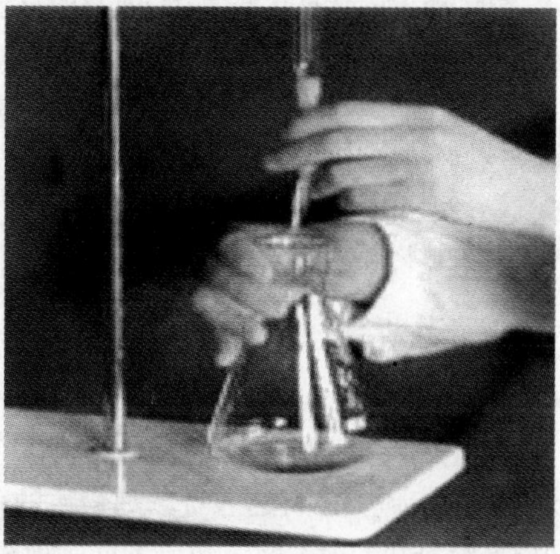

图6－1　碱式滴定管滴定

滴定前，要在原始记录本上记下滴定管液面刻度（若每次都从0.00mL开始，也可不记）。并除去滴定管下端尖嘴上悬挂的液滴。

滴定时，滴定管下端应在盛放被滴定溶液的锥形瓶（或烧杯）口下1～2cm处。滴定速度应按分析方法的具体要求掌握，一般不形成液柱流下。边滴边摇锥形瓶（或烧杯），或用玻璃棒边搅拌。临近终点时，应逐滴或半滴加入，并用洗瓶冲洗锥形瓶（或烧杯）的内壁，摇匀溶液、观察终点是否已到。注意把滴定管下端悬挂的半滴及时移入试液中，摇匀、观察终点。

6.2.3.5　读数

由于水溶液的附着力和内聚力的作用，滴定管液面呈弯月形。读数应按以下规则：

(1)注入或放出溶液后，需等待 30s ~ 1min 后才可以读数；

(2)用拇指和食指拿住滴定管上端(无刻度处)使管身上下垂直后读数；

(3)对于无色溶液或浅色溶液，应该读弯月面下缘实线的最低点，操作者视线应与弯月面下缘实线的最低点相切，即在同一水平面上，如图 6 - 2*a* 所示；

(4)对于有色溶液，操作者视线应与液面两侧的最高点相切，如图 6 - 2*b* 所示；

(5)使用蓝线衬背的滴定管，无色溶液有两个弯月面相交于滴定管蓝线的某一点，读数时视线应与此点在同一水平面上，有色溶液与一般滴定管读数相同；

(6)滴定时，最好都从 0.00mL 开始，或从接近零的任一刻度开始，这样可固定在滴定管的某一范围内滴定，减少测量误差；

(7)50mL 及以下容量的滴定管，读数要准确到 0.01mL。要及时做原始记录。

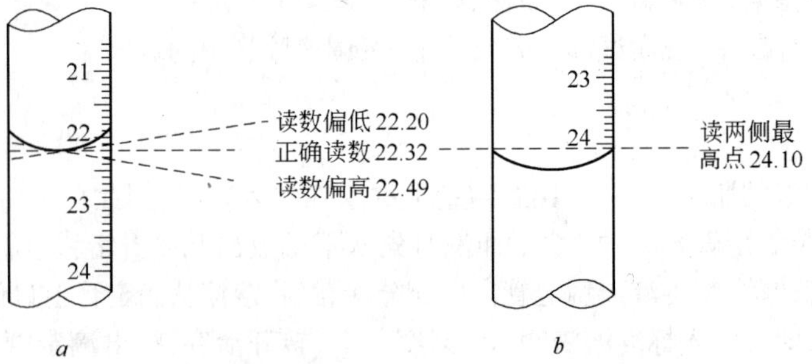

图 6 - 2　滴定管读数示意图

a—普通滴定管读取数据示意图；*b*—有色溶液读取数据示意图

6.3　滴定分析的计算

滴定分析的计算比较复杂，涉及的量较多：物质的量、物质的质量、物质的摩尔质量、物质的含量(质量分数)、溶液的浓度、溶液的体积、溶液的密度等，还涉及化学反应方程式的配平、多个相关滴定反应之间的关系等等，初学者有时无从下手，希望有一固定的计算模式去套用。熟练以后就可以灵活运用了。

滴定分析的计算方法有多种，但只要掌握一种方法，熟练运用，能够对不同的滴定方法的分析结果进行计算就可以了。

6.3.1　计算步骤

计算步骤如下：

(1)正确写出滴定反应的化学方程，并配平方程式。

在滴定反应中，滴定剂与被测物质的化学反应，其生成物是什么，要根据实验、根据化学知识、根据资料和经验判断。知道了反应物和生成物，配平反应方程式就应该不太困难了。

如 NaOH 和 HCl 反应，这是酸碱中和反应，应该生成盐和水，即生成 NaCl 和 H_2O：

$$NaOH + HCl = NaCl + H_2O$$

如在酸性溶液中，$Cr_2O_7^{2-}$ 与 Fe^{2+} 反应，这是氧化还原反应，在酸性溶液中，Fe^{2+} 被氧化为 Fe^{3+}，$Cr_2O_7^{2-}$ 中的 Cr^{6+} 被还原为 Cr^{3+}，H^+ 参与反应与 $Cr_2O_7^{2-}$ 中的氧生成 H_2O：

$$Cr_2O_7^{2-} + 6Fe^{2+} + 14H^+ \rightleftharpoons 2Cr^{3+} + 6Fe^{3+} + 7H_2O$$

(2)选择反应物和生成物的"化学式"作为基本单元，确定方程式中各物质的物质的量的关系。

选择方程式中的化学式(分子式、原子式、离子式等)作为基本单元，用换算因数(系数)法，确定方程式中的反应物与生成物之间物质的量的关系，主要是确定滴定剂与被测物质之间物质的量的关系，或者滴定剂与中间生成物之间物质的量的关系。

1)酸碱滴定反应：$NaOH + HCl = NaCl + H_2O$，$\frac{n(HCl)}{n(NaOH)} = \frac{1}{1}$，

所以有：
$$\frac{n(HCl)}{1} = \frac{n(NaOH)}{1}$$

2)氧化还原滴定反应：$Cr_2O_7^{2-} + 6Fe^{2+} + 14H^+ = 2Cr^{3+} + 6Fe^{3+} + 7H_2O$，$\frac{n(Fe^{2+})}{n(Cr_2O_7^{2-})} = \frac{6}{1}$，

所以有：
$$\frac{n(Fe^{2+})}{6} = \frac{n(Cr_2O_7^{2-})}{1}$$

3)氧化还原滴定反应：$2Cu^{2+} + 4I^- = Cu_2I_2\downarrow + I_2$，$\frac{n(Cu^{2+})}{n(I_2)} = \frac{2}{1}$，

所以有：
$$\frac{n(Cu^{2+})}{2} = \frac{n(I_2)}{1},$$

4)配位滴定反应：$Mg^{2+} + H_2Y^{2-} = MgY^{2-} + 2H^+$，$\frac{n(Mg^{2+})}{n(H_2Y^{2-})} = \frac{1}{1}$，

所以有：
$$\frac{n(Mg^{2+})}{1} = \frac{n(H_2Y^{2-})}{1}$$

5)沉淀滴定反应：$Ag^+ + Cl^- = AgCl\downarrow$，$\frac{n(Ag^+)}{n(Cl^-)} = \frac{1}{1}$，

所以有：
$$\frac{n(Ag^+)}{1} = \frac{n(Cl^-)}{1}$$

6)因此，在滴定分析中，对于任一滴定反应

$$aA + bB \rightleftharpoons cC + dD$$

物质 A、B、C、D 之间物质的量存在以下关系：

$$\frac{n(A)}{a} = \frac{n(B)}{b} = \frac{n(C)}{c} = \frac{n(D)}{d} \qquad (6-1)$$

即各反应物、生成物的物质的量与方程式中各自化学式前的因数之比是相等的。这样，就确定了以方程式中的化学式(分子式、原子式、离子式等)作为基本单元，反应物、生成物之间物质的量的关系。

(3)若需要时，对同一物质的不同基本单元表示的物质的量或物质的量浓度进行换算。

当已知条件给出的基本单元与方程中化学式不同时，可按式 3-4 换算物质的量 n，或按式 3-5 换算物质的量浓度 c。

(4)求出已知浓度和体积的滴定剂的物质的量。

若已知滴定剂 A 的浓度 $c(A)$ 和滴定消耗的体积 $V(A)$，则可以求出：

$$n(A) = c(A) \times V(A)$$

（5）由 $n(A)$，按式 6－1 求出待测物质 B 的物质的量 $n(B)$

$$n(B)=\frac{n(A)}{a}\times b$$

（6）由式 3－1 $M_B=\frac{m_B}{n_B}$，求出待测物质 B 的质量

$$m_B=n(B)\times M_B$$

（7）由 m_B 和与之对应的试样量 m_0，求出待测物质 B 的质量分数

$$w(B)=\frac{m_B}{m_0}\times 100\%$$

（8）如果已知条件是滴定度，那么用滴定度直接乘以标准溶液的体积，可直接得出待测物质 B 的质量 m_B。

6.3.2　不同类型的滴定方法计算例题

下列例题，尽管滴定类型和方式不同，但计算思路、步骤基本一样。

【例 6－1】　称取分析纯 Na_2CO_3 1.3350g，配成一级标准溶液 250.0mL，用来标定近似浓度为 0.1mol/L 的 HCl 溶液。测得 Na_2CO_3 一级标准溶液 25.00mL 恰好与 HCl 溶液 24.50mL 反应完全。求此 HCl 溶液的准确浓度。

解：已知 $M(Na_2CO_3)=106.0g/mol$，$V_{液}=250mL=0.25L$，$V(Na_2CO_3)=25mL=0.025L$，$V(HCl)=24.50mL=0.0245L$。

这是以 Na_2CO_3 酸碱滴定法标定 HCl 标准溶液。

反应方程式：　$$Na_2CO_3+2HCl=\!=\!=2NaCl+H_2O+CO_2\uparrow$$

物质的量的关系：　$$\frac{n(Na_2CO_3)}{1}=\frac{n(HCl)}{2}$$

所以　$$n(HCl)=\!=\!=2n(Na_2CO_3)$$

滴定消耗 Na_2CO_3 为基本单元的物质的量 $n(Na_2CO_3)=c(Na_2CO_3)\times V(Na_2CO_3)$

由式 3－3 可得到：　$$c(Na_2CO_3)=\frac{m(Na_2CO_3)}{M(Na_2CO_3)\times V_{液}}$$

代入前式：　$$n(Na_2CO_3)=\frac{1.3350g}{106.0g/mol\times 0.025L}\times 0.025L$$

$$=0.00126mol$$

以 HCl 为基本单元的物质的量 $n(HCl)=2n(Na_2CO_3)=2\times 0.00126mol=0.00252mol$

HCl 的浓度：$c(HCl)=\frac{n(HCl)}{V}=\frac{0.00252mol}{0.0245L}=0.1028mol/L$

此 HCl 溶液的准确浓度为 0.1028mol/L。

【例 6－2】　配位（络合）滴定法测定铝土矿中铝的含量。称取试样 0.2000g，以 NaOH 熔融后，用水浸取，移入 100mL 容量瓶中，以水稀释到刻度，摇匀。干过滤后移取 25.00mL 滤液于锥形瓶中，加适当过量的 EDTA 溶液，煮沸数分钟，使铝与 EDTA 反应完全。以 $ZnCl_2$ 标准溶液滴定过量 EDTA。加入 NH_4F 溶液加热使 F^- 与 Al^{3+} 生成配合物 AlF_6^{3-}，释放出计量的 EDTA，然后再以 $c(ZnCl_2)=0.1000mol/L$ 标准溶液滴定至终点，消耗 12.50mL $ZnCl_2$ 标准溶液。求铝土矿中铝的质量分数 $w(Al)$。

解：已知 $M(Al)=26.98g/mol$，$V(ZnCl_2)=12.50mL=0.0125L$

这是配位滴定方法常用的置换滴定方式。

反应方程式：
$$Al^{3+} + H_2Y^{2-} \rightleftharpoons AlY^- + 2H^+$$
$$AlY^- + 6F^- + 2H^+ \rightleftharpoons AlF_6^{3-} + H_2Y^{2-}$$
$$H_2Y^{2-} + Zn^{2+} \rightleftharpoons ZnY^{2-} + 2H^+$$

物质的量的关系：$n(Al^{3+}) = n(H_2Y^{2-}) = n(Zn^{2+})$

滴定消耗以 $ZnCl_2$ 为基本单元的物质的量：$n(Zn^{2+}) = c(ZnCl_2) \times V(Zn^{2+})$

溶液中以 Al^{3+} 为基本单元的物质的量：$n(Al^{3+}) = n(Zn) = c(ZnCl_2) \times V(ZnCl_2)$

溶液中 Al^{3+} 的质量：$m(Al^{3+}) = n(Al^{3+}) \times M(Al) = c(ZnCl_2) \times V(ZnCl_2) \times M(Al)$

与 $m(Al^{3+})$ 对应的试样量：$m_0 = 0.2000g \times \dfrac{25.00mL}{100mL} = 0.05000g$

试样中铝的质量分数
$$w(Al) = \frac{m(Al^{3+})}{m_0} \times 100\%$$
$$= \frac{c(ZnCl_2) \times V(ZnCl_2) \times M(Al)}{0.05000g} \times 100\%$$
$$= \frac{0.1000mol/L \times 0.0125L \times 26.98g/mol}{0.05000g} \times 100\%$$
$$= 67.45\%$$

铝土矿中铝的质量分数 $w(Al)$ 为 67.45%。

【例 6－3】 用重铬酸钾法滴定铁。称取矿样 0.2500g，滴定消耗 $K_2Cr_2O_7$ 标准溶液 23.68mL。此 $K_2Cr_2O_7$ 标准溶液 25.00mL 在酸性溶液中与过量的 KI 反应后，析出的 I_2 需用 20.00mL $Na_2S_2O_3$ 标准溶液滴定（1.00mL $Na_2S_2O_3$ 标准溶液相当于 0.01587g I_2）。计算矿样中 Fe_2O_3 的质量分数。

解：已知：$M(Fe_2O_3) = 159.7g/mol$，$M(I_2) = 253.8g/mol$

这是氧化还原滴定方法，只是滴定剂 $K_2Cr_2O_7$ 标准溶液的浓度需用另一种间接滴定方法计算出来。

反应方程式：溶解试样　$Fe_2O_3 + 6H^+ = 2Fe^{2-} + 3H_2O$　①

重铬酸钾法氧化滴定铁　$6Fe^{2-} + Cr_2O_7^{2-} + 14H^+ = 6Fe^{3+} + 2Cr^{3+} + 7H_2O$　②

重铬酸钾与 KI 反应　$Cr_2O_7^{2-} + 6I^- + 14H^+ = 2Cr^{3+} + 3I_2 + 7H_2O$　③

$Na_2S_2O_3$ 还原滴定 I_2　$I_2 + 2S_2O_3^{2-} = 2I^- + S_4O_6^{2-}$　④

物质的量的关系：

由①　$\dfrac{n(Fe_2O_3)}{1} = \dfrac{n(Fe^{2+})}{2}$，即 $n(Fe^{2+}) = 2n(Fe_2O_3)$

由②　$\dfrac{n(Fe^{2+})}{6} = \dfrac{n(Cr_2O_7^{2-})}{1}$，即 $n(Fe^{2+}) = 6n(Cr_2O_7^{2-})$

所以，　$n(Fe_2O_3) = 3n(Cr_2O_7^{2-})$

由③　$\dfrac{n'(Cr_2O_7^{2-})}{1} = \dfrac{n(I_2)}{3}$，即 $n'(Cr_2O_7^{2-}) = \dfrac{1}{3}n(I_2)$

而　$n(I_2) = \dfrac{m(I_2)}{M(I_2)} = \dfrac{0.01587g/mL \times 20.00mL}{M(I_2)}$

所以，　$n'(Cr_2O_7^{2-}) = \dfrac{1}{3} \times \dfrac{m(I_2)}{M(I_2)} = \dfrac{0.01587g/mL \times 20.00mL}{3 \times 253.8g/mol}$

$= 0.0004168mol$

将25.00mL的$K_2Cr_2O_7$标准溶液的物质的量换算成23.68mL的$K_2Cr_2O_7$标准溶液的物质的量：

$$n(Cr_2O_7^{2-}) = n'(Cr_2O_7^{2-}) \times \frac{23.68\text{mL}}{25.00\text{mL}} = 0.0004168\text{mol} \times 0.9472 = 0.0003948\text{mol}$$

则
$$n(Fe_2O_3) = 3n(Cr_2O_7^{2-}) = 3 \times 0.0003948\text{mol}$$

Fe_2O_3的质量：

$$m(Fe_2O_3) = n(Fe_2O_3) \times M(Fe_2O_3) = 3 \times 0.0003948\text{mol} \times 159.7\text{g/mol} = 0.1891\text{g}$$

试样中Fe_2O_3的质量分数：$w(Fe_2O_3) = \frac{m(Fe_2O_3)}{m_0} \times 100\%$

$$= \frac{0.1891\text{g}}{0.2500\text{g}} \times 100\% = 75.65\%$$

矿样中Fe_2O_3的质量分数为75.65%。

【例6－4】 用重铬酸钾法滴定铁。称取矿样0.2000g，滴定消耗$c(1/6K_2Cr_2O_7) = 0.1000\text{mol/L}$标准溶液16.84mL。计算矿样中Fe的质量分数。

解：已知：$M(Fe) = 55.85\text{g/mol}$

这是氧化还原滴定方法，只是滴定剂$K_2Cr_2O_7$标准溶液的浓度所指定的基本单元与化学方程式中的化学式不同，需要进行转换。

重铬酸钾法氧化滴定铁反应方程式，根据电子转移数目配平：

$$6Fe^{2-} + Cr_2O_7^{2-} + 14H^+ \rightleftharpoons 6Fe^{3+} + 2Cr^{3+} + 7H_2O$$

物质的量的关系：$\frac{n(Fe^{2+})}{6} = \frac{n(Cr_2O_7^{2-})}{1}$，$n(Fe^{2+}) = 6n(Cr_2O_7^{2-})$

由式3－4可得到：

$$n(\frac{1}{6}Cr_2O_7^{2-}) = 6n(Cr_2O_7^{2-}) = n(Fe^{2+})$$

$$\begin{aligned} n(Fe^{2+}) &= n(\frac{1}{6}Cr_2O_7^{2-}) \\ &= c(1/6\ Cr_2O_7^{2-}) \times V(1/6K_2Cr_2O_7) \\ &= 0.1000\text{mol/L} \times 16.84 \times 10^{-3}\text{L} \\ &= 0.001684\text{mol} \end{aligned}$$

Fe的质量：$m(Fe) = n(Fe^{2+}) \times M(Fe)$

Fe的质量分数：$w(Fe) = \frac{m(Fe)}{m_0} \times 100\% = \frac{0.001684\text{mol} \times 55.85\text{g/mol}}{0.2000\text{g}} \times 100\%$

$= 47.03\%$

矿样中Fe的质量分数为47.03%。

【例6－5】 测定铜合金中铜的含量。称取试样0.5000g，以HCl和H_2O_2分解，调整溶液酸度，加入过量的KI，与Cu反应析出I_2，用$c(S_2O_3^{2-}) = 0.1000\text{mol/L}$硫代硫酸钠标准溶液滴定至终点，消耗24.35mL，计算试样中铜的质量分数$w(Cu)$。

解：已知：$M(Cu) = 63.55\text{g/mol}$，$V(S_2O_3^{2-}) = 24.35\text{mL} = 0.02435\text{L}$

这是间接滴定方式，用硫代硫酸钠标准溶液滴定与Cu反应析出的I_2，间接计算铜含量。

反应方程式：
$$2Cu^{2+} + 4I^- = Cu_2I_2\downarrow + I_2$$
$$I_2 + 2S_2O_3^{2-} = 2I^- + S_4O_6^{2-}$$

找出Cu^{2+}与$S_2O_3^{2-}$的直接关系：$2Cu^{2+} + 2I^- + 2S_2O_3^{2-} = Cu_2I_2\downarrow + S_4O_6^{2-}$

物质的量的关系：$\frac{n(Cu^{2+})}{2}=\frac{n(S_2O_3^{2-})}{2}$

铜的物质的量：$n(Cu^{2+})=n(S_2O_3^{2-})=c(S_2O_3^{2-})\times V(S_2O_3^{2-})$

铜的质量：$m(Cu^{2+})=n(Cu^{2+})\times M(Cu)$

铜的质量分数：

$$w(Cu)=\frac{m(Cu^{2+})}{m_0}\times 100\%$$

$$=\frac{0.1000\text{mol/L}\times 0.02435\text{L}\times 63.55\text{g/mol}}{0.5000\text{g}}\times 100\%$$

$$=30.95\%$$

试样中铜的质量分数 $w(Cu)$ 为 30.95%。

6.4 酸碱滴定法

酸碱滴定法是利用酸和碱在水中以质子传递反应为基础的滴定分析方法。滴定剂一般是强酸或强碱，被测物是酸碱及能与酸碱直接或间接发生反应的物质。

酸碱滴定法是滴定分析中重要的分析方法。虽然在有色金属及其合金的分析中使用不多，但酸碱滴定法的滴定曲线、终点突跃、指示剂的选择等内容与其他滴定方法的相应内容有共同之处。所以，酸碱滴定这部分内容介绍稍微多一些。

6.4.1 酸碱质子理论及酸碱强度

6.4.1.1 酸碱质子理论

1887 年提出的酸碱电离理论指出，在水中能产生 H^+ 的物质，称为酸，能产生 OH^- 的物质，称为碱，酸碱反应的实质是 H^+ 与 OH^- 结合成水的过程。

电离理论对水溶液中的化学平衡理论的发展起了重要作用。但有局限性，无法解释诸如氨水（$NH_3\cdot H_2O$）并不产生 OH^-，却显碱性的问题。

1923 年提出的酸碱质子理论指出，能给出质子（H^+）的物质，称为酸，凡是能接受质子（H^+）的物质，称为碱，酸碱反应的实质是质子传递反应。例如：

$$HCl \rightleftharpoons H^+ + Cl^-$$

$$H_2PO_4^- \rightleftharpoons H^+ + HPO_4^{2-}$$

$$HPO_4^{2-} \rightleftharpoons H^+ + PO_4^{3-}$$

氨水（$NH_3\cdot H_2O$）能接受 H_2O 提供的质子，所以显碱性，其反应为：

$$NH_4^+ \rightleftharpoons H^+ + NH_3$$

以上四个反应中，HCl、$H_2PO_4^-$、HPO_4^{2-}、NH_4^+ 都是能给出质子的物质，都是酸；酸给出质子后，余下的部分就是碱，Cl^-、HPO_4^{2-}、PO_4^{3-}、NH_3 都是能接受质子的，都是碱。

6.4.1.2 共轭酸碱对

酸（HA）失去质子后余下的部分就是碱（A^-），而碱（A^-）接受质子后变成酸（HA），它们相互依存关系称为共轭关系。HA 是 A^- 的共轭酸，A^- 是 HA 的共轭碱，$HA-A^-$ 称为共轭酸碱对，前者是酸，后者是碱。

前面各例中，$HCl-Cl^-$；$H_2PO_4^- - HPO_4^{2-}$；$HPO_4^{2-} - PO_4^{3-}$；$NH_4^+ - NH_3$ 等，都是共轭酸碱对。

共轭酸碱对有以下特点：

(1)共轭酸碱对中,酸和碱之间只差一个质子;

(2)酸和碱可以是中性分子、正离子或负离子;

(3)同一物质,如 HPO_4^{2-},在一个共轭酸碱对中是酸,而在另一个共轭酸碱对中是碱。这类物质称为两性物质。

6.4.1.3 水溶液中的酸碱反应

当酸给出质子时,必须要有接受质子的碱存在才能实现。例如 HAc(乙酸)的离解反应,HAc 在水中能给出质子变成 Ac^-,是靠溶剂水接受质子变成 H_3O^+ 才实现的。反应式为:

$$HAc + H_2O \rightleftharpoons H_3O^+ + Ac^-$$

H_3O^+ 称为水合质子,常写为 H^+。

6.4.1.4 水的质子自递反应及溶液酸碱性

A 水的质子自递反应和溶液 pH 值

水是两性物质,它既可以给出质子,又可以接受质子。水分子之间也可以发生质子转移,如下式:

$$H_2O(酸_1) + H_2O(碱_2) \rightleftharpoons OH^-(碱_1) + H_3O^+(酸_2)$$

在水分子之间的质子转移传递,称为水的质子自递反应。反应的平衡常数称为水的质子自递常数,也称水的离子积,以 K_W 表示:

$$K_W = [H^+][OH^-] = 1.00 \times 10^{-14}(25℃) \tag{6-2}$$

$[H^+]$ 和 $[OH^-]$ 分别表示 H^+ 和 OH^- 的浓度。

两边各取负对数:
$$\begin{aligned} -\lg K_W &= -\lg([H^+][OH^-]) \\ &= -(\lg[H^+] + \lg[OH^-]) \\ &= (-\lg[H^+]) + (-\lg[OH^-]) \\ &= 14.00 \end{aligned}$$

用符号 p 表示负对数:$pH = -\lg[H^+]$,$pOH = -\lg[OH^-]$

即
$$pK_W = pH + pOH = 14.00(25℃) \tag{6-3}$$

溶液温度上升,K_W 增大。到 100℃时,$K_W = 5.51 \times 10^{-13}$。

B 溶液的酸碱性

当溶液中 $[H^+]$ 或 $[OH^-]$ 大于 1mol/L 时,可直接用 $[H^+]$ 和 $[OH^-]$ 表示溶液的酸性或碱性;

当溶液中 $[H^+]$ 为 $1 \sim 10^{-14}$mol/L 时,由于书写不方便,就用 pH 表示溶液酸碱性,

中性溶液:$[H^+] = [OH^-] = 1 \times 10^{-7}$mol/L,$pH = pOH = 7$;

酸性溶液:$[H^+] > 1 \times 10^{-7}$mol/L,$pH < 7$,例如 $[H^+] = 1 \times 10^{-4}$mol/L,$pH = -\lg[H^+] = -\lg 1 \times 10^{-4} = -(-4) = 4$,则 $pOH = 14 - 4 = 10$;

碱性溶液:$[H^+] < 1 \times 10^{-7}$mol/L,$pH > 7$,例如 $[H^+] = 1 \times 10^{-10}$mol/L,$pH = -\lg[H^+] = -\lg 1 \times 10^{-10} = 10$,则 $pOH = 14 - 10 = 4$。

6.4.1.5 酸碱的强度

酸的强度取决于它给出质子的能力,可以用这种酸的离解常数 K_a 表示,K_a 越大,离解出的质子越多,这种酸越强。例如 HAc、H_2S、NH_4^+,其 K_a 依次是 1.8×10^{-5}、1.3×10^{-7}、5.6×10^{-10},K_a

越来越小，酸的强度越来越弱。

碱的强度取决于它接受质子的能力，可以用碱的离解常数 K_b 表示，K_b 越大，碱越强。

一元弱酸碱的 K_a 与 K_b 之积：$K_a \cdot K_b = [H^+][OH^-] = K_W = 1.00 \times 10^{-14}$（25℃）。

因此只要知道酸的 K_a 值，就可以计算其共轭碱的 K_b 值，反之亦然。

例如：HAc 的 $K_a = 1.8 \times 10^{-5}$，则其共轭碱 Ac^- 的 $K_b = \frac{K_W}{K_a} = \frac{10^{-14}}{1.8 \times 10^{-5}} = 5.6 \times 10^{-10}$

至于多元酸碱，由于分步电离，其离解常数计算更复杂些。

6.4.1.6　酸碱缓冲溶液

缓冲溶液是一种能对溶液的酸度起稳定作用的溶液。

向缓冲溶液中加入少量的强酸或强碱，或因化学反应产生了少量的酸或碱，或将溶液稀释，这些情况下溶液的酸度都将基本不变。这种作用称为缓冲作用。

缓冲溶液之所以能起缓冲作用，是因为它既有浓度较大的质子的接受者，又有浓度较大的质子的供给者。当溶液中 H^+ 增加时，质子接受者就与 H^+ 结合，阻止了溶液酸度增加；当溶液中 H^+ 减少时，质子供给者就提供质子 H^+，加以补充，阻止了溶液酸度下降。

例如 HAc－NaAc 缓冲溶液，在溶液中存在以下反应：

$$NaAc \rightleftharpoons Na^+ + Ac^-$$
$$HAc \rightleftharpoons H^+ + Ac^-$$

因 HAc 和 Ac^- 浓度都比较大，当加入少量 H^+ 时，大量的 Ac^-（质子接受者）与 H^+ 结合生成 HAc；当加入少量 OH^- 时，大量的 HAc（质子供给者）离解出 H^+ 与 OH^- 结合生成 H_2O；当加水稀释溶液时，会增大 HAc 的离解，H^+ 得到补充，H^+ 的浓度保持基本不变。

以下四种组合可以组成缓冲溶液：

（1）弱酸与其共轭碱，如 HAc－NaAc；

（2）弱碱与其共轭酸，如 NH_3-NH_4Cl；

（3）两性物质，如 $KH_2PO_4-Na_2HPO_4$；

（4）高浓度的强酸或强碱，如 HCl（pH 值小于 2），NaOH（pH 值大于 12）。高浓度的强酸或强碱溶液中，$[H^+]$ 或 $[OH^-]$ 本来就很大，故外来少量的酸或碱不会产生太大的影响。但这种缓冲溶液不具有抗稀释的作用。

但是，任何缓冲溶液都有一个有限度的缓冲范围，使用时既要考虑选择合适的缓冲溶液，也要考虑缓冲溶液对测定过程有无干扰。

常用缓冲溶液的配制见表 6－2。

表 6－2　常用缓冲溶液的配制

pH 值	配 制 方 法
0	1mol/LHCl
1	0.1mol/LHCl
2	0.01mol/LHCl
3.6	$NaAc \cdot 3H_2O$ 8g，溶于适量的水中，加 6mol/LHAc 134mL，稀释至 500mL
4.0	$NaAc \cdot 3H_2O$ 20g，溶于适量的水中，加 6mol/LHAc 134mL，稀释至 500mL
4.5	$NaAc \cdot 3H_2O$ 32g，溶于适量的水中，加 6mol/LHAc 68mL，稀释至 500mL

续表 6－2

pH 值	配制方法
5.0	NaAc · $3H_2O$ 50g,溶于适量的水中,加 6mol/LHAc 34mL,稀释至 500mL
5.7	NaAc · $3H_2O$ 100g,溶于适量的水中,加 6mol/LHAc 13mL,稀释至 500mL
7.0	NaAc · $3H_2O$ 77g,溶于适量的水中,稀释至 500mL
7.5	NH_4Cl 60g,溶于适量的水中,加 15mol/L 氨水 1.4mL,稀释至 500mL
8.0	NH_4Cl 50g,溶于适量的水中,加 15mol/L 氨水 3.5mL,稀释至 500mL
8.5	NH_4Cl 40g,溶于适量的水中,加 15mol/L 氨水 8.8mL,稀释至 500mL
9.0	NH_4Cl 35g,溶于适量的水中,加 15mol/L 氨水 24mL,稀释至 500mL
9.5	NH_4Cl 30g,溶于适量的水中,加 15mol/L 氨水 65mL,稀释至 500mL
10.0	NH_4Cl 27g,溶于适量的水中,加 15mol/L 氨水 175mL,稀释至 500mL
10.5	NH_4Cl 9g,溶于适量的水中,加 15mol/L 氨水 197mL,稀释至 500mL
11	NH_4Cl 3g,溶于适量的水中,加 15mol/L 氨水 207mL,稀释至 500mL
12	0.01mol/LNaOH
13	0.1mol/LNaOH

6.4.2　溶液 pH 值计算

6.4.2.1　强酸(碱)溶液 pH 值的计算

强酸(碱)在水中全部离解,当酸(碱)的浓度 $c \geqslant 1 \times 10^{-6}$mol/L 时,可忽略水离解出的 H^+ 和 OH^-,可以认为溶液中 H^+ 或 OH^- 的浓度就等于酸或碱的浓度。

例如:计算 $c = 0.10$mol/L HCl 溶液的 pH 值。

$[H^+] = c(HCl) = 0.10$mol/L ,$pH = -\lg[H^+] = 1.00$

例如:计算 $c = 0.10$mol/L NaOH 溶液的 pH 值。

$[OH^-] = c(NaOH) = 0.10$mol/L ,$pH = 14 - pOH = 14 - \{-\lg[OH^-]\} = 14 - 1 = 13$

6.4.2.2　一元弱酸(碱)溶液 pH 值计算的最简式

弱酸(碱)溶液中,计算$[H^+]$和$[OH^-]$时涉及的因素较多。当无须那么精确时可以简化处理:

(1)浓度为 c 的一元弱酸(HA),其酸的离解常数为 K_a,水的离子积为 K_W。当弱酸的浓度大到能够满足以下条件时,可用简便算法:

当 $c \cdot K_a \geqslant 10K_W$ 时,则 K_W 可忽略不计($10K_W = 10 \times 1.00 \times 10^{-14} = 1 \times 10^{-13}$);

当$\dfrac{c}{K_a} \geqslant 105$ 时,则可用其浓度 c_{HA} 代替溶液平衡浓度[HA]。

此时可以用最简式计算:$[H^+] = \sqrt{c \cdot K_a}$

例如计算 0.10mol/L HAc 溶液的 pH 值(已知 $K_a = 1.8 \times 10^{-5}$),判断:

$$K_a \cdot c = 1.8 \times 10^{-5} \times 0.10 = 1.8 \times 10^{-6} > 10K_W = 1 \times 10^{-13}$$

$$\frac{c}{K_a} = \frac{0.10}{1.8 \times 10^{-5}} = 5.6 \times 10^3 > 105$$

这说明 HAc 的浓度足够大,可以用最简式计算:

$$[H^+] = \sqrt{c \cdot K_a} = \sqrt{0.10 \times 1.8 \times 10^{-5}} = 1.34 \times 10^{-3}$$

$$pH = -\lg[H^+] = -\lg 1.34 \times 10^{-3} = 2.89$$

(2)同理,浓度为 c 的一元弱碱(A^-),其碱的离解常数为 K_b,水的离子积为 K_W。

当 $K_b \cdot c \geqslant 10K_W$ 时,则 K_W 可忽略不计;

当 $\frac{c}{K_b} \geqslant 105$ 时,则可用 c_{HA} 代替$[A^-]$。

此时可以用最简式计算:$[OH^-] = \sqrt{c \cdot K_b}$

6.4.2.3 多元弱酸(碱)溶液 pH 值计算的简化方式

多元弱酸(碱)在水中是分步电离的,但溶液中的$[H^+]$和$[OH^-]$主要来源于第一步电离。因此,当第一步电离的浓度、电离常数符合一定条件时,也可以用简化方式计算,见表 6-3。

表 6-3 几种计算酸溶液的 pH 值的最简式及使用条件

酸	计算公式	使用条件(允许相对误差 5%)
强 酸	$[H^+] = c$	$c \geqslant 4.7 \times 10^{-7}$ mol/L
	$[H^+] = \sqrt{K_W}$	$c \leqslant 1.0 \times 10^{-8}$ mol/L
一元弱酸	$[H^+] = \sqrt{cK_a}$	同时满足:$c/K_a \geqslant 105$ $cK_a \geqslant 10K_W$
二元弱酸	$[H^+] = \sqrt{cK_{a_1}}$	同时满足:$c/K_{a_1} \geqslant 105$ $cK_{a_1} \geqslant 10K_W$ $2K_{a_2}/[H^+] < 1$
两性物质	$[H^+] = \sqrt{K_{a_1}K_{a_2}}$	同时满足:$cK_{a_2} \geqslant 10K_W$ $c/K_{a_1} \geqslant 10$

注:c 为酸的浓度;K_W 为水的离子积;K_a 为一元酸的离解常数;K_{a_1}、K_{a_2} 分别为多元酸的第一步、第二步离解常数。

6.4.3 酸碱滴定指示剂

酸碱滴定时,溶液在外观上一般显示不出变化,需要借助指示剂的颜色改变来确定滴定终点。

6.4.3.1 指示剂指示终点的原理

用于酸碱滴定的指示剂一般是结构复杂的有机弱酸或弱碱,它们的酸式形式和共轭碱式形式,在溶液中具有不同的颜色。在滴定过程中,当溶液 pH 值改变时,指示剂或给出质子,由酸式变为其共轭碱式;或接受质子,由碱式变为其共轭酸式,因此溶液的颜色也就起了变化。这就是指示剂指示终点的原理。

以 HIn 代表指示剂的酸式形式,In^-代表指示剂的碱式形式,则在溶液中:

$$HIn \rightleftharpoons H^+ + In^-$$

平衡常数:

$$K_{HIn} = \frac{[H^+][In^-]}{[HIn]}$$

K_{HIn}为指示剂的离解常数,也称为指示剂常数。

上式改写为:

$$\frac{[In^-]}{[HIn]} = \frac{K_{HIn}}{[H^+]}$$

说明溶液中指示剂颜色变化是由碱式和酸式的浓度比值$\frac{[In^-]}{[HIn]}$决定的,而该比值的改变又取决于$\frac{K_{HIn}}{[H^+]}$。一定条件下,K_{HIn}是常数。因此,指示剂颜色变化是由溶液中的$[H^+]$决定的。

当$\frac{[In^-]}{[HIn]} = 1$时,即酸式和碱式两种形式各占一半时,$[H^+] = K_{HIn}$,分别取负对数得:$pH = pK_{HIn}$,此点称为理论变色点。

6.4.3.2　指示剂变色范围

指示剂开始变色至变色终了所对应的 pH 值范围称为指示剂的变色范围。

由于人的眼睛对颜色辨别有一定限度,不能辨别$\frac{[In^-]}{[HIn]}$的微小改变所引起的颜色变化。只有一种颜色的浓度是另一种颜色的浓度的 10 倍时,才能辨认出浓度大的颜色,因此指示剂颜色与溶液 pH 值有如下关系:

当$\frac{[In^-]}{[HIn]} \leqslant \frac{1}{10}$时,溶液只显示酸式 HIn 的颜色。此时$[H^+] \geqslant 10K_{HIn}$,$pH \leqslant pK_{HIn} - 1$;

当$\frac{[In^-]}{[HIn]} \geqslant 10$时,溶液只显示碱式$In^-$的颜色。此时$[H^+] \leqslant \frac{1}{10}K_{HIn}$,$pH \geqslant pK_{HIn} + 1$。

所以,指示剂的变色范围为:

$$pH = pK_{HIn} \pm 1 \qquad (6-4)$$

但是由于眼睛对各种颜色的敏感程度不同,加上两种颜色有相互覆盖的作用影响观察,所以实际看到的酸碱指示剂变色范围有所差异。在变色范围内,指示剂颜色变化最明显的那一点的 pH 值,称为滴定指数,以 pT 表示,这一点就是实际的滴定终点。

从表 6-4 可以看到,理论变色点 pK_{HIn}与实际滴定终点 pT 是有差异的。

表 6-4　常用酸碱指示剂

指示剂	变色范围(pH 值)	颜色		pK_{HIn}	pT	浓　度
		酸色	碱色			
百里酚蓝(第一次变色)	1.2~2.8	红	黄	1.6	2.6	0.1%(20%乙醇溶液)
甲基黄	2.9~4.0	红	黄	3.3	3.9	0.1%(90%乙醇溶液)
甲基橙	3.1~4.4	红	黄	3.4	4	0.05%水溶液
溴酚蓝	3.1~4.6	黄	蓝紫	4.1	4	0.1%(20%乙醇溶液),或其钠盐水溶液
溴甲酚绿	3.8~5.4	黄	蓝	4.9	4.4	0.1% 水溶液,每 100mg 指示剂加 0.05mol/L NaOH2.9mL
甲基红	4.4~6.2	红	黄	5.0	5.0	0.1%(60%乙醇溶液),或其钠盐水溶液

续表 6-4

指示剂	变色范围（pH 值）	颜色		pK_{HIn}	pT	浓度
		酸色	碱色			
溴百里酚蓝	6.0~7.6	黄	蓝	7.3	7	0.1%（20%乙醇溶液），或其钠盐水溶液
中性红	6.8~8.0	红	黄橙	7.4		0.1%（60%乙醇溶液）
酚红	6.7~8.4	黄	红	8.0	7	0.1%（60%乙醇溶液），或其钠盐水溶液
酚酞	8.0~9.6	无	红	9.1		0.1%（90%乙醇溶液）
百里酚蓝（第二次变色）	8.0~9.6	黄	蓝	8.9	9	0.1%（20%乙醇溶液）
百里酚酞	9.4~10.6	无	蓝	10.0	10	0.1%（90%乙醇溶液）

6.4.3.3 混合指示剂

在酸碱滴定分析中，有时采用混合指示剂，可以把滴定终点控制在很窄的 pH 值范围内。例如甲基红和溴甲酚绿组成的混合指示剂（一份 0.2% 甲基红乙醇溶液 + 三份 0.1% 溴甲酚绿乙醇溶液），见表 6-5。

表 6-5 混合指示剂

溶液酸度（pH 值）	甲基红	溴甲酚绿	甲基红 + 溴甲酚绿
≤4.0	红色	黄色	橙色
=5.0	橙红色	绿色	灰色
≥6.2	黄色	蓝色	绿色

当 pH 值为 5.1 时，甲基红的橙红色与溴甲酚绿的绿色互补而呈现灰色，颜色变化极为敏锐。

6.4.4 酸碱滴定曲线

酸碱滴定是以质子传递反应为基础的滴定分析方法，那么通过实验记录滴定过程中溶液的 pH 值随着标准滴定溶液加入体积的增加而变化的图形，就得到滴定曲线。

滴定曲线不仅从理论上解释滴定过程的规律，对指示剂的选择也具有实际指导作用。

酸碱滴定方法可以分为：强酸滴定强碱和强碱滴定强酸；强碱滴定弱酸；强酸滴定弱碱；多元酸的滴定；多元碱的滴定。本节只讨论强酸强碱的滴定。

以 0.1000mol/L NaOH 溶液滴定 20.00mL0.1000mol/L HCl 溶液为例。滴定过程中溶液的 pH 值可分四个阶段分别计算。

6.4.4.1 滴定前

溶液 pH 值根据原 HCl 溶液的浓度计算：

$$c(\mathrm{HCl}) = [\mathrm{H^+}] = 0.1000\mathrm{mol/L} = 1\times10^{-1}\mathrm{mol/L}$$

$$\mathrm{pH} = -\lg 1\times10^{-1} = -(-1) = 1$$

6.4.4.2 滴定开始至化学计量点前

随着 NaOH 溶液的不断滴入，溶液中 H^+ 逐渐减少。溶液的 pH 值取决于剩余的 HCl 的量和溶液总体积。

当滴入 18.00mL NaOH 溶液时，溶液中剩余 2.00mL0.1000mol/L HCl 溶液未被中和，此时溶液中 HCl 的浓度为：

$$[H^+] = \frac{n(H^+)}{V_{液}} = \frac{c(HCl) \times V(HCl)}{V_{液}} = \frac{0.1000mol/L \times 2.00mL}{(20.00 + 18.00)mL}$$

$$= 5.26 \times 10^{-3} mol/L$$

$$pH = -\lg 5.26 \times 10^{-3} = 2.28$$

当滴入 19.98mL NaOH 溶液时，溶液中剩余 0.02mL 0.1000mol/L HCl 溶液未被中和，此时溶液中 HCl 的浓度为：

$$[H^+] = \frac{0.1000 \times 0.02}{20.00 + 19.98} mol/L = 5.00 \times 10^{-5} mol/L$$

$$pH = -\lg 5.00 \times 10^{-5} = 4.30$$

6.4.4.3　化学计量点时

当滴入 20.00mL NaOH 溶液时，溶液中 HCl 全部被中和，此时溶液中 H^+ 的浓度为：

$$K_W = [H^+][OH^-] = 1.00 \times 10^{-14}$$

$$[H^+] = [OH^-] = 1.00 \times 10^{-7} mol/L$$

$$pH = 7.00$$

6.4.4.4　化学计量点后

随着 NaOH 溶液的继续滴入，溶液的 pH 取决于过剩的 NaOH 浓度。

当滴入 20.02mL NaOH 溶液时，过剩 NaOH 溶液 0.02mL。溶液中 OH^- 的浓度为：

$$[OH^-] = \frac{0.1000 \times 0.02}{20.00 + 20.02} mol/L = 5.00 \times 10^{-5} mol/L$$

$$pOH = 4.30, pH = 14.00 - 4.30 = 9.70$$

如此逐一计算，可得到表 6－6 和图 6－3。

表 6－6　以 0.1000mol/L NaOH 溶液滴定 20.00mL 0.1000mol/L HCl 溶液，滴定过程各点的 pH 值

加入 NaOH 溶液量		剩余 HCl 量(V) /mL	过剩 NaOH 量(V) /mL	$[H^+]$/mol · L^{-1}	pH 值
%	mL				
0	0.00	20.00		1.00×10^{-1}	1.00
90	18.00	2.00		5.26×10^{-3}	2.28
99	19.80	0.20		5.02×10^{-4}	3.30
99.9	19.98	0.02		5.00×10^{-5}	4.30
100.0	20.00	0.00	0.00	1.00×10^{-7}	7.00
100.1	20.02		0.02	2.00×10^{-10}	9.70
101	20.20		0.20	2.00×10^{-11}	10.70
110	22.00		2.00	2.10×10^{-12}	11.70
200	40.00		20.00	3.00×10^{-13}	12.50

由表 6－6 和图 6－3 可看出：

(1) 从滴定开始到加入 19.98mL NaOH 溶液，pH 值由 1.00 增加到 4.30，改变了 3.30 个 pH

值单位。溶液 pH 值发生缓慢的渐变，滴定曲线较为平坦；

（2）在化学计量点附近，加入 NaOH 溶液从 19.98mL 增至 20.02mL，仅增加 0.04mL，pH 值由 4.30 增加到 9.70，改变了 5.40 个 pH 值单位。溶液 pH 值发生突跃，滴定曲线陡变；

（3）在化学计量点后，溶液的 pH 值取决于过剩的 NaOH 浓度。加入 NaOH 溶液从 20.02mL 增至 40.00mL，pH 值由 9.70 增加到 12.5，发生缓慢的渐变，滴定曲线又较为平坦。

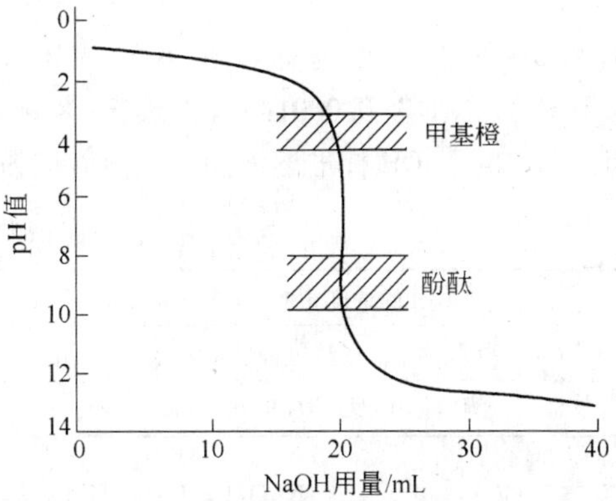

图 6-3 以 0.1000mol/L NaOH 溶液滴定 20.00mL 0.1000mol/L HCl 溶液的滴定曲线

由以上分析，滴定到化学计量点附近，溶液 pH 值发生突跃的范围，是选择指示剂的依据。指示剂变色范围全部或部分在滴定突跃的范围内的指示剂可用来指示滴定终点。

以 0.1000mol/L NaOH 溶液滴定 0.1000mol/L HCl 溶液为例，pH 值发生的突跃范围为 4.30～9.70，可选择甲基红、甲基橙或酚酞作为指示剂。

强碱滴定强酸的 pH 值发生突跃的范围大小还与酸碱溶液的浓度有关：酸碱溶液的浓度每增大 10 倍，突跃的范围就增加 2 个 pH 值单位。例如以 1.000mol/L NaOH 溶液滴定 1.000mol/L HCl 溶液时，pH 值突跃的范围为 3.30～10.70；反之，酸碱溶液的浓度每降低 10 倍，突跃的范围就减少 2 个 pH 值单位。

强酸滴定强碱的滴定曲线与上述强碱滴定强酸的滴定曲线相对称，pH 值的变化则相反。

6.4.5 酸碱标准溶液的配制和标定

最常用的酸标准溶液是盐酸，有时也用硝酸和硫酸，标定它们的基准物质常用碳酸钠 Na_2CO_3；最常用的碱标准溶液是氢氧化钠，有时也用氢氧化钾或氢氧化钡，标定它们的基准物质常用邻苯二甲酸氢钾 $KHC_8H_4O_4$ 或草酸 $H_2C_2O_4 \cdot 2H_2O$。

6.4.5.1 NaOH 标准溶液的配制和标定

A 配制方法

氢氧化钠有很强的吸水性，并吸收空气中的 CO_2，所以市售的氢氧化钠常含有 Na_2CO_3。Na_2CO_3 的存在影响指示剂的使用，应该设法除去。方法是将氢氧化钠先配成饱和溶液（约 500g/L），在这样的浓碱溶液中，Na_2CO_3 几乎不溶解。等 Na_2CO_3 慢慢沉淀下来，可吸取上部清液配制所需 NaOH 标准溶液。

具体方法是：称取 100g 氢氧化钠，放入聚乙烯容器中，加 100mL 水，摇匀，密闭放置至清亮。用塑料管虹吸一定体积的上部清液（见表 6-7），注入 1L 无 CO_2 的水中，摇匀。

表 6-7 配制 NaOH 标准溶液需要虹吸的饱和溶液体积

欲配制 NaOH 标准溶液的浓度/$mol \cdot L^{-1}$	1.0	0.5	0.1
需要虹吸的氢氧化钠饱和溶液体积/mL	52	26	5

B　标定方法

按表 6－8 所列数据称取在 105～110℃烘至质量恒定的基准物质邻苯二甲酸氢钾（$KHC_8H_4O_4$），称准至 0.0001g，溶于表 6－8 规定体积的无 CO_2 的水中，加 2 滴酚酞溶液（10g/L），用欲标定的 NaOH 标准溶液滴定至溶液呈粉红色。同时做空白试验。

表 6－8　标定时称取邻苯二甲酸氢钾质量

欲配制 NaOH 的浓度 $c(NaOH)/mol\cdot L^{-1}$	1.0	0.5	0.1
称取邻苯二甲酸氢钾质量 m/g	6.0000	3.0000	0.6000
溶解体积（无 CO_2 的水）/mL	80	80	50

滴定反应：　$NaOH + KHC_8H_4O_4 \longrightarrow KNaC_8H_4O_4 + H_2O$

物质的量的关系：　$n(NaOH) = n(KHC_8H_4O_4) = \dfrac{m(KHC_8H_4O_4)}{M(KHC_8H_4O_4)}$

计算出 NaOH 标准溶液的准确浓度：

$$c(NaOH) = \frac{n(NaOH)}{V(NaOH)}$$

$$= \frac{m(KHC_8H_4O_4)}{\dfrac{(V_1 - V_0)_{(NaOH)}}{1000} \times M(KHC_8H_4O_4)}$$

式中　$m(KHC_8H_4O_4)$——称取邻苯二甲酸氢钾的质量，g；

$M(KHC_8H_4O_4)$——邻苯二甲酸氢钾的摩尔质量，204.22g/mol；

V_1——滴定消耗的 NaOH 标准溶液的体积，mL；

V_0——空白试验消耗的 NaOH 标准溶液体积，mL。

6.4.5.2　HCl 标准溶液的配制和标定

A　配制方法

按表 6－9 中的规定量取浓 HCl 的体积，注入 1000mL 水中，摇匀。

B　标定方法

按表 6－9 中的规定量称取在 270～300℃灼烧至恒定质量的基准物质无水 Na_2CO_3，称准至 0.0001g。溶于 50mL 水中，摇匀。加 10 滴溴甲酚绿－甲基红混合指示剂，用欲标定的 HCl 标准溶液滴定至由绿色变为暗红色。煮沸 2min，冷却后继续滴定至溶液再次呈暗红色。同时做空白试验。

表 6－9　配制 HCl 标准溶液量取浓 HCl 的体积及标定时称取 Na_2CO_3 的质量

欲配制 HCl 标准溶液的浓度 $c(HCl)/mol\cdot L^{-1}$	1.0	0.5	0.1
配制 1000mL 溶液需要量取浓 HCl 的体积/mL	90	45	9
标定时称取 Na_2CO_3 的质量 m/g	1.6000	0.8000	0.2000

滴定反应：　$2HCl + Na_2CO_3 \longrightarrow 2NaCl + H_2O + CO_2\uparrow$

物质的量的关系：　$n(HCl) = 2n(Na_2CO_3) = 2 \times \dfrac{m(Na_2CO_3)}{M(Na_2CO_3)}$

计算出 HCl 标准溶液的准确浓度：

$$c(\mathrm{HCl})=\frac{n(\mathrm{HCl})}{V(\mathrm{HCl})}$$

$$=2\times\frac{m(\mathrm{Na_2CO_3})}{\frac{(V_1-V_0)_{(\mathrm{HCl})}}{1000}\times M(\mathrm{Na_2CO_3})}$$

式中 $m(Na_2CO_3)$——称取 Na_2CO_3 的质量,g;

$M(Na_2CO_3)$——Na_2CO_3 的摩尔质量,105.99g/mol;

V_1——滴定消耗的 HCl 标准溶液的体积,mL;

V_0——空白试验消耗的 HCl 标准溶液的体积,mL。

6.4.6 酸碱滴定法测定铍青铜中铍量的分析规程

酸碱滴定法中有燃烧酸碱滴定法测定铜及铜合金中的硫量,该方法已纳入标准分析方法(GB/T 5121.4)。方法要点是:试料于1250℃在氧中燃烧,试样中的硫与氧生成 SO_2,进而被过氧化氢氧化为 SO_3,在溶液中生成 H_2SO_4。在甲基红-亚甲蓝混合指示剂存在下,用硼酸钠滴定所生成的硫酸,测得硫量。

本书仅介绍酸碱滴定法测定铍青铜中铍量的分析规程。

6.4.6.1 *方法提要*

试样以盐酸及过氧化氢溶解,在 pH 值为 8.5 的溶液中,氢氧化铍中的铍与氟化物发生配位反应形成配合物,并定量游离出碱。以酚酞为指示剂,用盐酸标准溶液滴定,间接测得铍量。

$$\mathrm{BeCl_2+2NaOH=\!=\!=Be(OH)_2\downarrow+2NaCl}$$

$$\mathrm{Be(OH)_2+4KF=\!=\!=K_2BeF_4+2KOH}$$

$$\mathrm{KOH+HCl=\!=\!=KCl+H_2O}$$

铜与过量的碘化钾形成可溶的配合物,游离碘用亚硫酸钠还原消除干扰。用草酸掩蔽铝。因钛干扰铍的测定,故本方法不适用于含钛合金。

本方法测定范围:1.50%~2.50%。

6.4.6.2 *试剂*

a.1 碘化钾。

a.2 盐酸(ρ=1.19g/mL)。

a.3 过氧化氢(30%)。

a.4 无水亚硫酸钠溶液(100g/L),用时现配。

a.5 氢氧化钠溶液(150g/L),用时现配,贮存于塑料瓶内。

a.6 酚酞乙醇溶液(10g/L)。

a.7 氟化钾溶液(400g/L):加2~3滴酚酞乙醇溶液(a.6),用氢氧化钠溶液(a.5)和盐酸标准溶液(a.8)中和至红色恰好褪去,贮存于塑料瓶中。

a.8 盐酸标准溶液:$c(\mathrm{HCl})=0.03333\mathrm{mol/L}$

a.8.1 配制:移取2.70mL盐酸(ρ=1.19g/mL)置于1000mL容量瓶中,用水稀释至刻度,混匀。

a.8.2 标定:称取0.1500g经过重量法定值的铍青铜(QBe2)标准样品,置于150mL高形烧杯中,以下按b.2.1条加入1mL盐酸(a.2)至b.2.3条进行。

按下式计算盐酸标准溶液对铍的滴定度 T：

$$T=\frac{m_0\times c}{V\times 100}\quad (\mathrm{g/mL})$$

式中　m_0——称取标准样品的质量，g；

c——标准样品中铍的质量分数，%；

V——标定时消耗盐酸标准溶液的体积，mL。

6.4.6.3　分析步骤

b.1　试样量：称取0.1500g试样。

b.2　测定

b.2.1　将试样(b.1)置于150mL高形烧杯中，加入1mL盐酸(a.2)、1mL过氧化氢(a.3)，微热使其溶解，煮沸使过氧化氢分解完全。用水洗涤表皿和烧杯壁，控制体积约15mL。

b.2.2　加入0.5~1.0g碘化钾(a.1)，混匀，滴加亚硫酸钠溶液(a.4)至溶液呈无色，再加入9g碘化钾(a.1)，摇动至溶液清亮。加入2~3滴酚酞乙醇溶液(a.6)，滴加氢氧化钠溶液(a.5)至溶液呈鲜红色，并过量1滴，用盐酸标准溶液(a.8)反中和至红色恰好褪去(不计读数)。

b.2.3　加入5mL氟化钾溶液(a.7)，用盐酸标准溶液(a.8)滴定至红色恰好褪去(经摇动不再返回红色)为终点。

6.4.6.4　分析结果的计算

按下式计算铍的质量分数 $w(\mathrm{Be})$：

$$w(\mathrm{Be})=\frac{TV}{m}\times 100$$

式中　T——盐酸标准溶液对铍的滴定度，g/mL；

V——滴定时消耗盐酸标准溶液的体积，mL；

m——称取试样的质量，g。

6.4.6.5　备注

当铝的质量分数不大于0.15%时，可不考虑铝的干扰。否则，应在加入酚酞乙醇溶液之前，加入4mL草酸溶液(40g/L)。

6.4.6.6　允许差

平行分析允许差不大于0.05%。

6.5　配位(络合)滴定法

配位滴定法是以形成稳定配合物的配位反应为基础的滴定方法，又称络合滴定法。

在有色金属及合金的化学分析中，常用配位滴定法测定锌、铝、镍、铁、镁、镉等元素。其中有些方法已作为国家标准化学分析方法。

6.5.1　概述

配位键，又称配位共价键，是一种特殊的共价键。当共价键中的共用电子对只由其中一个原子独自提供时，就称配位键。也就是说成键的两原子间的共享的两个电子，不是由两原子各提供一个,而是来自其中的一个原子。

提供电子对的物质是配位剂(络合剂)。许多显色剂、萃取剂、掩蔽剂都是配位剂。但用于滴定分析的主要是以 EDTA 为代表的氨羧配位剂,它可以与多数金属离子形成相当稳定的、组成一定的配合物(络合物),在滴定分析中得到广泛应用。

配位剂与金属离子形成配合物的反应称为配位反应(络合反应)。

6.5.1.1 配合物的稳定常数

在配位反应中,配合物的生成和解离是处于动平衡状态的。在此,其平衡常数可以用配合物的稳定常数(生成常数)或者用不稳定常数(解离常数)表示:

若以 M^{n+} 表示金属离子,以 L^- 表示配位体,则生成配合物的反应为:

$$M^{n+} + xL^- \rightleftharpoons ML_x^{n-x}$$

反应达到平衡时,平衡常数: $K = \dfrac{[ML_x^{n-x}]}{[M^{n+}][L^-]^x}$

平衡常数 K 的大小表明了配合物生成倾向的大小,也表明了配合物稳定性的高低,K 值愈大,配合物愈稳定。所以平衡常数 K 又称为稳定常数,用 $K_稳$ 或 $\lg K_稳$ 表示。

由 $K_稳$ 或 $\lg K_稳$ 的大小可以判断配位反应完成的程度及是否可用于滴定分析。

6.5.1.2 分步配位

当溶液中存在两种配位体(如 CN^- 和 NH_3),金属离子(如 Ag^+)可以形成两种同型配合物时,必定先形成稳定性大的配合物。如:

$$Ag^+ + 2CN^- \rightleftharpoons [Ag(CN)_2]^- \qquad K_稳 = 1 \times 10^{21.1}$$

$$Ag^+ + 2NH_3 \rightleftharpoons [Ag(NH_3)_2]^+ \qquad K_稳 = 1 \times 10^{7.40}$$

必定先形成稳定性大的 $[Ag(CN)_2]^-$ 配合物。

同样,当溶液中存在两种金属离子(如 Bi^{3+} 和 Pb^{2+})都能与同一配位剂(如 EDTA,以 Y 表示)形成两种同型配合物时,必定先与能形成稳定性大的配合物的金属离子发生配合反应。如:

$$Bi^{3+} + Y \rightleftharpoons BiY \qquad \lg K = 27.94$$

$$Pb^{2+} + Y \rightleftharpoons PbY \qquad \lg K = 18.04$$

必定先形成稳定性大的 BiY 配合物。

这种稳定常数大的配合物先配位,而稳定常数小的配合物后配位的现象,称为“分步配位”。但应指出:当两者的稳定常数 $K_稳$ 相差 1×10^5 倍以上时,才能完全分步。

6.5.1.3 置换配位

当同一种金属离子与两种不同配位剂形成的配合物稳定性不同时,则形成更稳定配合物的配位剂可以把形成不太稳定配合物的配位剂置换出来。如向含有 $[Ag(NH_3)_2]^+$ 配合物的溶液中加入 CN^-,则 CN^- 可以把 NH_3 置换出来,形成 $[Ag(CN)_2]^-$ 配合物。

或者当同一种配位剂与两种不同金属离子形成的配合物稳定性不同时,则形成更稳定配合物的金属离子可以把形成不太稳定配合物的金属离子置换出来。如向含有 Mg^{2+}—EDTA 配合物的溶液中加入 Fe^{3+},则 Fe^{3+} 可以把 Mg^{2+} 置换出来,形成 Fe^{3+}—EDTA 配合物。

6.5.1.4 配位滴定分析对配位反应的要求

能用于配位滴定分析的配位反应应符合以下条件:

(1)生成的配合物必须足够稳定,以保证反应进行完全。一般应满足 $K_{稳} \geq 1 \times 10^8$;

(2)生成的配合物必须有明确的组成,即在一定条件下只形成一种配位数的配合物,这是定量分析计算的基础;

(3)配位反应速率要快才具有实用意义;

(4)有简便方法确定滴定终点。

一般的无机配合物稳定性不高,不能用于配位滴定分析。

许多有机显色剂、萃取剂等虽然都具有可以与金属离子形成配位键的分子结构,但在氨羧配位剂用于分析化学之前,配位滴定法却发展很慢、应用有限。自从 20 世纪 40 年代引入氨羧配位剂之后,它作为配位体可以和许多金属离子形成稳定的、可溶的配合物,配位滴定法才得到迅速发展。

6.5.1.5　氨羧配位剂

氨羧配位剂是一类其分子中含有配位能力很强的氨氮 $\ddot{N}$ 和羧氧 $-\overset{O}{\overset{\|}{C}}-\ddot{O}-$ 配位原子,前者易与 Cu^{2+}、Ni^{2+}、Zn^{2+}、Co^{2+} 等金属离子配位,后者则几乎与所有高价金属离子配位。因此氨羧配位剂兼有两者配位的能力,几乎能与所有金属离子形成组成一定且比较稳定的配合物。

氨羧配位剂种类很多,比较重要的有:

(1)乙二胺四乙酸,简称 EDTA;

(2)环已烷二胺四乙酸,简称 CDTA;

(3)乙二醇二乙醚二胺四乙酸,简称 EGTA;

(4)乙二胺四丙酸,简称 EDTP;

(5)氨三乙酸,简称 NTA。

最常用的配位剂是乙二胺四乙酸,即 EDTA。

6.5.2　EDTA 配位反应的特点及配位平衡

6.5.2.1　EDTA 的性质及不同酸度下的存在形式

A　结构及溶解性能

乙二胺四乙酸(通常用 H_4Y 表示)简称 EDTA,在水溶液中,具有双偶极离子结构:

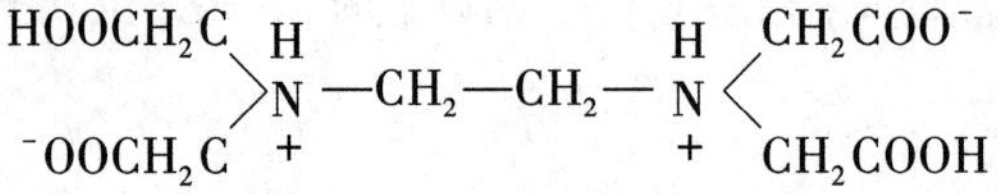

乙二胺四乙酸为白色无水结晶粉末,室温时溶解度较小(22℃ 时溶解度为 0.02g/100mLH_2O),因而不适合作滴定剂。通常使用 EDTA 二钠盐作滴定剂。

EDTA 二钠盐($Na_2H_2Y \cdot 2H_2O$)也简称 EDTA,相对分子质量为 372.26,为白色结晶粉末,室温下可吸附水分 0.3%,80℃时可烘干除去吸附水分。

在 100 ~ 140℃烘干时将失去结晶水,成为无水的 EDTA 二钠盐,相对分子质量为 336.24。

EDTA 二钠盐易溶于水。22℃ 时,溶解度为 11.1g/100mLH_2O,浓度约 0.3mol/L,pH 值约 4.4。

B　不同酸度下的存在形式

EDTA 溶解于酸度很高的溶液中时,它的两个羧酸根可再接受两个 H^+ 形成 H_6Y^{2+},这样,它就相当于一个六元酸,有六级离解常数,在水溶液中以 H_6Y^{2+}、H_5Y^+、H_4Y、H_3Y^-、H_2Y^{2-}、HY^{3-} 和 Y^{4-} 等七种形式存在。

在不同的酸度下,EDTA 的各种形式的浓度是不同的。在 pH 值小于 1 的强酸溶液中,EDTA 主要以 H_6Y^{2+} 形式存在;在 pH 值为 2.75 ~ 6.24 时,主要以 H_2Y^{2-} 形式存在;仅在 pH 值大于 10.34 时才主要以 Y^{4-} 形式存在。溶液的酸度愈低(即 pH 值愈大),Y^{4-} 形式存在的愈多。pH 值大于 12 时,EDTA 几乎完全以 Y^{4-} 形式存在。

值得注意的是,在 EDTA 的七种形式中,只有 Y^{4-}(为了方便,以下均用符号 Y 来表示 Y^{4-})能与金属离子直接配位。因此,溶液的酸度愈低,EDTA 的配位能力愈强。

6.5.2.2 EDTA 与金属离子的配位特点

其配位特点是:

(1)EDTA 与金属离子配合物的稳定性高,能与金属离子形成具有多个五元环结构的螯合物。

(2)EDTA 与金属离子配合物的配位比简单,多数情况下都形成 1∶1 配合物,计量关系简单。如:

$$Zn^{2+} + Y^{4-} \rightleftharpoons ZnY^{2-}$$

$$Fe^{3+} + Y^{4-} \rightleftharpoons FeY^{-}$$

通式:

$$M^{n+} + Y^{4-} \rightleftharpoons MY^{n-4}$$

为简便起见,略去电荷,写成:$M + Y \rightleftharpoons MY$。

仅有 Zr^{4+}、Mo^{6+} 等个别高价金属离子与 EDTA 形成 2∶1 型配合物,如 $(MoO_2)_2Y^{2-}$。

(3)配位反应较迅速。多数金属离子与 EDTA 反应瞬间完成,极少数如 Al^{3+}、Fe^{3+} 需加热使反应加速。

(4)EDTA 与金属离子配合物易溶于水。EDTA 与无色金属离子形成无色配合物,与有色金属离子形成的配合物颜色则更深。如 FeY^-(黄色)、CuY^{2-}(深蓝)、NiY^{2-}(蓝绿)、MnY^{2-}(紫红)。所以滴定有色离子时,离子的浓度不能太大,以免给终点颜色判断带来困难。

(5)EDTA 与金属离子的配位能力随溶液 pH 值的增大而增强。这是由于随溶液 pH 值的增大,在 EDTA 的七种存在形式中,能与金属离子直接配位的 Y^{4-} 形式存在的就多。

6.5.2.3 EDTA 与金属离子的配位平衡

A EDTA 与金属离子的配位主反应及稳定常数

EDTA 与金属离子的配位主反应通式为:$M + Y \rightleftharpoons MY$

反应平衡时的平衡常数,即配合物的稳定常数为:$K_{MY} = \dfrac{[MY]}{[M]\cdot[Y]}$。

附录 5 列出了常见金属离子和 EDTA 形成配合物的稳定常数 $\lg K_{MY}$(即表中的 $\lg K_1$)。

可以看出,金属离子和 EDTA 形成配合物的稳定常数因金属离子的不同而差别很大。这主要取决于金属离子本身的离子电荷数、离子半径和电子层结构。金属离子本身的离子电荷数愈高、离子半径愈大,电子层结构愈复杂,与 EDTA 形成的配合物的稳定常数愈大。

除此之外,溶液的温度、酸度、其他配位剂的存在等外部条件也影响其配位平衡。

B 酸效应与酸效应系数

因 H^+ 的存在,配位体参加主反应能力降低的现象称为酸效应。

酸效应的程度用酸效应系数来衡量。EDTA 的酸效应系数用符号 $\alpha_{Y(H)}$ 表示。酸效应系数是指在一定酸度下，EDTA 的总浓度[Y′]与能起配位反应的游离 Y^{4-} 的浓度[Y]的比值。即：

$$\alpha_{Y(H)}=\frac{[Y']}{[Y]}$$

$\alpha_{Y(H)}\geq 1$。溶液酸度减小（pH 值增大），能起配位反应的游离 Y^{4-} 浓度[Y]增大，酸效应系数 $\alpha_{Y(H)}$ 变小。当 pH 值不小于 12 时，EDTA 几乎完全以 Y^{4-} 存在，[Y]几乎等于[Y′]，酸效应系数 $\alpha_{Y(H)}=1$，EDTA 的配位能力最强。

溶液酸度增大（pH 值减小），能起配位反应的游离 Y^{4-} 浓度[Y]减小，酸效应系数 $\alpha_{Y(H)}$ 变大，金属离子与 EDTA 反应完全的程度受影响。若要求滴定误差不大于 0.1%，即要求 99.9% 以上的金属离子被 EDTA 单独进行配位滴定时，则溶液酸度的上限值，即 pH 值下限值，可以用酸效应曲线（林旁曲线）来表示，见图 6－4。

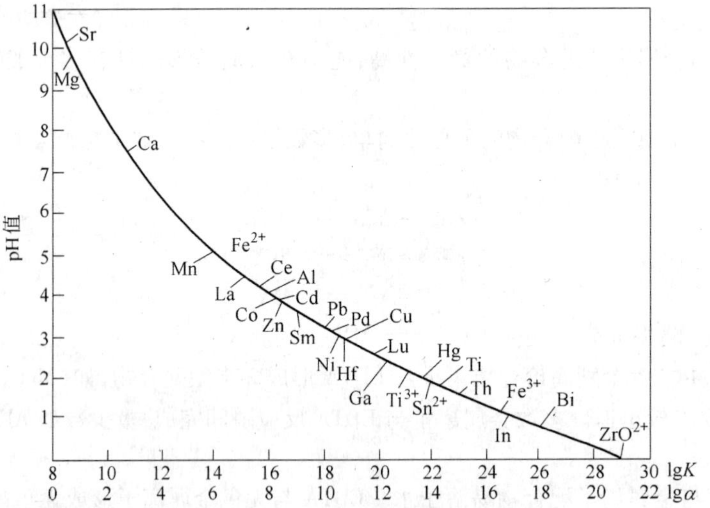

图 6－4　EDTA 酸效应曲线（单独滴定的金属离子浓度为 0.01mol/L）

由图可以知道：滴定 Mg^{2+}，pH 值应大于 9.5；滴定 Ca^{2+}，pH 值应大于 7.5；滴定 Al^{3+}，pH 值应大于 4；而滴定 Bi^{3+}，由于 BiY 稳定常数较大，允许酸度大些，pH 值大于 0.7 就可以了。

C　配位效应（副反应效应）

在溶液中，除了主反应 $M+Y \rightleftharpoons MY$ 之外，M 还可与 OH^- 或其他配位剂反应；Y 也可与 H^+ 或其他金属离子反应；MY 也可与 H^+、OH^- 反应。这些都是副反应。M 和 Y 的副反应不利于主反应的进行。

这种由于其他配位剂的存在，金属离子参加主反应的能力降低的现象称为金属离子的配位效应。

D　配合物的条件稳定常数

条件稳定常数又称表观稳定常数，它是将各种副反应的影响考虑进去后的实际稳定常数。以 K'_{MY} 笼统表示条件稳定常数。

前面讲的稳定常数 K_{MY} 是未考虑副反应的绝对稳定常数，只适合于 pH 值不小于 12 时的情况。

6.5.3　EDTA 配位滴定法

6.5.3.1　配位滴定的突跃范围

在酸碱滴定中，随着滴定剂酸或碱的加入，溶液中 H^+ 的浓度也在变化，pH 值也随之变化。

当到达化学计量点时，溶液 pH 值发生突变，可以得到 pH－滴定剂加入体积曲线。根据曲线 pH 值的突跃范围选择酸碱指示剂。

EDTA 配位滴定的情况与酸碱滴定相似。在一定条件下，随着配位剂 EDTA 的加入，金属离子不断与 EDTA 反应生成配合物，金属离子浓度[M]不断减小。当滴定到达化学计量点时，金属离子浓度（以 $pM=-\lg[M]$ 表示）发生突变。若将滴定过程各点 pM 与对应的 EDTA 的加入体积作成曲线，也可得到配位滴定曲线，即 pM－EDTA 加入量曲线。也可以根据曲线 pM 的突跃范围选择指示剂。

但是，酸碱滴定中，酸碱的离解常数 K_{HIn} 是不变的；而在配位滴定中，条件稳定常数 K'_{MY} 随着溶液的酸度等条件的变化而改变，要比酸碱滴定复杂得多。通常为使 K'_{MY} 保持基本不变，需要加酸碱缓冲溶液稳定溶液的酸度。因此 pM－EDTA 加入量曲线的计算很复杂。

所以，在实际工作中，常常是采用实验方法来选择指示剂，即先实验在滴定终点时指示剂颜色变化是否敏锐，再检查滴定结果是否准确，就可以判断该指示剂是否符合要求。

配位滴定中滴定突跃越大，就越容易准确地指示终点。配合物的条件稳定常数和被滴定金属离子的浓度是影响突跃范围的主要因素。

（1）同一金属离子，在滴定允许的酸度范围内，pH 值越大，条件稳定常数 K'_{MY} 就越大，在化学计量点附近滴定的 pM 突跃范围就越大；

（2）同一金属离子，其浓度越高，滴定曲线起点越低，在化学计量点附近滴定的 pM 突跃范围就越大。

6.5.3.2 金属指示剂

配位滴定法指示终点的方法很多，其中最重要的是使用金属离子指示剂（简称金属指示剂）指示终点。我们知道，酸碱指示剂是以指示溶液中 H^+ 浓度的变化确定终点，而金属指示剂则是以指示溶液中金属离子浓度的变化确定终点。

A 金属指示剂的作用原理

金属指示剂是一种有机配位剂，能与某些金属离子反应，生成与其本身颜色显著不同的配合物，以指示终点。

在滴定前，加入金属指示剂（用 In 表示金属指示剂的配位基团），则 In 与待测金属离子 M 有如下反应（省略电荷）：

$$\underset{\text{甲色}}{M+In} \rightleftharpoons \underset{\text{乙色}}{MIn}$$

这时溶液呈指示剂与金属离子配合物的颜色（乙色）。

当滴入 EDTA 溶液后，Y 先与游离的 M 结合。至化学计量点附近，Y 开始夺取并最终完全夺取 MIn 中的 M：

$$MIn+Y \rightleftharpoons MY+In$$

从而使指示剂 In 游离出来，溶液由 MIn 的乙色变为指示剂 In 本身的甲色，指示滴定终点的到达。

例如，铬黑 T 在 pH 值为 10 的水溶液中呈蓝色（本身的甲色），与 Mg^{2+} 的配合物的颜色为酒红色（乙色）。若在 pH 值为 10 时用 EDTA 滴定 Mg^{2+}，滴定开始前加入指示剂铬黑 T，则铬黑 T 与溶液中部分的 Mg^{2+} 配位反应，此时溶液呈 Mg^{2+}—铬黑 T 配合物的红色。随着 EDTA 的加入，EDTA 不断与 Mg^{2+} 反应。在化学计量点附近，Mg^{2+} 的浓度降至很低，加入的 EDTA 开始夺取 Mg^{2+}—铬黑 T 中的 Mg^{2+}，使铬黑 T 游离出来，此时溶液呈现出铬黑 T 本身的蓝色，指示滴定终点已经到达。

B　金属指示剂应具备的条件

金属指示剂必须具备以下条件：

(1)金属指示剂与金属离子形成的配合物的颜色(乙色)，应与金属指示剂本身的颜色(甲色)有明显的不同，这样才能借助颜色的明显变化来判断终点的到达。

(2)金属指示剂与金属离子形成的配合物 MIn 具有适当的稳定性。如果 MIn 稳定性过高(K_{MIn}太大)，则在化学计量点附近，EDTA 不易与 MIn 中的 M 结合，终点推迟，甚至不变色，得不到终点。EDTA 不能从 MIn 中把 M 置换出来而得不到终点的这种现象称为"指示剂封闭"。因此，通常要求 $K_{MY}/K_{MIn} \geqslant 10^2$；但是，如果 MIn 稳定性过低，则未到达化学计量点时 MIn 就会逐渐分解出 In，使得变色成为渐进过程，变色不敏锐，影响滴定的准确度。一般要求 $K_{MIn} \geqslant 10^4$。

(3)金属指示剂与金属离子之间的反应要迅速、变色应可逆，这样才便于滴定。

(4)金属指示剂应易溶于水，若形成沉淀或胶体或滴定条件不合适，指示剂与 EDTA 的置换作用缓慢，使终点拖长。这种现象称为"指示剂僵化"。

(5)金属指示剂应具有一定的选择性，即在一定条件下，只对一种(或某几种)金属离子发生显色反应。

(6)指示剂应不易变质，便于使用和保存。

C　常用金属指示剂

a　铬黑 T(简称 EBT 或 BT)

铬黑 T 在溶液中有如下平衡：

$$H_2In \xrightleftharpoons{pK_1=6.3} HIn^{2-} \xrightleftharpoons{pK_2=11.6} In^{3-}$$

pH 值小于 6.3　pH 值为 8～11　pH 值大于 11.6

紫红　蓝　橙

EBT 与二价金属离子形成的配合物颜色为红色或紫红色。

由于在 pH 值小于 6.3 时，EBT 在水溶液中呈紫红色；pH 值大于 11.6 时 EBT 呈橙色。这同 EBT 与金属离子配合物的颜色相近，滴定终点时颜色变化不明显。所以只有在 pH 值为 8～11 的范围内使用，指示剂才有明显的甲色(蓝色)、乙色(紫红色)。实验表明最适宜的酸度是 pH 值为 9～10.5。

铬黑 T 固体相当稳定，但其水溶液仅能保存几天，这是由于聚合反应的缘故。聚合后的铬黑 T 不能再与金属离子显色。加入三乙醇胺可以防止聚合并解除 Fe^{3+}、Al^{3+}、Ni^{2+} 等对铬黑 T 的封闭作用。

铬黑 T 是在弱碱性溶液中滴定 Mg^{2+}、Zn^{2+}、Pb^{2+} 等离子的常用指示剂。

b　二甲酚橙(XO)

二甲酚橙为多元酸。pH 值为 0～6.0，二甲酚橙呈黄色(甲色)，它与金属离子形成的配合物为红色(乙色)，是酸性溶液中许多金属离子配位滴定所使用的最好的指示剂，常用于锆、铪、钍、钪、铟、钇、铋、铅、锌、镉、汞的直接滴定方法。

铝、镍、钴、铜、镓等离子会封闭二甲酚橙，测定这些离子时可采用返滴定法。即在 pH 值为 5.0～5.5(六次甲基四胺缓冲溶液)时，加入过量 EDTA 标准溶液与金属离子形成配合物，再加二甲酚橙指示剂，然后用锌或铅标准溶液返滴定过量的 EDTA。如 Fe^{3+} 在 pH 值为 2～3 时，就是以硝酸铋返滴定法测定。

c PAN

PAN 在 pH 值为 1.9 ~ 12.2 的范围内呈黄色(甲色),可与很多其他金属离子(如 Ni^{2+}、Co^{2+}、Zn^{2+}、Pb^{2+}、Bi^{3+}、Ca^{2+}等)形成红色配合物(乙色)。

但很多其他金属离子(如 Ni^{2+}、Co^{2+}、Zn^{2+}、Pb^{2+}、Bi^{3+}、Ca^{2+}等)与 PAN 反应慢或显色灵敏度低。而 PAN 与 Cu^{2+} 的显色反应非常灵敏。所以有时利用 Cu - PAN 作间接指示剂来测定这些金属离子。Cu - PAN 指示剂是 CuY 和少量 PAN 的混合液。将此溶液加到含有被测金属离子 M 的试液中时,发生如下置换反应:

$$\underset{(黄)}{CuY + PAN} + M \rightleftharpoons MY + \underset{(紫红)}{Cu - PAN}$$

此时溶液呈现紫红色。当加入的 EDTA 定量与 M 反应时,在化学计量点附近 EDTA 将夺取 Cu - PAN 中的 Cu^{2+},从而使 PAN 游离出来:

$$\underset{(紫红)}{Cu - PAN} + Y \rightleftharpoons CuY + \underset{(黄)}{PAN}$$

溶液由紫红色变为黄色,指示终点到达。因滴定前加入的 CuY 与最后生成的 CuY 是相等的,故加入的 CuY 并不影响测定结果。

在几种离子的连续滴定中,若分别使用几种指示剂,往往发生颜色干扰。由于 Cu - PAN 可在很宽的 pH 值范围(pH 值为 1.9 ~ 12.2)内使用,因而可以在同一溶液中连续指示终点。

类似 Cu - PAN 这样的间接指示剂,还有 Mg - EBT 等。

d 其他指示剂

除前面所介绍的指示剂外,还有磺基水杨酸、钙指示剂(NN)等常用的指示剂。磺基水杨酸(无色)在 pH 值为 2 时,与 Fe^{3+} 形成紫红色配合物,因此可用作滴定 Fe^{3+} 的指示剂。钙指示剂(蓝色)在 pH 值为 12.5 时,与 Ca^{2+} 形成紫红色配合物,因此可用作滴定钙的指示剂。

常用的金属指示剂使用的 pH 值条件、可直接滴定的金属离子和颜色变化及配制方法列于表 6 - 10 中。

表 6 - 10 常用的金属指示剂

指示剂	滴定元素及 pH 值	直接滴定时终点颜色变化	配制方法	封闭指示剂的离子
酸性铬蓝 K	Zn、Mg(pH 值为 10) Ca(pH 值为 12)	红→蓝	0.1% 乙醇溶液	
钙指示剂(NN)	Ca(pH 值为 12 ~ 13)	酒红→蓝	与 NaCl 按 1:100 的质量比混合	Co^{2+}、Ni^{2+}、Cu^{2+}、Fe^{3+}、Al^{3+}、Ti^{4+}
铬黑 T(BT 或 EBT)	Ca(pH 值为 10,加入 EDTA - Mg) Mg(pH 值为 10) Pb(pH 值为 10,加入酒石酸钾) Zn(pH 值为 6.8 ~ 10)	红→蓝	与 NaCl 按 1:100 的质量比混合	Co^{2+}、Ni^{2+}、Cu^{2+}、Fe^{3+}、Al^{3+}、Ti(Ⅳ)
紫脲酸胺	Ca(pH 值大于 10,φ = 25% 乙醇) Cu(pH 值为 7 ~ 8) Ni(pH 值为 8.5 ~ 11.5)	红→紫 黄→紫 黄→紫红	与 NaCl 按 1:100 的质量比混合	

续表 6-10

指示剂	滴定元素及 pH 值	直接滴定时终点颜色变化	配制方法	封闭指示剂的离子
PAN	Cu(pH 值为 6) Zn(pH 值为 5~7)	红→黄 粉红→黄	1g/L 乙醇溶液	
磺基水杨酸(SS)	Fe^{3+}(pH 值为 1.5~3)(加热)	红紫→无(黄)	10~20g/L 水溶液	黄色是 FeY 的颜色
二甲酚橙(XO)	ZrO^{2+}(pH 值小于 1) Bi^{3+}、Th^{4+}(pH 值为 1~3.5) Zn^{2+}、Pb^{2+}、Cd^{2+}、Hg^{2+}、稀土(pH 值为 5~6)	红紫→黄	5g/L 水溶液	Ni^{2+}、Fe^{3+}、Al^{3+}

D 使用金属指示剂存在的问题

a 指示剂的封闭现象

有的指示剂与某些金属离子生成很稳定的配合物(MIn),其稳定性超过了相应的金属离子与 EDTA 的配合物(MY),即 $\lg K_{MIn} > \lg K_{MY}$。例如铬黑 T(EBT)与 Al^{3+}、Fe^{3+}、Cu^{2+}、Ni^{2+}、Co^{2+} 等生成的配合物非常稳定,若用 EDTA 滴定这些离子,过量较多的 EDTA 也无法将铬黑 T 从 MIn 中置换出来。因此滴定这些离子不用铬黑 T 作指示剂。

滴定 Mg^{2+} 时,若有少量 Al^{3+}、Fe^{3+} 杂质存在,到化学计量点仍不能变色,这种现象称为指示剂封闭现象。解决的办法是加入掩蔽剂,使干扰离子生成更稳定的配合物,从而不再与指示剂作用。Al^{3+}、Fe^{3+} 对铬黑 T 的封闭可加三乙醇胺予以消除;Cu^{2+}、Co^{2+}、Ni^{2+} 可用 KCN 掩蔽;Fe^{3+} 也可先用抗坏血酸还原为 Fe^{2+},再加 KCN 掩蔽。如果干扰离子的量太大,则需预先分离除去。

b 指示剂的僵化现象

有些指示剂或金属-指示剂配合物在水中的溶解度太小,使得 EDTA 滴定剂在终点时与金属-指示剂配合物(MIn)交换缓慢,终点拖长,这种现象称为指示剂僵化。

解决的办法是加入有机溶剂或加热,以增大其溶解度。例如用 PAN 作指示剂时,经常加入酒精或在加热下滴定。

c 指示剂的氧化变质现象

金属指示剂大多为含双键的有色化合物,易被日光、氧化剂、空气所分解,在水溶液中不够稳定,日久会变质。若配成固体混合物则较稳定,保存时间较长。例如铬黑 T、钙指示剂等,常用固体 NaCl 或 KCl 作稀释剂来配制。

6.5.3.3 提高配位滴定选择性的方法

EDTA 能与许多金属离子形成稳定的配合物,所以当几种金属离子共存于溶液中时,难免发生相互干扰。因此,应该设法提高滴定的选择性。

A 金属离子间没有干扰的条件

一种浓度为 c_M 的金属离子 M 能被准确滴定,且不被共存离子 N(浓度为 c_N)干扰的条件是:

$$\lg c_M K'_{MY} \geqslant 6$$

$$\lg c_N K'_{NY} \leqslant 1$$

可见,EDTA 滴定时,要使共存金属离子 N 不干扰金属离子 M 的测定,必须降低 N 的浓度 c_N

和 NY 的稳定性 K'_{NY}。

B 减少、消除金属离子间干扰,提高配位滴定选择性的方法

a 控制酸度

当溶液中有 M 和 N 两种离子时,通过控制酸度的办法,使 $\lg c_M K'_{MY} \geqslant 6$,而 $\lg c_N K'_{NY} \leqslant 1$,这样就可以在 N 共存下准确滴定 M 了。

例如:Bi^{3+} 与 Pb^{2+} 共存时,可用 HNO_3 调节溶液的酸度,使 pH 值约为 1,用 EDTA 滴定 Bi^{3+}。此时,Pb^{2+} 几乎不与 EDTA 发生配位反应(pH 值小于 1.5 时,Pb^{2+} 不与 EDTA 发生配位反应),Bi^{3+} 又不至于发生水解(若提高到 pH 值为 2,Bi^{3+} 会发生水解)。

用 EDTA 滴定 Bi^{3+} 时,用二甲酚橙(XO)作指示剂,溶液由 Bi^{3+}—XO 的紫红色变为 XO 本身的亮黄色为滴定 Bi^{3+} 的终点。

然后加六亚甲基四胺将溶液酸度调节到 pH 值为 5 ~ 6,溶液又变为 Pb^{2+}—XO 的紫红色,再用 EDTA 滴定 Pb^{2+},当溶液由 Pb^{2+}—XO 的紫红色变为 XO 本身的亮黄色为滴定 Pb^{2+} 的终点。

根据各消耗的 EDTA 体积,可以分别计算铅和铋的质量。

b 掩蔽与解蔽

当两种金属离子 M、N 与 EDTA 的配合物 MY 与 NY 的稳定性相差不大,即($\lg c_M K'_{MY} - \lg c_N K'_{NY}$) < 5 时,可利用掩蔽剂与 N 结合,降低 N 的浓度 c_N 的办法,减小 $\lg c_N K'_{NY}$,以消除 N 对 EDTA 滴定 M 的干扰。

掩蔽与解蔽法又分为配位掩蔽法、沉淀掩蔽法、氧化还原掩蔽法和解蔽法。

(1)配位掩蔽法。利用掩蔽剂与干扰离子形成很稳定的配合物以消除干扰。

例如:在 Al^{3+} 和 Zn^{2+} 共存时,可用 NH_4F 掩蔽 Al^{3+},使其形成稳定性更好的 AlF_6^{3-} 配合物,调节溶液 pH 值为 5 ~ 6,就可以用 EDTA 滴定 Zn^{2+} 了。

又如:用 EDTA 测定水中的 Ca^{2+}、Mg^{2+} 离子,当有 Fe^{3+}、Al^{3+} 存在时会产生干扰。可加三乙醇胺掩蔽,然后在氨性缓冲溶液中用铬黑 T 作指示剂,用 EDTA 测定 Ca^{2+}、Mg^{2+}。

常用的配位掩蔽剂见表 6 - 11。

表 6 - 11 部分常用的配位掩蔽剂及使用酸度(pH 值)

掩蔽剂	被掩蔽的金属离子	pH 值
三乙醇胺	Al^{3+}、Fe^{3+}、Sn^{4+}、TiO_2^{2+}	10
氟化物	Al^{3+}、Sn^{4+}、TiO_2^{2+}、Zr^{4+}	>4
乙酰丙酮	Al^{3+}、Fe^{2+}、Be^{2+}	5 ~ 6
邻二氮菲	Cu^{2+}、Co^{2+}、Ni^{2+}、Cd^{2+}、Hg^{2+}、Zn^{2+}	5 ~ 6
2.3 二巯基丙醇	Zn^{2+}、Pb^{2+}、Bi^{3+}、Sb^{2+}、Sn^{4+}、Cd^{2+}、Cu^{2+}	10
硫 脲	Hg^{2+}、Cu^{2+}	5 ~ 6
氰化钾	Cu^{2+}、Co^{2+}、Ni^{2+}、Ag^{+}、Zn^{2+}、Cd^{2+}、Hg^{2+}	>8
酒石酸(在抗坏血酸存在下)	Sn^{4+}、Sb^{3+}、Fe^{3+}	1.5
	Sn^{4+}、Mn^{2+}、Fe^{3+}	2
	Sn^{4+}、Al^{3+}、Fe^{3+}	5.5
	Al^{3+}、Fe^{3+}、Cu^{2+}、Mg^{2+}	6 ~ 7.5
	Sn^{4+}、Al^{3+}	10

(2)沉淀掩蔽法。它是加入选择性沉淀剂与干扰离子形成沉淀,从而降低干扰离子的浓度,

以消除干扰的一种方法。

例如:在 Ca^{2+}、Mg^{2+} 共存溶液中,加入 NaOH,使 pH 值大于 12,因而生成 $Mg(OH)_2$ 沉淀,这时 EDTA 就可直接滴定 Ca^{2+} 了。

沉淀掩蔽法要求所生成的沉淀溶解度要小,沉淀的颜色为无色或浅色,沉淀最好是晶形沉淀,吸附作用小。

配位滴定中常用的沉淀掩蔽剂见表 6－12。

表 6－12 部分常用的沉淀掩蔽剂

掩蔽剂	被掩蔽离子	被测离子	pH 值	指 示 剂
氢氧化物	Mg^{2+}	Ca^{2+}	12	钙指示剂
KI	Cu^{2+}	Zn^{2+}	5～6	PAN
氟化物	Ba^{2+}、Sr^{2+}、Ca^{2+}、Mg^{2+}	Zn^{2+}、Cd^{2+}、Mn^{2+}	10	EBT
硫酸盐	Ba^{2+}、Sr^{2+}	Ca^{2+}、Mg^{2+}	10	EBT
硫 酸	Pb^{2+}	Bi^{3+}	1	二甲酚橙
铜试剂	Bi^{3+}、Cu^{2+}、Cd^{2+}	Ca^{2+}、Mg^{2+}	10	EBT

(3)氧化还原掩蔽法。加入一种氧化剂或还原剂,改变干扰离子的价态,以消除干扰。

例如,锆铁矿中锆的滴定,由于 Zr^{4+} 和 Fe^{3+} 与 EDTA 配合物的稳定常数相差不够大($\Delta \lg K = 29.9 - 25.1 = 4.8$),$Fe^{3+}$ 干扰 Zr^{4+} 的滴定。此时可加入抗坏血酸或盐酸羟胺使 Fe^{3+} 还原为 Fe^{2+},由于 $\lg K_{FeY^{2-}} = 14.3$,比 $\lg K_{FeY^-}$ 小得多,因而避免了 Fe^{3+} 对 Zr^{4+} 滴定的干扰。

又如 pH 值为 1 时,测定 Bi^{3+},此时同样可采用抗坏血酸或盐酸羟胺使 Fe^{3+} 还原为 Fe^{2+},消除干扰。

(4)解蔽法。被掩蔽的物质用解蔽试剂将其恢复游离离子状态,再测定。

例如:Zn^{2+} 与 Mg^{2+} 共存时,在 pH 值为 10 的氨性缓冲溶液中加入 KCN 溶液,使 Zn^{2+} 形成 $[Zn(CN)_4]^{2-}$ 而被掩蔽,不再干扰 Mg^{2+} 的配位滴定。待滴定 Mg^{2+} 到终点后,加入甲醛溶液,使 Zn^{2+} 从 $[Zn(CN)_4]^{2-}$ 中解蔽,可以再用 EDTA 滴定 Zn^{2+}。

又如:当 Al^{3+} 与 Sn^{4+}(或 Ti^{4+})共存时,首先用 EDTA 与 Al^{3+}、Sn^{4+}(或 Ti^{4+})生成配合物 AlY、SnY(或 TiY)。然后加入 NH_4F,则这些配合物均能定量释放出 EDTA;但如果此时加入苦杏仁酸,则只能释放出 SnY(或 TiY)中的 EDTA,这样可以分别测定 Al^{3+} 与 Sn^{4+}(或 Ti^{4+})的含量。

c 预先分离

利用沉淀或萃取等方法将相互干扰的离子分离后,再测定。

例如:Zn^{2+} 与硫氰酸盐在稀盐酸介质中形成络阴离子,用 4－甲基－戊酮－2 萃取分离,除去大部分干扰元素后,在六次甲基四胺缓冲溶液中,加入氟化铵溶液、硫脲溶液掩蔽残余的 Al^{3+}、Cu^{2+} 等,以二甲酚橙为指示剂,用 EDTA 标准溶液滴定 Zn^{2+}。

d 选用其他配位剂

例如 CDTA(环己烷二胺四乙酸)与 Mg^{2+} 等形成的配合物的稳定常数($\lg K_{Mg-CDTA} = 11.0$),比与 EDTA 形成的配合物稳定常数($\lg K_{MgY} = 8.7$)更大,因此铝合金标准分析方法选用 CDTA 作为滴定剂测定镁量。

又如:EGTA(乙二醇二乙醚二胺四乙酸)与 Ca^{2+}、Mg^{2+} 形成的配合物的稳定常数相差大($\lg K_{CaY} - \lg K_{MgY} = 5.7$),而 Ca^{2+}、Mg^{2+} 与 EDTA 的配合物的稳定常数相差小($\lg K_{CaY} - \lg K_{MgY} =$

2.0),故可以在 Ca^{2+}、Mg^{2+} 共存时,用 EGTA 选择性滴定 Ca^{2+}。

6.5.3.4 EDTA 标准溶液的配制和标定

乙二胺四乙酸难溶于水,实际工作中,通常用它的二钠盐配制标准溶液。乙二胺四乙酸二钠盐(也简称 EDTA)是白色微晶粉末,易溶于水,经提纯后可作基准物质,直接配制标准溶液,但提纯方法较复杂。配制溶液时,蒸馏水的质量不高也会引入杂质,因此实验室中使用的 EDTA 标准溶液一般采用间接法配制,即标定法。

A EDTA 标准溶液的配制

a 配制方法

常用的 EDTA 标准溶液的浓度为 0.01 ~ 0.05mol/L。按所需浓度和配制体积,称取一定量的 $Na_2H_2Y \cdot 2H_2O$,其摩尔质量 $M(Na_2H_2Y \cdot 2H_2O) = 372.2g/mol$。用适量蒸馏水溶解(必要时可加热),溶解后稀释至所需体积,并充分混匀,转移至试剂瓶中待标定。

EDTA 二钠盐溶液的 pH 值正常值为 4.8,市售的试剂如果不纯,有时 pH 值小于 4。当室温较低时易析出难溶于水的乙二胺四乙酸,使溶液变混浊,并且溶液的浓度也发生变化。因此配制溶液时,可用 pH 试纸检查,若溶液 pH 值较低,可加几滴 0.1mol/L NaOH 溶液,使溶液的 pH 值为 5 ~ 6.5,直至变清为止。

b 蒸馏水质量

在配位滴定方法中,使用的蒸馏水质量是否符合要求(符合 GB 6682—1992 中分析实验室用水规格)十分重要。若配制溶液的蒸馏水中含有 Al^{3+}、Fe^{3+}、Cu^{2+} 等,会使指示剂封闭,影响终点观察;若蒸馏水中含有 Ca^{2+}、Mg^{2+}、Pb^{2+} 等,在滴定中会消耗一定量的 EDTA,对结果产生影响。因此在配位滴定中,所用蒸馏水一定要进行质量检查。为了保证水的质量常用二次蒸馏水或去离子水来配制溶液。

c EDTA 溶液的贮存

配制好的 EDTA 溶液应贮存在聚乙烯塑料瓶或硬质玻璃瓶中。若贮存在软质玻璃瓶中,EDTA会不断地溶解玻璃中的 Ca^{2+}、Mg^{2+} 等离子,形成配合物,使其浓度不断降低。

B EDTA 标准滴定溶液的标定

a 标定 EDTA 常用的基准试剂

用于标定 EDTA 溶液的基准试剂很多,常用的基准试剂如表 6-13 所示。

表 6-13 标定 EDTA 的常用基准试剂

基准试剂	基准试剂处理和溶解	滴定条件		终点颜色变化
		pH 值	指示剂	
铜片	用稀 HNO_3 除去氧化膜,用水或无水乙醇充分洗涤,在 105℃ 烘箱中烘 3min,冷却后称量,以 HNO_3(1+1)溶解,再以 H_2SO_4 蒸发除去 NO_2	4.3 $HAc - Ac^-$ 缓冲溶液	PAN	红→黄
铅	用稀 HNO_3 除去氧化膜,用水或无水乙醇充分洗涤,在 105℃ 烘箱中烘 3min,冷却后称量,以 HNO_3(1+2)溶解,加热除去 NO_2	10 $NH_3 - NH_4^+$ 缓冲溶液	铬黑 T	红→蓝
		5 ~ 6 六次甲基四胺	二甲酚橙	红→黄

续表 6-13

基准试剂	基准试剂处理和溶解	滴定条件		终点颜色变化
		pH 值	指示剂	
锌片	用 HCl(1+5)浸泡,除去氧化膜,用水或无水乙醇充分洗涤,在 105℃烘箱中,烘 3min,冷却后称量,以 HCl(1+1)溶解	10 $NH_3-NH_4^+$ 缓冲溶液	铬黑 T	红→蓝
		5~6 六次甲基四胺	二甲酚橙	红→黄
$CaCO_3$	在 105℃烘箱中,烘 120min,冷却后称量,以 HCl(1+1)溶解	≥12.5	钙指示剂	酒红→蓝
MgO	在 1000℃灼烧,冷却后称量,以 HCl(1+1)溶解	10 $NH_3-NH_4^+$ 缓冲溶液	铬黑 T	红→蓝

注:表中所列的纯金属(如:Cu、Zn、Pb 等),要求纯度在 99.95% 以上。金属表面如有一层氧化膜,应先用酸洗去,再用水或乙醇洗涤,并在 105℃烘干数分钟后再称量。金属氧化物或其盐类(如:$CaCO_3$、MgO 等试剂),在使用前应预先烘干或灼烧处理。

b 标定的条件

为了使测定结果具有较高的准确度,标定的条件与测定的条件应尽可能相同。在可能的情况下,最好选用被测元素的纯金属或化合物作为基准物质进行标定,而尽量不用其他金属标定。这是因为不同的金属离子与 EDTA 反应完全的程度不同,允许的酸度不同,因而对结果的影响也不同。如 Al^{3+} 与 EDTA 的反应,在过量 EDTA 存在下,控制酸度并加热,配位率也只能达到 99% 左右,因此要准确测定 Al^{3+} 含量,最好采用纯铝或含铝的标准样品来标定 EDTA 溶液,使误差抵消。又如,由实验用水引入的杂质(如 Ca^{2+}、Pb^{2+})在不同条件下有不同影响。在碱性中滴定时两者均会与 EDTA 配位;在酸性溶液中则只有 Pb^{2+} 与 EDTA 配位;在强酸溶液中滴定,则两者均不与 EDTA 配位。因此,若在相同酸度下对 EDTA 标准溶液标定和 EDTA 滴定,这种影响就可以被抵消。

c 标定方法

用被测元素的纯金属或化合物作为基准物质,按测定方法的条件进行标定。

如果没有条件用被测元素的纯金属或化合物作为基准物质进行标定,可用锌盐标准溶液进行标定。在 pH 值为 4~12 范围内,Zn^{2+} 均能与 EDTA 定量配位,且配位反应速度快,所以常采用 Zn^{2+} 标准溶液标定 EDTA 标准溶液,方法有:

(1)在 pH 值为 10 的 NH_3-NH_4Cl 缓冲溶液中以铬黑 T 为指示剂,直接标定。

(2)在 pH 值为 5 的六次甲基四胺缓冲溶液中以二甲酚橙为指示剂,直接标定。

6.5.3.5 配位滴定的方法

与一般滴定方法一样,配位滴定也有直接滴定法、返滴定法、置换滴定法和间接滴定法等方法。

A 直接滴定法

直接滴定法是用 EDTA 标准溶液直接滴定待测离子。方法简便快捷,一般引入误差少。采用直接滴定法必须符合以下条件:

(1)待测金属离子的浓度 c_M 及其与 EDTA 配合物的条件稳定常数 K'_{MY} 应满足 $\lg c_M K'_{MY} \geqslant 6$;

(2)具备变色敏锐的指示剂,且没有封闭现象;

(3)在滴定条件下,待测离子不发生水解和沉淀。

如在 pH 值为 10 的氨性缓冲溶液中,以铬黑 T(EBT)为指示剂,用 EDTA 滴定 Ca^{2+} 和 Mg^{2+},当溶液由紫红色(铬黑 T 与 Ca^{2+} 和 Mg^{2+} 配合物的颜色)变为蓝色(铬黑 T 本身颜色)终点时,测得 Ca^{2+} 和 Mg^{2+} 的合量;另外取相同试液,加 NaOH 至 pH 值大于 12,此时 Mg^{2+} 以 $Mg(OH)_2$ 沉淀形式被掩蔽,选用钙指示剂,以 EDTA 滴定 Ca^{2+} 量,两次测定之差为 Mg^{2+} 量。

B 返滴定法

返滴定法是用金属盐类标准溶液作为返滴定剂,它与 EDTA 形成的配合物有足够的稳定性,但不超过待测离子与 EDTA 形成的配合物的稳定性。否则,会发生置换反应。返滴定法适合以下情况:

(1)待测离子与 EDTA 形成配合物的速度很慢;

(2)直接滴定缺乏适宜的指示剂;

(3)待测离子发生水解和沉淀等副反应影响测定。

如 Al^{3+} 与 EDTA 配位反应慢,一般采用加过量 EDTA 溶液,加热使配位反应完成,再用 Zn^{2+} 标准溶液滴定过量的 EDTA,测定 Al^{3+} 量。

C 置换滴定法

利用置换反应置换出的等物质的量的 EDTA 或另一金属离子,然后滴定被置换出的 EDTA 或另一金属离子。

如加热使 EDTA 与 Al^{3+} 形成配合物后,用 Zn^{2+} 标准溶液滴定过量的 EDTA,再加入 KF 溶液,生成更稳定的 AlF_6^{3-},置换出等物质的量的 EDTA,再用 Zn^{2+} 标准溶液滴定 EDTA,测得 Al^{3+} 量。

返滴定法和置换滴定法的例题,可以参看 6.3.2 节【例 6-2】和 6.5.4 节。

D 间接滴定法

利用待测离子与另一种金属离子形成沉淀,设法用 EDTA 滴定另一种金属离子,间接测定待测离子。

如将 Na^+ 沉淀为醋酸铀酰锌钠 $NaAc \cdot Zn(Ac)_2 \cdot 3UO_2(Ac)_2 \cdot 9H_2O$,分离出沉淀,洗净并溶解,然后用 EDTA 滴定 Zn^{2+},间接测得 Na^+ 量。

6.5.4 配位滴定法在有色金属分析中的应用

在有色金属及合金的分析中,EDTA 配位滴定法应用广泛。在现行的铜及铜合金化学分析国家标准方法中有 Al、Zn、Ni、Fe 4 个元素共 6 种方法采用了 EDTA 配位滴定法,在铝及铝合金化学分析国家标准方法中有 Zn、Mg 共 2 种方法采用配位滴定法,在钛及钛合金化学分析国家标准方法中有 Al、Zr 等方法采用 EDTA 配位滴定法。在各企业的分析规程中,更是大量采用 EDTA 配位滴定法测定常量组分。

6.5.4.1 苯甲酸铵分离——EDTA 滴定法测定铜合金中铝量

根据 GB/T 5121.13 改写。该方法采用返滴定方式和置换滴定方式。

A 范围

本方法规定了铜及铜合金中铝含量的测定方法。

本方法适用于铜及铜合金中铝含量的测定。测定范围:大于 0.50% ~ 12.00%。

B 方法原理

试料用硝酸溶解,用氨水和盐酸调节溶液的 pH 值,在缓冲溶液及盐酸羟胺存在下,使铝与苯甲酸铵生成沉淀,过滤。沉淀用盐酸溶解,加入过量的 EDTA,以对硝基酚为指示剂,用氨水和盐酸调节酸度，煮沸，冷却。加入六次甲基四胺，以二甲酚橙为指示剂，用锌标准滴定溶液滴定过量的 EDTA。加入氟化钠，煮沸，冷却。再用锌标准滴定溶液滴定被释放出来的 EDTA。

C 试剂

除非另有说明，在分析中仅使用确认为分析纯的试剂和蒸馏水或去离子水或相当纯度的水。

a. 1 氟化钠。

a. 2 硝酸(1 +1)。

a. 3 盐酸(1 +1)。

a. 4 盐酸(1 +2)。

a. 5 盐酸[c(HCl) = 1mol/L]。

a. 6 氨水(ρ0. 90g/mL)。

a. 7 缓冲溶液：将 120g 无水乙酸钠溶解于水中，加入 130mL 盐酸(a. 3)，用水稀释至 1000mL，混匀。此溶液 pH 值约为 4. 4。

a. 8 盐酸羟胺溶液(100g/L)。

a. 9 苯甲酸铵溶液(80g/L)。

a. 10 苯甲酸铵洗液：将 400mL 水、50mL 苯甲酸铵溶液(a. 9)与 50mL 盐酸羟胺溶液(a. 8)混匀。

a. 11 六次甲基四胺溶液(300g/L)。

a. 12 乙酸(1 +1)：用 36% 乙酸配制。

a. 13 对硝基酚溶液(2g/L)。

a. 14 二甲酚橙溶液(2g/L)。

a. 15 乙二胺四乙酸二钠($C_{10}H_{14}N_2O_8Na_2 \cdot 2H_2O$)标准溶液(0. 025mol/L)：称取 9. 3g 乙二胺四乙酸二钠($C_{10}H_{14}N_2O_8Na_2 \cdot 2H_2O$)溶于约 200mL 热水中，冷却，移入 1000mL 容量瓶中，用水稀释至刻度，混匀。

a. 16 铝标准溶液：称取 1. 000g 纯铝(铝的质量分数不小于 99. 95%)置于 150mL 聚四氟乙烯烧杯中，加入 20mL 氢氧化钠溶液(300g/L)，缓慢加热溶解完全，冷却。用盐酸(a. 3)调至沉淀消失，溶液清澈，此时溶液呈酸性，冷却，移入 1000mL 容量瓶中，用水稀释至刻度，混匀。此溶液 1mL 含铝 1mg。

a. 17 锌标准滴定溶液[c(Zn) = 0. 02000mol/L]。

a. 17. 1 配制

称取 1. 308g 纯锌(锌的质量分数不小于 99. 99%，铝的质量分数小于 0. 005%)置于 300mL 烧杯中，以尽量少的盐酸(a. 3)溶解后，pH 值调至 2 ~ 3，移入 1000mL 容量瓶中，用水稀释至刻度，混匀。

a. 17. 2 标定

移取 10. 00mL 铝标准溶液(a. 16)于 300mL 烧杯中，以下按 b. 3. 4 ~ b. 3. 7 条进行。

按下式计算锌标准滴定溶液的实际浓度：

$$c = \frac{0.0100}{V_1 \times 26.98 \times 10^{-3}}$$

式中 c——锌标准滴定溶液的实际浓度，mol/L；

V_1——标定时所消耗锌标准滴定溶液的体积，mL；

26. 98——铝的摩尔质量，g/mol。

0. 0100——标定时加入铝的质量，g。

取3份进行标定,其所消耗的锌标准滴定溶液体积的极差不超过0.10mL,取其平均值。否则,重新标定。

D 试样

厚度不大于1mm的碎屑。

E 分析步骤

b.1 试料

按表6-14称取试样,精确至0.0001g。

表6-14 试料量

铝的质量分数/%	试料量/g
>0.50~4.00	0.500
>4.00~6.00	0.300
>6.00~8.00	0.200
>8.00~12.00	0.100

b.2 测定次数

独立地进行两次测定,取其平均值。

b.3 测定

b.3.1 将试料(b.1)置于300mL烧杯中,加入10mL硝酸(a.2),加热溶解完全,煮沸除去氮的氧化物。如发现有偏锡酸沉淀,将溶液蒸发至3mL左右,加入少量水,煮沸,冷却。

b.3.2 加水至体积约为80mL,滴加氨水(a.6)至产生少量沉淀(要边滴加边用玻璃棒搅拌,操作时尽量不使沉淀附在烧杯内壁上),立即滴加盐酸(a.4)使沉淀刚好溶解。加入70mL缓冲溶液(a.7)和5mL盐酸羟胺溶液(a.8),加热煮沸,加入25mL苯甲酸铵溶液(a.9),充分搅拌后,于电热板低温处放置20min,使沉淀陈化。

b.3.3 用快速定量滤纸过滤,以热苯甲酸铵洗液(a.10)洗涤烧杯两次、洗涤沉淀两次。弃去滤液。用玻璃棒将大部分沉淀移入原烧杯中,再分3次滴加10mL热盐酸(a.4)以溶解剩余沉淀,在每次加完热盐酸后,用热水洗涤沉淀及滤纸1~2次,最后用热水洗涤滤纸4次。加热煮沸使沉淀完全溶解,冷却。

b.3.4 按表6-15加入乙二胺四乙酸二钠溶液(a.15)。

表6-15 乙二胺四乙酸二钠溶液加入量及过量盐酸加入量

铝的质量分数/%	乙二胺四乙酸二钠溶液加入量/mL	过量盐酸加入量(a.5)/mL
>0.50~1.00	25	2.5
>1.00~3.00	35	2.5
>3.00~3.50	35	3.5
>3.50~6.00	40	3.5
>6.00~8.00	35	2.5
>8.00~12.00	30	2.5

b.3.5 加入2滴对硝基酚溶液(a.13),用氨水(a.6)中和至溶液呈黄色,然后滴加盐酸(a.5)至溶液变无色,再根据铝含量按表6-15中的规定加入一定过量的盐酸(a.5)。加水至溶液体积约100mL,加热煮沸约1.5min,冷却。

b.3.6 加入5mL六次甲基四胺溶液(a.11),4滴二甲酚橙溶液(a.14),用锌标准滴定溶液(a.17)滴定至溶液由黄色变为紫红色(不计毫升数)。

b.3.7 向溶液中加入1g氟化钠(a.1),煮沸1min,冷却。滴加乙酸溶液(a.12)呈黄色,用锌标准滴定溶液(a.17)滴定至溶液由黄色变为紫红色为终点。

F 分析结果的计算

按下式计算铝的质量分数 w_{Al}:

$$w_{Al} = \frac{c \cdot V_2 \times 26.98 \times 10^{-3}}{m_0} \times 100$$

式中 c——锌标准滴定溶液的实际浓度,mol/L;

V_2——滴定时所消耗锌标准滴定溶液的体积,mL;

m_0——试料的质量,g;

26.98——铝的摩尔质量,g/mol。

所得结果表示至小数点后第二位。

G 精密度

a 重复性

在重复性条件下获得的两次独立测试结果的测试值,在表6-16给出的平均值范围内,两个测试结果的绝对差值不超过重复性限(r),超过重复性限(r)的情况不超过5%。测试结果的重复性限(r)按表6-16数据采用线性内插法求得。

表6-16 重复性限

铝的质量分数/%	0.58	7.35	10.08
重复性限(r)/%	0.04	0.09	0.12

注:重复性限(r)为2.83S_r,S_r为重复性标准偏差。

b 再现性

在再现性条件下获得的两次独立测试结果的测试值,在表6-17给出的平均值范围内,两个测试结果的绝对差值不超过再现性限(R),超过再现性限(R)的情况不超过5%,测试结果的再现性限(R)按表6-17数据采用线性内插法求得。

表6-17 再现性限

铝的质量分数/%	0.58	7.35	10.08
再现性限(R)/%	0.04	0.10	0.12

注:再现性限(R)为2.83S_R,S_R为再现性标准偏差。

H 质量保证和控制

应用国家级标准样品或行业级标准样品(当前两者没有时,也可用控制标样替代),每周或每两周校核一次本分析方法标准的有效性。当过程失控时,在找出原因、纠正错误后,重新进行校核。

6.5.4.2 离子交换分离——EDTA直接滴定法测定铝合金中锌量

根据GB/T 20975—2008改写。将标准中用物质的量浓度表示EDTA的浓度改为用对锌的滴定度表示EDTA的浓度,这样方便计算。

本标准适用于铝及铝合金中锌量的测定。测定范围:0.10%~14.00%。本标准等效采用

ISO 1784—1976《铝合金—锌量的测定—EDTA 滴定法》。

A 方法提要

试样用盐酸溶解,蒸发除去过量的酸,用 2mol/L 盐酸溶解盐类。将溶液通过强碱性阴离子交换树脂。用 0.005mol/L 盐酸洗脱树脂上的锌。以双硫腙为指示剂,用 EDTA 标准溶液直接滴定锌。

B 试剂、材料

a.1 强碱性阴离子交换树脂:不等孔隙或等孔隙季胺基聚苯乙烯型[例如国产 717 型阴离子树脂(207×7)],氯化型,含有 2%~3% 交联度[以 DVB(二乙烯基苯)的质量分数表示]。粒度 154~355μm(+100~-50 目)。

a.2 硝酸(ρ1.42g/mL)。

a.3 盐酸(1+1)。

a.4 盐酸[c(HCl)=2mol/L]:移取 167mL 盐酸(ρ1.19g/mL),用水稀释至 1000mL,混匀。

a.5 盐酸[c(HCl)=1mol/L]:移取 84mL 盐酸(ρ1.19g/mL),用水稀释至 1000mL,混匀。

a.6 盐酸[c(HCl)=0.005mol/L]:移取 5mL 盐酸(a.5),用水稀释至 1000mL,混匀。

a.7 乙酸[$c(CH_3COOH)$=1mol/L]:移取 58mL 冰乙酸(ρ1.05g/mL),用水稀释至 1000mL,混匀。

a.8 氨水(ρ0.90g/mL)。

a.9 过氧化氢(ρ1.10g/mL)。

a.10 乙酸铵溶液(500g/L)。

a.11 丙酮。

a.12 石蕊试纸。

a.13 精密试纸(pH 值为 5~6,间隔 0.2 单位)。

a.14 (苯偶氮)硫代甲酸-2-苯肼(双硫腙)乙醇溶液(0.025%)(用时现配)。

a.15 锌标准溶液:称取 2.0000g 锌于 500mL 烧杯中,盖上表皿,加入 50mL 水及 50mL 盐酸(a.3),完全溶解后移入 1000mL 容量瓶中,以水稀释至刻度,混匀。此溶液 1mL 含锌 2.00mg。

a.16 乙二胺四乙酸二钠($C_{10}H_{14}N_2O_8Na_2\cdot 2H_2O$,EDTA)标准溶液。

a.16.1 制备:称取 7.5g EDTA 于 500mL 烧杯中,加 200mL 热水溶解,冷却后,移入 1000mL 容量瓶中,以水稀释至刻度,混匀。贮存于塑料瓶中。

a.16.2 标定:移取 25.00mL 锌标准溶液(a.15)于 300mL 烧杯中,加 50mL 盐酸(a.3)和 0.5mL 硝酸(a.2),加水至 150mL,以下按 b.4.4~b.4.5 条进行。

a.16.3 EDTA 对锌的滴定度:

$$T = \frac{0.0500}{V}$$

式中 T——EDTA 标准溶液对锌的滴定度,g/mL;

V——标定时消耗 EDTA 标准溶液体积,mL;

0.0500——标定时所取锌的量,g。

C 仪器

(1)用直径 20mm,高约 400mm 并配有活塞的玻璃管,按下述方法制备离子交换柱。在烧杯中用盐酸(a.6)连续洗涤阴离子树脂(a.1),直到洗出液清亮为止,以除去细小颗粒。将树脂浸入盐酸(a.6)过夜。在玻璃管底部的活塞上放少许玻璃纤维以托住树脂。边摇边将树脂倒入管中(避免形成气泡和沟道)。使树脂高度 150mm。用约 100mL 盐酸(a.6)以 5~7mL/min 速度洗涤交换柱。

(2)用预先已加入 0.5mL 硝酸(a.2)的 200mL 盐酸(a.4)以同样的速度通过交换柱。

注:交换柱中的树脂,始终用盐酸(a.6)覆盖。下次使用前,仍然用预先已加入 0.5mL 硝酸(a.2)的 200mL 盐酸(a.4)以同样的速度通过交换柱。

D　试样

厚度不大于 1mm 的碎屑。

E　分析步骤

b.1　独立进行两次测定,取其平均值。

b.2　称取 2.0000g 试样。

b.3　随同试样做空白试验。

b.4　测定

b.4.1　将试样(b.2)置于 400mL 烧杯中,盖上表皿,分次加入总量为 50mL 的盐酸(a.3),待激烈反应停止后,滴加过氧化氢(a.9),缓慢加热至试样完全溶解。蒸发试液至结晶析出。冷却后加入 100mL 盐酸(a.4),加热使试样溶解。

用预先以热盐酸(a.3)和热水淋洗的慢速滤纸过滤。用 40mL 盐酸(a.4)分次淋洗烧杯和滤纸。根据锌量按 b.4.2 或 b.4.3 条进行。

b.4.2　预计锌量 0.10% ~1.50% 时,将滤液和洗涤液收集于 400mL 烧杯中,冷却,用盐酸(a.4)调整溶液体积约为 150mL,加入 0.5mL 硝酸(a.2)。

b.4.3　预计锌量大于 1.50% 时,将滤液和洗涤液收集于 200mL 容量瓶中,冷却,用盐酸(a.4)稀释至刻度,混匀。

按表 6-18 中的数据移取试液于 400mL 烧杯中,用盐酸(a.4)调整溶液体积约为 150mL,加入 0.5mL 硝酸(a.2)。

表 6-18　移取试液体积

锌量/%	移取试液体积/mL	相当于试样量/g
1.5~3.0	100.0	1.0000
>3.0~6.0	50.00	0.5000
>6.0~14.0	25.00	0.2500

b.4.4　将试液(b.4.2 或 b.4.3)以 5~7mL/min 速度通过交换柱。用 4 份各 25mL 盐酸(a.4)连续洗涤烧杯和交换柱,再用 100mL 盐酸(a.5)以 5~7mL/min 速度洗涤树脂,弃去洗涤液。

注:若合金含铅,盐酸(a.5)的用量增加至 200mL。

用 250mL 盐酸(a.6)以同样的速度通过交换柱,洗脱被树脂吸附的锌。洗脱液收集于 400mL 烧杯中,加热浓缩至体积约 100mL。

b.4.5　将石蕊试纸(a.12)放入洗脱液中,边搅拌边滴加氨水(a.8),直至试纸变色。

取出试纸,用水洗一下。加入 20mL 乙酸(a.7)和 10mL 乙酸铵溶液(a.10)。用精密试纸(a.13)检查溶液 pH 值是否为 5~5.5。若不在此范围内,可滴加乙酸(a.7)调整。

加入 50mL 丙酮(a.11)、2mL 双硫腙溶液(a.14),立即用 EDTA 标准溶液(a.16)滴定至溶液由红色变为黄色止。在过量 2 滴 EDTA 标准溶液下,此颜色应不变。

F　计算

$$w(\mathrm{Zn})(\%) = \frac{T(V_1 - V_0)}{m_0} \times 100$$

式中 T——EDTA 标准溶液对锌的滴定度,g/mL;

V_1——滴定时消耗 EDTA 标准溶液体积,mL;

V_0——滴定空白试验溶液时消耗 EDTA 标准溶液体积,mL;

m_0——被滴定溶液(b.4.2 或 b.4.3)所对应的试样量,g。

G 精密度

a 重复性

在重复性条件下获得的两次独立测试结果的测试值,在表 6-19 给出的平均值范围内,两个测试结果的绝对差值不超过重复性限(r),超过重复性限(r)的情况不超过 5%,测试结果的重复性限(r)按表 6-19 中的数据采用线性内插法求得。

表 6-19 重复性限

锌的质量分数/%	0.356	1.475	6.16	12.40
重复性限(r)/%	0.022	0.051	0.12	0.20

b 实验室之间分析结果的差值应不大于表 6-20 所列允许差

表 6-20 含量与允许差

w(Zn)/%	允许差/%	w(Zn)/%	允许差/%
0.10~0.50	0.04	>3.00~6.00	0.15
>0.50~1.50	0.07	>6.00~10.00	0.20
>1.50~3.00	0.10	>10.00~14.00	0.30

6.6 氧化还原滴定

氧化还原滴定法是以溶液中氧化剂和还原剂之间的电子转移为基础的一种滴定分析方法。

氧化还原滴定法是以氧化剂为标准溶液滴定还原性物质,或以还原剂为标准溶液滴定氧化性物质,达到对这些物质含量测定的目的。

与酸碱滴定法和配位滴定法比较,氧化还原滴定法应用非常广泛,它不仅可用于无机分析,而且可以广泛用于有机分析。

在有色金属的分析中,氧化还原滴定法得到广泛应用。铜、铁、锡、锰、铬、硫等组分都可以用氧化还原滴定法测定。

6.6.1 概述

6.6.1.1 氧化还原反应、氧化剂和还原剂、氧化态和还原态

由于不同元素的原子具有不同的核外电子结构,尤其是原子的最外层电子数目有多有少,因此在与其他物质反应时,有的容易失去电子,有的容易得到电子。

如:

$$2Cu + O_2 \xlongequal{} 2CuO$$

在反应中,Cu 的一个原子失去 2 个电子,形成 Cu^{2+},Cu 是还原剂,在反应中被氧化;O_2 的一个原子得到 2 个电子,形成 O^{2-},O_2 是氧化剂,在反应中被还原。

氧化还原反应就是物质之间发生电子转移的反应,失去电子的物质称为还原剂(如例中的 Cu),获得电子的物质称为氧化剂(如例中的 O_2)。

再如:

$$CuO + H_2 \xlongequal{} Cu + H_2O$$

在反应中，H_2 的一个原子失去 1 个电子，形成 H^+，H_2 是还原剂，在反应中被氧化；CuO 得到 2 个电子，形成 Cu，CuO 是氧化剂，在反应中被还原。

常见的氧化剂有：

(1)非金属单质：如 O_2、Cl_2、I_2、Br_2、F_2 等。

(2)失去核外电子较多的金属离子：如 Fe^{3+}、Cu^{2+} 等。

(3)高氧化态的化合物：如 MnO_4^-、$Cr_2O_7^{2-}$、HNO_3、H_2O_2 等。

常见的还原剂有：

(1)H_2 及活泼金属：如 Na、Mg、Zn 等。

(2)失去核外电子较少的金属离子：如 Fe^{2+}、Cu^+、Sn^{2+} 等。

(3)低氧化态的化合物：如 I^-、SO_3^{2-} 等。

总之，在氧化还原反应中，氧化与还原同时发生，得失电子是根本；失电子的物质是还原剂，本身被氧化；得电子的物质是氧化剂，本身被还原；电子从还原剂转移到氧化剂；还原剂失电子的总数与氧化剂得电子的总数相等。

在氧化还原反应中，一般是 O_2 的一个原子得到 2 个电子，形成 O^{2-}，H_2 的一个原子失去 1 个电子，形成 H^+。

对于同一个元素来说，在氧化还原反应中呈现两种形态：氧化态—还原态。

O_2 氧化 Cu，而自身被还原为 O^{2-}，O_2—O^{2-} 组成一个电对，O_2 是氧化态，得电子变成还原态 O^{2-}；Cu 还原 O_2，而自身被氧化为 Cu^{2+}，Cu^{2+}—Cu 组成一个电对，Cu^{2+} 是氧化态，若得电子变成还原态 Cu。

所以，氧化还原反应的实质是电子在两个电对之间的转移过程。而转移的方向是由电对的电极电位(简称“电位”)高低决定的。

6.6.1.2　电极电位和能斯特方程式

氧化态—还原态电对可以写成半反应的形式：氧化态 + ne $\rightleftharpoons$ 还原态。

$$Cu^{2+}\text{—}Cu \text{ 写成：} Cu^{2+} + 2e \rightleftharpoons Cu$$

$$O_2\text{—}O^{2-} \text{ 写成：} O_2 + 4e + 4H^+ \rightleftharpoons 2H_2O$$

对于可逆的氧化还原电对的电极电位，可利用能斯特方程式计算：

$$\varphi_{\text{氧化态/还原态}} = \varphi^{\ominus}_{\text{氧化态/还原态}} + \frac{0.059}{n}\lg\frac{a_{\text{氧化态}}}{a_{\text{还原态}}}\ (25℃)$$

式中　$\varphi_{\text{氧化态/还原态}}$——氧化态/还原态电对的电极电位，V；

$\varphi^{\ominus}_{\text{氧化态/还原态}}$——氧化态/还原态电对的标准电极电位，V；

n——半反应中转移的电子数；

$a_{\text{氧化态}}$，$a_{\text{还原态}}$——分别为氧化态和还原态的活度(有效浓度)，mol/L。

标准电极电位是指 25℃，有关离子的浓度为 1mol/L，以氢电对($2H^+/H_2$)电极电位为零测得的相对电位。各电对的标准电极电位见附录 6。

这里介绍电对的电极电位的应用。

A　判断氧化剂和还原剂的强弱

电对的标准电极电位越高(代数值越大)，其氧化态的氧化能力就越强；反之，电对的标准电极电位越低(代数值越小)，其还原态的还原能力就越强。

从标准电极电位表可知，半反应 $F_2 + 2e \rightleftharpoons 2F^-$ 的电极电位最高(2.87V)，因此电对 F_2/

$2F^-$的氧化态 F_2 的氧化能力最强;半反应 $Li^+ + e \rightleftharpoons Li$ 的电极电位最低(-3.045V),因此电对 Li^+/Li 的还原态 Li 的还原能力最强。

B 判断氧化还原反应自发进行的方向

作为氧化剂,可以氧化电极电位比它低的还原剂;同样,作为还原剂,可以还原电极电位比它高的氧化剂。

半反应 $Cr_2O_7^{2-} + 14H^+ + 6e \rightleftharpoons 2Cr^{3+} + 7H_2O$ 的电极电位 1.33V,高于半反应 $Fe^{3+} + e \rightleftharpoons Fe^{2+}$ 的电极电位 0.7961V。因此,$Cr_2O_7^{2-}$ 作为氧化剂,可以氧化电极电位比它低的还原剂 Fe^{2+}。或者说,Fe^{2+} 作为还原剂,可以还原电极电位比它高的氧化剂 $Cr_2O_7^{2-}$。这就是常用的重铬酸钾溶液滴定亚铁的反应:

$$Cr_2O_7^{2-} + 6Fe^{2+} + 14H^+ \rightleftharpoons 2Cr^{3+} + 6Fe^{3+} + 7H_2O$$

而 Fe^{3+} 作为氧化剂,就不能把 Cr^{3+} 氧化为 $Cr_2O_7^{2-}$。

C 判断氧化还原反应自发进行的次序

若存在多种还原剂,作为氧化剂,首先氧化电极电位比它低得多的还原剂;同样,若存在多种氧化剂,作为还原剂,首先还原电极电位比它高得多的氧化剂。

在上例中,如果溶液还存在 I^-,且浓度与 Fe^{2+} 的浓度相近,那么由于半反应 $I_2 + 2e \rightleftharpoons 2I^-$ 的电极电位 0.56V,比电极电位 1.33V 低得更多,因此,$Cr_2O_7^{2-}$ 作为氧化剂,先氧化电极电位比它低得更多的还原剂 I^-:$Cr_2O_7^{2-} + 6I^- + 14H^+ \rightleftharpoons 2Cr^{3+} + 3I_2 + 7H_2O$,然后氧化 Fe^{2+}。

6.6.1.3 条件电极电位

实际上,我们知道的是氧化态或还原态的浓度,而不是它们的活度。用浓度代替活度计算电极电位必须引入相应的活度系数;在溶液中氧化态或还原态都有可能发生副反应,如生成酸、形成配合物、发生沉淀反应等,这些都会影响电极电位,也必须引入相应的副反应系数。

若考虑活度系数和副反应系数,计算出的电位称为条件电极电位。条件电极电位校正了离子活度和各种副反应的影响,比标准电极电位更符合实际情况。以 Fe^{3+}/Fe^{2+} 电对为例,它在不同介质中的条件电极电位如下:

介质	$HClO_4$	HCl	H_2SO_4	H_3PO_4	HF
介质浓度/$mol \cdot L^{-1}$	1	0.5	1	2	1
Fe^{3+}/Fe^{2+} 条件电极电位/V	0.77	0.71	0.68	0.46	0.32

$HClO_4$ 与 Fe^{3+} 不形成配合物,所以其条件电极电位接近其标准电极电位;PO_4^{3-} 与 F^- 都与 Fe^{3+} 形成稳定配合物,对电极电位影响大,其条件电极电位与标准电极电位差别大。

附录 7 列出了在不同介质的部分半反应的条件电极电位。

6.6.2 氧化还原滴定

6.6.2.1 氧化还原滴定曲线

在酸碱滴定过程中,我们研究的是随着滴定剂(酸或碱)的加入量增加,溶液中 pH 值的变化(渐变—突变);在配位滴定过程中,我们研究的是随着滴定剂(常用 EDTA)的加入量增加,溶液中 pM(金属离子浓度的负对数)的变化(渐变—突变);在氧化还原滴定过程中,我们研究的是随着滴定剂(氧化剂或还原剂)的加入量增加,溶液中电极电位的变化(渐变—突变)。

因此,可以如同酸碱滴定曲线那样,分别计算化学计量点前、化学计量点时、化学计量点后的溶液电极电位,并以氧化还原体系的电极电位为纵坐标、以滴定剂(氧化剂或还原剂)的加入体积为横坐标，绘制滴定曲线，确定滴定的突跃范围，帮助选择指示剂。

图6－5所示为0.1mol/L的氧化剂$Ce(SO_4)_2$溶液滴定0.1mol/L的Fe^{2+}的滴定曲线（在1mol/L的H_2SO_4中）。

在化学计量点前，Ce^{4+}浓度很小，计算$\varphi_{Fe^{3+}/Fe^{2+}}$的电极电位作为体系的电极电位；化学计量点时$Ce^{4+}$和$Fe^{2+}$的浓度都很小，两个电对的电极电位相等，体系的电极电位等于两个电对的标准电极电位相加再除以2；化学计量点后，按Ce^{4+}/Ce^{3+}计算体系电极电位。

由图6－5可看出，滴定的突跃为电位0.86～1.26V。

这个滴定反应的一个半反应$Ce^{4+}+e \rightleftharpoons Ce^{3+}$条件电极电位为1.44V，另一个半反应$Fe^{3+}+e \rightleftharpoons Fe^{2+}$电极电位为0.79V，相差0.65V。

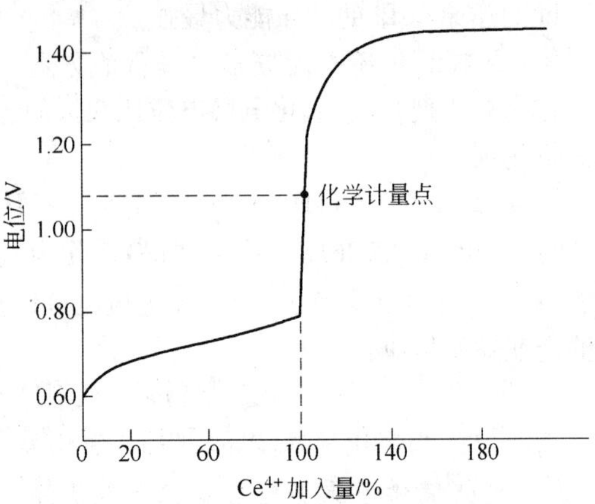

图6－5　0.1mol/L $Ce(SO_4)_2$溶液滴定0.1mol/L Fe^{2+}的滴定曲线（在1mol/L的H_2SO_4中）

两个电对的电极电位相差越大，在滴定的化学计量点附近，电极电位的突跃也越大。一般来说，两个电对的电极电位相差0.4V以上，就可选用氧化还原指示剂（或电位法）指示终点。

6.6.2.2　氧化还原指示剂

氧化还原滴定的等当点可借助仪器（如电位分析法）来确定，但通常是借助指示剂来判断。

有些滴定剂溶液或被滴定物质本身有足够深的颜色，如果反应后褪色，则其本身就可起指示剂的作用，例如高锰酸钾；而可溶性淀粉与痕量碘能产生深蓝色，当碘被完全还原成碘离子时，深蓝色消失，因此在碘量法中，通常用淀粉溶液作指示剂；本身发生氧化还原反应的指示剂，例如二苯胺磺酸钠、次甲基蓝等，则在滴定到达等当点附近时，它也发生氧化还原反应，且其氧化态和还原态的颜色有明显差别，从而可以指示出滴定终点。因此，氧化还原滴定法的指示剂可分为以下三类。

A　氧化还原指示剂

氧化还原指示剂是一些复杂的有机化合物，它们本身具有氧化还原性，而且其氧化态和还原态具有明显不同的颜色。

如二苯胺磺酸钠在酸性溶液中以苯胺磺酸形式存在，无色。在被氧化剂标准滴定溶液氧化时，生成二苯联苯磺酸，紫色（氧化态）。在酸性溶液中，它先被氧化为苯胺磺酸（不可逆）形式，无色。当以氧化剂$Ce(SO_4)_2$或$K_2Cr_2O_7$滴定Fe^{2+}到化学计量点附近时，开始被氧化生成二苯联苯磺酸（可逆），呈紫色（氧化态），30s紫色不褪即为终点。表6－21列出常用氧化还原指示剂（以In表示）。

表6－21　常用氧化还原指示剂

指示剂	$\varphi_{In}^{\ominus'}$/V[H^+]=1mol/L	颜色变化		配制方法
		氧化态	还原态	
亚甲基蓝	0.53	蓝	无	0.5g/L水溶液
二苯胺	0.76	紫	无	1g/L浓硫酸溶液

续表 6-21

指 示 剂	$\varphi_{In}^{\ominus'}$/V[H^+]=1mol/L	颜色变化		配 制 方 法
		氧化态	还原态	
二苯胺磺酸钠	0.84	紫红	无	5g/L 水溶液
邻苯氨基苯甲酸	0.89	紫红	无	0.1g 溶于 20mLNa_2CO_3 溶液(50g/L),加水至 100mL
邻二氮菲-亚铁	1.06	浅蓝	红	1.485g 邻二氮菲,0.695g$FeSO_4 \cdot 7H_2O$,加水至 100mL,溶解
硝基邻二氮菲-亚铁	1.25	浅蓝	紫红	1.608g 硝基邻二氮菲,0.695g $FeSO_4 \cdot 7H_2O$,加水至 100mL,溶解

B 专用指示剂

在碘量法滴定中,可溶性淀粉溶液和 I_2(在溶液中以 I_3^- 形式存在)生成深蓝色吸附性化合物,依据蓝色的出现或消失表示终点的到达。在碘滴定法中,淀粉是专用指示剂。

C 自身指示剂

有些标准溶液本身有颜色。在氧化还原滴定中,利用标准溶液本身颜色的变化指示终点,称为自身指示剂。

如以高锰酸钾标准滴定溶液滴定草酸,到达终点时,稍微过量的 MnO_4^- 可使溶液呈粉红色,这就是滴定的终点。

6.6.2.3 氧化还原滴定前预处理

为了进行准确的氧化还原滴定,在滴定前使被测定的组分转变为一定氧化态或还原态,称为滴定前预处理。

以铁矿石中铁的测定为例:矿石试样用酸溶解后,需要用过量的还原剂将 Fe^{3+} 还原为 Fe^{2+},然后用氧化剂滴定 Fe^{2+}。

从电极电位表上可以找到许多还原剂,其中 $SnCl_2$ 是方便又常用的一种。

$$2Fe^{3+} + SnCl_2 + 4Cl^- = 2Fe^{2+} + SnCl_6^{2-}$$

然后以 $KMnO_4$、$K_2Cr_2O_7$ 或 Ce^{4+} 氧化剂标准溶液滴定。

$$MnO_4^- + 5Fe^{2+} + 8H^+ = Mn^{2+} + 5Fe^{3+} + 4H_2O$$

使用 $SnCl_2$ 还原 Fe^{3+} 时,要注意以下几点:

(1)必须破坏过量的 $SnCl_2$,否则会消耗过多的标准滴定溶液。通常是用 $HgCl_2$ 将它氧化(Hg^{2+}/Hg_2^{2+} 电位 0.907V,高于 Sn^{4+}/Sn^{2+} 电位)。

$$Sn^{2+} + 2HgCl_2 + 4Cl^- = SnCl_6^{2-} + Hg_2Cl_2\downarrow(\text{白})$$

(2)形成的 Hg_2Cl_2 沉淀量应当很少且呈丝状。如果有大量絮状 Hg_2Cl_2 出现,也将消耗 $KMnO_4$标准溶液(Hg_2Cl_2 不与 $K_2Cr_2O_7$ 作用)。

$$5Hg_2Cl_2 + 2MnO_4^- + 16H^+ = 10Hg^{2+} + 10Cl^- + 2Mn^{2+} + 8H_2O$$

因此,使用 $SnCl_2$ 还原 Fe^{3+} 时,应控制稍过量的 $SnCl_2$:$SnCl_2$ 溶液慢慢加入到溶液中至 $FeCl_4^-$ 的黄色消失,再加 1~2 滴就足够防止已被还原的 Fe^{2+} 被空气氧化了。

(3)要防止 Hg_2Cl_2 被进一步还原为 Hg。

$$Sn^{2+} + Hg_2Cl_2 + 4Cl^- = SnCl_6^{2-} + 2Hg\downarrow$$

因为形成的 Hg 为黑灰色，影响滴定终点的判定，而且 Hg 也会慢慢与滴定剂 $KMnO_4$ 反应。

$$10Hg + 2MnO_4^- + 16H^+ + 10Cl^- \xlongequal{} 5Hg_2Cl_2\downarrow + 2Mn^{2+} + 8H_2O$$

因此，$HgCl_2$ 必须足够且快速加入，将 Sn^{2+} 氧化，不使 Sn^{2+} 有机会进一步再把 Hg_2Cl_2 还原为 Hg。

(4)应尽快完成滴定，防止滴定生成的 Fe^{3+} 被 Hg_2Cl_2 还原为 Fe^{2+}，重复被 $KMnO_4$ 滴定，使结果偏高。

$$Hg_2Cl_2 + 2FeCl_4^- \xlongequal{} 2Hg^{2+} + 2Fe^{2+} + 10Cl^-$$

由此看来，溶液中可能存在的各种副反应都会对准确测定有影响，必须十分注意。

6.6.3　氧化还原滴定方法及在有色金属分析中的应用

氧化滴定剂有高锰酸钾、重铬酸钾、硫酸铈、碘、碘酸钾、高碘酸钾、溴酸钾、铁氰化钾、氯胺等；还原滴定剂有亚砷酸钠、亚铁盐、氯化亚锡、抗坏血酸、亚铬盐、亚钛盐、亚铁氰化钾、肼类等。

有色金属分析标准和企业规程中常用的有重铬酸钾法、碘量法、硫酸铈法、高锰酸钾法、亚砷酸钠法和亚铁盐法等氧化还原滴定方法。其中，在铜及铜合金、铝及铝合金标准分析方法中有 6 种方法采用了氧化还原滴定法：

(1) Fe^{2+} 标准溶液还原滴定 Cr^{6+} 测定铜合金中的铬量；

(2) Fe^{2+} 标准溶液还原滴定 Mn^{3+} 测定铜合金中的锰量；

(3) $K_2Cr_2O_7$ 标准溶液氧化滴定 Fe^{2+} 测定铜合金中的铁量；

(4)碘酸钾标准溶液氧化滴定 Sn^{2+} 测定铜合金中的锡量；

(5)碘酸钾标准溶液氧化滴定 S^{4+} 测定铜合金中的硫量；

(6)碘酸钾标准溶液氧化滴定 Sn^{2+} 测定铝合金中的锡量。

以下简要介绍重铬酸钾法、碘量法、高锰酸钾法和硫酸铈法的方法原理和应用。

6.6.4　重铬酸钾法

6.6.4.1　方法简介

在酸性溶液中，$K_2Cr_2O_7$ 氧化还原剂，本身被还原为 Cr^{3+}，半反应为：

$$Cr_2O_7^{2-} + 14H^+ + 6e \rightleftharpoons 2Cr^{3+} + 7H_2O$$

$Cr_2O_7^{2-}/Cr^{3+}$ 电对的标准电极电位（$\varphi^{\ominus}_{Cr_2O_7^{2-}/Cr^{3+}} = 1.33V$）虽然比 $KMnO_4$ 的标准电极电位（$\varphi^{\ominus}_{MnO_4^-/Mn^{2+}} = 1.5V$）低，但与 $KMnO_4$ 滴定法比，重铬酸钾滴定法具有以下优点：

(1) $K_2Cr_2O_7$ 容易提纯，在 140 ~ 150℃ 干燥后，可直接称量配制标准溶液，无须标定。

(2) $K_2Cr_2O_7$ 标准溶液非常稳定。保存多年的 0.02mol/L $K_2Cr_2O_7$ 标准溶液浓度无显著改变。因此，可长期保存、使用。

(3) $K_2Cr_2O_7$ 氧化能力弱于 $KMnO_4$，在 1mol/L 的 HCl 介质中，其条件电极电位为 1.00V，室温下，不与 Cl^- 作用，故可在 HCl 介质中滴定 Fe^{2+}。

6.6.4.2　$K_2Cr_2O_7$ 标准溶液配制

如配制 $c_{1/6K_2Cr_2O_7} = 0.05000mol/L$ 的溶液 1000mL：将 $K_2Cr_2O_7$ 在 140℃ 干燥至恒量，置于干燥器中冷却至室温，准确称取 2.4516g 于烧杯中，用水溶解后，移入 1000mL 容量瓶中，加水至刻度，混匀。

6.6.4.3 应用示例:重铬酸钾滴定法测定铁量

重铬酸钾滴定法测定铁量,不仅应用于铁矿石中铁量的测定,也用于铜合金中铁量的测定。

其方法原理是:试样用酸溶解,用还原剂将 Fe^{3+} 还原为 Fe^{2+},然后用 $K_2Cr_2O_7$ 标准溶液氧化滴定 Fe^{2+}。

$$Cr_2O_7^{2-} + 6Fe^{2+} + 14H^+ \rightleftharpoons 2Cr^{3+} + 6Fe^{3+} + 7H_2O$$

将 Fe^{3+} 还原为 Fe^{2+} 的还原剂有 $SnCl_2$、甲基橙、$TiCl_3$、金属 Zn 等。

一般以二苯胺磺酸钠为指示剂,化学计量点之前溶液显示 Cr^{3+} 的浅绿色,化学计量点时稍过量的 $Cr_2O_7^{2-}$ 使指示剂被氧化生成二苯联苯磺酸(可逆),呈紫色(氧化态),30s 紫色不褪即为终点。

加入磷酸可使滴定生成的 Fe^{3+} 生成无色而稳定的 $[Fe(HPO_4)]^+$,有利于滴定反应完全,也可消除溶剂化 Fe^{3+} 的黄色,有利于终点观察。

现介绍铜合金中使用不同的还原剂将 Fe^{3+} 还原为 Fe^{2+},以重铬酸钾氧化滴定测定铁量的各种方法。

(1)国家标准分析方法—GB 5121.9—2008:三氯化钛还原重铬酸钾滴定法:

适用于铜合金中铁量测定范围:大于 0.50% ~7.00%。

试料用盐酸和硝酸溶解,在氨性溶液中沉淀铁,沉淀溶于盐酸后,以钨酸钠为指示剂,用三氯化钛($TiCl_3$)将 Fe^{3+} 还原为 Fe^{2+},过量的 $TiCl_3$ 以重铬酸钾标准滴定溶液氧化滴定。加入硫酸-磷酸混合酸,立即以二苯胺磺酸钠为指示剂,用重铬酸钾标准溶液滴定 Fe^{2+}。

(2)企业规程:氯化亚锡还原重铬酸钾滴定法:

适用于铜合金中铁量测定范围:0.50% ~7.00%。

试料用盐酸和硝酸溶解,在氨性溶液中沉淀铁,与铜等组分分离。沉淀溶于盐酸后,用氯化亚锡还原 Fe^{3+},微过量的氯化亚锡以二氯化汞氧化。以二苯胺磺酸钠为指示剂,用重铬酸钾标准溶液滴定。

(3)企业规程:锌还原重铬酸钾滴定法:

适用于铜合金中铁量测定范围:0.50% ~7.00%;允许差:0.05%。

试料用盐酸和过氧化氢溶解,加纯锌将 Fe^{3+} 还原为 Fe^{2+},以二苯胺磺酸钠为指示剂,用重铬酸钾标准溶液滴定。铜、砷、锑干扰测定,用锌还原后过滤除去。

测定步骤:称取 0.5000g 试样,置于 250mL 烧杯中,加入 10mL 盐酸($\rho = 1.19g/mL$)、5mL 过氧化氢($\rho = 1.10g/mL$),盖上表皿,温热使其溶解,用水洗涤并稀释至 50mL,煮沸使多余的过氧化氢分解。

注:若硅为主要组分时,溶解试样时加 5 ~6 滴氢氟酸($\rho = 1.13g/mL$)。

分次向溶液中加入屑状纯锌(含 Zn99.99%)至铜离子的颜色消失,再过量 0.5 ~1g。煮沸 1 ~2min,立即用脱脂棉(市售)过滤于 250mL 锥形瓶中,用水洗涤烧杯和漏斗各 4 ~5 次。

加水至体积约 120mL,加入 15mL 混合酸[于 650mL 水中边搅拌边加入 150mL 硫酸($\rho = 1.84g/mL$),加入 150mL 磷酸($\rho = 1.69g/mL$),混匀],加 3 滴二苯胺磺酸钠溶液(5g/L),用重铬酸钾标准溶液滴定至溶液呈紫色,30s 不消失为终点。

重铬酸钾标准溶液的配制:将 $K_2Cr_2O_7$ 在 140℃ 干燥至恒量,置于干燥器中冷却至室温,准确称取 0.8776g 于烧杯中,用水溶解后,移入 1000mL 容量瓶中,加水至刻度,混匀。此标准溶液 1mL 相当于 0.001000g 铁($c_{1/6K_2Cr_2O_7} = 0.01791mol/L$),测定结果的计算:

$$w_{Fe}=\frac{T\cdot V}{m}\times 100$$

式中 T——重铬酸钾标准溶液对铁的滴定度，g/mL；

V——滴定消耗重铬酸钾标准溶液的体积，mL；

m——称取的试样质量，g。

6.6.5 碘量法

6.6.5.1 方法简介

碘量法是利用碘的氧化性和碘离子的还原性进行的氧化还原滴定方法。

$$I_2 + 2e \rightleftharpoons 2I^-$$

I_2/I^-电对的标准电极电位 $\varphi^{\ominus}_{I_2/I^-}=0.54V$，$I_2$ 是较弱的氧化剂，能与较强的还原剂作用；而 I^- 是中等强度的还原剂，能与许多氧化剂作用。因此，碘量法又分为直接碘量法和间接碘量法两种方式。两种滴定方式都可采用淀粉作指示剂，使得碘量法成为应用广泛和操作简便的滴定方法，在有色金属分析中应用广泛。

A 碘滴定法（直接碘量法）

可以直接用 I_2 标准溶液滴定的、电位比 $\varphi^{\ominus}_{I_2/I^-}=0.54V$ 低的还原性物质并不多，仅限于较强的还原剂，如 S^{2-}、SO_3^{2-}、Sn^{2+}、$S_2O_3^{2-}$、AsO_3^{2-} 等。

$\varphi^{\ominus}_{Sn^{4+}/Sn^{2+}}=0.15V$，因此，测定锡黄铜和锡青铜中的锡量，常用 I_2 标准溶液滴定试样溶液中被还原的 Sn^{2+} 来完成。

$$SnCl_2 + I_2 + 2HCl = SnCl_4 + 2HI$$

接近滴定终点时加入淀粉溶液，在 I^- 存在下，稍过量的 I_2 即被淀粉吸附，溶液变蓝色。

燃烧－碘量法可测定矿石、金属中的硫量。试样在 1200～1300℃ 氧气流中燃烧，硫转化为 SO_2，被酸性溶液吸收，即可用 I_2（或 KIO_3）标准溶液滴定至呈浅蓝色不褪为终点。

$$SO_2 + I_2 + 2H_2O = SO_4^{2-} + 2HI + 2H^+$$

用碘酸钾（KIO_3）标准溶液代替 I_2 标准溶液滴定，可以解决 I_2 的挥发带来的测定误差，且 KIO_3 易于提纯，在 180℃ 干燥后可直接配制标准溶液。在酸性溶液中，有 I^- 存在下，KIO_3 与 I^- 反应析出 I_2：

$$IO_3^- + 5I^- + 6H^+ = 3I_2 + 3H_2O$$

B 滴定碘法（间接碘量法）

利用 I^- 的还原作用（一般使用 KI）与被测定的氧化性物质反应生成游离的碘（I_2），再用还原剂（如 $Na_2S_2O_3$）的标准溶液滴定 I_2，间接测定氧化性物质的量。

利用滴定碘法可测定许多氧化性物质，如 $Cr_2O_7^{2-}$、ClO_3^-、IO_3^-、BrO_3^- 等。

$$Cr_2O_7^{2-} + 6I^- + 14H^+ = 2Cr^{3+} + 3I_2 + 7H_2O$$

$$I_2 + 2S_2O_3^{2-} = 2I^- + S_4O_6^{2-}$$

虽然 $\varphi^{\ominus}_{Cu^{2+}/Cu^+}=0.158V$，低于 $\varphi^{\ominus}_{I_2/I^-}=0.54V$，但反应生成的 Cu^+ 与溶液中大量的 I^- 生成 Cu_2I_2 沉淀，大大降低了 Cu^+ 的活度，这样，在弱酸性的溶液中，Cu^{2+} 也可以氧化 I^- 生成游离的碘（I_2），再用还原剂（$Na_2S_2O_3$）的标准溶液滴定 I_2，间接测定铜量。该方法是广泛应用于黄铜、青铜、白铜和镍合金中的主要组分铜的快速分析方法。

滴定碘法需要注意以下几点：

(1)应在中性或弱酸性溶液中滴定；

(2)应有过量I^-(KI)存在，与I_2生成I_3^-，减少I_2的挥发，提高淀粉指示剂的灵敏度，提高反应速度和反应完全程度；

(3)淀粉指示剂应是新配制的；

(4)环境温度过高不仅增大I_2的挥发，降低淀粉指示剂的灵敏度，也会加速$Na_2S_2O_3$标准溶液的分解，因此要在室温存放$Na_2S_2O_3$标准溶液，在室温下进行滴定；

(5)光能催化I^-的氧化，所以应在弱光环境操作；

(6)I_2的挥发和I^-被空气氧化是本方法误差的主要来源，所以加入KI后，应立即用$Na_2S_2O_3$标准溶液滴定，且滴定初期不要剧烈摇动溶液。

6.6.5.2 标准溶液配制与标定

A 碘标准滴定溶液配制与标定

用升华法制得的纯碘，可直接配制标准溶液。通常用市售的纯碘先配制近似浓度的溶液，再进行标定。或用碘酸钾(KIO_3)加碘化钾配制标准溶液。

I_2在水中溶解度很小，所以加过量的KI生成I_3^-，提高I_2在水中溶解度，减少I_2的挥发。配制的标准溶液应在棕色瓶中暗处存放，避免与橡胶制品、有机物接触。

可用$Na_2S_2O_3$标准溶液标定，也可用As_2O_3(剧毒)基准物质标定，而用被滴定的金属(如纯Sn)标定滴定度更方便计算。

配制与标定方法见6.6.5.3应用示例。

B 硫代硫酸钠($Na_2S_2O_3$)标准溶液配制与标定

硫代硫酸钠($Na_2S_2O_3 \cdot 5H_2O$)化学式量248.18，含杂质多，不能直接配制。且配制的硫代硫酸钠溶液也不稳定。其原因是：水中的CO_2促使$Na_2S_2O_3$分解；空气的氧化作用使之发生歧化生成SO_4^{2-}和S；微生物也可使之发生歧化生成SO_3^{2-}和S。因此，配制$Na_2S_2O_3$标准溶液时，要用煮沸后冷却的纯水；要加少量Na_2CO_3使标准溶液呈弱碱性；配制后于棕色瓶中存放，两周后再标定；若发现溶液浑浊，需重新配制。

标定$Na_2S_2O_3$标准溶液的基准物有KIO_3、$KBrO_3$和$K_2Cr_2O_7$等。

配制与标定方法见6.6.5.3应用示例。

6.6.5.3 应用示例

A 碘滴定法应用之一：碘酸钾滴定法测定铜合金中锡量(GB/T 5121.10)

a 方法原理

试料用盐酸与过氧化氢溶解，在氨性介质中用氢氧化铁共沉淀锡与铜、锌等分离。在盐酸溶液中，以氯化汞作催化剂，用次磷酸钠将四价锡还原成二价锡。以淀粉为指示剂，用碘酸钾标准滴定溶液滴定。

b 试剂

除非另有说明，在分析中仅使用确认为分析纯的试剂和蒸馏水或去离子水或相当纯度的水。

b.1 碳酸钙。

b.2 过氧化氢(ρ1.10g/mL)。

b.3 盐酸(1+1)。

b.4 氨水(1+1)。

b.5 三氯化铁($FeCl_3 \cdot 6H_2O$)溶液(10g/L)。

b. 6　洗涤液:溶解 0. 5g 氯化铵于水中,加 50mL 氨水(1 + 1),以水稀释至 1000mL,混匀。

b. 7　氯化汞溶液(5g/L)。

b. 8　次磷酸钠($NaH_2PO_2 \cdot H_2O$)溶液(614g/L)。

b. 9　硫氰酸铵溶液(500g/L)。

b. 10　碘化钾溶液(100g/L)。

b. 11　碳酸氢钠饱和溶液。

b. 12　碘酸钾标准滴定溶液 A[$c(1/6KIO_3) = 0.08mol/L$]。

b. 12. 1　配制

溶解 0. 85g 氢氧化钠于 500mL 水中,加 3. 00g 碘酸钾和 12g 碘化钾,溶解后移放 1000mL 容量瓶中,以水稀释至刻度,混匀。

b. 12. 2　标定

称取 0. 90g 纯铜、0. 1000g 纯锡(锡的质量分数不小于 99. 95%),置于 400mL 烧杯中,加入 20mL 盐酸(b. 3)盖上表皿,滴加 5 ~ 10mL 过氧化氢(b. 2),溶解完全后用水洗涤表皿,加 100mL 水,加热 2min。以下按 e. 4. 2 ~ e. 4. 4 条进行。另称取 0. 90g 纯铜 1 份,随同标定做空白试验。平行测定 3 份,其标定所消耗的碘酸钾标准滴定溶液的体积的极差不应超过 0. 10mL,取其平均值。否则重新标定。

按下式计算碘酸钾标准滴定溶液的实际浓度:

$$c = \frac{2m_1}{(V_1 - V_0) \times 118.69 \times 10^{-3}}$$

式中　c——碘酸钾标准溶液的实际浓度,mol/L;

V_1——标定时含锡溶液所消耗碘酸钾标准溶液的体积,mL;

V_0——标定时空白溶液所消耗碘酸钾标准溶液的体积,mL;

m_1——称取锡的质量,g;

118. 69——锡的摩尔质量,g/mol。

b. 13　碘酸钾标准滴定溶液 B[$c(1/6KIO_3) = 0.03mol/L$]

b. 13. 1　配制

移取 200. 0mL 碘酸钾标准滴定溶液(b. 12. 1)于 500mL 容量瓶中,以水稀释至刻度,混匀。

b. 13. 2　标定

称取 2. 000g 纯铜、0. 0200g 纯锡(锡的质量分数不小于 99. 95%),置于 400mL 烧杯中,加入 30mL 盐酸(b. 3)盖上表皿,滴加 5 ~ 10mL 过氧化氢(b. 2),待铜、锡溶解后用水洗涤表皿,加 100mL 水,加热 2min。以下按 e. 4. 2 ~ e. 4. 4 条进行。另称取 2. 000g 纯铜 1 份,随同标定做空白试验。平行标定 3 份,其标定所消耗的碘酸钾标准滴定溶液的体积的极差不应超过 0. 20mL,取其平均值。否则重新标定。

按 b. 12. 2 的计算式计算碘酸钾标准滴定溶液的实际浓度。

b. 14　淀粉溶液

称取 0. 5g 可溶性淀粉,置于 200mL 烧杯中,加少许水,搅拌均匀,将其倒入 100mL 沸水中,煮沸,冷却。

c　仪器

锡还原装置示意图见图 6 - 6。

d　试样

厚度不大于 1mm 的碎屑。

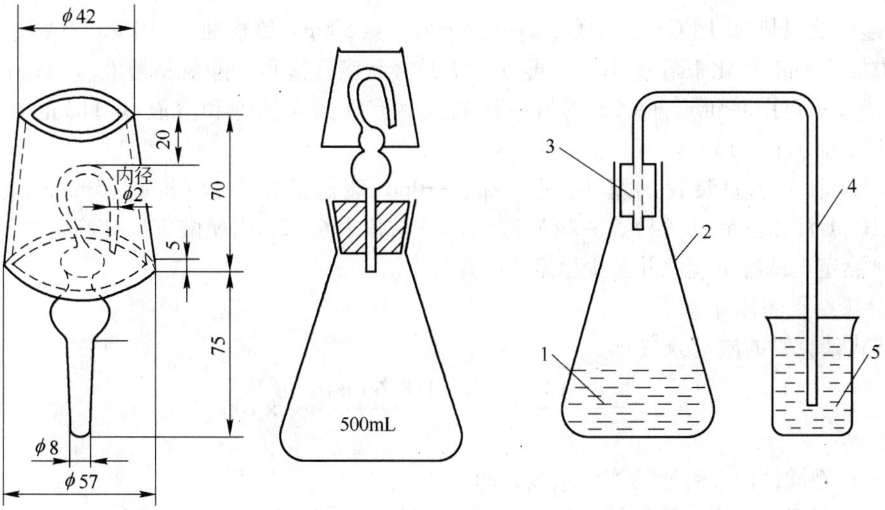

图 6-6　锡还原装置示意图

1—锡溶液;2—锥形瓶;3—橡皮管;4—玻璃管;5—碳酸氢钠饱和溶液

e　分析步骤

e.1　试料

按表 6-22 称取试样,精确至 0.0001g。

表 6-22　试料量、盐酸用量和标准滴定溶液浓度

锡的质量分数/%	称取试料量/g	盐酸用量/mL	使用标准溶液浓度/mol·L^{-1}
>0.50~3.00	2.000	30	0.03(b.13)
>3.00~10.00	1.000	20	0.08(b.12)

e.2　测定次数

独立地进行二次测定,取其平均值。

e.3　空白试验

随同试料做空白试验。

e.4　测定

e.4.1　将试料(e.1)置于 400mL 烧杯中,按表 6-22 用量加入盐酸(b.3),盖上表皿,滴加 5~10mL过氧化氢(b.2),盖上表皿,加入 100mL 水,加热 2min。

e.4.2　加入 25mL 三氯化铁溶液(b.5),用氨水(b.4)中和至铜离子转为铜氨络离子并过量 5mL,盖上表皿,煮沸 2min。趁溶液温热时,用中速定性滤纸过滤,再用温洗涤液(b.6)洗涤 3~4 次,弃去滤液。

e.4.3　用 90mL 温盐酸(b.3)溶解原沉淀用烧杯杯壁及滤纸上的沉淀,并洗涤滤纸,再用温水洗涤烧杯及滤纸 4~5 次,将滤纸、洗液收集于 500mL 锥形瓶中,加入 10mL 氯化汞溶液(b.7)、10mL 次磷酸钠溶液(b.8)。按示意图盖上装有饱和碳酸氢钠溶液(b.11)的盖氏漏斗塞子,或按示意图将锥形瓶塞子的另一端插入盛有碳酸氢钠饱和溶液的杯中,煮沸 5min,稍冷,再冷却至 15℃以下。

如果在溶液开始沸腾时，有棕色的砷沉淀在黑色的金属汞沉淀之前出现，则只煮沸 1min，取下塞子，趁溶液温热时，用 G3 型古氏坩埚过滤于另一只 500mL 锥形瓶中，用少量盐酸洗涤坩埚，向溶液中加入 5mL 氯化汞溶液（b. 7），再按示意图盖上盛有饱和碳酸氢钠溶液（b. 11）的盖氏漏斗塞子，或按示意图将锥形瓶塞子的另一端插入盛有碳酸氢钠饱和溶液（b. 11）的杯中，煮沸 5min，稍冷，再冷却至 15℃以下。

e. 4. 4　取下还原装置的塞子，迅速加入 10mL 硫氰酸铵溶液（b. 9）、5mL 碘化钾溶液（b. 10）、10mL 淀粉溶液（b. 14）、1 ~ 2g 碳酸钙（b. 1），按表 6 - 22 用碘酸钾标准滴定溶液（b. 12）或（b. 13）滴定至试液呈蓝色并至少稳定 20s 为终点。

f　分析结果的计算

按下式计算锡的质量分数 w_{Sn}

$$w_{Sn} = \frac{c \cdot (V_2 - V_3) \times 118.69 \times 10^{-3}}{2m_0} \times 100$$

式中　c——碘酸钾标准溶液的实际浓度，mol/L；

V_2——测定时滴定试液所消耗碘酸钾标准溶液的体积，mL；

V_3——测定时滴定空白溶液所消耗碘酸钾标准溶液的体积，mL；

m_0——试料的质量，g；

118.69——锡的摩尔质量，g/mol。

所得结果表示至小数点后第二位。

B　碘滴定法应用之二：碘酸钾滴定法测定铝合金中锡量（GB/T 20975—2008）

与铜合金中的滴定方法相比，同样是用碘酸钾作滴定剂的碘滴定法，不同之处是：在铝合金标准方法中的分离仅是溶解时将未溶物过滤；选用锑存在下用铝片将 Sn^{4+} 还原为 Sn^{2+}。

碘酸钾标准溶液的标定是用加锡标准溶液，按分析步骤还原、滴定，计算对锡的滴定度。

分析步骤：称取 1.0 ~ 3.0g 试样于 500mL 烧瓶中，加 0.25g 锑及 150mL 盐酸（1 + 2），反应平稳后加热至沸约 10min，使锡完全溶解。用中速滤纸过滤，用盐酸（1 + 2）洗涤。

滤液返回原烧瓶，加 0.25g 锑、加 0.5g 铝片（箔），用特制的塞子及虹吸管塞紧烧瓶。轻微煮沸 10 ~ 15min（至锑、铝溶解），将烧瓶放在冷水浴中，虹吸管出口插入碳酸氢钠溶液中，待冷却后，拔掉塞子，立即加入 4 片碳酸氢钠和 5mL 新配的淀粉 - 碘化钾溶液，用碘酸钾标准溶液快速滴定至稳定的蓝色为终点。

同时做空白实验。

计算：

$$w_{Sn} = \frac{T \cdot (V - V_0)}{m_0} \times 100$$

式中　T——碘酸钾标准溶液对锡的滴定度，g/mL；

V——测定时滴定试液所消耗碘酸钾标准溶液的体积，mL；

V_0——测定时滴定空白溶液所消耗碘酸钾标准溶液的体积，mL；

m_0——试料的质量，g。

C　滴定碘法应用之三：碘量法测定铜合金和镍合金中的铜量（快速分析方法）

与电解重量法相比，碘量法的测量精度虽较差，但是，分析快速、成本低，企业常用于黄铜、青铜、白铜、镍合金以及粗铜、杂铜的质量控制分析。

滴定碘法是在微酸性溶液中，利用 Cu^{2+} 与 I^- 反应生成碘化亚铜（Cu_2I_2），并定量析出 I_2，以还原剂如硫代硫酸钠标准溶液滴定 I_2，间接计算出铜的质量分数。

$$2Cu^{2+} + 4I^- \xlongequal{} Cu_2I_2 \downarrow + I_2$$

$$I_2 + 2S_2O_3^{2-} = S_4O_6^{2-} + 2I^-$$

在滴定近终点时，加硫氰酸盐，与 Cu_2I_2 生成溶解度更小的 $Cu_2(CNS)_2$。这样，滴定反应进行得更完全，并使 Cu_2I_2 吸附的少量 I_2 释放出来，以免造成测定量偏低。

加入淀粉作指示剂，当淀粉与 I_2 形成的蓝色消失时表示生成的 I_2 已经完全被还原，即为滴定终点。

三价铁干扰测定，滴定前加入氟化钠，与三价铁生成稳定配合物，消除其干扰。

a 硫代硫酸钠标准溶液配制与标定

(1)配制。称取25.0g $Na_2S_2O_3 \cdot 5H_2O$，置于300mL烧杯中，用少量水溶解，加0.1g无水碳酸钠，移入1000mL暗色容量瓶中，用煮沸后冷却的水稀释至刻度，混匀。至少24h后(两周最好)标定。溶液在阴凉房间存放。溶液浓度约为 $c_{Na_2S_2O_3 \cdot 5H_2O} = 0.1 mol/L$。

(2)标定。碘酸钾(KIO_3)标准溶液配制：称取0.7134g预先在105～120℃烘干2h并在干燥器冷却的基准试剂碘酸钾，置于200mL容量瓶中，用水溶解并稀释至刻度，混匀。其浓度为 $c_{\frac{1}{6}KIO_3} = 0.1000 mol/L$。

标定硫代硫酸钠标准溶液：移取15.00mL碘酸钾标准溶液于300mL烧杯中，用水稀释至约130mL。加入10mL硫酸(1+5)、15mL碘化钾溶液(200g/L)，盖上表皿，静置1min。用待标定的硫代硫酸钠标准溶液滴定至溶液呈淡黄色，再逐滴滴定至微黄色，加入5mL淀粉溶液(称1g可溶淀粉，加5mL水搅拌，倒入100mL沸水中，煮沸，冷却)，继续滴定至蓝色消失为终点。记下消耗的硫代硫酸钠标准溶液体积 V(mL)。

硫代硫酸钠标准溶液的准确浓度：

$$c_{Na_2S_2O_3 \cdot 5H_2O} = \frac{0.1000 \times 15.00}{V} \ (mol/L)$$

独立3次标定值的极差不大于0.0008mol/L时，取算术平均值。

b 试样及溶解

铜含量低于70%时，称取0.4000g试样；铜含量高于70%时，称取0.3000g试样。试样置于锥形瓶或高形烧杯中。

加6～8mL硝酸(1+1)(当分析硅为主要成分的试样时，再加2～3滴氢氟酸)，低温加热溶解并蒸发至油状，水洗表皿及杯壁。

c 分析

逐滴加入氨水(1+1)至刚生成沉淀。加入乙酸(1体积冰乙酸与4体积水混合)至沉淀溶解，并过量1mL。加入氟化钠少许，使溶液由黄绿色变为深蓝色。

加入10mL碘化钾溶液(200g/L)，立即用硫代硫酸钠标准溶液滴定至淡黄色，加入15mL硫氰酸钾－淀粉溶液(1g可溶淀粉，加5mL水搅匀，倒入100mL沸水中，煮沸，冷却后，加200mL水、40g硫氢酸钾，溶解后混匀)，继续用硫代硫酸钠标准溶液滴定至蓝色恰恰消失为终点。记下消耗的硫代硫酸钠标准溶液体积 V(mL)。

得出结果：

$$w_{Cu} = \frac{c \cdot V \times 10^{-3} \times 63.54}{m} \times 100$$

式中 m——称取试样量，g；

c——碘酸钾标准溶液标定出的硫代硫酸钠标准溶液的准确浓度，mol/L；

63.54——铜的摩尔质量，g/mol。

d 注意事项

(1)因铜含量高，滴定管应经过检定合格后才可使用。

(2)滴定速度应与标定硫代硫酸钠标准溶液时的速度一致。

(3)滴定到蓝色消失后,10s 不再出现蓝色,即可判定为终点。

(4)硫代硫酸钠标准溶液的浓度不稳定,尤其在夏季天热时更不稳定。应在棕色瓶中存放,置于阴凉处,有效期不可超过 20 天。

6.6.6　高锰酸钾法

6.6.6.1　方法简介

$KMnO_4$ 是一种较强的氧化剂,在强酸性溶液中,与还原剂作用时,MnO_4^- 被还原为 Mn^{2+}:

$$MnO_4^- + 8H^+ + 5e = Mn^{2+} + 4H_2O \qquad \varphi^{\ominus}_{MnO_4^-/Mn^{2+}} = 1.5V$$

在弱酸性、中性或碱性溶液中,与还原剂作用时,MnO_4^- 被还原为 MnO_2:

$$MnO_4^- + 2H_2O + 3e = MnO_2 + 4OH^- \qquad \varphi^{\ominus}_{MnO_4^-/MnO_2} = 0.59V$$

在强碱性溶液中,MnO_4^- 被还原为 MnO_4^{2-}:

$$MnO_4^- + e = MnO_4^{2-} \qquad \varphi^{\ominus}_{MnO_4^-/MnO_4^{2-}} = 0.56V$$

由于 $KMnO_4$ 在强酸性溶液中具有更强的氧化能力,同时生成无色的 Mn^{2+},便于滴定终点的观察,因此一般选择在强酸性条件下滴定。但是高锰酸钾法测定有机物时,常选择在碱性溶液中进行。

所用的强酸通常为 H_2SO_4,应避免使用 HCl 或 HNO_3。因为 Cl^- 具有还原性,也能与 MnO_4^- 作用;而 HNO_3 具有氧化性,可能氧化某些被滴定的物质。

高锰酸钾法可采用不同滴定方式。

A　直接滴定法

对于 $FeSO_4$、$H_2C_2O_4$、H_2O_2、Sn^{2+}、As^{3+} 等还原性物质,可用 $KMnO_4$ 标准溶液直接滴定。

B　返滴定法

有些氧化性物质如软锰矿中的 MnO_2,可在 H_2SO_4 存在下,准确加入过量的 $Na_2C_2O_4$ 溶液还原 MnO_2,用 $KMnO_4$ 标准溶液滴定过量 $Na_2C_2O_4$,可计算与 MnO_2 反应实际消耗的 $Na_2C_2O_4$,从而求出软锰矿中的 MnO_2 的含量。

C　间接滴定法

如分析试液中的 Ca^{2+},由于 Ca^{2+} 与 $KMnO_4$ 不能发生氧化还原反应,可以先使 Ca^{2+} 与 $C_2O_4^{2-}$ 定量沉淀为 CaC_2O_4,过滤分离后用稀 H_2SO_4 溶解沉淀,再以 $KMnO_4$ 标准滴定溶液滴定 $C_2O_4^{2-}$,间接计算 Ca^{2+} 的含量。

高锰酸钾法的优点是氧化能力强,可直接或间接测定许多无机物和有机物,滴定时自身可作指示剂。高锰酸钾法的缺点是滴定的选择性差,标准溶液不够稳定,应避光存放。

6.6.6.2　$KMnO_4$ 标准溶液配制与标定

$KMnO_4$ 常含有杂质,不能直接准确配制,先配成近似浓度溶液后再标定其浓度。如配制 $c_{1/5KMnO_4} = 0.1mol/L$ 的 $KMnO_4$ 标准溶液:称取多于理论量的 $KMnO_4$ 3.3g,溶于 1050mL 水中,缓慢煮沸 15min,冷却后置于暗处两周,用 P_{16} 号玻璃滤埚过滤于棕色瓶中。

标定 $KMnO_4$ 标准溶液的基准物常用 $Na_2C_2O_4$。准确称取 0.2000g 于 105～110℃烘至质量恒定的 $Na_2C_2O_4$,溶于 100mL 硫酸(8+92)溶液中。用待标定的 $KMnO_4$ 标准溶液滴定,近终点时加热至 65℃(超过 90℃,草酸分解),继续滴定至溶液出现的粉红色保持 30s。同时要做空白试验。

$$2MnO_4^- + 5C_2O_4^{2-} + 16H^+ = 2Mn^{2+} + 10CO_2\uparrow + 8H_2O$$

滴定速度应先慢(初始反应慢)后快(Mn^{2+}的催化作用)。

计算:

$$c_{1/5KMnO_4} = \frac{m}{(V - V_0) \times \frac{M_{1/2Na_2C_2O_4}}{1000}} \ (mol/L)$$

式中　m——称取 $Na_2C_2O_4$ 的质量,g;

V——滴定消耗 $KMnO_4$ 标准溶液体积,mL;

V_0——空白试验滴定消耗 $KMnO_4$ 标准溶液体积,mL;

$M_{1/2Na_2C_2O_4}$——$1/2Na_2C_2O_4$ 的摩尔质量,g/mol。

6.6.6.3　应用示例

高锰酸钾法测定 H_2O_2。在硫酸或盐酸介质中,H_2O_2 被 $KMnO_4$ 定量氧化:

$$2MnO_4^- + 5H_2O_2 + 6H^+ = 2Mn^{2+} + 5O_2\uparrow + 8H_2O$$

该反应在室温即可进行。滴定速度应先慢(初始反应慢)后快(Mn^{2+}的催化作用)。

6.6.7　硫酸铈法

硫酸铈 $Ce(SO_4)_2$ 在酸性溶液中是强氧化剂,其半反应为

$$Ce^{4+} + e \rightleftharpoons Ce^{3+}$$

在酸性溶液中其 $\varphi^{\ominus}_{Ce^{4+}/Ce^{3+}} = 1.6V$。在 $HClO_4$ 介质中其电极电位最高,应用较多。

硫酸铈标准溶液一般用硫酸铈铵 $Ce(SO_4)_2 \cdot 2(NH_4)_2SO_4 \cdot 2H_2O$ 直接配制。由于 Ce^{4+} 易水解,所以配制溶液和滴定时都要在强酸溶液中进行。常用邻二氮菲-亚铁作指示剂。

凡是高锰酸钾法能滴定的物质,硫酸铈法基本都可以滴定。与高锰酸钾法相比,它有以下优点:

(1)硫酸铈标准溶液很稳定,加热到100℃也不分解;

(2)铈的还原反应是单电子转移反应,没有中间产物,反应简单;

(3)可以在 HCl 溶液中进行;

(4)硫酸铈标准溶液可直接配制,不用标定。

6.7　沉淀滴定法

沉淀滴定法是以沉淀反应为基础的滴定方法。

能用于沉淀滴定的沉淀反应不多。目前仅有生成难溶银盐的反应用来测定 Ag^+、Cl^-、Br^-、I^- 和 SCN^- 等,所以这类沉淀滴定又称为银量法。

$$Ag^+ + Cl^- = AgCl\downarrow (白)$$

$$Ag^+ + Br^- = AgBr\downarrow (黄)$$

$$Ag^+ + SCN^- = AgSCN\downarrow (白)$$

按使用指示剂的不同,银量法可分为莫尔法、佛尔哈德法和法扬斯法(见表6-23)。

表6-23　银量法的不同滴定方式

名称	指示剂	介质	滴定剂	测定离子	滴定反应、终点反应和注意事项
莫尔法	K_2CrO_4	中性弱碱性	$AgNO_3$	Cl^-、Br^-	滴定:$Ag^+ + Cl^- = AgCl\downarrow$(白)　应剧烈振荡 终点:$2Ag^+ + CrO_4^{2-} = Ag_2CrO_4\downarrow$(砖红)

续表 6 – 23

名 称	指示剂	介　质	滴定剂	测定离子	滴定反应、终点反应和注意事项
佛尔哈德法	铁铵矾 $NH_4Fe(SO_4)_2$	硝酸酸性	NH_4SCN	Ag^+	滴定:$Ag^+ + SCN^- = AgSCN\downarrow$(白) 应剧烈振荡 终点:$Fe^{3+} + SCN^- = FeSCN^{2+}\downarrow$(红)
				Cl^-、Br^-、I^-	沉淀:$Ag^+ + X^- = AgX\downarrow$ 返滴定:$Ag^+ + SCN^- = AgSCN\downarrow$(白)　应剧烈振荡 终点:$Fe^{3+} + SCN^- = FeSCN^{2+}\downarrow$(红)
法扬斯法	吸附指示剂,如荧光黄	根据所选指示剂而定	$AgNO_3$	Cl^-、Br^-、I^-、SCN^-	$Ag^+ + Cl^- = AgCl\downarrow$(白) $Ag^+ + Br^- = AgBr\downarrow$(黄) $Ag^+ + SCN^- = AgSCN\downarrow$(白)
			NaCl	Ag^+	终点时,稍过量的 Ag^+ 吸附指示剂,溶液由黄绿色变为粉红色

注:X^- 为卤素离子。

6.8　铜合金常用的滴定分析方法综述

铜合金常用的滴定分析方法中主要是配位滴定和氧化还原滴定方法,酸碱滴定和沉淀滴定方法很少。常用的滴定方法见表 6 – 24。

表 6 – 24　铜合金常用的滴定方法

元素	方法名称及分析范围(w)	方 法 提 要
Cu	硫代硫酸钠滴定法(x% ~ 98%)	在乙酸性溶液中,Cu^{2+} 与 KI 反应定量析出碘,以淀粉为指示剂,用硫代硫酸钠标准溶液还原滴定碘,间接测得铜量
Sn	碘酸钾滴定法(0.5% ~10%)	在氨性介质中,用 $Fe(OH)_3$ 与锡共沉淀分离铜,$HgCl_2$ 为催化剂,次磷酸钠(NaH_2PO_4)还原四价锡为二价锡,以淀粉为指示剂,用碘酸钾标准溶液氧化滴定二价锡,测得锡量(若不分离、直接还原、滴定,可快速检测,但检测不确定度增大)
Ni	1. EDTA 配位滴定法(1% ~ 45%) 2. 重铬酸钾滴定法(0.5% ~ 8%)	1. 电解除铜后,以丁二酮肟沉淀富集镍,以硫代硫酸钠和酒石酸掩蔽残余的铜及铁、铝、铅等,加过量的 EDTA 标准溶液配合镍,用铅标准溶液滴定过量的 EDTA 标准溶液,计算镍量(快速方法:硫代硫酸钠 + 硫脲掩蔽铜,加过量的 EDTA 标准溶液配合镍,用铅或锌标准溶液滴定过量的 EDTA 标准溶液) 2. 在硫代硫酸钠和酒石酸钠存在下,以丁二酮肟沉淀富集镍。沉淀溶于硫酸,定量生成羟胺$(NH_2OH)_2 \cdot H_2SO_4$,羟胺可以将加入的硫酸高铁铵中的 Fe^{3+} 还原为 Fe^{2+},以二苯胺磺酸钠为指示剂,用重铬酸钾标准溶液氧化滴定 Fe^{2+},从而间接测定 Ni 量
Al	EDTA 配位滴定法(0.5% ~ 12%)	pH 值约 4.4,铝与苯甲酸铵生成沉淀,过滤分离铜等元素。将沉淀溶解后,加过量 EDTA 标准溶液煮沸络合铝,以二甲酚橙为指示剂,锌标准溶液滴定过量的 EDTA。加氟化物夺取 Al – EDTA 中的 Al,释放出定量的 EDTA,用锌标准溶液滴定释放的 EDTA,间接测定 Al 量(快速方法:不分离,直接加过量 EDTA 标准溶液煮沸。Sn、Ti 对该方法有干扰)

续表 6-24

元素	方法名称及分析范围(w)	方法提要
Fe	重铬酸钾滴定法(0.5%~7%)	在氨性溶液中沉淀铁,与铜、锌、镍等分离,沉淀溶于盐酸,用三氯化钛还原 Fe^{3+} 为 Fe^{2+},以二苯胺磺酸钠为指示剂,重铬酸钾标准溶液氧化滴定 Fe^{2+}(快速方法:不分离,用纯锌还原 Fe^{3+} 为 Fe^{2+},Cu^{2+} 被还原为单质。过滤后重铬酸钾标准溶液氧化滴定)
Mn	1. 硫酸亚铁铵滴定法(1%~15%) 2. 亚砷酸钠-亚硝酸钠滴定法(0.5%~3%)	1. 在磷酸性的溶液中,用硝酸铵将锰氧化为三价,以苯代邻氨基苯甲酸为指示剂,以硫酸亚铁铵标准溶液还原滴定,测得锰量。 2. 在磷酸和硝酸银存在下,用过硫酸铵将锰氧化为七价,加氯化钠固定银离子,用亚砷酸钠-亚硝酸钠标准溶液还原滴定(该方法影响因素多,不确定度较大)
Pb	1. 硫酸铅沉淀、EDTA 滴定法(1%~20%) 2. 重铬酸钾-亚铁滴定法(0.5%~10%)	1. 在20%硫酸溶液中,铅与 SO_4^{2-} 生成 $PbSO_4$ 沉淀、过滤,$PbSO_4$ 沉淀溶于乙酸盐中,以二甲酚橙为指示剂,用 EDTA 标准溶液配位滴定铅。 2. 在乙酸-乙酸钠溶液中,煮沸使 Pb^{2+} 与重铬酸钾标准溶液生成铬酸铅沉淀。以苯代邻氨基苯甲酸为指示剂,以亚铁盐标准溶液滴定过量的重铬酸钾,间接测得铅量(若硝酸银和硝酸锶共存在,可加速重铬酸钾与铅的沉淀反应,不煮沸,稍放置即用亚铁盐标准溶液滴定)
Be	酸碱滴定法(x%)	pH 值为 8.5,氢氧化铍与氟化物配合反应,定量游离出 OH^-,以酚酞为指示剂,用盐酸标准溶液滴定 OH^-,间接测得 Be 量
Cd	EDTA 配位滴定法(0.5%~x%)	pH 值为 5~6,以硫脲掩蔽铜、EDTA 络合 Cd、Zn、Ni、Fe、Mn 等,以二甲酚橙+次甲基蓝为指示剂,锌盐标准溶液滴定过量的 EDTA。加入碘化钾,夺取 Cd—EDTA 中的 Cd,锌盐标准溶液滴定定量释放的 EDTA,测得 Cd 量
Mg	EDTA 配位滴定法(0.5%~x%)	pH 值为 10 氨性介质中,用三乙醇胺掩蔽铁、铝及少量锰,氰化钾掩蔽铜、镍、锌等,铬黑 T 作指示剂,EDTA 标准溶液滴定 Mg^{2+}
Zn	EDTA 配位滴定法(1%~10%)	1. 用4-甲基-戊酮-2 萃取富集,在六次甲基四胺缓冲溶液中,以二甲酚橙为指示剂,EDTA 标准溶液络合滴定 Zn^{2+}。 2. 用氨水和硫氰酸钾分别沉淀并过滤除铁和铜,氰化钾络合锌、镍等,用甲醛破坏锌-氰络合物,EDTA 标准溶液滴定释放的锌。镉有正干扰。 3. 采用沉淀分离、试剂掩蔽,不加氰化物的直接滴定法
Ag	硫氰酸盐沉淀滴定法(x%~xx%)	0.5~4mol/L 硝酸中,以硫酸高铁铵为指示剂,利用 Ag^+ 与 SCN^- 生成难溶硫氰酸银沉淀反应,用硫氰酸钾标准溶液滴定
Cr	硫酸亚铁铵滴定法(0.x%~x%)	硝酸溶解样品,加硫酸、磷酸发烟彻底溶解。酸性中,$AgNO_3$ 存在下,以过硫酸铵氧化 Cr^{3+} 为 Cr^{6+}。冷却,以苯代邻氨基苯甲酸为指示剂,亚铁盐标准溶液还原滴定

复习思考题

1. 概述滴定分析法。滴定分析终点误差是如何产生的?
2. 作为滴定分析的化学反应需满足什么条件?
3. 根据滴定反应的类型不同,滴定反应可以分为哪四类?根据滴定的方式不同,滴定反应可以分为哪四种?
4. 滴定管的使用应注意哪些事项?

5. 对于任一滴定反应，已经配平的方程式：$aA + bB = cC + dD$，反应物和生成物 A、B、C、D 四种物质的物质的量 $n(A)$、$n(B)$、$n(C)$、$n(D)$之间，存在什么关系？
6. 准确移取 25.00mLH_2SO_4 溶液，用 0.09026mol/L NaOH 溶液滴定，到达终点时消耗 NaOH 溶液 24.93mL，H_2SO_4 溶液的浓度是多少？
7. 称取基准物质草酸钠（$Na_2C_2O_4$）0.1500g，溶解后在强酸溶液中用 $KMnO_4$ 溶液滴定，到终点时消耗 20.00mL，计算 $KMnO_4$ 溶液的浓度 $c(1/5KMnO_4)$。
8. 根据酸碱质子理论，回答什么是酸，什么是碱？水是两性物质，为什么？
9. 下列物质中，哪些是酸，哪些是碱，哪些是两性物质？
   (1) NH_4Cl；　(2) H_2S；　(3) $NaHCO_3$；　(4) Na_2SO_3；　(5) Na_2S
10. 写出下列物质的共轭酸或共轭碱：
   (1) HCOOH；　(2) Na_2CO_3；　(3) HF；　(4) NaH_2PO_4；　(5) $Na_2C_2O_4$
11. 水溶液中 $[H^+]$ 为下列值时，溶液的 pH 值是多少？
   (1) 0.20mol/L；　(2) 5.0×10^{-7}mol/L；　(3) 1.8×10^{-12}mol/L
12. 称取 0.5000g 纯 $CaCO_3$ 溶于 50.00mL HCl 溶液中，多余的酸用 NaOH 溶液回滴，消耗 NaOH 溶液 10.20mL。1mL NaOH 溶液相当于 1.10mL HCl 溶液。求 HCl 溶液和 NaOH 溶液的浓度。
13. 称取 0.1000g 硅铝合金，经 KOH 熔融分解，沉淀出 K_2SiF_6，然后过滤、洗涤、水解产生的 HF 用 0.1124mol/L NaOH 标准溶液滴定，以酚酞作指示剂，滴定消耗 NaOH 标准溶液 28.54mL。计算试样中 SiO_2 的含量。
14. 用配位滴定法测定 Zn 的含量。取 0.2500g 试样，溶解后稀释至 100mL，取 20.00mL，在 pH 值为 5 ~ 6 时，用二钾酚橙作指示剂，用 0.01024mol/L 的 EDTA 标准溶液滴定，消耗溶液的体积 $V = 17.61$mL，计算 Zn 的含量。
15. 称取 0.1000g 镍合金，溶解后用丁二肟分离，加入 20.00mL 0.0500mol/L 的 EDTA 标准溶液与 Ni^{2+} 配位反应。然后以二甲酚橙作指示剂，用 0.0200mol/L 的 Zn 标准溶液回滴过量的 EDTA 标准溶液，消耗溶液的体积 $V = 13.75$mL，计算 Ni 的含量。
16. 取 0.1000g 炉渣试样，溶解后稀释至 100mL，取 25.00mL 两份，以 $c_{EDTA} = 0.01000$mol/L 的 EDTA 标准溶液滴定：一份在 pH 值大于 12 时滴定 Ca^{2+}，消耗溶液的体积 $V_1 = 20.40$mL；另一份在 pH 值为 10 时滴定 Ca^{2+} 和 Mg^{2+} 的含量，消耗溶液的体积 $V_2 = 23.15$mL。计算炉渣中 CaO、MgO 的含量。
17. 欲测定试液中的 Fe^{3+} 和 Fe^{2+} 的含量。取 25.00mL 试液，在 pH 值为 2 时用浓度 0.01500mol/L 的 EDTA 标准溶液滴定，消耗溶液的体积 $V_1 = 15.40$mL；调节溶液 pH 值为 6，继续滴定，又消耗溶液的体积 $V_2 = 14.10$mL。计算试液中 Fe^{3+} 和 Fe^{2+} 的质量浓度。
18. 氧化还原法测定软锰矿中的 MnO_2。取 0.5000g 试样，在酸性溶液中加 0.7500g$H_2C_2O_4 \cdot 2H_2O$，加热完全溶解，过量的 $H_2C_2O_4$ 用 $c(1/5MnO_4^-) = 0.1000$mol/L 的高锰酸钾标准溶液滴定，消耗 30.00mL 高锰酸钾标准溶液。计算该矿中的 MnO_2 含量。
19. 称取 0.2000g 铝合金试样，硫酸分解后，以 $(NH_4)_2S_2O_8$（过硫酸铵）氧化 Mn^{2+} 为 MnO_4^-，以硫酸亚铁铵标准溶液 $c(Fe^{2+}) = 0.0500$mol/L 进行氧化还原滴定，消耗 12.80mL 硫酸亚铁铵标准溶液，求 w_{Mn}。
20. 用银量法测定镀镍液中的氯化物。取 20.00mL 试液，加入 100mL 水，用铬酸钾作指示剂，以硝酸银标准溶液 $c(Ag^+) = 0.1023$mol/L 滴定，消耗 2.70mL 硝酸银标准溶液。计算 NaCl 质量浓度。

实　验

【实验 1】用 HCl 标准溶液测定溶液中 NaOH 的浓度

1. 实验目的

(1) 了解酸碱滴定过程。

(2)了解酸碱指示剂的变色原理。

(3)学习滴定的操作技能:滴定管的洗涤、标准溶液的灌装、控制滴定速度、逐滴滴定、半滴滴定、正确读数。

2. 实验用品

2.1 氢氧化钠溶液:称取25g氢氧化钠,置于聚乙烯容器中。加50mL水溶解,摇匀,放置至清亮。取溶液4.5mL于500mL容量瓶中,加水至刻度,摇匀。此溶液浓度约0.1mol/L。

2.2 HCl标准溶液:按第1章复习思考题后实验部分的【实验3】配制、标定。

2.3 酚酞溶液:(1g/L)90%乙醇溶液。

3. 实验内容

3.1 取氢氧化钠溶液(2.1)20.00mL,于锥形瓶或烧杯中,加2~3滴酚酞溶液,以HCl标准溶液(2.2)滴定至溶液红色刚消失(经摇动不再返回红色),记下消耗HCl标准溶液的体积V(mL)。

3.2 写出滴定反应方程式。

3.3 计算:写出计算方程式,并计算氢氧化钠溶液的浓度。

3.4 写出实验报告:内容包括实验目的、所用试剂、配制和标定步骤、滴定反应方程式和计算结果。

【实验2】EDTA配位滴定法测定铝青铜(QAl10-3-1.5)中的铝量

1. 实验目的

(1)了解配位滴定过程,了解置换滴定原理。

(2)了解金属指示剂的变色原理。

(3)学习滴定的操作技能。

2. 实验用品

2.1 盐酸(ρ1.19g/mL)。

2.2 过氧化氢(ρ1.11g/mL)。

2.3 乙二胺四乙酸二钠(EDTA)($C_{10}H_{14}N_2O_8Na_2 \cdot 2H_2O$)($M$=372.26)标准溶液(0.1mol/L):称取9.3g乙二胺四乙酸二钠($C_{10}H_{14}N_2O_8Na_2 \cdot 2H_2O$)溶于约100mL热水中,冷却,移入250mL容量瓶中,用水稀释至刻度,混匀。

2.4 乙酸铵溶液:50g乙酸铵溶于30mL水和20mL氨水(ρ0.9g/mL)中。

2.5 氟化钾溶液(150g/L),贮存于塑料瓶中。

2.6 1-(2-吡啶偶氮)-2-萘酚(PAN)乙醇溶液(2g/L)。

2.7 铝标准溶液:称取0.250g纯铝(铝的质量分数不小于99.95%)置于150mL聚四氟乙烯烧杯中,加入8mL氢氧化钠溶液(200g/L),缓慢加热溶解完全,冷却。用盐酸(1+1)调至沉淀消失,再过量2.5mL,溶液清澈,此时溶液呈酸性,冷却,移入500mL容量瓶中,用水稀释至刻度,混匀。此溶液1mL含铝0.500mg。

2.8 乙酸锌标准溶液{c[$Zn(CH_3COO)_2 \cdot 2H_2O$]约0.00926mol/L}。

2.8.1 配制:称取1.025g乙酸锌[$Zn(CH_3COO)_2 \cdot 2H_2O$]($M$=219.53)于烧杯中,加入0.5mL冰乙酸($\rho$1.05g/mL)、60mL水,摇动使其溶解。移入500mL容量瓶中,用水稀释至刻度,混匀。

2.8.2 标定:称取0.045g纯铜于250mL锥形瓶中,加入1.5mL盐酸(2.1)、1mL过氧化氢(2.2),加热使其溶解。用约5mL水洗涤瓶壁,煮沸分解过氧化氢。加入10.00mL铝标准溶液(2.7),以下按3.2.2~3.2.3条进行(加入EDTA溶液10.0mL)。按下式计算乙酸锌标准溶液对铝的滴定度T:

$$T=\frac{0.005}{V}(\text{g/mL})$$

式中　V——标定时,第二次滴定消耗乙酸锌标准溶液的体积,mL。

注:理论滴定度为0.00025g/mL。

3. 实验内容

3.1 按表6-25称取试样量:

表6-25 称取试样量和加EDTA溶液量

预计铝量/%	称取试样量/g	EDTA溶液(2.3)用量/mL
0.5~4.0	0.1000	18.0
>4.0~12.0	0.0500	10.0

3.2 测定

3.2.1 将试样(3.1)置于250mL锥形瓶中,加入1.5mL盐酸(2.1)、1mL过氧化氢(2.2),加热使其溶解。用约5mL水洗涤瓶壁,煮沸分解过氧化氢。

3.2.2 加40mL水,按表6-25量加入EDTA溶液(2.3),煮沸,立即加入5mL乙酸铵溶液(2.4)、6~8滴PAN乙醇溶液(2.6),用乙酸锌标准溶液(2.8)滴定至溶液呈蓝紫色,不计读数。

3.2.3 加入10mL氟化钾溶液(2.5),煮沸,补加1~2滴PAN乙醇溶液(2.6),用乙酸锌标准溶液(2.8)滴定至溶液呈蓝紫色为终点。

4. 计算

按下式计算铝的质量分数:

$$w_{Al} = \frac{T \cdot V}{m} \times 100$$

式中 T——乙酸锌标准溶液对铝的滴定度,g/mL;

V——第二次滴定消耗乙酸锌标准溶液的体积,mL;

m——试样量,g。

5. 实验报告

实验报告内容包括配位滴定反应的化学方程式、测定原理、分析过程、分析结果、实验体会,并考虑若试样中含有Sn时,是否对测定Al有干扰。

【实验3】锌还原-重铬酸钾滴定法测定铝青铜(QAl10-3-1.5)中的铁量

1. 实验目的

(1)了解氧化还原滴定过程。

(2)了解氧化还原指示剂的变色原理。

(3)学习滴定的操作技能。

2. 实验用品

2.1 纯锌(1号锌,铣成屑状)。

2.2 脱脂棉(市售)。

2.3 盐酸(ρ1.19g/mL)。

2.4 过氧化氢(ρ1.11g/mL)。

2.5 混合酸:向140mL水中缓缓加入30mL硫酸(ρ1.84g/mL)和30mL磷酸(ρ1.69g/mL),混匀。

2.6 二苯胺磺酸钠溶液(5g/L)。

2.7 重铬酸钾标准滴定溶液[$(1/6K_2Cr_2O_7)$=0.01791mol/L]:称取0.4388g预先经140~150℃烘至恒量、置于干燥器中冷却至室温的基准重铬酸钾,置于250mL烧杯中,以水溶解。移入500mL容量瓶中,用水稀释至刻度,混匀。此溶液的滴定度:1mL相当于0.0010001g铁。

3. 实验内容

3.1 称取0.5000g试样。

3.2 测定

3.2.1　将试样(3.1)置于250mL烧杯中,加入10mL盐酸(2.3)、5mL过氧化氢(2.4),盖上表皿,加热使其溶解。用水洗涤表皿与杯壁并稀释体积至50mL,煮沸分解过氧化氢。

3.2.2　分次加入纯锌(2.1)至铜离子颜色消失,再过量0.5~1g。煮沸1~2min,立即用脱脂棉(2.2)过滤于250mL锥形瓶中,用水洗涤5~6次。

3.2.3　用水稀释至120mL,加入15mL混合酸(2.5),3滴二苯胺磺酸钠溶液(2.6),用重铬酸钾标准滴定溶液滴定至溶液呈现紫色且30s不褪为终点。

4. 计算

按下式计算铁的质量分数:

$$w_{Fe}=\frac{T\cdot V}{m}\times 100$$

式中　T——重铬酸钾标准滴定溶液对铁的滴定度,g/mL;

V——滴定消耗重铬酸钾标准滴定溶液的体积,mL;

m——试样量,g。

5. 实验报告

实验报告内容包括氧化还原滴定反应的化学方程式、测定原理、分析过程、分析结果、实验体会,并考虑还可以用什么还原剂将Fe^{3+}还原为Fe^{2+}。

【实验4】EDTA配位滴定法测定锡青铜中的锌量

这是快速测定锡青铜中的锌量的企业规程,允许差0.15%。

1. 实验目的

对配位滴定过程有实际了解;对干扰锌的配位滴定的离子掩蔽方法有所了解;对指示剂的变色原理有实际感受;学会EDTA配位滴定快速测定锡青铜中的锌量的方法。

2. 实验用品

2.1　盐酸(ρ1.19g/mL)。

2.2　过氧化氢(ρ1.10g/mL)。

2.3　氯化钡溶液(40g/L)。

2.4　硫酸钾溶液(100g/L)。

2.5　氟化钾($KF\cdot 2H_2O$)溶液(300g/L),在塑料瓶内存放。

2.6　硫脲溶液(100g/L)。

2.7　六次甲基四胺溶液(300g/L)。

2.8　二甲酚橙溶液(5g/L)。

2.9　抗坏血酸。

2.10　锌标准溶液:称取1.0000g纯锌(锌含量大于99.95%),置于200mL烧杯中,盖上表皿,加入20mL盐酸(1+1)溶液,加热溶解。用水洗表皿和杯壁,冷却。移入1000mL容量瓶中,用水稀释至刻度,混匀。此溶液1mL含锌0.001g。

2.11　EDTA标准溶液

2.11.1　配制:称取2.85g乙二胺四乙酸二钠($C_{10}H_{14}N_2O_8Na_2\cdot 2H_2O$)溶于约200mL热水中,冷却,移入1000mL容量瓶中,用水稀释至刻度,混匀(约0.007648mol/L,1mL约相当于0.0005gZn)。

2.11.2　标定:移取10.00mL锌标准溶液(2.10),置于250mL锥形瓶中,加入2mL盐酸(1+1)溶液、少量抗坏血酸(2.9)、30mL六次甲基四胺溶液(2.7),加30mL水、3滴二甲酚橙溶液(2.8),用EDTA标准溶液(2.11)滴定至溶液由紫红色变黄色为终点。记下滴定消耗EDTA标准溶液体积V(mL)。

EDTA标准溶液对锌的滴定度(g/mL):

$$T=\frac{0.001\times 10.00}{V}$$

2.12　25.00mL 滴定管：经洗涤、试漏合格后才可使用。

2.13　QSn4－3 或 QSn4－4－2.5 或 QSn4－4－4 合金碎屑 1 瓶（100～200g）。

3. 实验内容

3.1　称取 0.10000g 试样，置于 250mL 锥形瓶中，加入 1.5mL 盐酸溶液（2.1）、1～2mL 过氧化氢（2.2），微热使溶解，水洗瓶壁，煮沸使过氧化氢分解完全，冷却。

3.2　加入 1.5mL 氯化钡溶液（2.3）、10mL 硫酸钾溶液（2.4）、10mL 氟化钾溶液（2.5）、10mL 硫脲溶液（2.6）、15mL 六次甲基四胺溶液（2.7）、3 滴二甲酚橙溶液（2.8），用 EDTA 标准溶液（2.11）滴定至溶液由紫红色变黄色为终点。记下滴定消耗 EDTA 标准溶液体积 V（mL）。

4. 计算

锌的质量分数为：

$$w_{Zn}=\frac{T\cdot V}{m}\times 100$$

式中　T——EDTA 标准溶液对锌的滴定度，g/mL；

V——滴定消耗 EDTA 标准溶液体积，mL；

m——试样量，g。

5. 实验报告

写出实验原理、过程、结果。

7　分析误差和分析结果的处理

本章提要：介绍分析的准确度和精密度及其有关的误差、偏差和标准偏差概念；消除系统误差和减少偶然误差，提高测量准确度的方法；有效数字和数据处理的方法；利用重复性限 r 和再现性限 R 对分析结果的有效性进行判定等知识。

用同一种分析方法测定同一个试样时，初学者总希望自己的测定结果和别人完全一致。实际上，用同一种分析方法测定同一个试样，即使采用标准分析方法、使用最先进的仪器、由训练有素的人员精心操作，经过多次测定，每次的测定结果总不会完全一样，总是在一定范围内波动。

实际测定中，由于受分析方法、仪器、试剂、操作技术、环境等因素的影响，测量（分析）结果也不可能与真实值完全一致。

这表明任何测量中总会有误差。

作为分析工作者，不仅要通过实验，得到试样中待测组分的含量，还要对测定结果作出评价和有效性判定，判断它的可靠程度，查出产生误差的原因，采取措施减少误差，提高分析结果的准确度，以满足生产和科研的需要。

7.1　准确度和精密度

7.1.1　真实值与平均值

7.1.1.1　真实值

物质中各个组分的实际含量（质量分数）称为真实值（T）。真实值是客观存在的，又是不可能确切知道的量。

因此，所谓"真实值"，不是绝对的，是相对意义上的真实值。它是指权威组织或会议上公认的量值，如标准相对原子质量、国家标准样品的标称值等；也可在量值传递中，把高一级计量器具的测量值作为真实值，去衡量低一级计量器具测量值的误差；实际分析中，把具有一定资质的单位和有经验的分析人员对同一物质多次测量的算术平均值看做真实值。

7.1.1.2　平均值

A　总体与样本

总体（母体）是指随机变量 x_i 的全体。即在指定条件下，无限次测量所得无限多个数据的集合。

个体是总体中一个基本单元 x_i。

样本（子样）是从总体中随机抽取出部分个体的集合体，即一组数据。

B　总体平均值与样本平均值

日常分析中，总是对一个试样独立、有限次地测量 n 次，得到 $x_1, x_2, \cdots, x_i, \cdots, x_n$。

计算算术平均值作为分析结果：

$$\bar{x} = \frac{x_1 + x_2 + \cdots + x_i + \cdots + x_n}{n} = \frac{\sum_{i=1}^{n} x_i}{n} \tag{7-1}$$

式中　x_i——第 i 次的测量值；

$\bar{x}$——样本平均值。

样本平均值不是真实值，只能说是真实值的最佳估计。只有在消除系统误差之后、测量次数趋于无穷大时，所得的总体平均值(μ)才能代表真实值(T)：

$$\mu = \frac{\lim \sum_{i=1}^{\infty} x_i}{n} \qquad (n \to \infty) \tag{7-2}$$

7.1.2　准确度与误差

准确度是指测量值与真实值接近的程度。

准确度的高低常以误差的大小来衡量。即误差越小，测量结果与真实值越接近，准确度越高。

误差可分为绝对误差和相对误差。

绝对误差，即测量值与真实值之间的差值。

$$\text{绝对误差}(E) = \text{测量值}(x) - \text{真实值}(T) \tag{7-3}$$

相对误差，即绝对误差在真实值中所占的百分率。

$$\text{相对误差}(RE) = \frac{\text{测量值}(x) - \text{真实值}(T)}{\text{真实值}(T)} \times 100\% \tag{7-4}$$

由于测量值可能大于真实值，也可能小于真实值，所以绝对误差和相对误差都有正、负之分。

对于多次测量的数值，可用 $\bar{x}$ 代替式中的测量值 x 来计算这批数据的绝对误差和相对误差。

【例 7-1】　对某标准样品中的锌量(标称值为 0.027%)进行 3 次平行测量，其结果分别为 0.025%、0.024%、0.029%，计算这组测量值的绝对误差和相对误差。

解：这里把标准样品的标称值看做真实值 T。

这组测量值的平均值：$\bar{x} = \frac{0.025 + 0.024 + 0.029}{3} = 0.026(\%)$

这组测量值的绝对误差：$E = \bar{x} - T = 0.026 - 0.027 = -0.001(\%)$

这组测量值的相对误差：$RE = \frac{\bar{x} - T}{T} \times 100\% = \frac{0.026 - 0.027}{0.027} \times 100\% = 3.7\%$

7.1.3　精密度与偏差

精密度是指在相同条件下，n 次重复测量结果彼此相符合的程度。

精密度的高低常以偏差的大小来衡量。即偏差越小，测量结果彼此越接近，精密度越高。

7.1.3.1　绝对偏差(d)和相对偏差($Rd\%$)

偏差可分为绝对偏差和相对偏差。

绝对偏差，即单次测量值与平均值之间的差值。

$$\text{绝对偏差}(d) = x_i - \bar{x} \tag{7-5}$$

相对偏差，即绝对偏差在平均值中所占的百分率。

$$\text{相对偏差}(Rd\%) = \frac{x_i - \bar{x}}{\bar{x}} \times 100\% \tag{7-6}$$

绝对偏差和相对偏差都有正、负之分。一组测量值的各个单次测量偏差的代数和等于零。

7.1.3.2　算术平均偏差($\bar{d}$)和相对算术平均偏差($R\bar{d}\%$)

算术平均偏差,是指一组数据中各单次测量值(x_i)与平均值($\bar{x}$)的偏差(取绝对值)之和,除以测量次数(n)即:

$$\bar{d} = \frac{\sum_{i=1}^{n} |x_i - \bar{x}|}{n} \tag{7-7}$$

相对算术平均偏差:

$$R\bar{d}\% = \frac{\bar{d}}{\bar{x}} \times 100\% \tag{7-8}$$

【例7-2】 计算例7-1中各次测量的绝对偏差、算术平均偏差和相对算术平均偏差。

各次测量的绝对偏差:$d = x_i - \bar{x}$

即

$$0.025\% - 0.026\% = -0.001\%$$

$$0.024\% - 0.026\% = -0.002\%$$

$$0.029\% - 0.026\% = 0.003\%$$

算术平均偏差:$\bar{d} = \frac{\sum_{i=1}^{n} |x_i - \bar{x}|}{n} = \frac{0.001 + 0.002 + 0.003}{3} = 0.002(\%)$

相对算术平均偏差:$R\bar{d}\% = \frac{\bar{d}}{\bar{x}} \times 100\% = \frac{0.002}{0.026} \times 100\% = 7.7\%$

7.1.3.3　标准偏差

用平均偏差表示精密度比较简单,但不足之处是在一系列测量中,小的偏差总是占多数,而大的偏差总是占少数,仅用偏差大小衡量精密度高低,对精密度影响大的较大偏差得不到应有的反映。因此,在数理统计中,常用标准偏差表示精密度,这是一种更科学的精密度表示方法。

A　总体标准偏差(σ)

当测量为无限次,实际上 $n>30$ 时,在消除系统误差的情况下,测量的平均值接近真实值,此时标准偏差用 σ 表示:

$$\sigma = \sqrt{\frac{\sum_{i=1}^{n} (x_i - \mu)^2}{n}} \tag{7-9}$$

式中　μ——总体平均值;

n——测量次数,$n \to \infty$ 或 $n>30$。

B　样本标准偏差(s)

实际测量中,测量次数有限,一般 $n<30$,因此得不到总体平均值(μ),只有样本平均值 $\bar{x}$。此时用样本的标准偏差 s 来表示精密度,以衡量测量数据的分散程度。

$$s = \sqrt{\frac{\sum_{i=1}^{n} (x_i - \bar{x})^2}{n-1}} \tag{7-10}$$

式中,$(n-1)$称为自由度,意思是在 n 次测量中,只有 $n-1$ 个独立可变的偏差。因为 n 个绝对偏差之和等于零,所以只要知道 $n-1$ 个绝对偏差,第 n 个的偏差值就已经确定了,不是可自由变动的了。

例7-1的3次测量结果的标准偏差:

$$s=\sqrt{\frac{(-0.001)^2+(-0.002)^2+(0.003)^2}{3-1}}=0.0026\approx0.003(\%)$$

C　相对标准偏差（*RSD%*）

相对标准偏差，即标准偏差在平均值中所占的百分率，也称变异系数或变动系数（*cν*）。

$$RSD\%=\frac{s}{\bar{x}}\times100\% \qquad (7-11)$$

实际测量中常用相对标准偏差（*RSD%*）表示测量结果的精密度。

【例 7-3】 有两组测量结果，各次测量的绝对偏差分别是：

一组：+0.3，+0.2，+0.4，-0.2，-0.4，+0.0，+0.1，-0.3，+0.2，-0.3

二组：0.0，+0.1，-0.7，+0.2，+0.1，-0.2，+0.6，+0.1，-0.3，+0.1

算术平均偏差 $\bar{d}$（按式 7-7 计算）：一组 $\bar{d}_1=0.24$；二组 $\bar{d}_2=0.24$

标准偏差 s（按式 7-10 计算）：一组 $s_1=0.28$；二组 $s_2=0.34$

从两组的绝对偏差看，二组的 -0.7 和 +0.6 的绝对值较大。用算术平均偏差 $\bar{d}_1$、$\bar{d}_2$ 表示精密度，显示不出两组的这个差异。但用标准偏差 s_1、s_2 就明显地显示出二组的数据偏差更大。说明一组的精密度更好。

一般来说，测量（分析）报告要反映测量数据的集中趋势和分散程度，所以常用测量次数 n、平均值 $\bar{x}$（集中趋势）和样本标准偏差 s（分散程度）这三项数值来表示。

如例 7-1 的测量（分析）报告：$n=3$，$\bar{x}=0.026\%$，$s=0.003\%$。

D　样本标准偏差（s）的简化计算

按式 7-10 计算 s 值比较麻烦，通过数学推导简化为下列等效公式：

$$s=\sqrt{\frac{\sum_{i=1}^{n}x_i^2-(\sum_{i=1}^{n}x_i)^2}{n-1}} \qquad (7-12)$$

式 7-12 省去了平均值 $\bar{x}$ 和绝对偏差 d 及其平方的计算，比较简单。若计算器上带有 $\sum x$ 及 $\sum x^2$ 功能，则计算更方便。

7.1.3.4　极差（R）与允差

也有采用极差表示偏差的范围。极差也称“全距”。

$$R=x_{max}-x_{min}$$

允差也称公差，是指某一个测量方法所允许的平行测量间的绝对偏差。如果 2 次平行测量值之差在方法规定允差绝对值的 2 倍以内，则认为测量有效。否则就认为“超差”，应重新测定。

如重铬酸钾法测定铁矿石中铁含量，测定方法规定铁含量在 30% ~ 40% 范围内时，允差为 ±0.30%。若两次测定结果之差为：33.18% - 32.78% = 0.40%，小于允差绝对值的 2 倍（即 0.60%），所以测定结果有效，可以用平均值报出测定结果。

7.1.4　准确度与精密度的关系

准确度与精密度是两个不同的概念，它们之间也有一定关系。这些关系有四种情况。

例：A、B、C、D 四人对同一标准样品中的铁进行测量，该标准样品的标称值 $w_{Fe}=37.40\%$，测量结果如图 7-1 所示，比较他们的测量准确度和精密度。

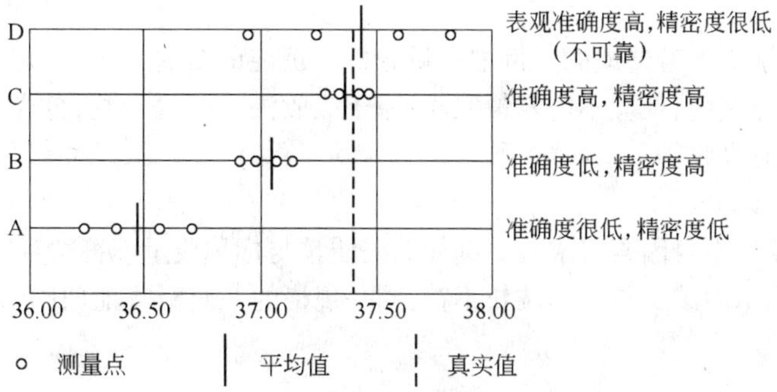

图 7-1 标准样品中的铁含量定量结果

由图 7-1 可见:

A 测量数据分散,即精密度低;平均值与真实值相差大,即准确度很低。

B 测量数据集中,即精密度高;平均值与真实值相差较大,即准确度较低。

C 测量数据集中,即精密度高;平均值与真实值相差小,即准确度也高。

D 测量数据分散,即精密度很低;平均值与真实值相差小,但数据可靠性差,不能说明准确度高。

因此,准确度与精密度的关系是:

(1)欲使测量的准确度高,必须使精密度也高,精密度是保证准确度的先决条件;

(2)测量数据太分散,精密度低,说明测量结果不可靠,就失去了衡量准确度的前提;

(3)精密度高不能保证准确度一定高,因为若测量存在系统误差,准确度就不会高。

7.2 误差来源与减少的方法

任何的测量(分析)结果,其误差都是客观存在和难以避免的。我们必须了解误差的性质、误差产生的原因,找出减少误差的方法、措施,将误差减少到允许的限度内。

根据对误差的性质和误差产生的原因的分析,可以将误差分为系统误差和偶然误差。

7.2.1 系统误差

系统误差又称可测误差。它是在一定的测量条件下,由某些恒定的或按一定规律起作用的因素所引起的一类误差。

7.2.1.1 系统误差的特点

(1)系统误差对测量结果的影响比较恒定,使测量结果固定偏高或固定偏低;

(2)在同一条件下进行重复测量时,系统误差会重复出现;

(3)可找出系统误差的规律,设法使其减少到可忽略不计的程度;

(4)系统误差只影响测量的准确度,不影响精密度。

例如一台未经过校正的分析天平,用它多次称量同一试样进行分析,试样量将固定偏高或固定偏低,使分析结果也固定偏低或偏高。而若无其他显著的影响因素,只要将天平校正,这个固定影响就可以减少甚至消除。

7.2.1.2 系统误差产生的原因

系统误差产生的原因,主要有四个方面。

A 方法误差

它是由分析方法不完善造成的。例如重量分析中沉淀的溶解损失；滴定分析中选择的指示剂不是在化学计量点变色，反应不能定量完成；原子吸收法有光谱干扰；分光光度法中的共存组分在测量波长下也有吸收等。

B 仪器、器皿误差

它是由仪器、器皿本身因素造成的。例如砝码质量与标称质量不符；容量瓶实际体积与标称体积不符；光度计指示的波长与实际波长不符；同一规格的一套吸收池（比色皿），相互之间厚度有差异等。

C 试剂误差

它是由使用的纯水和试剂杂质含量超出限量引起的。

D 操作误差

它是由操作不规范造成的。例如对指示剂变色的判断，有的人总是偏浅，有的人总是偏深；滴定管读数时，有的人偏上，有的人偏下等一些习惯性的不正确的操作。

7.2.1.3 系统误差的检验和减少

A 系统误差的检验方法

a 标准样品对照实验

选择与试样组成相近的标准样品，在同样条件下进行测量，标准样品的测量值与其标称值对照，判断有无系统误差和这种误差的大小。

b 标准方法比较实验

用标准方法与所选用的方法同时测量某一试样，对两种方法的测量结果作统计比较，判断有无系统误差和这种误差的大小。

c 加入回收实验

称取等量试样甲、乙两份，向甲份加入已知量的待测组分（加基准物或其标准溶液），平行进行测量，由加入量是否被定量回收，判断有无系统误差和这种误差的大小。

$$回收率(\%) = \frac{甲份的测量值 - 乙份的测量值}{加入量} \times 100\%$$

根据测量值和加入的量是常量还是微量，对回收率的要求也不同：对于常量组分，要求回收率在 100% ±2% 以内或范围更小；对于微量组分，要求回收率在 100% ±5% 以内或范围更宽。

B 系统误差的减少或消除方法

a 空白实验

由溶剂（水或有机溶剂）、试剂和器皿引入的杂质和由试样中的共存组分造成的系统误差，一般采用不同的空白实验（溶剂空白、试剂空白、试样空白、光度法中的褪色空白）来补偿、抵消，可以减少甚至消除引起的误差。

例如用丁二酮肟光度法测定铜合金中的镍，基体 Cu 的色泽对测量有干扰。可在试样空白中，先加 EDTA，使之与 Cu、Ni 生成配合物，再加丁二酮肟，此时 Ni 不再显色，以此试样空白抵消基体 Cu 的色泽对测量的干扰。

b 校正仪器、器皿

不仅对量取准确体积的滴定管、容量瓶、移液管和称量质量的天平和砝码需要经校正合格后才能使用，天平和砝码还需要周期校正，而且凡是出具数据的仪器，如分光光度计、原子吸收光谱仪、原子发射光谱仪等都需要按周期对其波长位置、基线稳定性、检出限、工作曲线线性等指标进行校正。

c 对照实验

(1)与标准样品对照实验，得出校正系数

$$校正系数 = \frac{标准样品的标称值}{标准样品的测量值}$$

则试样中被测组分的含量按下式校正：

$$被测组分的含量 = 测得含量 \times 校正系数$$

(2)与标准方法对照实验，其测得结果若与选用的非标准方法的测量结果之差在允差之内，说明所选用的非标准方法是可靠的。

(3)用加入回收率校正，测量结果除以回收率，得到校正后的结果。若测量结果为0.66%，加入回收率为97.0%，则校正后的结果为：$\frac{0.66}{0.97} = 0.68(\%)$。

7.2.2 偶然误差

即使消除了所有系统误差，在同一条件下对同一样品进行多次测量，所得的结果之间仍然有差别，数据的偏差仍然正、负不定，这类误差称为偶然误差或随机误差、未定误差。

7.2.2.1 偶然误差的特点与分布曲线

A 偶然误差特点

(1)偶然误差对测量结果的影响呈现波动性，使测量结果忽高忽低；

(2)偶然误差决定测量的精密度；

(3)引起偶然误差的因素无法检验，不能校正，但有分布规律。

B 偶然误差的正态分布

在同样条件下，多次测量，发现偶然误差还是有规律的，它遵从正态分布(即高斯分布)。图7-2所示为总体标准偏差σ不同的两条偶然误差的正态分布曲线。从正态分布曲线反映出偶然误差的规律有：

(1)对称性。绝对值相等的正负误差出现的概率相同。

(2)单峰性。绝对值小的误差出现的概率大；绝对值大的误差出现的概率小。误差有一定的实际极限。

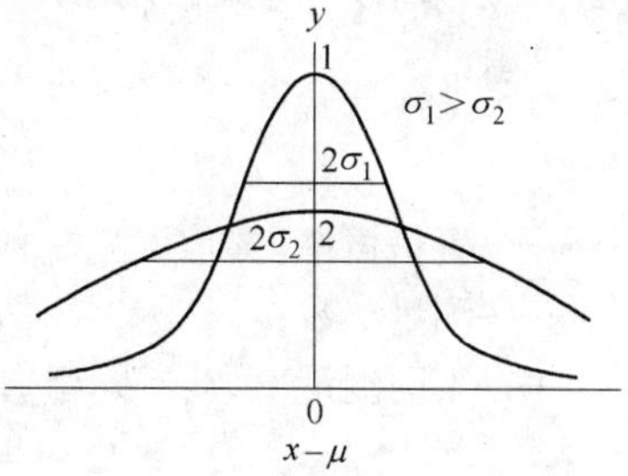

图7-2 两组精密度不同的测量值的正态分布曲线

根据统计学理论，正态分布曲线的数学表达式为：

$$概率密度\ y = f(x) = \frac{1}{\sigma\sqrt{2\pi}} e^{\frac{-(x-\mu)^2}{2\sigma^2}} \tag{7-13}$$

式中 e——自然对数的底，e = 2.718；

π——圆周率，π = 3.14。

总体平均值μ和总体标准偏差σ是正态分布曲线中两个基本参数，μ反映了数据的集中趋势，多数数据集中在μ附近；σ反映了数据的分散程度，曲线波峰的宽度越宽，数据的分散程度越大。图中σ_1分散程度小，精密度比σ_2的精密度高。

将正态分布曲线的横坐标改为 u 为单位，$u=\dfrac{x-\mu}{\sigma}$，即偶然误差值（$x-\mu$）以标准偏差为单位来表示，将正态分布曲线标准化，得到标准正态分布曲线（图 7－3）及数学表达式：

$$概率密度\ y=\phi(u)=\frac{1}{\sqrt{2\pi}}e^{-\frac{1}{2}u^2} \qquad (7-14)$$

用数理统计方法可求出测量值 x 落在不同置信区间的概率（表 7－1）。99.7% 的测量值落在总体平均值 $\mu\pm3$ 倍的总体标准偏差 σ 范围内。

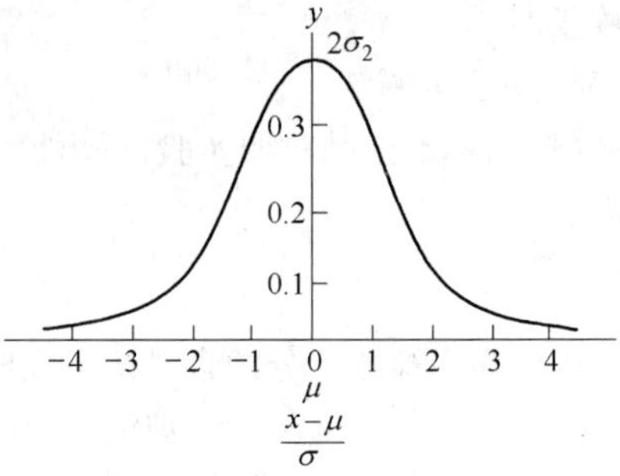

图 7－3　标准正态分布曲线

表 7－1　测量值 x 落在不同置信区间的概率

$u=\dfrac{x-\mu}{\sigma}$	置信区间	置信概率 p/%
$u=\pm1.00$	$x=\mu\pm1.00\sigma$	68.3
$u=\pm1.96$	$x=\mu\pm1.96\sigma$	95.0
$u=\pm3.00$	$x=\mu\pm3.00\sigma$	99.7

C　偶然误差的 t 分布

实际测量中，测量次数有限，因此 μ 和 σ 就无从谈起，只能得到样本平均值 $\bar{x}$ 和样本标准偏差 s，此时用处理少量测量数据的方法——t 分布来描述偶然误差。

应用 t 分布估计真实值（用总体平均值 μ 代替真实值）：

$$\mu=\bar{x}\pm t_{p,n-1}\frac{s}{\sqrt{n}} \qquad (7-15)$$

式中　p——置信概率（置信度），一般选 0.90、0.95、0.99，即 90%、95%、99%；
n——测量次数；
$t_{p,n-1}$——不同测量次数、不同置信概率时的 t 值，t 分布值见表 7－2。

表 7－2　置信度为 95% 和 99% 时的 t 分布值

$n-1$	1	2	3	4	5	6	7	8	9	10	20	∞
$t_{0.95}$	12.71	4.30	3.18	2.78	2.57	2.45	2.37	2.31	2.26	2.23	2.09	1.96
$t_{0.99}$	63.66	9.93	5.84	4.60	4.03	3.71	3.50	3.36	3.25	3.17	2.85	2.58

应用 t 分布值计算平均值的置信区间，见例 7－4。

【例 7－4】　有一组测量值，若 $n=4$，则 $n-1=3$，$\bar{x}=35.21\%$，$s=0.06\%$，当选择 p 为 95% 时，查表得 $t=3.18$，此时，平均值的置信区间：

$$\mu=35.21\pm3.18\times\frac{0.06}{\sqrt{n}}=35.21\pm0.10\ (\%)$$

当选择 p 为99%时，查表得 $t=5.84$，此时，平均值的置信区间：

$$\mu=35.21\pm5.84\times\frac{0.06}{\sqrt{n}}=35.21\pm0.18(\%)$$

7.2.2.2　偶然误差的减少

偶然误差不可避免，无法校正，只能多做平行测量，取其平均值，使正、负偶然误差相互抵消，测量值接近真实值。在例7-4中，通过计算，可以看到维持相同置信水平（如95%），随着检测次数的增加，置信区间逐渐缩小，测量的精密度逐步提高（见表7-3）。

表7-3　例7-4中检测次数 n 对置信区间的影响（95%置信水平）

n	2	4	6	10	21
μ	35.21±0.54	35.21±0.10	35.21±0.06	35.21±0.04	35.21±0.03

可见，随着检测次数的增加，置信区间缩小，仍可保证相同的置信水平。当 $n>5$ 时，置信区间变化幅度越来越小。这说明，测量次数太多已经没有太大作用。所以，常规检测重复4~5次，用 $\bar{x}$ 代替 μ 产生的不确定度就不大了（在消除系统误差情况下）。

7.2.2.3　随机不确定度

不确定度表明测量结果的分散程度，也是用来描述偶然误差的，可以用定量数字描述，诸如用标准偏差或其倍数表示。

以标准偏差表示的不确定度称标准不确定度。标准不确定度根据评定方法不同，分为A、B两类。A、B两类评定都基于概率分布，都用标准差或方差表示。

7.2.3　提高测量准确度的方法

提高准确度就是减少误差。这里介绍减少误差的常用方法。

7.2.3.1　选择合适的分析方法

根据所测量组分的含量高低来选择分析方法。重量分析法、滴定分析法、X射线荧光光谱法适合测量含量高的组分；发射光谱法、原子吸收光谱法、分光光度法适合测量含量低的组分。

仲裁分析、标准样品定值分析应选用标准分析方法；企业质量控制分析可选用针对某一两个合金制定的分析规程；只要求确定是否超过规定上限（或下限）的，可进行半定量分析。

7.2.3.2　增加平行测量的次数

从式7-15可以看到，测量次数 n 增加，偶然误差就会减少。一般测量4~5次，基本可以得到比较准确的结果。

7.2.3.3　减少系统误差

采用空白实验，采用标准样品或标准方法对照实验，对出具测量数据的器皿和仪器进行校正，都是减少系统误差的有效措施。

7.2.3.4　减少测量的相对误差

称量的试样质量太小，滴定消耗的标准溶液体积太小，可见分光光度法的吸光度高于0.8或低于0.15都会使读数的相对误差增大。因此，只要不给测量带来其他不利影响，在确定分析方法时，应考虑适当增加称取试样的质量、增加滴定消耗的标准溶液的体积量、把光度法的吸光度调整为0.2～0.8。

7.3　数据处理与产品合格值判定

检测结果是用数值表示的。这些通过试验、测量或计算得出的数值，一般需要进行修约处理，使其只保留有效位数。

为了判定某产品理化性能是否符合该产品标准规定的极限数值，需将检测数值与标准规定的极限值进行比较并进行判定。

7.3.1　有效数字

在测量中得到的有实际意义的数字，称为有效数字。

有效数字的保留位数，应根据检测方法和检测仪器的不确定度来确定，使数值中只有最后一位是不确定的。因此，有效数字是包括全部可靠数字和一位不确定数字在内的有意义的数字。

例如：使用分析天平称量0.5g样品时，应写作0.5000g，是四位有效数字。

根据目前铜合金常用化学分析方法的不确定度，可参照表7－4保留化学成分分析的有效数字位数。

表7－4　铜合金常用化学分析方法保留有效数字位数

w_B/%	≥99.95	<99.95～≥10.0	<10.0～≥1.0	<1.0～≥0.1	<0.1～≥0.01	<0.01～≥0.001	<0.001～≥0.0001
有效数字的表示	××.×××	××.××	×.×× 或×.×××	0.×× 或0.×××	0.0×× 或0.0×××	0.00××	0.000× 或0.000××

注：标准样品定值分析时，由于选用标准检测方法和由熟练操作人员进行检测，可选择表中“有效数字的表示”的第二行保留有效数字位数。

确定数字的有效位数时应注意以下几点：

(1)若数字是若干零结尾的整数(非小数数值)，则有效位数等于从非零数字最左一位向右数得到的位数，减去仅用于定位的无效零的个数。例如35000，从3向右数得到5位，若有两个无效零，则有效位数为5－2＝3位，应写作350×10^2。

(2)若数字是“以零结尾的整数”以外的十进位的数字，则有效位数等于从非零数字最左一位向右数得到的位数。例如35，3.5，0.30，0.0030都是两位有效数字。

(3)有效数字相加(减)时，其和(差)的有效数字，与小数点后位数最少的参与运算的数字的有效位数相同；有效数字相乘(除)时，其积(商)的有效数字，与有效位数最少的参与运算的数字的有效位数相同。

(4)一般先修约后计算。

7.3.2　数值修约

当检测数据或计算数据的位数超过检测方法应有的有效位数时，需要对数据进行修约处理。

7.3.2.1　修约间隔

修约间隔是确定修约保留位数的方式。修约间隔一经确定，修约值即应为该修约间隔的整数倍。

修约间隔由产品标准规定（检测数据保留的有效位数与产品标准规定的产品性能指标的有效位数应一致），也可由检测方法标准规定，或依据检测方法的不确定度确定。

若指定修约间隔为0.1，相当于将数值修约到一位小数，使修约值为0.1的整数倍。

若指定修约间隔为0.5，相当于将数值修约到一位小数为0或5，使修约值为0.5的整数倍。

7.3.2.2 修约进、舍规则

采用四舍六入五成双的规则：

（1）拟取舍数值的最左一位数字小于5时，则舍去。如12.14908修约到一位小数（即修约间隔为0.1）。此时拟舍去数值4908的最左一位数字是4，应舍去，得12.1。

（2）拟取舍数值的最左一位数字大于5，或等于5且后面有并非全部为零的数字时，则进一。如将1268修约到“百”数位（即修约间隔为100），得13×10^2。又如将10.5001修约到“个”数位（即修约间隔为1），得11。

（3）拟取舍数值的最左一位数字等于5，且后面无数字或全部为零时，修约原则是使修约后的数值为偶数。如将下列数值修约到两位有效位数：0.0325→0.032；32500→32×10^3；0.0315→0.032；31500→32×10^3。

（4）负数修约时，先将绝对值按上述规定修约后，再加上负号。

（5）不能连续修约。

7.3.3 产品合格值判定

依据检测数据判定产品是否符合产品标准规定时，有修约值比较法和全数值比较法两种判定方法。在冶金类标准中，未加说明时，均指采用修约值比较法判定。

如H62合金试样含铜量的分析结果为60.48%，而产品标准规定H62合金的铜含量合格范围为60.5%～63.5%。将分析值按产品标准规定值的有效数字修约为3位，即60.48%→60.5%，与产品标准规定比较，可判定为合格。

当产品标准中规定的参数为大于（>）或小于（<）的情况时，若供货合同或质量管理部门有规定，也可以采用全数值比较法判定。

例如产品标准规定1A99纯铝的铁含量不大于0.003%为合格。当检测值为0.0034%时，若按修约值0.0034%→0.003%，应判合格；若按全数值比较法，0.0034%>0.003%，应判不合格。

7.4 分析结果有效性判定

目前，国家标准分析方法中都附有精密度实验的重复性限r和再现性限R的实验数值。当使用这些标准方法进行日常分析时，可以用重复性限r和再现性限R的实验数值，对分析结果的有效性进行判定。使用其他方法分析时，也可参照用同类合金的国家标准方法的重复性限r和再现性限R数值，来判定分析结果是否有效。

7.4.1 分析结果的重复性

7.4.1.1 重复性的条件

分析结果的重复性是指在相同分析条件下，对同一被分析量进行连续多次分析，所得分析结果之间的一致性。

重复性条件包括:相同的分析程序;相同的分析者;在相同的条件下使用相同的分析仪器;相同的地点;在短时间内重复分析。

在理化检测中,相同的分析程序就是使用同一种分析方法。

7.4.1.2 重复性限 r 的意义

在重复性条件下,对样品中某元素分析获得的两次独立分析的结果 x_1、x_2,在给出的平均值 $\bar{x}$ 范围内,这两个分析值的绝对差值 $|x_1 - x_2|$,在 95% 的情况下应不超过重复性限 r。

7.4.1.3 分析方法的重复性限 r 的取得

无论是起草标准分析方法还是制定分析规程,都要进行精密度试验,在重复性条件下分析时,给出不同质量分数 $c_1, c_2, c_3, \cdots$ 的重复性限 $r_1, r_2, r_3, \cdots$。

(1)质量分数为 c_1 时的重复性限 r_1 的计算:

1)对质量分数为 c_1 的样品进行 n 次独立分析,得 $x_1, x_2, \cdots, x_i, \cdots, x_n$。

2)平均值:$\bar{x} = \dfrac{\sum_{i=1}^{n} x_i}{n}$

3)计算标准偏差:$s_1 = \sqrt{\dfrac{\sum_{i=1}^{n}(x_i - \bar{x})^2}{n-1}}$

4)计算重复性限:$r_1 = 2.83s_1$

(2)同理,可得其他几个不同质量分数 $c_2, c_3, \cdots$ 时的重复性限 $r_2, r_3, \cdots$。

(3)将不同质量分数 $c_1, c_2, c_3, \cdots$ 和相应的重复性限 $r_1, r_2, r_3, \cdots$ 列表,作为分析方法(规程)的精密度试验结果。

7.4.1.4 用线性内插法求得任意测量值 c 的重复性限 r_c

在分析方法覆盖的范围内,平均值的质量分数为任意值 c 时的重复性限 r_c 的值,可以依据该检测方法(规程)所附的重复性限表,用线性内插法求得。

若 c 值处于 c_1 与 c_2 之间,则有:

$$(c_2 - c_1)/(c_2 - c) = (r_2 - r_1)/(r_2 - r_c)$$

则

$$r_c = r_2 - \frac{r_2 - r_1}{c_2 - c_1}(c_2 - c) \tag{7-16}$$

7.4.1.5 分析结果有效性判定

日常分析时,一般只进行 2 次分析。那么,什么情况下所得的两个分析结果是有效的、是可以用它们的平均值作为报出的分析结果呢?

(1)计算两个分析值的平均值 $\bar{x}$,$\bar{x}$ 即看做式 7-16 中的 c;

(2)从所使用的检测方法(规程)所附的重复性限表,查出包含 c 的两个质量分数 c_1、c_2 及相应的重复性限 r_1、r_2;

(3)按式 7-16 计算质量分数为 c 的重复性限 r_c;

(4)试样两个分析结果 x_1、x_2 的有效性按下式判定:若 $|x_1 - x_2| \leqslant r_c$,则分析值 x_1、x_2 是有效的,可以取平均值后报出;

(5)当使用该分析方法分析标准样品时,也按上述方法计算出标准样品的质量分数等于 c 时的重复性限 r_c。若 $|x_1 - x_0| \leq 1/2r_c$ 时,可判断所使用的工作曲线有效(x_1 是标准样品分析值;x_0 是标准样品的标称值)。

【例 7-5】 使用 ICP—AES 行业标准方法(YS/T 586—2006),分析一个 HPb59-1 试样中铅的质量分数(含量)。在重复性条件下,两次独立分析的结果为 0.85%、0.91%。判断这两个结果的有效性。

(1)计算平均值:$c = (0.85 + 0.91)/2 = 0.88(\%)$。

(2)按 YS/T 586—2006 标准方法提供的重复性限表,计算 $c = 0.88(\%)$时的重复性限 r_c 的值:在该标准的重复性限表中,0.88% 介于质量分数栏 0.100%(c_1)与 1.00%(c_2)之间,其相应的重复性限为:$r_1 = 0.015\%$,$r_2 = 0.07\%$。将数值代入式 7-16,算出 0.88(%)时的重复性限

$$r_c = 0.07 - \frac{0.07 - 0.015}{1.00 - 0.100}(1.00 - 0.88) = 0.063(\%)$$

(3)判定:因为 $0.91 - 0.85 = 0.06(\%) < 0.063$,所以判定这两个结果有效,可以按 0.88% 报出结果。

7.4.2 分析结果的再现性

(1)分析结果的再现性是指在不同分析条件下,对同一被测量进行多次分析所得结果之间的一致性。如在不同实验室中,使用同一种分析方法,分析同一样品。此时,分析者、测量仪器、测量地点是不同的,对于不同实验室报出的结果,要用再现性限 R 来判断其有效性。

(2)再现性限 R 的意义:在再现性条件下,对样品中某元素分析获得的两次独立分析结果,在给出的平均值范围内,这两个分析值的绝对差值,在 95% 的情况下不超过再现性限 R。

(3)分析方法的再现性限 R 的取得:在确定分析方法时,组织 n 个实验室使用同一种分析方法,分析同一样品。用各个实验室报出的平均值得到数列 $x_1, x_2, \cdots, x_i, \cdots, x_n$。以下按分析方法的重复性限 r 的取得方法来计算方法的再现性限 R。

将不同质量分数 $c_1, c_2, c_3, \cdots$,和相应得到的再现性限 $R_1, R_2, R_3, \cdots$ 列表,也作为分析方法(规程)的精密度试验结果。

(4)任意值 c 时的再现性限 R_c 的值比照式 7-16 计算。

(5)对不同分析条件下分析结果有效性的判定:对来自不同实验室的、使用相同分析方法、分析同一试样的两个结果,可以仿照重复性结果有效性的判定方法进行。

复习思考题

1. 用沉淀滴定法测得纯 NaCl 试剂中氯的含量为 60.53%。计算绝对误差和相对误差。(提示:把纯 NaCl 中的 Cl 的理论含量视为真实值)。
2. 标定 25mL 0.1mol/L 的 HCl 标准溶液,应称取 Na_2CO_3 基准物(摩尔质量 105.99g/mol)多少克,从称量相对误差考虑能否优于 0.1%,若改用硼砂($Na_2B_4O_7 \cdot 10H_2O$)基准物(摩尔质量 381.37g/mol),结果又如何?
3. 两人测量同一标准样品,各得一组数据,其绝对偏差见下表。

(甲)	0.3	-0.2	-0.4	0.2	0.1	0.4	0.0	-0.3	0.2	-0.3
(乙)	0.1	0.1	-0.6	0.2	-0.1	-0.2	0.5	-0.2	0.3	0.1

(1)求两组数据的平均偏差和标准偏差。

(2)为什么两组数据的平均偏差相等,而标准偏差不等?

(3)哪组数据的测量精密度高?

4. 有一试样送甲、乙两实验室分析,分析方法和条件相同,所得结果如下:

甲　40.15%　40.14%　40.16%

乙　40.02%　40.25%　40.18%

分别计算标准偏差和相对标准偏差。哪个实验室分析结果好?说明理由。

8　紫外－可见分光光度法

本章提要:介绍物质对光选择性吸收的特性及吸收定律;分光光度计的构造及各部分的功能;分别阐述了显色条件和测量条件的选择方法;介绍了利用工作曲线计算分析结果的办法;综述了分光光度法在有色金属分析中的具体应用。

8.1　概述

紫外－可见分光光度法是基于物质的分子对200～780nm区间光辐射的选择性吸收而建立的分子吸收光谱分析方法。

紫外－可见分光光度法的特点是:

(1)应用广泛。在现行的铜及铜合金国家标准分析方法中,有19＋1种方法是分光光度法,占这个系列标准68种方法的近三分之一;在铝及铝合金标准分析方法中,有20种方法是分光光度法,占这个系列标准39种方法的一半多;钛及钛合金国家标准分析方法中,分光光度法也是各类分析方法中数目最多的方法。大部分的有色金属离子都能用分光光度法测量。

(2)具有较高的测量灵敏度,适合少量和微量组分的分析。所测浓度下限可达10^{-6}mol/L,特别适合少量和微量组分的分析。对于高含量的组分的测量,分光光度法的准确度不如重量分析法和滴定分析法。

(3)分析速度较快、操作较简便,仪器结构简单、价格低。

铜、铝等有色金属的分光光度分析方法,主要是可见光分光光度法,是测量吸光物质分子对380～780nm区间的光的吸收。

8.2　光吸收定律

8.2.1　光的基本特性

8.2.1.1　电磁波谱

光是一种电磁波。各种电磁波只是波长、频率不同。电磁波按照波长或频率大小顺序排列就称为电磁波谱,见表8－1。

表8－1　电磁波谱

名　称	波长范围	频率/MHz	光子能量/eV	跃迁能级的类型
γ射线	5×10^{-3}～0.14nm	6×10^{14}～2×10^{12}	2.5×10^{6}～8.3×10^{3}	核能级
X射线	10^{-2}～10nm	3×10^{14}～3×10^{10}	1.2×10^{6}～1.2×10^{2}	内层电子能级
远紫外光	10～200nm	3×10^{10}～1.5×10^{9}	125～6	原子及分子的价电子或成键电子能级
近紫外光	200～380nm	1.5×10^{9}～7.5×10^{8}	6～3.1	
可见光	380～780nm	7.5×10^{8}～4×10^{8}	3.1～1.7	
近红外光	0.75～2.5μm	4×10^{8}～1.2×10^{8}	1.7～0.5	分子振动能级

续表 8－1

名　称	波长范围	频率/MHz	光子能量/eV	跃迁能级的类型
中红外光	2.5～50μm	$1.2\times10^{8}\sim6\times10^{6}$	0.5～0.02	分子振动能级
远红外光	50～1000μm	$6.0\times10^{6}\sim10^{5}$	$2\times10^{-2}\sim4\times10^{-4}$	分子转动能级
微　波	0.1～100cm	$10^{5}\sim10^{2}$	$4\times10^{-4}\sim4\times10^{-7}$	
射　频	1～1000m	$10^{2}\sim0.1$	$4\times10^{-7}\sim4\times10^{-10}$	核自旋能级

电磁波具有波长(λ)、频率(ν,赫兹,Hz)和能量(E,电子伏特,eV),三者的关系是:

$$E=h\nu=h\frac{c}{\lambda} \tag{8-1}$$

式中　h——普朗克常数,6.626×10^{-34}J·s;

　　　c——光速,真空中约为3×10^{10}cm/s。

不同波长的电磁波具有不同能量。波长越长,频率越低,能量越小。

8.2.1.2　复合光、单色光、互补光

含有多种波长的光称为复合光。白光就是复合光,日光、白炽灯光等都是复合光。可以通过色散把白光中波长不同的光分开,成为红、橙、黄、绿、青、蓝、紫七色光(图 8－1)。

具有同一种波长的光称为单色光。单色光与复合光是个相对概念:因为通过光学仪器分光得到的波长总是有一个区间的。这个区间越小,得到的单色光越纯,即单色程度越高。比如 400～450nm 的紫光相对于白光来说是单色光,400～401nm 则是相对于 400～450nm 的紫光来说更纯的单色光,而 400.0～400.1nm 又是进一步更纯的单色光。

如果适当颜色的两种光按一定比例混合,也可得到白光,这两种颜色的光称为互补色光。白光的各色光的互补光示意图见图 8－2。

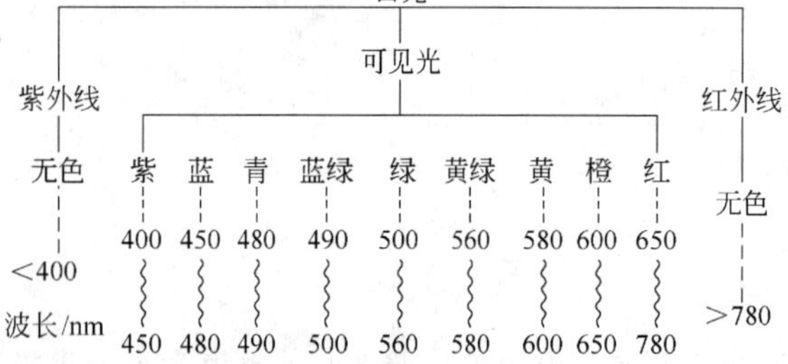

图 8－1　日光分解为单色光

($1nm=10^{-7}cm$)

图 8－2　白光的互补光示意图

8.2.2　物质对光的选择性吸收

8.2.2.1　物质颜色的产生

世界上的物质有光彩斑斓的颜色,那么物质的颜色是怎样产生的呢?

物质(包括溶液)对不同波长的光的吸收程度有三种情况:如果对可见光区的各波长都不吸收,即入射光全部通过溶液,这时看到的溶液是透明无色;如果对可见光区的各波长都吸收,即入射光全部被溶液吸收,这时看到的溶液是黑色;如果对可见光区的某波长的光吸收,这时看到的溶液颜色是被吸收光的互补色光的颜色。

物质的颜色就是基于物质对光有选择性吸收的结果，使得物质呈现出被它吸收光的互补光的颜色。

如 $KMnO_4$ 溶液选择性地吸收了 500～560nm 的绿光，其他波长的互补光都两两成白光通过溶液，只剩下紫红色的光未被互补，所以 $KMnO_4$ 溶液就显示出紫红色的光。同理，$K_2Cr_2O_7$ 溶液对可见光中的蓝色光有最大吸收，所以显示出蓝色的互补色——黄色。

8.2.2.2　物质的吸收光谱曲线

可以用物质的吸收光谱曲线精确描述物质对不同波长的光吸收程度。

具体方法是：将不同波长的光，依次通过某一固定浓度和固定液层厚度的有色溶液，记录各波长下的吸收光的程度（吸光度，以 A 表示）。以波长为横坐标，吸光度为纵坐标，连成曲线，即为该物质的吸收光谱曲线。图 8－3 所示为三种不同浓度的 $KMnO_4$ 溶液的吸收光谱曲线。

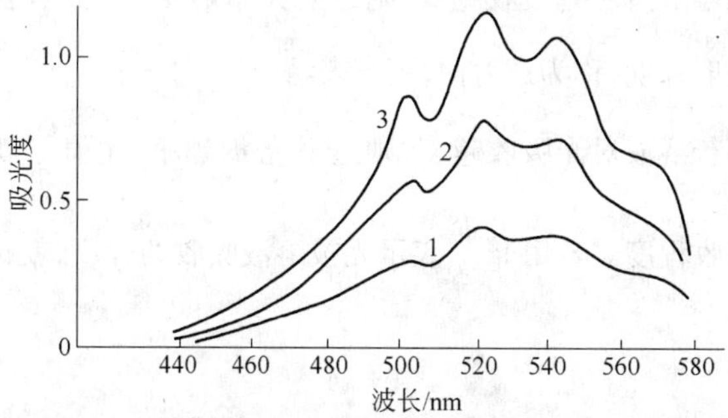

图 8－3　三种不同浓度的 $KMnO_4$ 溶液的吸收光谱曲线

1—$c_{KMnO_4}=1.56\times10^{-4}$mol/L；2—$c_{KMnO_4}=3.12\times10^{-4}$mol/L；3—$c_{KMnO_4}=4.68\times10^{-4}$mol/L

由 $KMnO_4$ 溶液的吸收光谱曲线可以得到以下结论：

（1）$KMnO_4$ 溶液对不同波长的光的吸收程度不同，对波长为 525nm 的绿色光吸收最多，在吸收曲线上呈现一高峰，称为最大吸收。与最大吸收对应的波长称为最大吸收波长，用 λ_{max} 表示。$KMnO_4$ 溶液的 $\lambda_{max}=525$nm。光度法测定时，一般选择在 λ_{max} 处来测量，因为这时可得到最大测量灵敏度。

（2）不同浓度的 $KMnO_4$ 溶液，其吸收曲线的形状相似，最大吸收波长也相同。吸收峰的高度随浓度增加而增高，这种特性是物质定量分析的基础。

（3）不同物质的吸收曲线，其形状和最大吸收波长都各不相同。因此，可利用吸收曲线作为物质定性分析的依据。

8.2.2.3　分子吸收光谱产生的机理

物质对光选择性吸收是分子吸收，这种吸收的产生是由于分子内部有三种运动，即电子运动、分子振动和分子转动。不同的运动方式所具有的能量也不相同，因此，它们分别对应三种不同的能级，即电子能级、振动能级和转动能级。

分子运动是不连续的，即是量子化的。各种不同的物质，其分子结构不同，运动所处的能级也不同。在分子运动产生跃迁时，只能吸收相对应的（即特定的）光能，这就决定了它们对不同波长的光的选择性吸收。

8.2.3　光吸收定律

在实验中，发现光的被吸收程度与所通过的溶液厚度和溶液浓度有关。

8.2.3.1　朗白定律

当一束平行的单色光垂直照射到一定浓度的均匀透明溶液时，入射光被溶液吸收的程度与溶液厚度成正比。这就是朗白定律：

$$\lg \frac{\phi_0}{\phi} = kb \tag{8-2}$$

式中　ϕ_0 ——入射光通量；

ϕ ——通过溶液后的透射光通量；

b ——溶液液层的厚度，或称光程长度；

k ——比例系数，与入射光波长、溶液性质、浓度和温度有关。

入射光 ϕ_0 一定时，若溶液对光吸收越少，则透射光 ϕ 越大，比值$\frac{\phi}{\phi_0}$就越大。因此比值$\frac{\phi}{\phi_0}$就可以表示溶液对光的透射程度，称为透射比，用 τ 表示。

入射光 ϕ_0 一定时，若溶液对光吸收越多，则透射光 ϕ 越小，比值$\frac{\phi_0}{\phi}$就越大。因此比值$\frac{\phi_0}{\phi}$就可以表示溶液对光的吸收程度。若用 $\lg \frac{\phi_0}{\phi}$表示光被溶液吸收的程度，就称为吸光度，用 A 表示。这样式 8 - 2 可写成：

$$A = kb \tag{8-3}$$

即一束平行的单色光垂直照射到一定浓度的均匀透明溶液时，吸光度与溶液厚度成正比。

8.2.3.2　比尔定律

当一束平行的单色光垂直照射到一定液层厚度的、同种物质的不同浓度的均匀透明溶液时，入射光被溶液吸收的程度与溶液浓度成正比。这就是比尔定律：

$$\lg \frac{\phi_0}{\phi} = k'c \tag{8-4}$$

式中　c ——溶液浓度；

k'——比例系数，与入射光波长、溶液性质、液层的厚度和温度有关。

同样，可以把式 8 - 4 写成：

$$A = k'c \tag{8-5}$$

即一束平行的单色光垂直照射到一定液层厚度的均匀透明溶液时，吸光度与溶液浓度成正比。

比尔定律在一定的浓度范围内才适用。当浓度过高或过低时，由于溶质电离、聚合等反应，该定律会产生很大偏差。

8.2.3.3　朗白 - 比尔定律

如果溶液浓度和光通过的液层的厚度都可改变，考虑二者同时对光被溶液吸收程度的影响，即得到光吸收定律——朗白 - 比尔定律：

$$A = \lg \frac{\phi_0}{\phi} = \lg \frac{1}{\tau} = Kbc \tag{8-6}$$

式中，K 为比例常数，与入射光波长、溶液性质和温度有关。

朗白－比尔定律是紫外－可见分光光度法进行定量分析的基础。

朗白－比尔定律表明：当一束平行的单色光垂直入射并通过均匀透明的吸光物质的稀溶液时，溶液对光的吸收的程度（即吸光度）同溶液浓度与液层的厚度的乘积成正比。

8.2.3.4 吸光系数、摩尔吸光系数、质量吸光系数

（1）式8－6中比例常数 K 称为吸光系数，其物理意义是：单位浓度的溶液，液层的厚度为1cm时，在一定波长下测得的吸光度。与入射光波长、溶液性质和温度有关，与溶液浓度及液层的厚度无关。

（2）当溶液浓度以物质的量浓度（mol/L）表示，液层的厚度以厘米（cm）表示时，相应的吸光系数 K 称为摩尔吸光系数，以 ε 表示，其单位为：L/（mol · cm）。这样，式8－6可改写成：

$$A=\varepsilon bc \tag{8-7}$$

摩尔吸光系数的物理意义是：浓度为1mol/L的溶液，在液层的厚度为1cm的吸收池中，在一定波长下测得的吸光度。

摩尔吸光系数是吸光物质的重要参数之一，表示该物质对某一特定波长光的吸收能力。ε 越大，表示该物质对某一特定波长光的吸收能力越强，光度法测定的灵敏度也就越高。

【例8－1】 已知含 Fe^{3+} 浓度为0.5μg/mL的溶液，用KCNS显色，在波长480nm处用2cm的吸收池测得 $A=0.197$。计算摩尔吸光系数。

解：$c(\mathrm{Fe})=\dfrac{0.5\times1000\times10^{-6}}{55.85}=8.95\times10^{-6}$，mol/L

$$\varepsilon=\frac{A}{bc}=\frac{0.197}{8.95\times10^{-6}\times2}=1.1\times10^{4}\text{，L/(mol · cm)}$$

（3）当溶液浓度以质量浓度（g/L）表示，液层的厚度以厘米（cm）表示时，相应的吸光系数 K 称为质量吸光系数，以 a 表示，其单位为：L/（g · cm）。

8.2.3.5 吸光度的加和性

在多组分溶液中，在一定波长下，若各吸光物质之间没有相互作用，则此时总吸光度等于各组分吸光度之和，即吸光度具有加和性。这对于多组分同时测定，对校正干扰极为有用。

8.2.3.6 引起偏离光吸收定律的原因

根据吸收定律，当光通过吸收溶液的厚度一定时，吸光度只与溶液浓度成正比，吸光度对溶液浓度作图应该得到一条直线，直线的截距为零，斜率为 εb。但实际上吸光度与浓度关系有时是非线性的，直线发生弯曲；或直线不通过零点。这些现象都称为偏离光吸收定律。

若溶液的实际吸光度比按吸收定律计算的理论值大，则为正偏离，直线向上弯曲；若实际吸光度比计算的理论值小，则为负偏离，直线向下弯曲。

引起偏离光吸收定律的主要原因有以下几点。

A 入射光的单色程度低

实际上，由仪器的单色器提供的单色入射光是由波长范围较窄的光带组成的，而物质对不同波长的光的吸收程度不同（即吸光系数不同），因而导致了对光吸收定律的偏离。

若使用单色程度更高的单色器，或选择吸收曲线较平坦的部分对应的波长作为吸收波长，就可以减少这类偏离。

B 溶液化学因素

若吸光物质发生离解、缔合形成新的化合物，这就改变了吸光物质的浓度，浓度的改变也会

导致对光吸收定律的偏离。

严格控制溶液的显色条件，防止吸光物质参与改变其浓度的化学反应，可减少这类偏离。

C　比尔定律的限制

严格来讲，比尔定律仅适用于浓度小于0.01mol/L的稀溶液。若溶液浓度偏大，则可能引起对光吸收定律的偏离。

控制溶液吸光物质的浓度在0.01mol/L以下可减少这类偏离。

D　操作偏差

如波长指示值与实际值的偏差，吸收池成套性差等因素，都可引起这类偏离。

8.3　紫外－可见分光光度计

分光光度计是根据物质的吸收定律对物质的浓度进行测定所使用的仪器。

8.3.1　分光光度计的构造

在紫外－可见光区用于测定溶液吸光度的分析仪器，称为紫外－可见分光光度计，简称分光光度计。它是由光源、单色器、吸收池（比色皿）、检测器（光电转换器）和显示系统五部分构成的，其组成框图见图8－4。

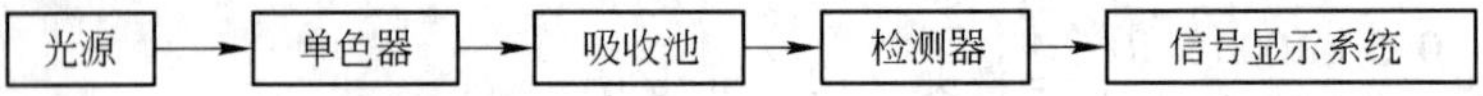

图8－4　分光光度计的构成

由光源发出的光，经过单色器的色散成为一定波长的单色光，入射吸收池被部分吸收后，透射光被检测器转换为相应强度的电信号，经显示系统处理后显示或打印出吸光度。

8.3.1.1　光源

光源的作用是提供稳定的、具有足够强度的连续光谱。

实际应用的光源分为紫外光光源和可见光光源。有色金属分析一般用可见光光源。

A　可见光光源

钨丝灯是最常用的可见光光源，可发射波长325～2500nm范围的连续光谱，其中最适宜的使用范围是380～1000nm。采用稳压电源供电，保证发光稳定。

有些光度计，采用在钨丝中加入适量的卤素或卤化物的卤钨灯代替钨丝灯，发光效率提高，使用寿命延长。

B　紫外光光源

紫外光光源多为气体放电光源，如氢灯及其同位素氘灯，其使用波长是185～375nm。氘灯比氢灯功率强、寿命长。

激光已经开始作为紫外光光源应用。

8.3.1.2　单色器

单色器的作用是把光源发出的连续光谱分解成单色光，并能准确"取出"所需的某一波长的单色光。单色器由狭缝、色散元件和透镜组成。其中色散元件是关键部件。色散元件用棱镜或反射光栅或两者组合构成。

棱镜或光栅将由光源入射的复合光通过折射或衍射，形成按波长顺序排列的连续的单色光光谱，并投射到单色器准直镜的聚焦平面上。单色器出射狭缝就设置在这个聚焦平面上，可以取出需要的单色光从出射狭缝入射到对准出射狭缝的吸收池。

A 棱镜单色器

棱镜单色器是利用不同波长的光在棱镜内折射率不同，将复合光色散为单色光的。可见分光光度计用玻璃棱镜，紫外－可见分光光度计用石英棱镜。

B 反射光栅单色器

光栅是一系列等宽、等距离的平行狭缝，利用光的衍射和干涉现象，将复合光色散为单色光的。它分平面光栅和凹面光栅两种，最常用的是平面光栅。光栅单色器比棱镜单色器的分辨率高，而且可用的波长范围更宽。目前，紫外－可见分光光度计多用光栅单色器分光。

无论哪种单色器，出射光中常混有与指示的波长不同的杂散光。为了减少杂散光，单色器用黑色罩壳封起来，不允许任意打开。

8.3.1.3 吸收池(比色皿)

吸收池用于盛放待测溶液并决定液层厚度。

吸收池为长方体，底部和两侧为毛玻璃，另外两侧为光学透光面。玻璃吸收池用于可见光区测定，石英吸收池用于可见和紫外光区测定。吸收池的规格有 0.5cm、1.0cm、2.0cm、3.0cm 和 5.0cm 等。每一种规格有一套吸收池(比色皿)。吸收池必须经过成套性检验。

若吸收池是洗净并且是干燥的，就可以直接倒入显色溶液测量吸光度；若未干燥，须用显色溶液洗 2～3 遍后再倒入显色溶液测量吸光度。显色溶液在吸收池内以达到五分之四高度为宜。

吸收池放入吸收池槽内不应倾斜。用拉杆将每个吸收池移到光路时，一定要拉到位。

吸收池的两个光学透光面要注意保护：手指不可接触光学透光面，只能拿毛玻璃面；只能用擦镜纸、滤纸或丝绸擦拭光学面，不能让硬的物体和脏的物体接触光学面；腐蚀性物质(F^-、$SnCl_2$、H_3PO_4 等)不能长时间放在吸收池内；吸收池用完后立即用水洗净，或用硝酸浸泡后用水冲洗，有色物污染用盐酸(3mol/L)与乙醇按等体积混合后浸泡洗涤；不能加热或烘烤吸收池。

8.3.1.4 检测器(光电转换器，接受器)

检测器作用是将透过吸收池的透射光转变为电信号并输出，其输出的电信号与它接受的透射光的强度成正比。

对检测器的要求是：光电转换保持恒定的函数关系；对光的响应快、灵敏；噪声低、稳定性好；产生的电信号易于检测和放大。

光电池、光电管及光电倍增管是常用的检测器。

A 光电池

光电池是由三层材料构成的薄片。表层为导电性好的贵金属(金、银、铂)薄膜，是光电池的负极；中间是具有光电效应的半导体材料(硒、硅等)，受到光照时逸出电子；底层是铁片或铝片，是光电池的正极。连接正、负极后，就有与光照强度成正比的光电流产生。

光电池不需要外接电源，不需要放大装置，这是它的优点。但是光电池不适于微弱光的转换，持续光照会使光电池产生"疲劳"，失去正常响应。因此，不能连续使用 2h 以上。

B 光电管

光电管是由一个阳极和一个光敏阴极构成的真空二极管。光敏阴极受到光照后发射电子，电子在外加电压作用下奔向阳极并经外电路回到阴极，形成与光照强度成正比的光电流。光电流经负载电阻 R 时产生电位差，经放大器按比例放大后进行测量。

按光敏材料不同，光电管分为蓝敏（可用于波长 210 ~ 625nm）和红敏（可用于波长 625 ~ 1000nm）两种。

光电管具有比光电池灵敏度高、光敏范围广和不易疲劳等优点。

C　光电倍增管

光电倍增管是在阳极和光敏阴极之间设置几个二次电子发射极（倍增极），分别接在分为几级的高压电池组上，使各倍增极电位比阴极逐一加高，阴极受光照产生的电流也逐一增大。因此，光电倍增管是检测微弱电流最常用的光电元件，它不仅响应速度快，而且灵敏度比光电管高 200 倍，是目前紫外 - 可见分光光度计广泛使用的检测器。图 8 - 5 为光电倍增管原理示意图。

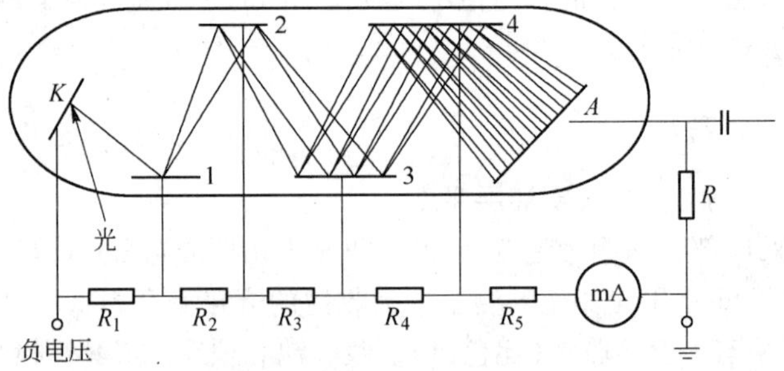

图 8 - 5　光电倍增管原理示意图

K—光敏阴极；1 ~ 4—倍增极；A—阳极；R，R_1 ~ R_5—电阻

8.3.1.5　显示系统

由检测器产生的电信号经过显示系统放大、处理，用一定方式显示出来，便于计算和记录。

随着电子技术的发展，显示系统越来越先进，自动化程度越来越高。

A　检流计或微安表

这是用表头显示的仪表。表头的标尺分上、下两部分：上半部分是百分透射比 τ（或称透光度 T），即 $\tau \times 100\%$。百分透射比是均匀刻度的；下半部分是与透射比 τ 相对应的吸光度 A 的刻度，$A = \lg \frac{1}{\tau}$。由于 τ 与 A 是对数关系，所以吸光度 A 的刻度是不均匀的。

这类仪表只能直读，不能自动记录，应用于简单的可见分光光度计。

B　数字显示和自动记录装置

光电管及光电倍增管作检测器，产生的光电流经过放大后，可由数码管直接显示透射比 τ 或吸光度 A。还可以连接数据处理装置，自动绘制工作曲线、计算分析结果并打印分析报告。

8.3.2　分光光度计的类型

紫外 - 可见分光光度计按使用的波长可分为可见分光光度计和紫外 - 可见分光光度计。可见分光光度计的使用波长为 400 ~ 780nm，只用于测量有色溶液的吸光度；紫外 - 可见分光光度计的使用波长为 200 ~ 1000nm，可用于测量在紫外光区、可见光区及近红外光区有吸收的物质的吸光度。

紫外 - 可见分光光度计按光路可分为单光束式分光光度计和双光束式分光光度计；

紫外 - 可见分光光度计按测量时提供的波长数又可分为单波长分光光度计和双波长分光光度计。

8.3.2.1 单光束分光光度计

单光束是指从光源发出的光，经过单色器及吸收池后，最后入射在检测器上，始终为一束光。其工作原理见图8－6。

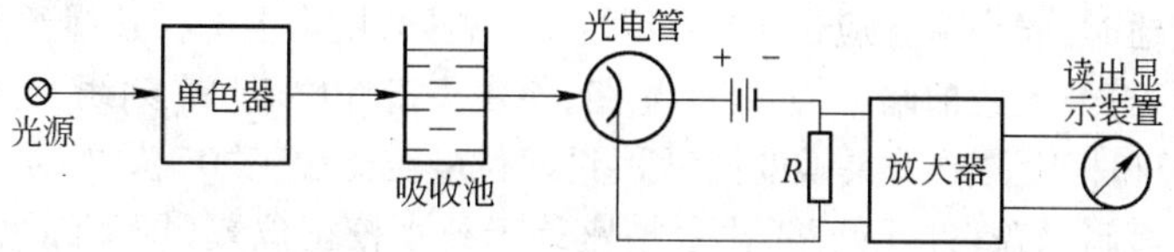

图8－6 单光束分光光度计工作原理示意图

单光束分光光度计结构简单、价格低，适于一般定量分析。其缺点是容易受光源强度波动的影响，测量值的稳定性较差。

常见的单光束可见分光光度计有721型、722型、723型和724型等；

常见的单光束紫外－可见分光光度计有751G型、752型和754型等。

8.3.2.2 双光束分光光度计

双光束是指从光源发出的光，经过单色器分成单色光后，被切光器分为强度相等的两束光，分别通过参比溶液和样品溶液。再利用另一个切光器（与前一个切光器同步），使两束光在不同时间交替入射同一个检测器，将两束光产生的电信号加以比较，并将比值经过对数转换为相应的吸光度值。这样可以消除光源强度波动产生的误差。适合于物质的复杂吸收曲线的研究。

常见的双光束分光光度计有710型、730型等。

8.3.2.3 双波长分光光度计

双波长分光光度计采用双单色器，同时得到两束波长不同的单色光，其工作原理见图8－7。

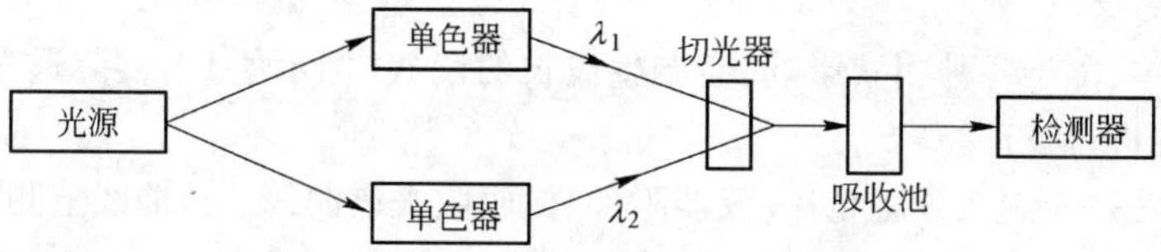

图8－7 双波长分光光度计工作原理示意图

双波长分光光度计的光源发出的光分成两束，分别经过两个光栅单色器，得到两束具有不同波长 λ_1 和 λ_2 的单色光。借助切光器，使两束光以一定的时间间隔、交替入射到吸收池，由检测器显示出待测溶液在波长 λ_1 和 λ_2 的吸光度差值 ΔA，则有

$$\Delta A = A_{\lambda_1} - A_{\lambda_2} = (\varepsilon_{\lambda_1} - \varepsilon_{\lambda_2})bc \qquad (8-8)$$

ΔA 与浓度 c 成正比，这是双波长分光光度计的定量分析原理。

双波长分光光度计不用参比溶液就可以消除背景吸收的干扰，没有了待测溶液与参比溶液因组成不同造成的偏差，消除了吸收池厚度差异带来的偏差，提高了测量准确度。适合于混合物、混浊样品的分析，可进行导数光谱分析。不足之处是仪器价格高。

双波长分光光度计有WFZ800S型、岛津UV－300型。

8.3.3 分光光度计的使用

分光光度计种类繁多，不同仪器的使用方法也有差异，应该仔细阅读仪器说明书。

8.3.3.1　使用方法

A　以721可见分光光度计为例

其使用方法如下：

(1)电源未接通时，表头指针应位于“0”刻线上。否则，用表上的校正螺丝调节。

(2)接通电源，打开比色槽暗箱盖，隔断光路，使表头指针位于“0”刻线上，预热20min后，选择测量所用的波长和相应的放大灵敏度挡，用调“0”位电位器校正“0”位。

(3)合上比色槽暗箱盖，打开光路，比色槽座处于纯水校正位置(即盛纯水的比色皿处于光路上)，使光电管见光，旋转光量调节器调至表头指针处于“100%”位置。

(4)按上述方式连续几次调整“0”位和“100%”，仪器即可进行测量。

B　以7230G可见分光光度计为例

其使用方法如下：

(1)打开电源，打开样品室暗箱盖，预热20min。选择波长，选择“吸光度测量模式”(也可选其他模式)，将遮光体放入样品架并拉动拉杆使它进入光路，按下“0%”按钮，完成仪器调零。

(2)放入参比溶液并拉动拉杆使其进入光路，按下“100%”按钮，仪器显示“－.000”或“.000”，即吸光度$A=0$(透射比τ或透光度T等于100)。

(3)放入试样溶液并拉动拉杆使其进入光路，读取吸光度值，并立即打开样品室盖(自动关闭光路)。

(4)测量完毕，取出吸收池，洗净后倒置于滤纸上晾干。关闭电源，盖上防尘罩。填写使用记录。

8.3.3.2　仪器的检定(校正)

A　波长准确度

在仪器使用中，由于各种因素影响，会产生波长的读数(标示值)与实际通过溶液的波长不符合的现象，需要进行校正。

最简便的方法是绘制镨钕滤光片(仪器附件)的吸收光谱曲线。从曲线上测出λ_{max}。若仪器显示的λ_{max}与镨钕滤光片的标准吸收峰528.7nm和807.7nm相差±3nm以上，则需要进行波长调节(按仪器说明书要求做)。

B　透射比正确度

配制质量浓度为0.06000g/L $K_2Cr_2O_7$的0.001mol/L的$HClO_4$溶液，装入石英吸收池中，以0.001mol/L的$HClO_4$溶液为参比溶液，分别在235nm、257nm、313nm、350nm处测量透射比τ(即透光度T)，与表8－2比较，其相对偏差应在0.8%～2.5%之内。

表8－2　波长与透射比

波长/nm	235	257	313	350
透射比τ	18.2	13.7	51.3	22.9

C　稳定性

a　零点稳定度

在检测器不受光条件下，将仪器调零，观察3min，记录透射比的变化，即为零点稳定度。透射比的变化应不大于0.2%τ。

b　光电流稳定度

在仪器波长范围两端向中间各靠10nm(如仪器的波长范围是360～800nm,则在370nm和790nm两处),盖上样品室(打开光路),使光电管受光,调节透射比为95%(数显仪器可调至100%),观察3min,记录透射比的变化,即为光电流稳定度。透射比的变化应不大于0.5%τ。

D　吸收池配套性

一套吸收池(一般每套四个),分别装入测定用的溶剂,以其中一个为参比,测量其他几个的透射比,看是否相等,其透射比的差值应小于0.5%。

8.3.3.3　仪器的维护

A　环境要求

分光光度计应安装在稳固的工作台上,四季室内温度控制为5～35℃,相对湿度不超过80%,应与化学操作房间隔开,应避免阳光直射。

B　维护方法

(1)对于电源电压波动大的实验室,应配备稳压器。应有良好的接地性。

(2)不使用时不要开光源灯,以延长使用寿命。若光源灯亮度减弱或不稳定,应及时更换新灯。更换新灯要调节灯丝与入射狭缝的相对位置,保证进入单色器的光有足够强度。不要用手接触灯泡,以免污染。

(3)单色器部分装在密封盒内,不能随意打开。

(4)保护吸收池光学面。

(5)检测器(光电转换元件)不能长时间曝光,避免强光照射,避免受潮。

(6)吸收池中装入溶液不要太满,达到五分之四体积即可。

C　故障排除方法

常见故障及排除方法见表8－3。

表8－3　分光光度计常见故障及排除方法

故障现象	可能原因	排除方法
1. 打开电源,仪器无反应	(1)保险丝断; (2)开关接触不良	(1)更换保险丝; (2)更换开关
2. 光源灯不工作	(1)灯已经损坏; (2)光源供电器损坏	(1)更换新灯; (2)更换电路板
3. 显示不稳定	(1)仪器预热时间不够; (2)电噪声大; (3)环境振动、气流过大、外界有强光照射; (4)电源电压不稳; (5)仪器接地不良	(1)延长预热时间; (2)检查干燥剂是否受潮; (3)改善环境; (4)检查电源电压; (5)重新接地
4. τ调不到0	(1)漏光; (2)放大器损坏; (3)暗盒受潮	(1)修理光门; (2)修理放大器; (3)更换暗盒干燥剂

续表 8 - 3

故障现象	可能原因	排除方法
5. τ 调不到 100% 即 A 调不到 0	(1)光源灯不亮； (2)样品室有挡光现象； (3)光路没有对准； (4)放大器损坏	(1)修理灯电源电路； (2)检查样品室； (3)调整光路； (4)修理放大器
6. 测量结果异常	(1)样品处理有误； (2)吸收池不配对； (3)波长调节不准	(1)重新处理样品； (2)校正吸收池； (3)校正波长

8.4　可见分光光度定量分析方法

使用可见分光光度法测定物质含量，必须首先选择显色剂和显色反应，并控制显色条件和测量条件，正确使用定量方法，控制测量误差，才能得到准确测量结果。

8.4.1　显色剂和显色反应

8.4.1.1　显色试剂的种类

A　无机显色剂

许多无机试剂能与金属离子发生显色反应，但具有较高灵敏度和选择性、有应用价值的不多。只有硫氰酸盐（测定 Fe、W、Mo 等）、钼酸盐（测定 Si、P、As 等）、过氧化氢（测定 Ti、V 等）等比较常用。

B　有机显色剂

有机显色剂与金属离子形成的配合物，其稳定性、灵敏度和选择性比较高，应用广泛，表8 - 4列出常用的有机显色剂。

表 8 - 4　常用的有机显色剂

显色剂	测定元素	λ_{max}/nm	ε/L·(mol·cm)$^{-1}$
磺基水杨酸(SS)	Fe^{3+}	520	1.6×10^3
邻菲罗啉	Fe^{2+} Cu^{+}	510 435	1.1×10^4 7×10^3
丁二酮肟	Ni	470	1.3×10^4
双硫腙	Cu^{2+}、Pb^{2+}、Zn^{2+}、Cd^{2+}、Hg^{2+}	490 ~ 550	4.5×10^4 ~ 3×10^4
偶氮砷Ⅲ	Zr^{4+}、Ce^{4+}、Pb^{2+}、Th^{4+} 等	665 ~ 675	10^4 ~ 1.3×10^5
二甲酚橙(XO)	Zr^{4+}、Bi^{3+}、Pb^{2+}、UO_2^{2+} 等	530 ~ 580	1.6×10^4 ~ 5.5×10^4
铬天青 S(CAS)	Al	530	5.9×10^4
结晶紫	Sb、In、Tl	610	5.4×10^4

C　三元配合物显色体系

前面介绍的是金属离子与一种配位体形成二元配合物。由于三元配合物的显色灵敏度和选择性都比二元配合物高，所以很快得到广泛应用。

三元配合物分单核三元配合物和双核三元配合物。

单核三元配合物是一种金属离子与两种配位体形成的，如 Al—CAS—CTMAC（铝—铬天青 S—氯化十六烷基三甲铵）；双核三元配合物是两种金属离子与一种配位体形成的，如 $FeSnCl_5$。

选择显色剂是为了获得吸光能力更强的有色物质，因此，与二元配合物相比，颜色有显著变化的三元混配化合物、三元离子缔合物和三元胶束配合物是应用最多的。

a 三元混配化合物

一般通式是 A—M—R，金属离子 M 与一种配位体形成未饱和的配合物，再与另一种配位体形成配合物。如 pH 值为 0.6～2 时，Ti^{4+} 与 H_2O_2 显色形成 $[TiO(H_2O_2)]^{2+}$ 黄色配合物，其 λ_{max} = 420nm。若再加另一种显色剂二甲酚橙（XO），则生成 $n(Ti^{4+}):n(H_2O_2):n(XO) = 1:1:1$ 的绿色混配化合物，其 λ_{max} = 530nm。可见形成三元混配化合物后，颜色加深了，由黄色变成绿色。测量的灵敏度和选择性都提高了，干扰反应大为减少。

b 三元离子缔合物

一般通式是 M—R—A，金属离子 M 与一种配位体形成配阴离子或配阳离子，再与带有相反电荷的离子形成缔合物。三元离子缔合物多用于萃取光度测定，如 $[Ti(SCN)_6]^{2-}$ 与二安替吡啉甲烷（DMA）在 2～4mol/L 的 HCl 溶液中形成 $n(Ti^{4+}):n(DMA):n(SCN) = 1:2:6$ 的三元离子缔合物，用氯仿（三氯甲烷）萃取后测量，其 λ_{max} = 420nm，$\varepsilon = 8\times10^4$L/(mol·cm)。

c 三元胶束配合物

带有长链的季铵盐，在水中形成胶体质点（称为胶束），能够对一些二元配合物有提高稳定性和增溶作用（称为胶束增溶作用），使它们的吸收峰比二元配合物吸收峰的波长更长，灵敏度也大为提高。如 Al—CAS 二元配合物的 λ_{max} = 535nm，ε 约为 4×10^4L/(mol·cm)。当有氯化十六烷基三甲铵存在时，形成三元胶束配合物，其 λ_{max} = 587nm，ε 约为 10^5L/(mol·cm)。同时溶液的酸度对溶液的吸光度的影响大为减弱，更易于溶液显色条件的控制。

8.4.1.2 显色反应的选择

显色反应可以是氧化还原反应，也可以是配位反应，或二者兼有。选择显色反应应该考虑以下几个方面：选择性好，干扰少；灵敏度高，摩尔吸光系数大；生成的有色化合物组成恒定、性质稳定；若显色剂本身有色，则生成的化合物与显色剂之间颜色差别要大，以减少试剂空白值；显色条件易于控制，有较好的再现性。

8.4.2 显色条件的选择

选择显色剂、控制显色条件对测定都很重要。这些条件有显色剂用量、溶液酸度（pH 值）、显色温度、显色时间、溶剂等。

8.4.2.1 显色剂用量

被测金属离子 M，显色剂 R，显色反应：$M + R \rightleftharpoons MR$。从反应平衡角度看，加过量的显色剂有利于有色配合物 MR 的形成。但过量显色剂增加了试剂空白，或改变配合物组成。因此，显色剂应适当过量。具体加多少显色剂最合适，应经过实验确定。具体实验方法是：

（1）固定被测组分 M 的浓度，固定其他显色条件（按经验确定这些条件）；

（2）配制 4 份以上、不同的显色剂加入量的相同体积的试液；

（3）分别测量吸光度 A 值；

(4)绘制吸光度 A－显色剂浓度(或加入体积,mL)的曲线。曲线可能有三种形状,见图 8－8。

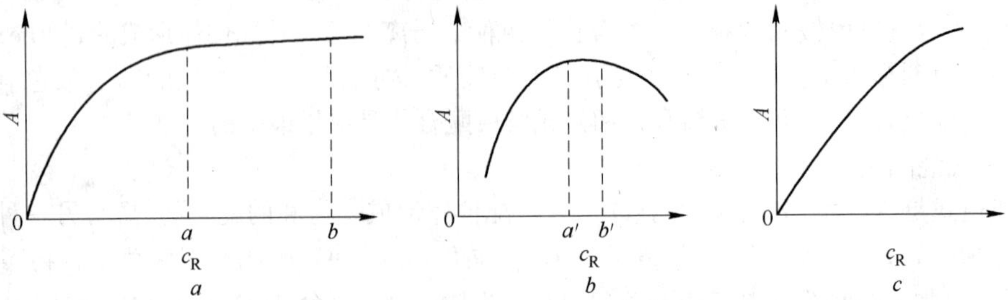

图 8－8　吸光度 A－显色剂浓度 c_R(或加入体积,mL)的曲线

若得到的是 a 曲线,表明显色剂浓度(加入量)在 $a \sim b$ 范围内时,获得的吸光度高且数值稳定。因此,显色剂用量可以在 $a \sim b$ 对应的显色剂浓度或用量范围内选择。这种情况,在操作时,显色剂加入量便于控制。

若得到的是 b 曲线,表明选择显色剂浓度(加入量)在 $a' \sim b'$ 范围内,吸光度高且数值比较稳定。但在操作时必须严格控制显色剂用量,否则会产生较大的测量误差。

若得到的是 c 曲线,表明随着显色剂浓度(加入量)增加,吸光度不断增大,没有稳定区间。这种情况下,必须十分严格控制显色剂加入量,否则会产生大的测量误差。

8.4.2.2　溶液酸度

酸度不同,金属离子与同一种显色剂可形成不同配位数的不同颜色的配合物。因此,只有溶液 pH 值控制在一定范围内,才能获得组成恒定的有色配合物。

酸度过高,则会降低配合物的稳定性;酸度过低,则可能引起金属离子水解,破坏有色配合物。

溶液酸度变化,显色剂颜色可能也发生变化。

因此,必须通过实验确定显色适宜的酸度。其方法同显色剂用量实验一样,固定其他条件,只改变溶液 pH 值或加入酸的量,配制数个显色溶液,测量吸光度,绘制吸光度 A－pH(或加入酸的量)曲线。选择曲线平坦部分对应的 pH 值(或加入酸的量),来作为显色的控制酸度。

8.4.2.3　显色温度

显色反应多在常温进行,但有的要加热才能完成。对不同的显色反应,应同显色剂用量实验一样,通过具体的实验并绘制吸光度 A－显色温度曲线,选择曲线平坦部分对应的显色温度作为显色的条件。

8.4.2.4　显色时间

显色时间包括发色时间和发色后稳定时间。选择合适的显色时间也同显色剂用量实验一样,用具体的实验并绘制吸光度 A－显色时间曲线来确定。一般把曲线平坦部分对应的显色时间确定为显色条件。

8.4.2.5　有机溶剂的使用

利用有色化合物在有机溶剂中稳定性好、溶解度大、光度法测量灵敏度高的优点,可以选择合适的有机溶剂,采用萃取光度法来提高方法的灵敏度和选择性。如 Sb 与结晶紫形成的配合物,用有机溶剂甲苯萃取后,以同时操作的试剂空白为参比溶液,在 610nm 波长测量在有机相中的配合物的吸光度。

8.4.2.6 显色反应的干扰与消除

A 干扰离子的影响

分光光度法中,共存离子的干扰有以下几种情况:

(1)共存离子本身有颜色。如 Fe^{3+}、Ni^{2+}、Co^{2+}、Cu^{2+}、Cr^{3+} 等本身有颜色的离子存在,可能会影响其他离子的吸光度测定。

(2)共存离子与显色剂或被测组分反应,生成更稳定的配合物或发生氧化还原反应,使显色剂或被测组分的浓度降低,导致测定结果偏低。

(3)共存离子与显色剂反应生成有色化合物,导致测定结果偏高。

B 干扰消除(减少)方法

(1)控制溶液酸度。控制酸度使待测离子显色,而干扰离子不显色。如用磺基水杨酸(SS)测定 Fe^{3+},若 Cu^{2+} 共存,Cu^{2+} 也能与磺基水杨酸形成黄色配合物而干扰测定。若溶液酸度控制在 pH 值为 2.5,此时,Fe^{3+} 与磺基水杨酸形成黄色配合物,而 Cu^{2+} 则不能。

(2)加入掩蔽剂,掩蔽干扰离子。加入掩蔽剂,掩蔽干扰离子是一种有效而且常用的方法。使用该方法要求加入的掩蔽剂不与待测离子反应,掩蔽剂和掩蔽产物的颜色不干扰测定。表 8-5列出可见分光光度法常用的掩蔽剂。

表 8-5 可见分光光度法常用的掩蔽剂

掩蔽剂	pH 值	被掩蔽的离子
KCN	>8	Cu^{2+}、Co^{2+}、Ni^{2+}、Zn^{2+}、Ca^{2+}、Hg^{2+}、Ag^{+}、Ti^{4+} 及铂族元素
	6	Cu^{2+}、Co^{2+}、Ni^{2+}
NH_4F	4~6	Al^{3+}、Ti^{4+}、Sn^{4+}、Zr^{4+}、Nb^{5+}、Ta^{5+}、W^{6+}、Be^{2+} 等
酒石酸	5.5	Fe^{3+}、Al^{3+}、Sn^{4+}、Sb^{3+}、Ca^{2+}
	5~6	UO_2^{2+}
	6~7.5	Mg^{2+}、Ca^{2+}、Fe^{3+}、Al^{3+}、Mo^{4+}、Nb^{5+}、Sb^{3+}、W^{6+}、UO_2^{2+}
	10	Al^{3+}、Sn^{4+}
草　酸	2	Sn^{4+}、Cu^{2+} 及稀土元素
	5.5	Zr^{4+}、Th^{4+}、Fe^{3+}、Fe^{2+}、Al^{3+}
柠檬酸	5~6	UO_2^{2+}、Th^{4+}、Sr^{2+}、Zr^{4+}、Sb^{3+}、Ti^{4+}
	7	Nb^{5+}、Ta^{5+}、Mo^{4+}、W^{6+}、Fe^{3+}、Cr^{3+}、Ba^{2+}
抗坏血酸	1~2	Fe^{3+}
	2.5	Cu^{2+}、Hg^{2+}、Fe^{3+}
	5~6	Cu^{2+}、Hg^{2+}

(3)改变干扰离子的价态以消除干扰。如铬天青 S(CAS)显色 Al^{3+} 时,加入抗坏血酸或盐酸羟胺将 Fe^{3+} 还原为 Fe^{2+},可消除 Fe^{3+} 的干扰。

(4)选择适当的入射光波长消除干扰。有时,不一定选择最大吸收波长来测定吸光度,也可选择能避开干扰的其他波长。

(5)选择合适的参比溶液抵消显色剂和某些有色共存离子的干扰。

(6)采用沉淀、电解、萃取或离子交换等方法,分离干扰离子。在铜及铜合金分析中,常采用电解法分离基体组分铜。

(7)利用双波长分光光度法消除干扰。

8.4.3　测量条件的选择

采用分光光度法测量时,选择合适的测量条件,能提高测定的准确度。这些测量条件包括入射光波长、参比溶液、测量的吸光度范围、被测组分的浓度范围等。

8.4.3.1　波长选择

分光光度法测量时,首先要选择合适的入射光波长。选择入射光波长应依据该物质的吸收曲线,一般选择能获得最大测量灵敏度的 λ_{max} 作为入射光波长。但若 λ_{max} 附近存在不易消除的干扰,也可选择曲线中其他波长(最好在曲线较平坦处)作为入射光波长。

8.4.3.2　参比溶液选择

分光光度法测定吸光度时,加入的各种试剂和试样中的共存离子,或者对入射光产生吸收,使吸光度增大;或者因相互反应降低被测离子浓度,使吸光度减弱。这都或多或少影响测量的准确度。因此,应利用参比溶液抵消吸收池、试剂和试样溶液中的共存离子的影响,使吸光度只真实反映待测离子的浓度。

A　溶剂参比

直接采用水或有机溶剂等作为参比溶液。这种参比溶液可以消除吸收池、溶剂等因素的影响。

B　试剂参比

采用按测定条件加入相同的试剂(包括显色剂)和溶剂,但不加入试样的溶液作参比溶液。这种参比溶液可消除吸收池、溶剂和试剂的影响。

C　试液参比

当试样中的共存组分本身有吸收,但不与显色剂反应,显色剂也对入射光波长无吸收时,可另称取一份试样同样操作,只是不加显色剂,作为参比溶液。这种参比溶液可消除吸收池、溶剂、试剂和试样中的共存有色离子的影响。

D　褪色参比

若显色剂和试样中的共存组分在使用的波长处都产生吸收,从而干扰测定,可在显色溶液中加入某种褪色剂,仅仅使被测离子生成的有色物质褪色,以此作为参比溶液,可消除吸收池、溶剂、显色剂等试剂的颜色和共存有色离子的颜色的干扰。这是最理想的参比溶液。如铬天青 S (CAS)与 Al^{3+} 显色测定 Al^{3+},显色后用于测量的溶液可以分一部分加几滴 NH_4F 夺取 Al^{3+},生成无色的 $[AlF_6]^{3-}$,使铬天青 S(CAS) - Al^{3+} 显色溶液褪色,以此褪色溶液作参比溶液,来测量不加 NH_4F 的显色试液。褪色参比虽是一种比较理想的参比溶液,可是并非任何显色试液都能找到适当的褪色方法。

总之,选择参比溶液时,应尽量全部抵消各种共存物的干扰,使试液的吸光度真正反映待测元素的浓度。

8.4.3.3 吸光度测量范围选择

由于透射比 τ 与吸光度之间呈负对数关系，因此在不同的透射比处，读数误差对结果的影响程度是不一样的。在透射比 $\tau=0.368(A=0.434)$时，读数误差对结果的影响程度最小。因此实际测量时，吸光度过大或过小，读数误差对结果的影响程度都会比较大。

所以，应该通过改变试样量，改变显色溶液总体积，或改变吸收池厚度，来控制显色溶液的透射比 τ 在 70% ~10% 范围内，即控制吸光度 A 在 0.2 ~0.8 范围内。

8.4.4 定量方法

可见分光光度法应用广泛，针对不同的分析精密度要求，可选择不同的定量测定方法。

8.4.4.1 工作曲线法

工作曲线法是进行分光光度定量测定的最常用的方法。

首先要配制系列不同浓度的标准溶液，按测定方法显色后，测量它们的吸光度。然后，可用坐标纸绘制 A_i-c_i 工作曲线，用查曲线方法确定试样溶液的浓度；或者根据系列标准溶液的浓度与相应的吸光度，建立一元线性方程，计算出试样溶液的浓度；或用内插法计算试样溶液浓度。

A 工作曲线的绘制和查曲线方法

配制四个以上、浓度不同的待测组分的标准溶液 $c_1,c_2,c_3,\cdots$，在相同条件下显色并稀释至相同体积，以空白溶液（即不加待测组分的溶液）为参比溶液，在选定的波长下，分别测定各标准溶液的吸光度 $A_1,A_2,A_3,\cdots$。以标准溶液的浓度为横坐标，以吸光度为纵坐标，在坐标纸上绘制曲线（见图 8-9），此曲线称为工作曲线（或称标准曲线）。

工作曲线应该标明曲线名称、标准溶液名称和浓度、坐标分度和单位、测量条件（仪器型号和编号、入射波长、吸收池厚度、参比溶液名称）以及曲线绘制日期和绘制人。

测定试样时，按与工作曲线基本相同的步骤进行。测得试样的吸光度并减去相应的参比溶液吸光度后，在曲线上查得试样溶液待测组分的浓度，即可计算试样中待测组分的质量分数（即含量）。

试样的吸光度以控制在曲线的中部为最好。

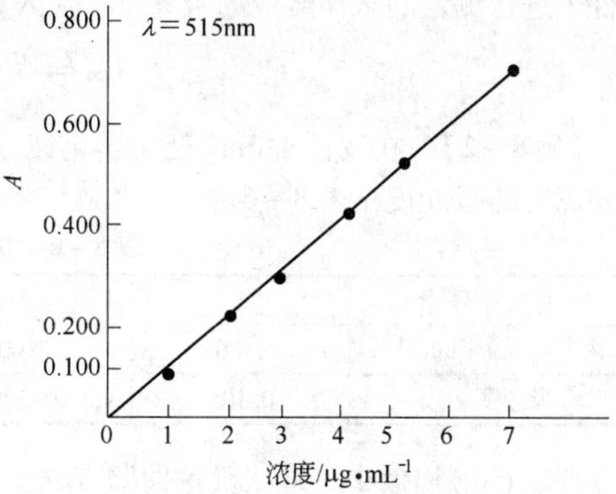

图 8-9 工作曲线示意图

工作曲线应定期校准或定期重新制作。在重新配制显色剂后及仪器维修后，也应重新实验、重新绘制曲线。

查曲线的方法虽然直观、方便，但其准确性容易受人为因素的影响。

B 工作曲线的一元线性方程和浓度计算

由于受各种因素影响，测出的工作曲线各点可能不在一条直线上。这时，“画”直线就有随意性了。若采用最小二乘法建立直线的回归方程，用方程式计算待测组分的含量，就减少了这种随意性。

根据吸收定律，工作曲线的一元线性方程表示为：

$$y=a+bx \qquad (8-9)$$

式中 x——标准溶液的浓度；

y——相应的吸光度；

a,b——回归系数；

b——直线的斜率；

a——直线的截距(直线称为回归直线)。

其中：

$$b=\frac{\sum_{i=1}^{n}(x_i-\bar{x})(y_i-\bar{y})}{\sum_{i=1}^{n}(x_i-\bar{x})^2} \tag{8-10}$$

$$a=\frac{\sum_{i=1}^{n}y_i-b\sum_{i=1}^{n}x_i}{n}=\bar{y}-b\bar{x} \tag{8-11}$$

式中　$\bar{x},\bar{y}$——分别为 x 和 y 的平均值；

x_i,y_i——分别为第 i 个点标准溶液的浓度和第 i 个点的吸光度(下同)。

工作曲线线性的好坏可以用回归直线的相关系数 γ 来判断：

$$\gamma=b\sqrt{\frac{\sum_{i=1}^{n}(x_i-\bar{x})^2}{\sum_{i=1}^{n}(y_i-\bar{y})^2}} \tag{8-12}$$

相关系数 γ 越接近1，说明回归直线的线性越好。

一般要求相关系数 $\gamma>0.999$(当 $\gamma<1$ 时)；或 $\frac{1}{\gamma}>0.999$(当 $\gamma>1$ 时)。

只要工作曲线的一元线性方程的相关系数 γ 符合要求，那么由各标准溶液点的浓度 x_i 和吸光度 y_i，按照式8－10和式8－11就可以求出 a、b 回归系数，进而获得回归方程。那么，把同样条件下进行测定的试样溶液的吸光度 y 代入方程中，就可以求出试样溶液的浓度 x(或 c)。

$$x=\frac{y-a}{b}\quad 或 \quad c=\frac{A-a}{b} \tag{8-13}$$

【例8－2】　在波长470nm处用碘化钾分光光度法测定合金中的铋量，工作曲线各点溶液浓度和测得的吸光度见表8－6。

表8－6　溶液浓度与吸光度

标准序号	1	2	3	4	5
浓度 x_i/μg·mL^{-1}	1.00	2.00	3.00	4.00	5.00
吸光度 y_i	0.105	0.205	0.31	0.415	0.515

要求：(1)以最小二乘法确定回归方程。

(2)计算回归方程的线性相关系数 γ，判断工作曲线线性。

(3)与曲线同时测量的试样溶液的吸光度为0.26，用回归方程求出该试液的浓度(质量浓度)。

解：

(1)以最小二乘法确定回归方程。

计算出相关数据，填入表8－7中。

由吸收定律给出的浓度与吸光度的正比关系，可建立一元线性方程：$y=a+bx$

$$b=\frac{\sum_{i=1}^{n}(x_i-\bar{x})(y_i-\bar{y})}{\sum_{i=1}^{n}(x_i-\bar{x})^2}=\frac{1.03}{10}=0.103$$

表8-7 计算出的相关数据

标准序号	1	2	3	4	5	求平均值或求和
浓度 x_i/μg·mL^{-1}	1.00	2.00	3.00	4.00	5.00	$\bar{x}=3.00$
$x_i-\bar{x}$	-2	-1	0	1	2	
$(x_i-\bar{x})^2$	4	1	0	1	4	$\Sigma(x_i-\bar{x})^2=10$
吸光度 y_i	0.105	0.205	0.31	0.415	0.515	$\bar{y}=0.31$
$y_i-\bar{y}$	-0.205	-0.105	0	0.105	0.205	
$(y_i-\bar{y})^2$	0.042	0.011	0	0.011	0.042	$\Sigma(y_i-\bar{y})^2=0.106$
$(x_i-\bar{x})(y_i-\bar{y})$	0.41	0.105	0	0.105	0.41	$\Sigma(x_i-\bar{x})(y_i-\bar{y})=1.03$

$$a=\bar{y}-b\bar{x}=0.31-0.103\times3.00=0.001$$

得回归方程：$y=0.001+0.103x$，即 $A=0.001+0.103c$

(2)计算回归方程的线性相关系数 γ：

$$\gamma=b\sqrt{\frac{\sum(x-\bar{x})^2}{\sum(y-\bar{y})^2}}=0.103\times\sqrt{\frac{10}{0.106}}=0.103\times9.713=1.0004$$

$\frac{1}{1.0004}=0.9996>0.999$。工作曲线线性符合要求。

(3)用回归方程法求出吸光度0.26的试液中待测组分的浓度(质量浓度)：

$$c=\frac{A-a}{b}=\frac{0.26-0.001}{0.103}=2.51(\mu g/mL)$$

C 用内插法计算试样溶液浓度

利用标准溶液系列的全部数据，建立回归方程，计算试样溶液浓度，准确度高，但计算比较复杂。利用两个标准溶液的浓度和吸光度数据，内插法计算试样溶液浓度，一般也能满足测量要求。

若测得未知浓度为 c 的试样溶液的吸光度为 A，假如 A 值介于两个工作曲线点浓度为 c_1 和 c_2 的对应吸光度 A_1 与 A_2 之间。则有：

$$\frac{c_2-c}{c_2-c_1}=\frac{A_2-A}{A_2-A_1} \tag{8-14}$$

则

$$c=c_2-\frac{(A_2-A)(c_2-c_1)}{A_2-A_1} \tag{8-15}$$

【例8-3】 用内插法计算例8-2中试样溶液的浓度 c。

解：试液的吸光度为 $A=0.26$，介于两个工作曲线点浓度为 $c_1=2.00\mu g/mL$ 与 $c_2=3.00\mu g/mL$ 的对应吸光度 $A_1=0.205$ 与 $A_2=0.31$ 之间。按式8-15计算：

$$c=3.00-\frac{(0.31-0.26)(3.00-2.00)}{0.31-0.205}=2.523\approx2.52(\mu g/mL)$$

与回归方程法计算的结果基本一致。

有些性能优良的分光光度计，具有数据处理功能，可以自动建立回归方程，拟合曲线。

8.4.4.2 比较法

对于个别试样的测定，用工作曲线法绘制曲线查出浓度，或建立回归方程计算浓度，都比较麻烦，可以采用比较法计算试样浓度。

若未知试样溶液浓度大约为 c，用一个与 c 接近的已知浓度为 c_s 的标准溶液，在同样的测定条件下，测量未知试样溶液和标准溶液的吸光度分别为 A 和 A_s。按照吸收定律，吸光度与浓度成正比，所以：

$$\frac{c}{c_s}=\frac{A}{A_s} \tag{8-16}$$

则：

$$c=\frac{A}{A_s}c_s \tag{8-17}$$

【例 8－4】 用比较法计算例 8－2 中试样溶液的浓度 c。

解：与试样溶液浓度接近的标准溶液选择浓度为 $c_s=3.00\mu g/mL$ 的标准溶液，其吸光度 $A_s=0.31$。

则
$$c=\frac{A}{A_s}c_s=\frac{0.26}{0.31}\times 3.00=2.516\approx 2.52(\mu g/mL)$$

与回归方程法和内插法计算的结果基本一致。

8.4.4.3　其他测定方法

A　两个组分的测定

进行多组分混合物的测定，是依据吸光度的加和性，以两个组分 x 和 y 的测定为例，它们的吸收光谱一般有以下两种情况：

（1）两个组分 x 和 y 的吸收光谱曲线不重叠，在某一波长处只有一个组分有吸收，在另一波长处只有另一个组分有吸收。则可分别测量 x 和 y 的吸光度，而互不干扰。

（2）吸收光谱曲线重叠。可选定两个波长 λ_1 和 λ_2，分别在 λ_1 和 λ_2 测量吸光度 A_1 和 A_2，依据吸光度的加和性，列出方程组：

$$A_1=\varepsilon_{x_1}bc_x+\varepsilon_{y_1}bc_y$$
$$A_2=\varepsilon_{x_2}bc_x+\varepsilon_{y_2}bc_y$$

式中　c_x, c_y——分别为两个组分 x 和 y 的浓度；

$\varepsilon_{x_1}, \varepsilon_{x_2}, \varepsilon_{y_1}, \varepsilon_{y_2}$——分别为两个组分 x 和 y 在 λ_1 和 λ_2 处的摩尔吸光系数，可以用 x 和 y 的标准溶液分别在 λ_1 和 λ_2 处分别测量吸光度后按式 8－7 求得。然后代入方程组，解这个方程组，即可获得 c_x 和 c_y。

B　差示法

差示法又称差示分光光度法。与一般分光光度法的区别仅在于它采用一个已知浓度且组成与待测试样溶液相同的溶液作为参比溶液（称参比标准溶液），而测量过程与一般分光光度法相同。

差示法由于采用了参比标准溶液，相当于将透射比读数标尺扩大了多倍，可用于测量高含量组分，其准确度可与滴定法媲美。

C　双波长分光光度法

使用双波长分光光度计可进行双波长分光光度法测定。通过测量两个波长下的吸光度之差 ΔA，求得组分的含量。适用于混合物的测定。由于只用一个吸收池，消除了参比溶液和吸收池差异造成的影响，提高了测量准确度。

8.5　紫外分光光度法

紫外分光光度法是基于物质对紫外光的选择性吸收来进行分析的方法。紫外分光光度法主要是利用 200～400nm 的近紫外光区进行测定，多应用于有机物的研究分析，在有色金属分析中应用很少。

8.6　可见分光光度法在有色金属分析中的应用

可见分光光度法在有色金属分析中应用广泛。在标准分析方法和企业分析规程中都被大量采用。铜及铜合金化学成分的68种标准分析方法中，有P、As、Si、Sb等元素共20种方法采用分光光度法；铝及铝合金化学成分的39种标准分析方法中，有As、Fe、Cu、Ti等元素共20种方法采用分光光度法，数量占一半多；钛及钛合金分析方法中也大量采用分光光度法。

8.6.1　铜及铜合金分析常用的分光光度法综述

铜及铜合金化学成分的分析方法中，无论是国家标准方法还是企业分析规程，分光光度法都是应用比较多的一种方法。表8-8列出铜及铜合金化学成分的分析常用的可见分光光度法。

表8-8　铜及铜合金分析常用的分光光度法

元素	常用的分光光度法名称及方法概要	检测范围 $(w_B)/\%$
Cu	双环己酮草酰二腙分光光度法： 氨性介质中，双环己酮草酰二腙与铜生成蓝色配合物，在波长600nm处测量吸光度，检测电解残液中的Cu量	0.0025～0.05
Fe	1. 萃取分离、1,10-二氮杂菲分光光度法： 在盐酸介质中，4-甲基-戊酮-2萃取铁，以抗坏血酸溶液还原Fe^{3+}并反萃取，溶液pH值约6.5，生成Fe^{2+}-1,10-二氮杂菲红色配合物，在波长510nm处测量吸光度，测得Fe量（含Cr、Si样品，应改用聚四氟乙烯器皿溶样，减少Fe的空白）	0.0015～0.50
	2. $EDTANa_2-H_2O_2$分光光度法： 不分离铜，在氨性介质中，生成$Fe^{3+}-EDTANa_2-H_2O_2$紫红色配合物，在波长470nm处测量吸光度，测得Fe量（铬、钴有干扰）	0.5～7.0
	3. 掩蔽、磺基水杨酸分光光度法： 硫代硫酸钠掩蔽Cu，溶液pH值约4，Fe^{3+}与磺基水杨酸生成橙色配合物，在波长470nm处测量吸光度，测得Fe量（铬、钴及大量镍有干扰）	0.01～0.50
Ni	1. 萃取、丁二酮肟分光光度法： pH值为6.5～7.2，以丁二酮肟甲烷萃取，在波长405nm处，以三氯甲烷作参比溶液，进行试液和空白试液的分光光度测量，得到镍含量	≤2.50
	2. 掩蔽、丁二酮肟分光光度法： 碱性溶液中，在氧化剂（过硫酸铵）存在下，加丁二酮肟，生成镍-丁二酮肟酒红色配合物。铜干扰，加EDTA与铜生成配合物，使铜-丁二酮肟分解。以先加入EDTA与铜、镍生成配合物的试液作为参比液，在波长530nm或490nm处测量吸光度。由于镍-EDTA会缓慢转化为镍-丁二酮肟，因此，参比液不稳定，应在短时间内完成吸光度的测量	0.05～8.0
Al	1. 分离、铬天青S分光光度法： 当干扰元素含量高时，采取以下措施：电解除去大量Pb；电解除Cu；偏锡酸（H_2SnO_3）沉淀加高氯酸发烟溶解、加溴氢酸发烟挥发去除Sn；以MIBK（4-甲基-戊酮-2）+甲苯萃取除P；在EDTA掩蔽下、以氢氧化铍沉淀分离Be；在铂皿中、加硫酸、氢氟酸发烟以SiF_4形式挥发去除Si；在石英杯中高氯酸发烟并滴加盐酸以CrO_2Cl_2形式挥发Cr；加掩蔽剂抗坏血酸、苦杏仁酸和硫脲分别掩蔽Fe、Ti和残余Cu。锌、镍的影响以在空白加入等量锌、镍来抵消；溶液pH值为6，生成Al-铬天青S紫红色络合物，在波长545nm处测量吸光度，测得Al量	0.001～0.6

续表 8－8

元 素	常用的分光光度法名称及方法概要	检测范围 (w_B)/%
Al	2. 萃取分离、铝－铬天青 S－十六烷基三甲基溴化铵三元配合物分光光度法： 以盐酸、过氧化氢溶样，溶液 pH 值为 8.5，在巯基乙酸存在下，以苯萃取铝－钽试剂沉淀、分离铜、锡、铅、磷等，再以稀盐酸溶液反萃取。在 pH 值为 4.9～5.6 的溶液中，生成铝－铬天青 S－十六烷基三甲基溴化铵三元配合物，在波长 620nm 处测量吸光度，测得 Al 量	0.001～0.02
Mn	高碘酸钾氧化、高锰酸分光光度法： 以氢氟酸、硼酸、硝酸混合溶样，在煮沸时加高碘酸钾将锰氧化为紫色高锰酸，以亚硝酸钠还原的试液为参比，在波长 530nm 处测量吸光度，测定 Mn 量	0.03～2.5
Sn	锡－苯荧光酮－聚乙二醇辛基苯基醚（OP）三元配合物分光光度法： 以硝酸、硫酸钾－硫酸长时间沸腾溶解，经二氧化锰共沉淀富集或直接在稀硫酸中，生成锡－苯荧光酮－聚乙二醇辛基苯基醚（OP）三元配合物，在波长 510nm 处测量吸光度，测得 Sn 量	0.001～0.5
Zr	1. 二甲酚橙分光光度法： 以盐酸、过氧化氢溶样，高氯酸介质中，生成锆－二甲酚橙配合物。以加入 EDTA 的一份溶液作参比（显色溶液中不加 EDTA），在波长 540nm 处测量吸光度，测得 Zr 量	0.1～0.7
	2. 偶氮胂Ⅲ分光光度法： 硝酸溶样，硫酸蒸发或高氯酸蒸发使溶解完全，0.12～0.5mol/L 盐酸溶液中，生成锆－偶氮胂Ⅲ蓝绿色配合物，在波长 670nm 处测量吸光度，测得 Zr 量	0.05～1.2
P	1. 磷钼杂多酸－结晶紫光光度法 试料用硝酸－硫酸混合酸溶解。驱逐氮的氧化物，以 1～2A/dm^2 电流电解除铜，在稀硫酸介质中，在聚乙烯醇存在下，磷钒钼杂多酸与结晶紫形成红色离子缔合物，在分光光度计波长 545nm 处测量其吸光度	0.00005～0.0005
	2. 萃取、$SnCl_2$ 还原磷钼蓝分光光度法： 在硝酸介质中，以正丁醇－三氯甲烷萃取磷－钼酸铵杂多酸，$SnCl_2$ 还原为钼蓝，在波长 630nm 处测量吸光度，测得 P 量	0.0002～0.12
	3. 钒钼黄分光光度法： 硝酸介质，P 与 NH_4VO_3 和 $(NH_4)_2MoO_4$ 生成黄色配合物，在波长 430nm 处测量吸光度，测得 P 量	0.01～0.5
As	1. 正丁醇－乙酸乙酯萃取、$SnCl_2$ 还原砷钼蓝分光光度法： 以硝酸或硝酸－盐酸混合酸溶样，用氧化剂将 As^{3+} 氧化为 As^{5+}，以正丁醇－乙酸乙酯萃取 As(Ⅴ)－钼酸铵杂多酸，$SnCl_2$ 还原为砷钼蓝，在波长 730nm 处测量吸光度，测得 As 量。硅的干扰，加盐酸蒸干使硅酸脱水，过滤除去	0.001～0.1
	2. 苯萃取钼蓝光度法： 用苯从盐酸、氢溴酸和高氯酸混合溶液中萃取砷。然后用水反萃取，以钼蓝形式用光度法测定。毫克量的磷和硅不干扰测定	合金元素砷或杂质砷
	3. 还原单体砷比浊法： 在盐酸溶液中，在溴氢酸存在下，次磷酸钙[$Ca(H_2PO_2)_2$]还原砷为元素态胶体，用比浊法在波长 430nm 处测量吸光度，测得 As 量	0.02～0.08

续表 8-8

元素	常用的分光光度法名称及方法概要	检测范围(w_B)/%
Si	1. MIBK 萃取、$SnCl_2$ 还原、钼蓝分光光度法： 硝酸、盐酸、氢氟酸溶解试样，微酸性硝酸介质中，硅酸与钼酸铵形成硅钼酸，用 MIBK（4－甲基－戊酮－2）萃取硅钼酸，有机相中加 $SnCl_2$ 还原为钼蓝，在波长 740nm 处测量吸光度，测得 Si 量	0.001～0.025
	2. 正丁醇萃取、$SnCl_2$ 还原、硅钼蓝分光光度法： 硝酸、盐酸、氢氟酸溶解试样，加硼酸与过量 F^- 生成配合物，在微酸性溶液中，硅酸与钼酸铵形成黄色硅钼酸，正丁醇萃取硅钼酸，有机相中加 $SnCl_2$ 还原为硅钼蓝，在波长 680nm 处测量吸光度，测得 Si 量。磷、砷干扰，加柠檬酸减少干扰	0.0005～0.025
	3. 硫脲还原、硅钼蓝分光光度法： 硝酸、氢氟酸溶解试样，加硼酸与过量 F^- 生成配合物，在微酸性溶液中，硅酸与钼酸铵形成黄色硅钼酸，提高酸度，加硫脲还原硅钼酸为钼蓝，在波长 810nm 处测量吸光度，测得 Si 量	0.025～0.4
	4. 硅钼黄分光光度法： 硝酸、氢氟酸溶解试样，加硼酸与过量 F^- 生成配合物，硅酸与钼酸铵形成黄色配合物，在波长 430nm 处测量吸光度，测得 Si 量	0.4～5.0
Ti	1. Ti－H_2O_2 黄色配合物分光光度法： 硝酸溶样，硫酸发烟，在硫酸性溶液中，Ti 与 H_2O_2 生成黄色配合物，以不加 H_2O_2 的一份试样溶液作参比，在波长 410nm 处测量吸光度，测得 Ti 量	0.05～0.3
	2. 钛－变色酸红色络合物分光光度法： 盐酸、过氧化氢溶样，pH 值为 2～3，生成钛－变色酸红色配合物，加氟化物破坏钛－变色酸配合物的溶液为参比，在波长 500nm 处测量吸光度，测得 Ti 量	0.02～0.08
Sb	1. 甲苯萃取、结晶紫分光光度法： 硝酸－盐酸混合酸溶样，盐酸介质中，Sb(Ⅴ)络阴离子与结晶紫生成配合物，用甲苯萃取，在波长 610nm 处测量有机相的吸光度，测得 Sb 量	0.001～0.07
	2. 萃取、罗丹明 B 光度法： 将五价锑萃入异丙醚中，光度法测定氯锑－罗丹明 B 络合物	0.001～0.1
Bi	MnO_2 共沉淀富集、Bi－KI 黄色配合物分光光度法： 硝酸溶解试样，在氟化钾存在下，以新生成的 MnO_2 共沉淀 Bi，分离干扰元素。溶解沉淀，在硝酸溶液中，形成 Bi－KI 黄色配合物，在波长 470nm 处测量吸光度，测得 Bi 量	0.0005～0.006
稀土	掩蔽、稀土－偶氮胂Ⅲ配合物分光光度法： 盐酸、过氧化氢溶样，加硫脲、抗坏血酸、碘化钾掩蔽 Cu、Fe、Al 等，在 pH 值为 3 的溶液中，稀土与偶氮胂Ⅲ形成蓝绿色配合物，在分光光度计 660nm 处测量吸光度，测得稀土总量。以不含稀土元素的同类合金，随同试样操作，作为参比溶液	0.02～0.1
B	1. 强硫酸性溶液、硼试剂分光光度法： 盐酸、过氧化氢溶样，加磷酸、硫酸蒸发冒烟（硫酸溶液短时冒烟，B 不损失；在盐酸、硝酸或高氯酸溶液中蒸发，B 有损失），用硫酸亚铁铵还原可能存在的氧化剂，在 14.0～14.5mol/L 硫酸中，硼与硼试剂（1－羟基－4－对甲苯胺蒽醌）形成蓝色配合物，在波长 596nm 处测量吸光度，测得 B 量。酸度对显色有严重影响，需严格控制	0.001～0.02

续表 8 - 8

元素	常用的分光光度法名称及方法概要	检测范围 (w_B)/%
B	2. 姜黄素分光光度法： 样品溶于盐酸 + 硝酸，用磷酸、硫酸在 290℃分解硼化合物。在乙酸 - 乙酸盐缓冲介质中，硼酸与姜黄素形成有色化合物，在波长 540nm 处测量吸光度，测定 B 量	0.0005 ~ 0.02
Be	1. 羊毛铬菁 R 分光光度法： 试料以硝酸溶解，在氨性缓冲溶液中，铍与羊毛铬菁 R 生成红色络合物，在分光光度计波长 550nm 处测量其吸光度	0.100 ~ 2.50
	2. 掩蔽、铬天青 S 分光光度法： 盐酸、过氧化氢溶样，硫代硫酸钠掩蔽 Cu，EDTA 掩蔽 Al 等，在 pH 值为 4.6 溶液中，形成铍 - 铬天青 S 紫红色配合物，在波长 570nm 处测量吸光度，测 Be 量。以纯铜底液做空白实验，作为参比溶液	0.6 ~ 2.4

8.6.2　铝及铝合金中钛的过氧化氢分光光度法

铝及铝合金的化学成分分析广泛应用分光光度法。在 GB/T 20975—2008 铝及铝合金化学分析共 38 种方法中，有 20 种是采用分光光度法，方法数目占了一半多。

这里以 H_2O_2 黄色配合物分光光度法（GB/T 20975.12）测定 Ti 为例，介绍方法原理和测定步骤。

8.6.2.1　范围

方法适用于钒的质量分数小于 0.12% 的铝及铝合金中钛含量的测定。测定范围：0.50% ~ 7.0%。

8.6.2.2　方法原理

NaOH 溶解，硫酸和硝酸酸化，加过氧化氢显色，在分光光度计波长 410nm 处测量吸光度。

8.6.2.3　试剂

a.1　氢氧化钠溶液（400g/L，保存于聚乙烯瓶中）。

a.2　硝酸（1 + 1）。

a.3　硫酸（1 + 1）。

a.4　混合酸：500mL 水中加入 160mL 硫酸（1 + 1）和 340mL 硝酸（ρ1.42g/mL）。

a.5　过氧化氢（1 + 9）。

a.6　钛标准溶液：称取 0.1000g 金属钛（质量分数不小于 99.9%）于 300mL 烧杯中，加 50mL 硫酸（a.3）和 10mL 盐酸（1 + 1），加热溶解后再加 1mL 硝酸（a.2），加热蒸发使之冒白烟。冷却，小心加入约 10mL 水，冷却至室温，移入 1000mL 容量瓶中，以水稀释至刻度，混匀。此溶液 1mL 含钛 0.100mg。

8.6.2.4　仪器

分光光度计。

8.6.2.5 试样

厚度不大于1mm的碎屑。

8.6.2.6 分析步骤

b.1 试料

称取0.5000g试样。

b.2 测定次数

独立地进行两次测定，取其平均值。

b.3 测量

b.3.1 将试料(b.1)置于300mL烧杯中，加入10mL氢氧化钠溶液(a.1)，待剧烈反应停止后，加热至完全溶解。冷却，用少量水冲洗表皿及杯壁，边搅拌边加入50mL混合酸(a.4)，加热溶解盐类，煮沸除去氮的氧化物，冷却至室温。移入200mL容量瓶中，以水稀释至刻度，混匀。

b.3.2 若试料钛含量不大于4.0%，移取试液(b.3.1)10.00mL两份；若试料钛含量大于4.0%，移取试液(b.3.1)5.00mL两份。将移取的两份试液分别置于50mL容量瓶中，各加入15mL混合酸(a.4)。其中一份加5mL过氧化氢(a.5)，另一份不加过氧化氢的作为补偿溶液。以水稀释至刻度，混匀。以水为参比溶液，用2cm吸收池，在分光光度计波长410nm处测量吸光度，减去补偿溶液的吸光度后，从工作曲线上查出相应的钛的质量。

b.4 工作曲线的绘制

移取0mL、1.00mL、2.00mL、4.00mL、6.00mL、8.00mL、10.00mL钛标准溶液(a.6)，分别置于50mL容量瓶中，加入15mL混合酸(a.4)、5mL过氧化氢(a.5)，以水稀释至刻度，混匀。以水为参比溶液，用2cm吸收池，在分光光度计波长410nm处测量吸光度。以钛量(mg)为横坐标，以减去空白溶液的吸光度为纵坐标，绘制工作曲线。

8.6.2.7 分析结果的计算

钛的质量分数：

$$w_{Ti} = \frac{m_1 \times 10^{-3}}{m_0} \times 100\%$$

式中 m_1——从工作曲线查得的钛量，mg；

m_0——移取的试液所相当的试料的质量，g。

8.6.2.8 精密度

A 重复性

在重复性条件下获得的两次独立测试结果的测试值，在以下给出的平均值范围内，两个测试结果的绝对差值不超过重复性限(r)，超过重复性限(r)的情况不超过5%。试样测定结果的重复性限(r)按以下数据采用线性内插法求得：

钛的质量分数/%	0.84	2.11	3.15
重复性限 r/%	0.019	0.032	0.044

B 室间允许差不大于以下数值

钛的质量分数/%	0.50～1.00	>1.00～3.00	>3.00～7.00
允许差/%	0.08	0.15	0.25

该标准方法没有再现性限(*R*)的实验数值，而以室间允许差作为室间精密度判定依据。

8.6.3　钼蓝分光光度法测定铜及铜合金中的硅量

按 GB/T 5121.23 改动。

8.6.3.1　范围

本方法规定了铜及铜合金中硅含量的测定方法。

本方法适用于铜及铜合金中硅含量的测定。测定范围：大于 0.025% ~0.40%。

8.6.3.2　方法原理

试料用硝酸和氢氟酸溶解，加尿素破坏氮的氧化物，硼酸络合过量的氟离子。在弱酸性溶液中，硅酸与钼酸铵形成硅钼酸，提高酸度后，用硫脲还原为钼蓝。在分光光度计波长 810nm 处测量吸光度。

8.6.3.3　试剂

分析中仅使用确认为分析纯的试剂和蒸馏水或去离子水或相当纯度的水。

a.1　纯铜(硅的质量分数不大于 0.0005%)。

a.2　氢氟酸(ρ1.13g/mL)优级纯。

a.3　硫酸(2+7)。

a.4　硝酸(1+1)。

a.5　尿素溶液(100g/L)：贮存于聚乙烯瓶中。

a.6　硼酸溶液(50g/L)：贮存于聚乙烯瓶中。

a.7　钼酸铵[$(NH_4)_6Mo_7O_{24} \cdot 4H_2O$]溶液(50g/L)：贮存于聚乙烯瓶中。

a.8　硫脲溶液(100g/L)。

a.9　高锰酸钾溶液(50g/L)。

a.10　亚硝酸钠溶液(100g/L)。

a.11　硅标准贮存溶液：称取 0.4279g 预先经 1000℃灼烧并置于干燥器中冷却至室温的二氧化硅(优级纯)，置于预先加入 3g 无水碳酸钠的铂坩埚中，覆盖 1 ~2g 无水碳酸钠，先于低温处加热，再于 950℃熔融至透明，继续熔融 3min，用水浸出于聚乙烯烧杯中，移入 1000mL 容量瓶中，稀释至刻度，混匀。贮存于聚乙烯瓶中。此溶液 1mL 含硅 200μg。

a.12　硅标准溶液：移取 10.00mL 硅标准贮存溶液(a.11)置于 200mL 容量瓶中，用水稀释至刻度，混匀。贮存于聚乙烯瓶中。此溶液 1mL 含硅 10μg。

8.6.3.4　仪器

分光光度计。

8.6.3.5　试样

厚度不大于 1mm 的碎屑。

8.6.3.6　分析步骤

b.1　试料

按表8-9称取试样,精确至0.0001g。

表8-9 试料量

硅的质量分数/%	试料量/g
>0.025~0.10	0.400
>0.10~0.20	0.200
>0.20~0.40	0.100

b.2 测定次数

独立地进行两次测定,取其平均值。

b.3 空白试验

称取与试料量相同的纯铜(a.1),随同试料做空白试验。

b.4 测量

b.4.1 将试料置于200mL聚乙烯烧杯中,加入5滴氢氟酸(a.2),12mL硝酸(a.4),放置于温水浴中使其溶解。[如分析含铬试样,滴加高锰酸钾溶液(a.9)至溶液为红色,并过量20滴,置于沸水水浴中加热10~15min,滴加亚硝酸钠溶液(a.10)使褐色沉淀溶解]。加入10mL尿素溶液(a.5),摇动使氧化氮分解,加入30mL硼酸溶液(a.6),移入100mL容量瓶中,用水稀释至刻度,混匀。立即移入原聚乙烯烧杯中。

b.4.2 移取10.00mL溶液(b.4.1)置于200mL聚乙烯烧杯中,加入25mL水、5mL钼酸铵溶液(a.7),摇匀,在20~35℃放置15min。加入20mL硫酸(a.3),立即边摇动边加入20mL硫脲溶液(a.8),移入100mL容量瓶中,用水稀释至刻度,混匀。放置5min。

b.4.3 将部分溶液移入2cm吸收皿中,以随同试料的空白溶液为参比,在分光光度计波长810nm处测量吸光度,从工作曲线上查出相应的硅的质量。

b.5 工作曲线的绘制

b.5.1 称取0.400g纯铜(a.1),置于200mL聚乙烯烧杯中,以下从b.4.1条的“加入5滴氢氟酸”起进行。

b.5.2 移取10.00mL溶液(b.5.1)6份,置于一组200mL聚乙烯烧杯中,分别加入0mL、1.00mL、2.00mL、3.00mL、4.00mL、5.00mL硅标准溶液(a.12),加水至35mL。以下从b.4.2条的“加入5mL钼酸铵溶液”起进行。

b.5.3 将部分溶液移入2cm吸收皿中,以补偿溶液为参比,在分光光度计波长810nm处测量吸光度,以硅的质量为横坐标、吸光度为纵坐标绘制工作曲线。

8.6.3.7 分析结果的计算

按下式计算硅的质量分数 w_{Si}

$$w_{Si}=\frac{m_1\cdot V_0\times 10^{-6}}{m_0\cdot V_1}\times 100\%$$

式中 m_1——从工作曲线上查得硅的质量,μg;

V_0——试液总体积,mL;

V_1——分取试液体积,mL;

m_0——称取试料的质量,g。

所得结果表示至小数点后第二位。若硅的质量分数小于0.10%时,表示至小数点后第三位。

8.6.3.8　精密度

A　重复性

在重复性条件下获得的两次独立测试结果的测试值，在表 8 - 10 给出的平均值范围内，两个测试结果的绝对差值不超过重复性限(r)，超过重复性限(r)的情况不超过 5%，重复性限(r)按表 8 - 10 数据采用线性内插法求得。

表 8 - 10　重复性限

硅的质量分数/%	0.026	0.130	0.350
重复性限(r)/%	0.002	0.018	0.025

注：重复性限(r)为 $2.83S_r$，S_r 为重复性标准偏差。

B　再现性

在再现性条件下获得的两次独立测试结果的测试值，在表 8 - 11 给出的平均值范围内，两个测试结果的绝对差值不超过再现性限(R)，超过再现性限(R)的情况不超过 5%，再现性限(R)按表 8 - 11 数据采用线性内插法求得。

表 8 - 11　再现性限

硅的质量分数/%	0.026	0.130	0.350
再现性限(R)/%	0.007	0.020	0.030

注：再现性限(R)为 $2.83S_R$，S_R 为再现性标准偏差。

复习思考题

1. 解释下列术语：互补光、吸收曲线、摩尔吸光系数。
2. 朗白定律是说明在一定条件下，光的吸收与________成正比；比尔定律是说明在一定条件下，光的吸收与________成正比；二者合为一体称为朗白 - 比尔定律，其数学表达式为________。
3. 朗白 - 比尔定律表明什么意义？
4. 每升溶液含 Fe 47.0mg，取此溶液 5.0mL 于 100mL 容量瓶中，以邻二氮菲光度法测定铁，用 1.0cm 吸收池在波长 508nm 处测得吸光度 0.467。计算其摩尔吸光系数 ε。$M(\mathrm{Fe}) = 55.85\mathrm{g/mol}$。
5. 分光光度计由哪几部分组成，各部分的作用是什么？
6. 在使用吸收池时，应如何保护其光学面？
7. 选择显色反应时，应考虑哪几个因素？
8. 有哪些显色条件需要进行选择，选择的方法是什么？
9. 消除显色反应中的干扰有哪些方法？
10. 参比溶液的作用是什么，参比溶液有哪几种方式？
11. 如何制作分光光度法的工作曲线，利用工作曲线数据可以用哪几种方法计算待测溶液的浓度？
12. 称取 0.2160g 的 $NH_4Fe(SO_4)_2 \cdot 12H_2O$，溶于水后稀释至 500mL，得铁的标准溶液。分别取不同体积的标准溶液，用磺基水杨酸显色并稀释相同体积，测得吸光度见下表：

Fe 标准溶液/mL	0.00	2.00	4.00	6.00	8.00	10.00
吸光度/A	0.00	0.165	0.32	0.48	0.63	0.79

有一含铁的未知溶液,同样如工作曲线那样显色,测得吸光度为0.500。用内插法和回归方程法求该含铁未知溶液中铁的质量浓度。

已知 $M[NH_4Fe(SO_4)_2 \cdot 12H_2O] = 482.178g/mol$。

13. 称取0.5000g钢铁试样,溶解后将其中的 Mn^{2+} 氧化为 MnO_4^-,在100mL容量瓶中稀释至刻度。将此溶液在波长525nm处用2cm的吸收池测得吸光度为0.620,又知 MnO_4^- 在525nm处的 $\varepsilon = 2235L/(mol \cdot cm)$。计算钢铁试样中锰的含量。

14. 以丁二酮肟光度法测定镍。镍的浓度为 $1.7 \times 10^{-5} mol/L$,在波长470nm处用2cm的吸收池测得透射比 τ 为30.0%。计算该吸收物质在该波长时的摩尔吸光系数。

15. 以邻二氮菲光度法测定铜合金中的铁。称取0.5000g试样,显色后于50mL容量瓶中稀释至刻度。在波长510nm处用1cm的吸收池测得吸光度为0.430,又知该物质在波长510nm处 $\varepsilon = 1.1 \times 10^4 L/(mol \cdot cm)$。求铁的含量。

16. 光度法测定纯铝中的硅量。称取0.5000g试样,显色后于25mL容量瓶中稀释至刻度。在波长800nm处用1cm的吸收池测得吸光度为0.286,试剂空白的吸光度为0.070。同样条件下工作曲线各标准点的数据如下:

硅量/μg	0	2.0	5.0	10.0	15.0
吸光度	0.000	0.050	0.132	0.270	0.402

用工作曲线法(查曲线、内插法、回归方程法)计算 w_{Si}。

实 验

【实验1】 钒钼黄分光光度法测定锡磷青铜中的磷量

1. 实验目的

1.1 了解分光光度计的结构、测量原理。

1.2 学习分光光度计的使用。

1.3 制作磷钼钒配合物溶液对光的吸收曲线。

1.4 学习利用形成磷钼钒配合物测定锡磷青铜中的磷量的方法。

1.4.1 了解方法原理。

1.4.2 制作工作曲线。

1.4.3 条件试验1:改变钼酸铵用量试验。

1.4.4 条件试验2:改变钒酸铵用量试验。

1.5 用查曲线法、内插法、回归方程法计算试样含磷量。

2. 实验原理

试料用混合酸溶解,在硝酸介质中,磷与钒酸铵及钼酸铵生成磷钼钒杂多酸黄色络合物,在分光光度计波长430nm处测量其吸光度。

3. 实验用品

3.1 纯铜(磷的质量分数不大于0.0002%)。

3.2 混合酸:于280mL水中,加入160mL硝酸(ρ1.42g/mL)及60mL盐酸(ρ1.19g/mL),混匀。

3.3 过氧化氢(1+9)。

3.4 钒酸铵溶液(2.5g/L):称取0.5g偏钒酸铵,溶于100mL热水中,溶解完全后,冷却,在不断搅拌下缓缓加入4mL硝酸(1+1),以水稀释至200mL,混匀。

3.5　钼酸铵溶液(100g/L):称取20g钼酸铵[$(NH_4)_6Mo_7O_{24}\cdot 4H_2O$]溶于100mL热水中,冷却。用水稀释至200mL,混匀,过滤后使用。贮存于塑料瓶中。

3.6　磷标准溶液

称取0.1099g磷酸二氢钾于烧杯中,用水溶解后,移入250mL容量瓶中,用水稀释至刻度,混匀。此溶液1mL含磷0.1mg。

3.7　仪器:分光光度计。

3.8　坐标纸

4. 实验内容

4.1　试料

按下表称取试样,精确至0.0001g。

试料量、混合酸量、试液稀释体积及分取体积

磷的质量分数/%	试料量/g	混合酸量/mL	试液稀释体积/mL	分取试液体积/mL	补加混合酸量/mL
>0.010~0.040	2.000	30	50	25.00	0
>0.040~0.080	1.000	22	50	25.00	0
>0.080~0.40	0.500	20	50	10.00	4.0
>0.40~0.50	0.500	20	100	10.00	6.0

4.2　测定次数

独立地进行二次测定,取其平均值。

4.3　空白试验

按表称取与试料相同量的纯铜(3.1),随同试料(4.1)做空白试验。

4.4　测定

4.4.1　将试料(4.1)置于150mL烧杯中,按表加入混合酸(3.2),盖上表皿,低温加热至溶解完全,取下,以少量水洗涤表皿及杯壁,加入1mL过氧化氢(3.3),混匀。盖上表皿,加热微沸3~4min,取下冷却至室温。

4.4.2　按表用水稀释体积,混匀。

磷的质量分数不大于0.08%时,用干燥的移液管,移取25.00mL试液置于50mL容量瓶中以此作为显色溶液,剩余试液为补偿溶液。

磷的质量分数大于0.08%时,移取10.00mL试液两份(一份为显色溶液,一份为补偿溶液),分别置于50mL容量瓶中,按表各补加混合酸(3.2)。

4.4.3　向显色溶液和补偿溶液中同时加入5.0mL钒酸铵溶液(3.4)。

4.4.4　向显色溶液中加入10mL钼酸铵溶液(3.5),用水稀释至刻度,混匀,放置15min。补偿溶液不加钼酸铵溶液,用水稀释至刻度,混匀。

4.4.5　将部分溶液移入2cm吸收皿中,以补偿溶液为参比,在分光光度计波长430nm处测量吸光度。

4.4.6　减去随同试料的空白溶液的吸光度,从工作曲线上查出相应的磷的质量。

4.5　工作曲线的绘制

4.5.1　根据磷的质量分数,称取与显色溶液中铜量相当的纯铜(3.1)6份,置于一组150mL烧杯中,依次加入0mL、0.50mL、1.00mL、2.00mL、3.00mL、4.00mL磷标准溶液(3.6),加入15mL混合酸(3.2),盖上表皿,低温加热至溶解完全,取下以少量水洗涤表皿及杯壁,加入1mL过氧化氢(3.3),混匀。盖上表皿,加热微沸3~4min,取下冷却至室温。

4.5.2　加入5.0mL钒酸铵溶液(3.4)、10mL钼酸铵溶液(3.5),移入50mL容量瓶中,用水稀释至刻度,混匀。放置15min。

4.5.3　将部分溶液移入2cm吸收皿中，以“零”浓度溶液为参比，在分光光度计波长430nm处测量吸光度，以磷的质量为横坐标、吸光度为纵坐标绘制工作曲线。

4.6　分析结果的计算

4.6.1　查曲线计算法。按下式计算磷的质量分数w_p：

$$w_p = \frac{m_1 \cdot V_0 \times 10^{-3}}{m_0 \cdot V_1} \times 100\%$$

式中　m_1——从工作曲线上查得的磷的质量，mg；

V_0——试液总体积，mL；

V_1——分取试液体积，mL；

m_0——称取试料的质量，g。

所得结果表示至小数点后第二位。若磷的质量分数小于0.10%时，表示至小数点后第三位。

4.6.2　内插法计算试样含量。

4.6.3　回归方程法计算试样含量。

4.7　磷钼钒配合物溶液对光的吸收曲线

用工作曲线的第4点和第6点显色溶液，用2cm吸收皿，分别在380～500nm区间，每隔10nm测量吸光度，绘制吸收曲线。

对曲线作出说明。

4.8　显色条件试验

4.8.1　改变钼酸铵用量试验：钼酸铵加入量分别为2.5mL、5.0mL、7.5mL、10.0mL、12.5mL、15.0mL，同样显色，测量吸光度，绘制吸光度－钼酸铵用量曲线，选择合适的钼酸铵用量，并说明理由。

4.8.2　改变钒酸铵用量试验：钒酸铵用量分别为1.0mL、3.0mL、5.0mL、7.0mL、10.0mL，同样显色，测量吸光度，绘制吸光度－钒酸铵用量曲线，选择合适的钒酸铵用量，并说明理由。

5. 实验报告

5.1　整理实验内容，分别对显色剂用量试验、吸收曲线试验作出说明。

5.2　比较采用不同的计算方法所得的结果。

5.3　报出试样分析结果。

【实验2】　高锰酸分光光度法测定铜及合金中的锰量

1. 实验目的

学习用分光光度法测定铜合金中锰含量（大于0.030%～2.50%）的分析方法。

2. 实验原理

试料用氢氟酸、硼酸、硝酸的混合酸溶解，加入高碘酸钾将锰氧化为高锰酸，以亚硝酸钠选择性还原高锰酸而得到的底色液为参比，在分光光度计波长530nm处测量其吸光度。

3. 实验用品

3.1　溶解剂：将300mL硼酸溶液（40g/L）、30mL氢氟酸（ρ1.13g/mL）、500mL硝酸（ρ1.42g/mL）和150mL水混匀。贮存于塑料瓶中。

3.2　稀释溶液：向100mL硼酸溶液（40g/L）中加入1mL硫酸（ρ1.84g/mL），煮沸时加几粒高碘酸钾将可能还原高锰酸的有机物氧化。

3.3　高碘酸钾溶液（50g/L）：用硝酸（1＋3）配制。

3.4　亚硝酸钠溶液（20g/L）：用时现配。

3.5　锰标准贮存溶液

3.5.1　取几克纯锰（锰的质量分数不小于99.95%）放在盛有约100mL水和60～80mL硫酸（1＋3）的250mL烧杯中，搅动几分钟后，倾出酸液，用水洗涤几次，然后放在丙酮里，搅动，倾出丙酮。在100℃恒温箱里烘干约2min，取出，放在干燥器中，冷却。

3.5.2 称取1.000g纯锰（3.5.1）置于300mL烧杯中，加入80mL水，缓慢加入40mL硫酸（ρ1.84g/mL）溶解，煮沸数分钟，冷却。移入1000mL容量瓶中，用水稀释至刻度，混匀。此溶液1mL含锰1mg。

3.6 锰标准溶液：移取10.00mL锰标准贮存溶液（3.5.2），置于100mL容量瓶中，用水稀释至刻度，混匀。此溶液1mL含锰0.1mg。

3.7 仪器

分光光度计

4. 实验内容

4.1 试样

厚度不大于1mm的碎屑。

4.2 试料

按下表称取试样（4.1）。精确至0.0001g。

试料量、试液总体积、分取试液体积及补加溶解剂量

锰的质量分数/%	试料量/g	试液总体积/mL	分取试液体积/mL	补加溶解剂量/mL	补加水量/mL
>0.030～0.15	1.000	全　量		0	0
>0.15～0.50	0.300	全　量		0	0
>0.50～1.00	0.500	100	30.00	35	5
>1.00～2.50	0.300	100	20.00	40	10

4.3 测定次数

独立地进行二次测定，取其平均值。

4.4 空白试验

随同试料（4.2）做空白试验。

4.5 测定

4.5.1 将试料（4.2）置于300mL锥形瓶中，加入50mL溶解剂（3.1），加热溶解，加入20mL水，煮沸5min，除去氮的氧化物。

4.5.1.1 锰的质量分数大于0.030%～0.50%时，直接按4.5.2条进行。

4.5.1.2 锰的质量分数大于0.50%～2.50%时，按表稀释体积并移取溶液置于300mL锥形瓶中，按表补加溶解剂（3.1）和水，煮沸5min。

4.5.2 加入5mL高碘酸钾溶液（3.3）于煮沸的溶液中，并继续煮沸5min，然后将锥形瓶浸在沸水浴中20min，冷却。移入100mL容量瓶中，用稀释液（3.2）洗涤并稀释至刻度，混匀。

4.5.3 将部分溶液移入1cm吸收皿中，以预先在吸收皿中加入1滴亚硝酸钠溶液（3.4），然后倒入显色溶液而得到的底色溶液为参比，在分光光度计波长530nm处测量其吸光度。

4.5.4 减去试料空白溶液的吸光度，从工作曲线上查出相应的锰的质量。

4.6 工作曲线的绘制

4.6.1 移取0mL、3.00mL、6.00mL、9.00mL、12.00mL、15.00mL锰标准溶液（3.6），分别置于一组300mL锥形瓶中，补加水至20mL，加入50mL溶解剂（3.1），煮沸5min。以下按4.5.2～4.5.3条进行。

4.6.2 减去试剂空白溶液的吸光度，以锰的质量为横坐标，吸光度为纵坐标绘制工作曲线。

4.7 分析结果的计算

按公式计算锰的质量分数 w_{Mn}，数值以%表示：

$$w_{Mn} = \frac{m_1 \cdot V_0 \times 10^{-3}}{m_0 \cdot V_1} \times 100\%$$

式中 m_1——从工作曲线上查得的锰量，mg；

V_0 ——试液总体积,mL;

V_1 ——分取试液体积,mL;

m_0 ——称取试料的质量,g。

所得结果表示至小数点后第二位。若锰的质量分数小于0.10%时,表示至小数点后第三位。

5. 实验报告

5.1 写出实验原理、实验过程。

5.2 用内插法计算试样中的锰量。

【实验3】 EDTA－H_2O_2 分光光度法测定铝青铜和铁黄铜中的铁量

1. 实验目的

学习用分光光度法快速测定铜合金中的铁含量(0.5% ~7.0%)的分析方法。

2. 实验原理

试样用盐酸和过氧化氢溶解,在氨性介质中,Fe与EDTA及H_2O_2反应,生成紫红色配合物。在分光光度计波长470nm处测量其吸光度。

3. 实验用品

3.1 盐酸(ρ=1.19g/mL)。

3.2 过氧化氢(ρ=1.11g/mL)。

3.3 混合溶液:向250mL氨水(1+4)溶液中加入3.5gEDTA二钠盐($C_{10}H_{14}N_2O_8Na_2\cdot 2H_2O$)及2.5g酒石酸钾钠($C_4H_4O_6NaK\cdot H_2O$),溶解,混匀。

3.4 铁标准溶液:称取0.1250g纯铁,置于小烧杯中,加入5mL盐酸(2.1)、3mL过氧化氢(2.2),盖上表皿,加热溶解,煮沸使过氧化氢分解完全,用水洗涤表皿和杯壁,冷却,移入250mL容量瓶中,加水至刻度,混匀。此溶液1mL含铁0.5mg。

3.5 纯铜

3.6 仪器:分光光度计。

3.7 坐标纸

4. 实验内容

4.1 按下表称取试样

预计含铁量/%	称取试样量/g	显色体积/mL
0.5~2.0	0.1000	100
>2.0~5.0	0.0500	100
>5.0~7.0	0.0500	200

4.2 测定

4.2.1 将试样(4.1)置于小烧杯中,加入1mL盐酸(2.1)、1mL过氧化氢(2.2),盖上表皿,加热使其溶解。用少量水洗涤表皿与杯壁,煮沸分解过氧化氢。

4.2.2 加入50mL混合溶液(2.3),1mL过氧化氢(2.2),按表显色体积移入容量瓶,加水至刻度,混匀。

4.2.3 将部分试液移入3cm吸收皿中,以水为参比,在分光光度计波长470nm处测量吸光度。

4.3 工作曲线

4.3.1 称取0.050g纯铜(2.5)6份,置于一组250mL烧杯中,按4.2.1条溶解后,依次加入1.00mL、2.00mL、3.00mL、4.00mL、5.00mL、6.00mL铁标准溶液(3.4),以下按4.2.2~4.2.3条进行,但显色体积均为100mL。

4.3.2　以铁的质量为横坐标、吸光度为纵坐标绘制工作曲线。

4.4　计算试样分析结果

$$w_{Fe} = \frac{m_1 \times 10^{-3}}{m_0} \times 100\%$$

式中　m_1 ——从工作曲线查得的铁量，mg；

m_0 ——试样量，g。

5. 实验报告

5.1　写出实验原理、实验过程。

5.2　用内插法计算试样中的铁量。

5.3　体会快速分析与标准分析方法的差异。

9 原子吸收光谱法

本章提要:介绍了原子吸收光谱法分析的特点;原子吸收光谱仪的组成及各部分的功能;着重阐述了原子化的不同方式;介绍了原子吸收光谱定量分析方法;介绍了有色金属分析采用原子吸收光谱方法的标准方法和企业分析规程。

9.1 概述

原子吸收光谱法是根据待测元素的基态原子对特征波长光的吸收,测定试样中待测元素含量的分析方法。

9.1.1 原子吸收光谱的发展

虽然早在1859年就发现了自然界的原子吸收现象(即从太阳光谱中的暗线分析太阳外围大气的组成),但直到100多年后的20世纪50~60年代,原子吸收光谱作为一种分析方法才得以广泛应用:出现了火焰原子吸收光谱分析的商品仪器;提出了灵敏度更高的电热原子化原子吸收分析方法;使用氧化亚氮-乙炔高温火焰,把原子吸收分析扩大到一些难以原子化的元素的测定;间接原子吸收光谱法的开发,使测定元素从金属元素分析扩大到非金属元素和有机物的分析。

近年来,计算机、自动化、人工智能技术和化学计量学的发展,各种新材料和元器件的出现,大大改善了原子吸收光谱仪器性能,使得测量的精密度、准确度和自动化程度有了极大提高。目前,原子吸收光谱法已成为微量、痕量分析的有效方法之一,广泛应用于有色金属日常分析,并已经成为主要的标准分析方法。

9.1.2 原子吸收光谱分析过程

火焰原子吸收光谱分析过程如图9-1所示。

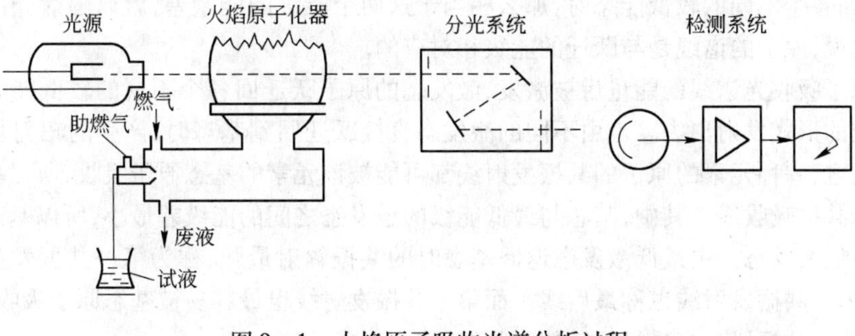

图9-1 火焰原子吸收光谱分析过程

试样溶液喷射成细雾,与燃气和助燃气混合后,进入燃烧的火焰中,被测元素在火焰中转化为原子蒸气,气态的被测元素的基态原子吸收从光源发射的与被测元素吸收波长相同的特征谱线,使光源发射的该特征谱线的强度减弱,被吸收后的特征光谱再经过分光系统分光、检测器接收并转换为电信号,再经放大,由显示系统显示吸光度或浓度。

原子吸收光谱法与紫外－可见分光光度法都是基于物质对光的吸收建立的分析方法，都属于吸收光谱分析，即通过测量吸光度，获得待测组分的浓度（含量）。所不同的是，原子吸收光谱法的吸收物质是基态原子，属于线状光谱；而紫外－可见分光光度法吸收物质是分子或化合物电离的离子（如 MnO_4^-），属于带状光谱。

9.1.3 原子吸收光谱法特点

该方法的特点有以下几个方面：

(1)灵敏度高、检出限低。火焰原子吸收光谱法检出限可达到 μg/mL 级，电热原子化原子吸收光谱法检出限可达到 pg/mL 级。

(2)准确度好。火焰原子吸收光谱法的相对误差小于1%，其准确度接近经典的化学分析方法，所以被采用作为标准分析方法。电热原子化原子吸收光谱法的相对误差一般为3%～5%。

(3)选择性好。共存元素干扰少。有些试样经溶解后，稀释一定体积就可以直接测定。

(4)操作比较简便，分析速度比分光光度法快。

(5)应用广泛。可直接测定70多种金属元素，可间接测定一些非金属和有机化合物。

原子吸收光谱法主要用于测定低含量、微量和痕量组分。

原子吸收光谱法的不足之处是：分析不同的元素时，必须使用不同的元素灯；目前多元素同时测定还有困难；有些元素的测量灵敏度较低；有些试样需要进行分离等化学预处理，否则干扰将比较严重。

9.1.4 基态原子、共振吸收及谱线变宽

9.1.4.1 基态原子和共振吸收线

不同物质由不同元素的原子组成。任何元素的原子都是由结构紧密的原子核和围绕原子核运动的核外电子组成的。每个电子处在一定的能级上，具有一定的能量。也就是说，这些电子是按其具有的能量的高低，在原子核外分层分布着。因此，一个原子可具有多种能级状态（能态）。

正常状态下，原子处于最低能态，这样最稳定，称为基态。处于基态的原子，称为基态原子。

基态原子受到外界能量（如热能、光能等）的激发时，其外层电子吸收一定的能量从基态跃迁到较高的各个不同能态，此时原子处于不同的激发态。处于较高能级的激发态原子非常不稳定，当跃迁回各个不同的较低能态时，那么相当于这两个能级的能量差，就以辐射光的形式发射出去。因此说，原子的谱线是与跃迁的能级相对应的。

基态原子吸收光谱线的能量后被激发，激发态的原子跃迁回各个不同的较低能态时又把多余能量以光的形式发射出去。当由不同的激发态直接跃迁回到基态时，产生的辐射均称为共振发射线。反之，一种元素的原子的共振发射线都可能被该元素的基态原子吸收，所以基态原子的吸收线也称共振吸收线。其中，基态与最低能级的激发态之间的能级差最小，所以基态原子最容易跃迁到最低激发态。由最低激发态返回基态时的共振辐射最强，称为第一共振发射线。在发射光谱中，第一共振发射线也称最后线。而第一共振发射线也最容易被基态原子吸收，所以在吸收光谱中，第一共振线大多是最灵敏的吸收线。

不同元素的原子结构不同，核外电子数目不同，具有的能级状态也就各不相同。所以不同元素有不同的共振线。如 Mg 的共振线波长有285.2nm、279.6nm，而 Cu 的共振线波长有324.8nm、327.4nm。

原子吸收光谱法就是利用处于基态的待测组分的原子蒸气，对光源发射的共振线的吸收来

进行分析的。

如测定试样中的Mg量时，在火焰中试样溶液形成的原子蒸气中，Mg的基态原子吸收由Mg灯光源发射来的285.2nm、279.6nm等特征谱线。

9.1.4.2 谱线变宽

理论上讲，原子吸收光谱应该是线状光谱。但实际上，任何原子发射或吸收的谱线都不是绝对单色的几何线，而是带有一定宽度的谱线。原子吸收光谱法使用空心阴极灯作为锐线光源，其发射谱线半宽有0.002nm，即2×10^{-3}nm。而吸收曲线的半宽达到$10^{-3}\sim10^{-2}$nm。

谱线变宽的原因有两方面：一是由于原子本身的性质决定了谱线有自然宽度；另一方面是外界因素影响引起的变宽，如原子在空间做无规则的热运动，如产生吸收的原子与原子蒸气中其他粒子的碰撞，都会引起谱线变宽。

9.1.5 原子吸收值与待测元素浓度的关系

原子蒸气中待测元素的基态原子吸收共振线的全部能量称为积分吸收，以数学式表示为$\int K_v d_v$。在一定的实验条件下，基态原子的积分吸收与试样溶液中待测元素的浓度成正比：

$$\int K_v d_v = kc \tag{9-1}$$

然而，要测量宽度$10^{-3}\sim10^{-2}$nm吸收线的积分吸收，必须采用高分辨率的单色器，这在目前尚难以做到。也就是说，原子吸收光谱法无法通过测量积分吸收求出待测元素的浓度。

采用发射谱线半宽很窄的锐线光源作为激发光源，就可以用峰值吸收系数K_0代替积分吸收。所谓峰值吸收是指基态原子蒸气对入射光中心频率线的吸收。峰值吸收的大小以峰值吸收系数K_0表示。

当温度等实验条件恒定时，对于指定的元素，

$$K_0 = k'c \tag{9-2}$$

式9-2表明，在一定条件下，基态原子蒸气的峰值吸收与试样溶液中待测元素的浓度c成正比。因此可以通过峰值吸收的测量进行定量分析。

但在实际测量过程中并不是直接测量峰值吸收K_0值的大小，而是通过测量含有待测元素的基态原子蒸气的吸光度A并根据吸收定律进行定量分析的。

设锐线光源投射的光通量为ϕ_0，垂直通过光程长度b的原子蒸气，由于被试样溶液中待测元素的基态原子吸收了一部分，光通量减少为ϕ，根据吸收定律有：

$$A = \lg\frac{\phi_0}{\phi} = Kcb \tag{9-3}$$

式9-3表明：当锐线光源的强度及实验条件一定时，原子蒸气中待测元素的基态原子的吸光度A与试样溶液中待测元素的浓度c及光程长度b（火焰原子吸收光谱法中，b为燃烧器缝长）的乘积成正比。

火焰原子吸收光谱法中，b一般不变，式9-3可改写为：

$$A = K'c \tag{9-4}$$

式中，K'为与实验条件有关的常数（当实验条件一定时）。

式9-3和式9-4即为原子吸收光谱法定量分析的依据。

9.2 原子吸收光谱仪

原子吸收光谱法定量分析用的仪器，称为原子吸收光谱仪。它主要由光源、原子化系统、单

色器、检测系统四大部分组成。图 9－2 为原子吸收光谱仪基本结构和功能示意图。

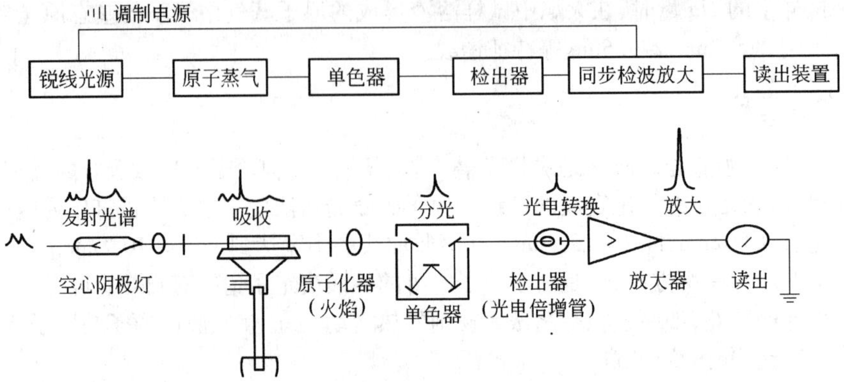

图 9－2　原子吸收光谱仪基本结构和功能示意图

9.2.1　光源

光源的作用是发射待测元素的特征光谱，供原子化系统吸收和检测系统测量用。

要求光源必须发射比吸收线宽度更窄，并且强度大、稳定、背景低、噪声小的线状光谱。空心阴极灯、无极放电灯、激光光源灯、蒸气放电灯等都能满足上述要求。其中应用最广泛的是空心阴极灯和无极放电灯。

9.2.1.1　空心阴极灯

空心阴极灯又称元素灯，其构造见图 9－3。

A　结构与工作原理

空心阴极灯的阳极是一个镶钛丝或钽片的钨棒，其阴极是由该元素的金属或者合金制成的空心筒。阳极和阴极封闭在带有光学窗口的硬质玻璃管内。玻璃管内充有低压惰性气体氖或氩。

空心阴极灯的工作原理是：

(1) 阳极与阴极之间施加 300～500V 电压，阴极开始辉光放电；

(2) 电子从阴极射向阳极，并与惰性气体原子碰撞使之电离出正、负离子；

(3) 正离子在电场作用下，获得足够能量，撞击金属或合金制成的阴极，使阴极表面的原子溅射出来；

(4) 溅射出来的原子再与灯内的电子、正离子、气体原子碰撞获得能量而被激发，当激发态的原子返回基态时，两个能级的能量差，就以特征光波的形式辐射出去。

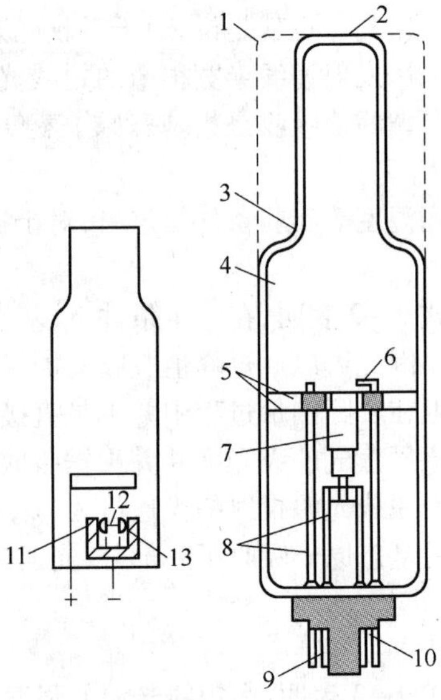

图 9－3　空心阴极灯结构示意图

1—紫外玻璃窗口；2—石英窗口；3—密封；4—玻璃套；5—云母屏蔽；6—阳极；7—阴极；8—支架；9—管套；10—连接管套；11，13—阴极位降区；12—负辉光区

通常，空心阴极灯只用于一个元素的测定，这类灯发射的谱线干扰少、强度高。多元素灯虽然减少了更换灯的麻烦，但发射的谱线强度弱，应用不普遍。

B　空心阴极灯的工作电流

空心阴极灯的发光强度与使用的工作电流有关。增大电流可以增大发光强度，但电流过大会引起发射的谱线变宽,灯内自吸收增加,背景增大,锐线光强度反而下降,还缩短了灯的使用寿命;而电流太小,会导致发光强度下降,稳定性、信噪比下降。应针对具体测定元素,通过实验确定合适的灯电流。

采用脉冲供电方式可改变放电特性,也为后面检测系统消除火焰辐射造成的干扰创造了条件。

C 空心阴极灯使用注意事项

使用前应该预热20~30min,使发光稳定;当发现灯内惰性气体辉光颜色变浅时,应进行反接处理;元素灯长期不用,应定期(每月)点燃处理;元素灯应轻拿轻放,低熔点的金属灯用完后要等冷却再移动;要注意保持空心阴极灯的石英窗口洁净。

9.2.1.2 无极放电灯

无极放电灯又称微波激发无极放电灯。在微波电场中,微波将灯内气体原子激发,被激发的气体原子又使气化的金属或金属卤化物激发而发射出待测元素的特征光线。

无极放电灯发射强度比空心阴极灯大百倍,谱线的半宽度很窄,适合于难激发的As、Sn、Se、Al等元素的测定。

9.2.2 原子化系统

将试样溶液中的待测元素的原子变为基态原子的过程,称为试样"原子化"。仪器中完成试样原子化的部件,称为原子化器或原子化系统。

原子化系统是原子吸收光谱仪中的关键装置,其性能对原子吸收光谱测定的灵敏度、稳定性和准确度有决定性影响,是分析误差的最大来源。

原子化的方式主要有火焰原子化和非火焰原子化两种。前者是利用火焰的热能使试样溶液原子化,后者是利用电加热或化学还原等方法使试样溶液原子化。

下面重点介绍火焰原子化法、电加热原子化法(电热高温管式石墨炉原子化法)和化学原子化法(汞低温原子化法和氢化物原子化法)。这里对阴极溅射原子化、等离子原子化、激光原子化等不作介绍。

9.2.2.1 火焰原子化法

A 火焰原子化器

火焰原子化包括两个阶段:雾化阶段和原子化阶段。雾化阶段是将试样溶液变成细小雾滴;原子化阶段是使雾滴接受火焰供给的能量形成基态原子。

火焰原子化器由雾化器、预混合室、燃烧器等部分组成,其结构见图9-4。

a 雾化器

雾化器的作用是将试样溶液雾化成细小雾滴。雾化器的雾化效率和雾化稳定性等性能对测量灵敏度、精密度和化学干扰都会产生影响。

目前商品原子化器多数使用气动型雾化器。当具有一定压力的压缩空气作为助燃气高速通

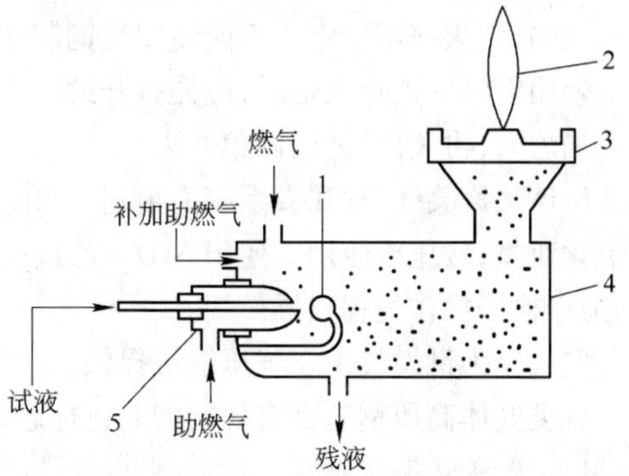

图9-4 火焰原子化器结构示意图
1—撞击球;2—火焰;3—燃烧器;
4—预混合室;5—雾化器

过毛细管外壁与喷嘴口形成的环形间隙时，在毛细管出口的尖端处就形成一个负压区。于是，试液沿毛细管被吸入并快速从喷嘴口喷出，撞击在毛细管喷口前端几毫米处的撞击球上，分散成细小雾滴。

这类雾化器的雾化效率为10% ~30%。影响雾化效率的因素有空气的流速、溶液的黏度、表面张力和毛细管与喷嘴出口的相对位置。

b　预混合室（雾室）

预混合室是连接雾化器与燃烧器的部件。它的作用是使雾化器产生的细雾与燃气和助燃气均匀混合并使气流由紊流转变为层流后进入火焰。

预混合室的另一个作用是让从雾化器出来的大部分的较大雾滴凝聚，在预混合室凝结成为残液。残液由预混合室的排出口排出，以减少前一个测定试液可能产生的记忆效应。残液排出管采用导管弯曲或导管插入水中等水封方式，以便防止回火，保证预混合室内气流稳定。

对预混合室的要求是：气雾混合效果好，气流平稳，残液排出通畅，记忆效应小。

c　燃烧器

燃烧器安装在预混合室上，其作用是使燃气在助燃气的作用下形成火焰，并维持燃烧，使进入火焰的试液微滴经过干燥、蒸发气化、分子解离并最终实现原子化。对燃烧器的要求是，应使火焰稳定，原子化效率高。

预混合型的燃烧器多采用不锈钢制作。对于空气－乙炔火焰，一般使用缝长100 ~120mm、缝宽0.5 ~0.7mm的燃烧器；对于N_2O－乙炔火焰，一般使用缝长50mm、缝宽0.5mm的燃烧器。

d　火焰种类及气源

常用的化学火焰有以下几种：

（1）空气－乙炔火焰。这是目前应用最广泛的火焰，最高温度可达2300℃。此种火焰比较透明，可以得到较高的信噪比，测量稳定性好，能测35种以上的元素。

（2）N_2O－乙炔火焰。此种火焰燃烧速度低，火焰温度可达3000℃左右，是应用广泛的高温火焰。对易生成难熔氧化物的元素有较好的灵敏度。能测70种元素。

（3）其他火焰。还有空气－煤气火焰，适宜测定那些生成的化合物易挥发、易解离的元素，如碱金属、Cd、Pb、Hg等；空气－氢火焰，适合测定吸收共振线在远紫外区的元素。

乙炔气体由乙炔钢瓶供气。乙炔钢瓶的最大压力为1.5MPa。钢瓶中乙炔溶于吸附在活性炭上的丙酮内。当乙炔钢瓶压力降至0.5MPa时，应该重新充气。否则由于压力低，丙酮会逸出混入火焰，使火焰不稳定。不能使用纯铜制作乙炔管道，以免产生乙炔铜爆炸。

使用空气－乙炔火焰时，应先打开助燃气，再打开燃气（乙炔）；关闭时，应先关燃气（乙炔），使火焰熄灭，再关助燃气，以免回火。

N_2O又称笑气，对呼吸系统有麻醉作用，且易爆。N_2O气体由N_2O钢瓶提供。钢瓶内为液态氧化亚氮，减压后使用。使用N_2O－乙炔火焰应小心，防止回火。禁止直接点燃N_2O－乙炔火焰，应严格按操作规程点燃使用。

空气作为助燃气由空气压缩机提供。

各类气体高压钢瓶都有规定的颜色标志，以免混淆。

B　火焰原子化过程

火焰原子化是个复杂的过程，包括雾滴脱溶剂、干燥、蒸发、解离等阶段。

实际工作中，应选择合适的火焰类型（见9.3.2节测量条件选择），调节燃气与助燃气比例，尽可能不使基态原子被火焰激发、电离或生成化合物。

C 火焰原子化特点

火焰原子化法的特点是操作简便，重现性好，有效光程大，测定大多数元素有较高灵敏度，因此应用广泛。但与电加热原子化法比较，灵敏度还不够高，不能测定痕量的组分。

9.2.2.2 电加热原子化法

电加热原子化法种类多，有电热高温管式石墨炉原子化器、石墨杯原子化器、钽舟原子化器、炭棒原子化器等。最常用的是电热高温管式石墨炉原子化器。

A 高温管式石墨炉原子化器

高温管式石墨炉原子化器的结构见图 9－5。它使用低压（10～25V）、大电流（400～600A）来加热石墨管，可升温至3000℃左右，使管中少量的试样溶液或固体蒸发并原子化。

石墨炉要不断通入惰性气体，保护已经形成的基态原子不被氧化。

石墨炉原子化的优点是原子化效率高，试样的利用率达100%；灵敏度高；固体试样或试样溶液的用量少；适用于难熔元素的测定。其不足之处是试样组成的不均匀性对测量结果的影响大；测量精密度低；共存化合物干扰比火焰原子化法要大；背景干扰严重。

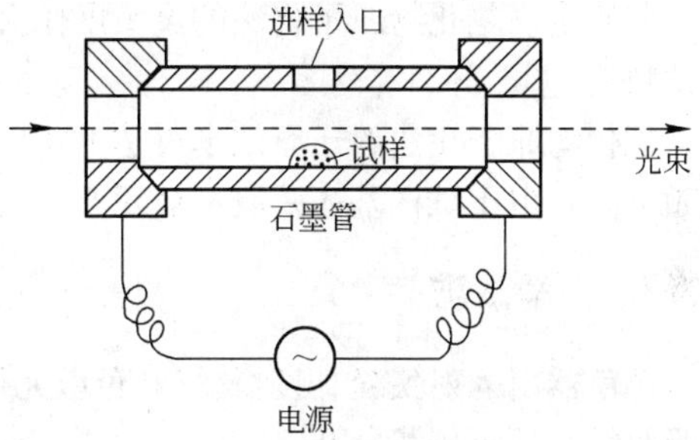

图 9－5 石墨炉原子化器示意图

B 管式石墨炉原子化过程

管式石墨炉原子化采用直接进样和程序升温方式使试样原子化，其过程包括干燥、灰化、原子化、净化四个阶段。

a 干燥阶段

目的是除去试样中的水分等溶剂，以免在灰化时产生飞溅。干燥的温度要高于溶剂的沸点，干燥的时间取决于液体的体积，每微升溶液约需 1.5s。

b 灰化阶段

灰化的目的是尽可能除去试样中易挥发的物质。最高挥发温度应以待测元素不挥发损失为限。一般灰化温度为 100～1800℃，灰化时间为 0.5s～5min。

c 原子化阶段

目的是使待测元素的化合物气化并解离为基态原子。原子化温度因待测元素不同而异。原子化时间约为 3～10s。适宜的原子化温度和时间应通过实验确定。

d 净化阶段

当一个试样测量结束时，需要用比原子化更高的温度加热，以除去石墨管中的残留物质，消除记忆效应，便于下一个试样的测定。

管式石墨炉原子化的升温程序和原子化过程设定之后，由计算机自动控制完成。

C 管式石墨炉原子化特点

管式石墨炉原子化效率远比火焰原子化法高；绝对检出限可达 10^{-12}～10^{-14}g/g，灵敏度高；无论固体还是液体均可直接进样；消耗试样量少，固体试样可少至 20～40μg，液体样品可少至1～100μL。

管式石墨炉原子化的缺点是基体效应强、化学干扰多，测量结果的重现性比火焰法差。

9.2.2.3 化学原子化法

化学原子化法又称为低温原子化法。即利用化学反应将待测元素转变为易挥发的金属氢化物或氯化物，然后在较低温度下实现原子化。

A 汞低温原子化法

汞是唯一可采用这种方法测定的元素。因为汞的沸点低，常温下蒸气压高，只要将试液中的汞离子用 $SnCl_2$ 还原为汞，在室温下用空气将汞蒸气引入气体吸收管就可以测量其吸光度。

水中有害汞的测定常采用该方法。

B 氢化物原子化法

元素周期表的 4、5、6 主族元素的 Ge、Sn、Pb、As、Sb、Bi、Se、Te 等元素，在酸性条件下，可以使用强还原剂硼氢化钾将这些元素还原为易挥发、易分解的氢化物，如 SnH_4、AsH_3 等：

$$KBH_4 + H_3AsO_3 + HCl \longrightarrow AsH_3 + H_3BO_3 + KCl + H_2$$

然后用载气将氢化物引入加热的石英管内，氢化物受热分解为气态基态原子，就可以进行原子吸收测定。氢化物原子化法的灵敏度比火焰原子化法提高 3 ~ 4 个数量级，而且干扰少，测量简便快速。

氢化物原子化法的还原效率可达 100%，被测元素可全部转变为气体通过吸收管，因此测量灵敏度高。由于试样基体一般不被还原为气体，因此对基体影响不明显。

9.2.3 光学系统

单色器由入射狭缝、出射狭缝和色散元件（棱镜或光栅）组成。单色器的作用是将待测元素的吸收线与邻近谱线分开。

由锐线光源发出的共振线，谱线比较简单，对单色器的色散率和分辨率要求不高。

单色器的光谱通带是指单色器出射光光谱所包含的波长范围，它与单色器的光栅线色散率的倒数（又称倒线色散率）和单色器的出射狭缝宽度有关，其关系是：

$$\text{光谱通带(nm)} = \text{狭缝宽度(mm)} \times \text{线色散率的倒数(nm/mm)}$$

不同类型的仪器线色散率的倒数不同，所以不用具体的狭缝宽度，而是用“单色器光谱通带”来表示缝宽。

9.2.4 检测系统

检测系统由光电转换元件、放大器和显示装置等组成。

9.2.4.1 光电转换元件

一般采用光电倍增管作为光电转换元件。其作用是将经过原子蒸气吸收和单色器分光后的微弱光信号转换为电信号。

使用光电倍增管时要注意不要用太强的光照射，并尽可能不用太高的增益（放大倍数）。

9.2.4.2 放大器

放大器的作用是将光电倍增管输出的电压信号放大并送入显示装置。

采用交流选频放大和相敏放大器，只选择放大与锐线光源脉冲频率相符合的信号，而不放大火焰中待测元素原子发射光谱的信号，不放大火焰扰动和背景吸收的信号。

9.2.4.3 显示装置

经放大器放大的信号，再经过对数转换器转换为吸光度信号后，或采用微安表指示读数，或用数字显示器显示，或用记录仪打印。

现代的原子吸收光谱仪配备了微处理机系统，具有自动调零、曲线校直、浓度直读、标尺扩展、自动增益等功能，并附有记录器、打印机、自动进样器、显示屏等，大大提高了仪器的自动化水平。

9.2.5　原子吸收光谱仪类型

原子吸收光谱仪按光束可分为单光束和双光束两类；按波道可分为单道、双道和多道。目前使用比较普遍的是单道单光束原子吸收光谱仪和单道双光束原子吸收光谱仪。

以固体检测器替代光电倍增管的全频道原子吸收光谱仪已经出现。这将给原子吸收光谱分析带来新的发展空间。

9.2.5.1　单道单光束型

“单道”是指仪器只有一个光源、一个单色器、一个显示系统，每次只能测一种元素。“单光束”是指仪器光源发出的光仅以单一光束通过原子化器、单色器和检测系统。图9－2所示为单道单光束型的仪器的基本构造。

单道单光束型的仪器具有结构简单、操作方便、体积小、价格低，可满足一般原子吸收分析的要求等优点。其缺点是不能消除光源波动对测量的影响，基线容易产生漂移。

9.2.5.2　单道双光束型

双光束是指从光源发出的光被切光器分成两束强度相等的光，一束作为样品光束通过原子化器被基态原子部分吸收；另一束只作为参比光束不通过原子化器，其光的强度不被减弱。这两束光在原子化器后，交替进入同一单色器和检测器，最后得到以参比光束为参比的样品光束的吸光度。这样光源的漂移得到补偿，消除了光源波动对测定的影响。不过，参比光束不通过原子化器，火焰扰动和背景吸收的影响无法消除。图9－6为单道双光束型仪器光路示意图。

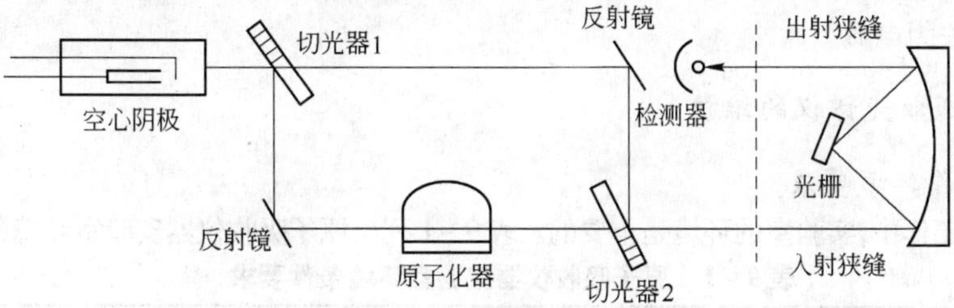

图9－6　单道双光束型仪器光路示意图

9.2.5.3　全频道原子吸收光谱仪

目前全频道原子吸收光谱仪已经出现。以新型四面体中阶梯光栅取代普通光栅，以半导体芯片固体阵列检测器替代光电倍增管，可同时接受一定范围内的所有频率（波长）的谱线并测量它们被吸收的程度即吸光度，实现多种元素同时分析。

9.2.6　原子吸收光谱仪使用

9.2.6.1　TAS990型原子吸收光谱仪的使用

目前常用的原子吸收光谱仪已实现自动化控制，仪器的主要操作由计算机软件来完成。下面以TAS990型原子吸收光谱仪为例介绍仪器功能和使用方法。

A 仪器功能和技术参数

TAS990 型原子吸收光谱仪是全自动、智能化的火焰－石墨炉原子吸收光谱仪。该仪器采用 PC 机和中文界面操作软件，操作简便、直观易懂。仪器具有氘灯背景校正、自动背景校正功能。实现了仪器的波长扫描、寻峰定位、光谱通带、原子化器高度和位置、燃气流量、灯电流、光电倍增管负高压等功能的自动调节。具有火焰－石墨炉原子化器的相互切换功能。

TAS990 型原子吸收光谱仪的主要技术参数：波长范围为 190.0～900.0nm；光栅刻线为 1200 条/mm；波长准确度为 ±0.25nm；谱线分辨率为优于 0.3nm；光谱带宽为 0.1nm、0.2nm、0.4nm、1.0nm 和 2.0nm 五挡自动切换；仪器稳定性为 30min 内基线漂移 $A <\pm 0.005$。

B 使用方法

(1) 检查电源是否处于关闭状态，各气路接口是否安装正确、气密性良好。

(2) 安装空心阴极灯。

(3) 打开电源，计算机对仪器进行初始化，进入仪器初始状态，"各就各位"。

(4) 根据测定的元素选元素灯，选测定波长。

(5) 设置实验条件：

1) 设置灯电流、光谱通带、负高压值。按所需数据设定后，仪器自动进行调整。

2) 调节燃烧器，对准光路，调到光斑位于燃烧器正上方，与燃烧缝平行。

(6) 点燃火焰。先检查排水安全联锁装置，开启排风电源；排风 10min 后开启空气压缩机，输出压调至 0.3MPa；开启乙炔钢瓶阀门，调减压阀至输出压 0.05MPa；将燃气（乙炔）流量调节至 2000～2400mL/min；点火；根据需要重新调整燃气（乙炔）流量。

(7) 设置测量参数，吸喷去离子水或空白溶液，校零，使吸光度为零。

(8) 测定标准溶液系列和试样溶液的吸光度。测量时须等数据稳定后再读数；每次测量后必须吸喷去离子水或空白溶液，重新校零。

(9) 关机。测量完毕后吸喷去离子水 5min；先关闭乙炔钢瓶阀门，熄火，再关闭空气压缩机；退出工作软件；关闭电源。

9.2.6.2 原子吸收光谱仪的维护

A 仪器工作环境要求

在仪器维护工作中，实验室的环境是重要的。表 9－1 列出原子吸收仪器实验室环境条件要求。

表 9－1 原子吸收仪器实验室环境条件要求

温　度	室温 10～30℃。测定过程中保持恒定
湿　度	<70%
供　电	单相插座若干，用于主机、计算机供电，要求 220V ±10%，若达不到要求应配备稳压电源。通风系统单独供电。石墨炉电源要求 220V/40A，专用电源
供　气	空气由空气压缩机提供；乙炔、氩气由钢瓶提供，纯度 99.99%
工作台	坚固、防振动
防火防爆	配二氧化碳灭火器
避　雷	三类防雷建筑
防静电	设置良好接地
避　光	配厚窗帘
通　风	配有排风系统

B 日常维护

(1)开机前,检查电源插头是否接触良好。

(2)新购买的灯要进行扫描测试并登记。仪器使用完毕,等阴极灯冷却后再取下。长期不用的灯应定期点燃,以延长灯的使用寿命。

(3)下列情况容易引起回火,必须特别注意:废液排出管道水封损坏、漏气;燃烧器缝明显变宽;助燃气与燃气流量比过大;使用氧化亚氮－乙炔火焰时乙炔流量小于2L/min。

要定期检查气路各接头和封口是否存在漏气,有问题应及时解决。

(4)不锈钢喷雾器为铂铱合金毛细管,使用后立即用水冲洗;吸取试液的毛细管为聚乙烯管,应保持通畅。

(5)定期清理预混合室的积垢。

(6)燃烧器缝若有盐类结晶,火焰呈齿形。可用滤纸轻轻擦拭。必要时可卸下燃烧器用1∶1的乙醇－丙酮清洗。若有熔珠可用金相砂纸小心打磨。严禁用酸浸泡。

(7)严禁用手接触和擅自调节光学元件。备用的光电倍增管应轻拿轻放。仪器上的光电倍增管严禁强光照射,检修时要关掉负高压。

(8)仪器点火时,先打开助燃气,再打开燃气;关闭时,要先关闭燃气,熄灭火焰,再关闭助燃气。

(9)乙炔钢瓶应直立,严禁剧烈振动。钢瓶应放在工作室外阴凉通风处,温度不能超过35℃。开启乙炔钢瓶时,阀门旋开不超过1.5转,防止丙酮逸出。

C 常见故障及排除

原子吸收光谱仪常见故障及排除方法见表9－2。

表9－2 原子吸收光谱仪常见故障及排除方法

故障现象	故障原因	排除方法
测试基线不稳定、噪声大	光源辐射强度低,光电倍增管负高压过高; 波长不准确; 元素灯发射不稳定; 外电压不稳定,工作台振动	检查灯电流是否合适,如不正常应重新调整; 波长寻峰是否有误,有误需重新调整; 更换灯再试; 检查稳压电源,保证其正常工作
测试时火焰不稳定	空压机出口压力不稳; 乙炔压力很低,流量不稳; 燃烧缝有盐类结晶,火焰呈齿状; 仪器周围有风	检查空压机压力表; 更换乙炔钢瓶; 清洗燃烧器; 打开排风,关闭门窗
标准曲线弯曲	光源灯失气,发射背景大; 光源灯内释放氢气太多; 灯电流过大,由于"自蚀"使谱线变宽; 单色器狭缝太宽; 废液排出不畅; 火焰高度选择不当,无最大吸收; 雾化器未调好,雾化效率差; 试液浓度太大,在非线性区域	更换元素灯,或进行反接处理; 更换元素灯; 选择合适的灯电流; 选择合适的狭缝宽度; 采取措施使废液排出通畅; 选择合适的火焰高度; 调整撞击球与喷嘴位置,提高喷雾质量; 减小试液浓度

续表 9-2

故障现象	故障原因	排除方法
分析结果偏高	试液中有未溶固体,造成假吸收; 背景吸收造成假吸收; 空白未校正; 标准溶液变质; 谱线覆盖造成假吸收	调高火焰温度,使固体颗粒蒸发离解; 在共振线附近用同样条件再测试; 空白校正; 重新配制标准溶液; 降低试液浓度,减少假吸收
分析结果偏低	雾化颗粒大,在火焰中未完全离解; 标准溶液配制不当; 试液浓度太大,在非线性区域	调整撞击球与喷嘴位置,提高喷雾质量; 重新配制标准溶液; 重新配制标准溶液
达不到预先的检出限	标尺扩展和积分时间选择不当; 火焰条件或波长选择不当,灵敏度低; 元素灯电流太低,影响其稳定性	正确使用标尺扩展和积分时间; 重新选择火焰条件或波长; 选择合适灯电流

9.3 原子吸收光谱分析技术

9.3.1 试样溶液和标准溶液的制备

9.3.1.1 试样溶液的制备

原子吸收分析一般是溶液进样,被测试样需要事先转化为溶液(称为试液)。其处理过程与化学分析相同,要求分解完全,不引入杂质,不造成待测组分的损失,所用试剂及生成物不干扰后续测定。

对于有机物为基体的试样,要经灰化(消化)处理。

为提高痕量组分测定的灵敏度,可采用沉淀和共沉淀、萃取、离子交换、电解等分离富集的方法,除去干扰组分和基体,使待测组分浓度提高。

9.3.1.2 标准溶液的制备

绘制工作曲线,至少要配制 4 个不同浓度的标准溶液。标准溶液的组成应尽可能接近待测试样溶液的组成。

配制工作曲线标准溶液的离子标准溶液的浓度低于 0.1mg/mL 时,应先配制浓度 0.1mg/mL 或更浓的作为贮存离子标准溶液,测定时再取贮存溶液稀释为配制用的标准溶液。贮存溶液要保持一定的酸度。

例如 9.4.2 节冷原子吸收光谱法测定铝及铝合金中的汞,就是先配制浓度 0.1mgHg/mL 的贮存标准溶液,测定时稀释为浓度 10μgHg/mL,再进一步稀释为浓度 0.1μgHg/mL。吸取浓度 0.1μgHg/mL 的标准溶液 0mL、0.50mL、1.00mL、2.00mL、3.00mL、4.00mL、5.00mL 分别置于一组 50mL 容量瓶中,然后加试剂,稀释体积,作为工作曲线用的标准溶液。

工作曲线标准溶液的浓度下限取决于该元素的检出限。合适的浓度范围应该使吸光度值控制为 0.2~0.8(透射比为 15%~65%)。

9.3.2 测量条件的选择

为了获得准确的结果,应对各个测量条件进行优选。

9.3.2.1 吸收线选择

每种元素的基态原子都有若干条共振吸收线,一般选择最灵敏线作为分析线。但如果试样溶液待测组分的浓度较高,也可选择次灵敏线作为分析线。如 Ni 的最灵敏线是 232.0nm,当试液中 Ni 的浓度大于 10μg/mL 时,可选择次灵敏线 341.5nm,该吸收线邻近谱线的光谱干扰少,测量的线性关系好。

表 9-3 列出原子吸收常用的元素分析线。

表 9-3 原子吸收常用的元素分析线

元 素	分析线/nm	元 素	分析线/nm	元 素	分析线/nm
Ag	328.1,338.3	Ge	265.2,275.5	Re	346.1,346.5
Al	309.3,308.2	Hf	307.3,288.6	Sb	217.6,206.8
As	193.6,197.2	Hg	253.7	Sc	391.2,402.0
Au	242.3,267.6	In	303.9,325.6	Se	196.1,204.0
B	249.7,249.8	K	766.5,769.9	Si	251.6,250.7
Ba	553.6,455.4	La	550.1,413.7	Sn	224.6,286.3
Be	234.9	Li	670.8,323.3	Sr	460.7,407.8
Bi	223.1,222.8	Mg	285.2,279.6	Ta	271.5,277.6
Ca	422.7,239.9	Mn	279.5,403.3	Te	214.3,225.9
Cd	228.8,326.1	Mo	313.3,317.0	Ti	364.3,337.2
Ce	520.0,369.7	Na	589.0,330.3	U	351.5,358.5
Co	240.7,242.5	Nb	334.4,358.0	V	318.4,385.6
Cr	357.9,359.4	Ni	232.0,341.5	W	255.1,294.7
Cu	324.8,327.4	Os	290.9,305.9	Y	410.2,412.8
Fe	248.3,352.3	Pb	216.7,283.3	Zn	213.9,307.6
Ga	287.4,294.4	Pt	266.0,306.5	Zr	360.1,301.2

9.3.2.2 光谱通带选择

选择光谱通带实际上就是调节单色器的狭缝宽度。单色器的狭缝宽度,要根据待测元素的谱线结构和吸收线附近有无非吸收线干扰来选择。若附近无干扰线,可增大狭缝宽度;若附近有干扰线,应减少狭缝宽度。一般光谱通带在 0.5~4nm 范围内选择。

合适的狭缝宽度可以通过实验方法确定。方法是逐渐改变单色器的狭缝宽度,直到获得吸光度最大且稳定为止。若仪器的单色器的狭缝不是连续可调的,应从中选择一挡。

9.3.2.3 阴极灯电流选择

选择原则是在保证适当光强情况下,尽量选择低的工作电流。

在一定的范围内,工作电流大,稳定性好,但灵敏度低;工作电流小,稳定性差,但灵敏度高。一般可用实验方法绘制吸光度-灯电流关系曲线,然后选择吸光度值稳定且吸光度值较大时的最小电流。

9.3.2.4　原子化条件选择

A　火焰原子化条件选择

a　火焰燃助比选择

火焰温度是影响原子化效率的基本因素，有足够的温度才能使试样溶液充分分解为原子蒸气状态。但温度过高会增加原子电离或激发倾向，而使基态原子数减少，会降低测量灵敏度。

应该根据具体情况，选用合适的燃气与助燃气的比例（燃助比），达到合适的燃烧温度。

燃助比为1∶(4～6)的火焰，称为贫燃火焰，是清晰不发亮的蓝焰，燃烧高度较低，温度较高，呈弱还原性气氛。适合于不易生成氧化物的元素的测定，如Ag、Cu、Fe、Co、Ni、Mg、Pb、Zn、Cd、Mn等元素。

燃助比为(1.2～1.5)∶4的火焰，称为富燃火焰，发亮，燃烧高度较高，温度较低，噪声较大。由于燃烧不完全，呈强还原性气氛。适合于易生成氧化物的元素的测定，如Ca、Sr、Ba、Cr、Mo等元素。

燃助比为1∶3～1∶4的火焰，称为中性（化学计量）火焰，适合于多数元素的测定。

具体的燃助比可通过实验，绘制吸光度－燃气－助燃气流量曲线来确定。

b　燃烧器高度选择

不同元素在火焰中形成的基态原子的最佳浓度区域的高度不同，应选择合适的燃烧器高度，使光束从基态原子浓度最大的区域通过。一般在燃烧器狭缝口上方2～5mm，火焰具有最大的基态原子浓度，测量灵敏度最高。但不同元素、不同性质的火焰，这一最佳浓度区域的位置有所不同。应该通过具体实验选择：先固定燃气与助燃气的流量，改变燃烧器的高度，测量试验溶液的吸光度，绘制吸光度－燃烧器的高度曲线，选择吸光度大的高度为最佳位置。

c　进样量的选择

试液的进样量一般在3～6mL/min较适宜。按上述实验方法确定助燃气流量后，单位时间的进样量也就确定了。

B　电热原子化条件选择

a　载气选择

通常使用氩气作为载气，其流量要通过实验确定。

b　冷却水

为使石墨管迅速降至室温，通常使用水温20℃，流量1～2L/min的冷却水。水温不宜过低，流速也不宜过大，以免在石墨锥体或石英窗上产生冷凝水。

c　原子化温度

干燥阶段应控制在稍低于溶剂沸点的温度下进行；灰化阶段在保证待测元素不挥发损失的前提下，尽量提高灰化温度，具体灰化温度可通过绘制吸光度－灰化温度曲线确定；原子化阶段选用达到最大吸收时的最低温度，这样可延长石墨管使用寿命。

d　石墨管清洗

在原子化完成后，一般在3000℃左右采用空烧的办法来清洗石墨管，以除去残余的基体和待测元素。清洗时间要短，这样可延长石墨管使用寿命。

9.3.3　测量的干扰与减少干扰方法

原子吸收分析法，一般是称取试样，溶解后稀释一定体积，就可以进行测定了。相对于重量分析、滴定分析、分光光度分析和原子发射光谱分析，原子吸收分析法是干扰较少的一种分析方法。其主要干扰是物理干扰、化学干扰、电离干扰和光谱干扰。

9.3.3.1 物理干扰及消除

物理干扰主要发生在试液抽吸过程、雾化过程和蒸发过程。

物理干扰是指试样溶液的黏度、密度、表面张力、蒸汽压等的变化或与标准溶液之间的差异，引起原子吸收强度下降效应。

消除物理干扰的主要办法是配制与试样溶液组成相近的标准溶液，以抵消溶液黏度等因素造成的影响。

9.3.3.2 化学干扰及消除

化学干扰是原子吸收光谱分析的主要干扰。它是由样品处理和原子化过程中，待测元素的原子与干扰物质发生化学反应，形成更稳定化合物，致使火焰中基态原子数目减少而产生的干扰。如在盐酸溶液中测定 Ca、Mg，若存在 PO_4^{3-} 则会在高温时与 Ca、Mg 生成高熔点、难挥发、难解离的磷酸盐或焦磷酸盐，使参与吸收的 Ca、Mg 基态原子数目减少，造成干扰。

火焰原子化分析时，消除化学干扰的办法有：

(1)使用高温火焰，使在较低温度火焰中表现稳定的难分解化合物在高温时得以分解。如使用氧化亚氮－乙炔火焰，就可以消除 PO_4^{3-} 对测定 Ca、Mg 时的干扰。

(2)加入释放剂，使释放剂与干扰元素形成更稳定、更难分解的化合物，而将待测元素从原来形成的化合物中释放出来，有利于待测元素原子化。如前例中加入 $LaCl_3$ 后，PO_4^{3-} 与 La^{3+} 生成更稳定的 $LaPO_4$，而将 Ca^{2+} 从 $Ca_3(PO_4)_2$ 中释放出来。

(3)加入保护剂，使保护剂与待测元素或干扰元素形成化合物，而将待测元素保护起来。如加入 EDTA，使 Ca^{2+} 与 EDTA 配位反应生成配合物，不再与 PO_4^{3-} 反应。

9.3.3.3 电离干扰及消除

电离干扰主要发生在电离电位比较低的碱金属和部分碱土金属中。可加入过量的、比待测元素电离电位更低的碱金属元素，消除电离干扰。适宜的加入量应通过实验确定。

9.3.3.4 光谱干扰及消除

光谱干扰是由于待测元素的吸收线与其他吸收线或辐射线不能完全分开而产生的干扰。

光谱干扰包括谱线干扰和背景干扰。主要来源于光源和原子化器，也与共存元素有关。

A 谱线干扰

a 吸收线重叠

当共存元素的吸收线与待测元素的吸收线很接近时，谱线重叠，使测量结果偏高。消除干扰的办法是另选其他吸收线或预先分离干扰元素。

b 选择的光谱通带内存在非吸收线

消除的办法是减小狭缝，使光谱通带小到可以分开这种干扰非吸收线。适当减小灯电流，也可减小灯内干扰元素的发光强度。

c 原子化过程的直流发射干扰

一般采用对空心阴极灯按一定频率脉冲供电，检测显示系统也选择放大这一频率的信号，可消除原子化过程的直流发射干扰。

B 背景干扰

背景干扰是原子化过程中，由分子吸收和光散射作用产生的干扰。背景干扰使吸光度增加，导致结果偏高。

分子吸收是指原子化时火焰气体、试液中的盐类、无机酸等分子对入射光吸收产生的干扰。如碱金属的卤化物（NaCl、KBr 等）在紫外光区有很强的分子吸收。

光散射是指原子化过程中固体微粒对入射光的散射，产生吸光度增大的假象。

扣除或校正背景干扰的办法有用邻近非吸收线扣除背景、用氘灯校正背景、用自吸收方法校正背景、用塞曼效应校正背景等方法。

9.3.4 定量方法

9.3.4.1 工作曲线法

与紫外－可见分光光度法一样，原子吸收光谱法也用工作曲线法进行定量分析。即先配制一组（至少 4 个点）浓度不同的标准溶液，在最佳测量条件下，由低浓度到高浓度依次测量它们的吸光度，然后以吸光度 A 为纵坐标，以标准溶液浓度为横坐标，绘制吸光度 A－浓度 c 的工作曲线。

有了工作曲线各标准点的吸光度和浓度数据，同紫外－可见分光光度法一样，可以选择查曲线法、内插法或建立回归方程的方法，来获得待测试样溶液的浓度。具体方法参见 8.4.4.1 节内容。

（1）人工查曲线法直观、方便、快速，但“画”曲线存在随意性，人工查曲线也有误差；

（2）内插法比较快捷，但只利用了曲线的个别数据；

（3）建立回归方程的方法利用了曲线的所有数据，比较准确，但计算比较麻烦。现代的原子吸收光谱仪都配备了计算机，可以轻松完成回归方程的拟合，并自动显示待测试样溶液的浓度，这不仅减轻了分析人员的劳动，而且提高了测量准确度。

采用工作曲线法要注意三点：一是标准溶液与试样溶液的化学组成要基本一致，以消除试样溶液的基体影响，并且标准溶液的浓度范围要包含试样溶液的浓度；二是测量过程中，要经常喷去离子水或空白溶液来校正零点漂移；三是每次分析都要重新测量各标准溶液，重新绘制曲线，这一点与紫外－可见分光光度法不同。

具体应用的例题可以参考例 8－2 和例 8－3。

9.3.4.2 标准加入法

当试样中的共存物质不明确，无法配制与试样组成基本一致的标准溶液时，使用标准加入法进行测定是合适的。

具体方法是：吸取试样溶液 5 份，第一份不加待测元素标准溶液，从第二份起，依次按比例加入不同量的待测元素标准溶液，如依次加入 c_0、$2c_0$、$3c_0$、$4c_0$ 标准溶液，稀释至同样体积，以空白为参比，在相同的条件下，测量各份溶液的吸光度，绘制工作曲线，并将它外推与浓度轴相交，则在浓度轴的截距就是试样溶液的浓度（见图 9－7）。

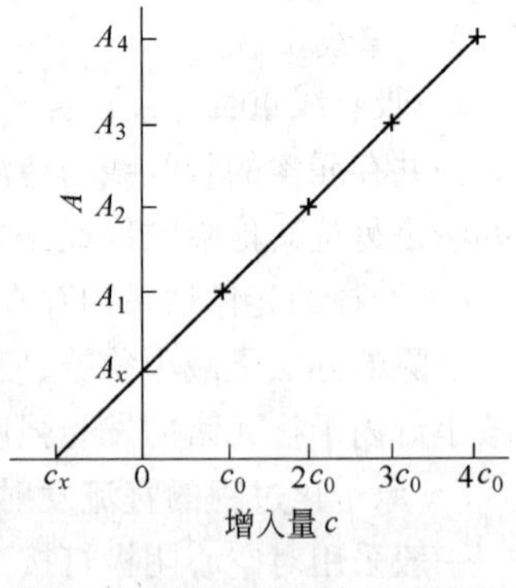

图 9－7 标准加入法工作曲线

使用标准加入法应注意三点：一是相应的工作曲线应是一条通过坐标原点的直线，试样溶液中待测元素的浓度在此线性范围内；二是加入的 c_0 应接近试样溶液中待测元素的预测浓度 c_x；三是至少采用四个点来绘制外推曲线。

也可不用外推法得出试样溶液浓度。将加入标准溶液的各点的吸光度减去未加标准溶液的单纯试样溶液的吸光度，与各点加入的浓度，绘制工作曲线，就可以根据单纯试样溶液的吸光度，用查曲线法或内插法计算试样溶液的浓度。

【例 9-1】 测定铝合金中的镁。称取 0.5374g 试样，经化学处理后移入 100mL 容量瓶中用水稀释到刻度，摇匀。取上述溶液 10mL 置于 25mL 容量瓶中，共取 5 份，各加入镁 0μg、1.0μg、2.0μg、3.0μg、4.0μg，用水稀释到刻度，摇匀。测出各溶液的吸光度依次为 0.100、0.200、0.300、0.400、0.500。求试样溶液中镁的质量分数。

解：根据数据绘出标准加入法工作曲线，曲线在横坐标上的截距为 1.0μg，即没有加镁标准溶液的试样溶液 25mL 中含有镁 1.0μg。所以试样中镁的质量分数

$$w_{Mg} = \frac{1.0 \times 10^{-6}}{0.5374 \times \frac{10}{100}} \times 100\% = 0.0019\%$$

也可用内插法计算试样溶液的镁含量：$\frac{(0.3-0.1)-(0.2-0.1)}{2.0-1.0} = \frac{(0.3-0.1)-0.1}{2.0-c}$

$$c = 1.0(\mu g)$$

【例 9-2】 用火焰原子吸收法测定血清中钾的浓度（人体正常血清中钾的浓度为 3.5～8.5mmol/L）。将四份各 0.20mL 血清试样，分别注入到四个 25mL 容量瓶中，再分别加入浓度为 40μg/mL 的钾标准溶液，体积见下表，用水稀释至刻度，混匀，测得吸光度。

序　号	0	1	2	3
加入体积（V）/mL	0	1.00	2.00	4.00
吸光度	0.105	0.216	0.328	0.550

计算血清中钾的浓度，并说明是否在正常范围内。

解：这是标准加入法。计算各个溶液加入的钾量，填入下表中。

序　号	0	1	2	3
加入体积（V）/mL	0.00	1.00	2.00	4.00
加入钾量（m）/μg	0	40	80	160
吸光度	0.105	0.216	0.328	0.550
减去样品吸光度		0.111	0.223	0.445

可以用曲线外推法，画图求出结果，也可以用比例法计算。

比例法：选与未加钾标准溶液的试液吸光度接近的标准点 1 号进行比例计算。

设待测血清 0.20mL 中的钾量为 m_0。

则，$m_0 : A_0 = m_1 : A_1$，即 $m_0 : 0.105 = 40 : 0.111$

则，$m_0 = 37.84(\mu g) = 37.84 \times 10^{-6}(g)$

每升血清中的钾量：$m_K = m_0 \times \frac{1000}{0.2} = 37.84 \times 10^{-6} \times 5000 = 0.1892(g/L)$

换算为物质的量浓度：$c_K = \frac{m_K}{M_K} = \frac{0.1892}{39.10} = 0.0048(mol/L) = 4.8mmol/L$

上式中 M_K 为钾的摩尔质量。

可见，血清中的钾含量在正常范围内。

9.3.4.3　内标法

内标法是将试液中不存在的元素 N，定量加入到试液中进行测定的方法。所加入的元素称为内标元素。

内标法与标准加入法的区别是：内标法所加入的元素 N 是试液中原来不存在的成分；而标准加入法所加入的元素是待测组分，是试液中原来就有的元素。

内标法的具体操作是：在试液和一组不同浓度的待测元素 M 的标准溶液中，分别加入相同量的内标元素 N，稀释到相同体积。使用双波长仪器，在同样测量条件下，分别在待测元素 M 的吸收线和内标元素 N 的吸收线测量各个溶液的吸光度 A_M 和 A_N，并求出各个溶液的 A_M/A_N，绘制 $(A_M/A_N)-c_M$ 内标工作曲线，如图 9－8 所示。

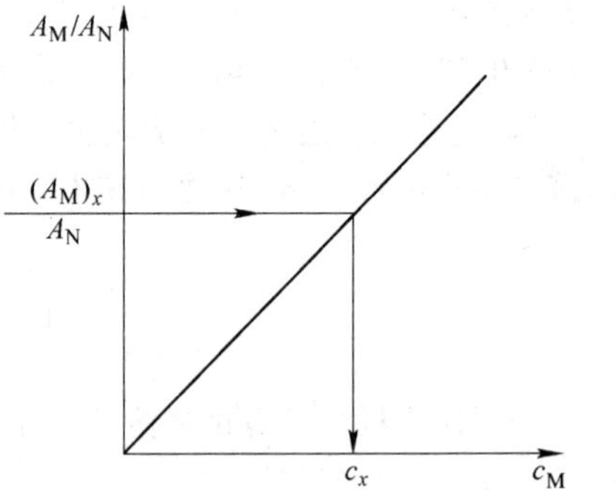

图 9－8　内标工作曲线

由试液测出的 A_M/A_N，可从曲线上查出相应的 c_M；或用内插法计算出 c_M，进而求得待测元素 M 的含量。

内标法仅适用于双波长仪器。它的优点是能消除物理干扰和实验条件波动的影响。

【例 9－3】　用原子吸收光谱法测定溶液中的锂，以钾作内标。取 10mL 含锂试液于 50mL 容量瓶中，加入 1.00mL 钾的标准溶液，其浓度为 10μg/mL，用水稀释至刻度，混匀。在它们各自吸收波长处测得 $A_{Li}/A_K=0.568$。取相同浓度的 Li 和 K 的标准溶液测量，Li 的吸光度是 K 的 1.5 倍。计算试液中 Li 的浓度。

解：由题意知，溶液中钾的浓度是：10μg/mL × 1mL/50mL = 0.2μg/mL。

设稀释后锂的浓度为 c_1，钾的浓度为 0.2μg/mL，在它们各自吸收波长处测吸光度，得 $A_{Li}/A_K=0.568$。

若锂的浓度也是 0.2μg/mL，钾的浓度仍是 0.2μg/mL，那么根据题意，$A_{Li}/A_K=1.5$。

在以上两种情况下，内标元素钾的浓度相同，所以锂的浓度与 A_{Li}/A_K 成正比。

即：$c_1:0.568=0.2:1.5$，所以，$c_1=0.076$（μg/mL）。

c_1 是稀释 5 倍后锂的浓度，原溶液锂的浓度 $c_{Li}=0.076$μg/mL ×（50/10）= 0.38μg/mL。

9.3.5　原子吸收光谱法的灵敏度、检出限

原子吸收光谱法常用灵敏度、检出限和回收率来评价仪器性能和评价分析方法。

9.3.5.1　灵敏度

在火焰原子吸收分析中，习惯于用能产生 1% 吸收（即透射比为 99%、吸光度为 0.0044）时所对应的溶液浓度（μg/mL）来表示分析的灵敏度，这一溶液浓度称为特征浓度 c_c。

在一台原子吸收光谱仪上，待测元素的特征浓度 c_c 获得的方法是：配制该元素的标准溶液（浓度 c），调节仪器在最佳条件，测定其吸光度 A，则特征浓度按式 9－5 计算：

$$c_c=\frac{c}{\dfrac{A}{0.0044}}=\frac{c\times 0.0044}{A}\ (\mu g/mL) \tag{9-5}$$

在电热原子吸收分析中,用特征质量表示测量灵敏度,即能产生1%吸收(即透射比为99%,吸光度为0.0044)时所对应的待测元素的质量(μg)。

【例9-4】 某原子吸收光谱仪,对浓度均为0.20μg/mL的Ca^{2+}溶液和Mg^{2+}溶液进行测定,吸光度分别为0.054和0.072。试问这两个元素哪个灵敏度高?

解:直观就可以回答,是镁的灵敏度高,因为同样浓度时,它的吸光度更高。

具体计算:$c_{c,Ca}=0.2/(0.054/0.0044)=0.016\mu g/mL$

$c_{c,Mg}=0.2/(0.072/0.0044)=0.012\mu g/mL$

$c_{c,Mg}<c_{c,Ca}$,所以镁的灵敏度高。

9.3.5.2 检出限

灵敏度没有考虑仪器噪声的影响,故不能作为衡量仪器最小检出量的指标。检出限可用于表示能被仪器检出的元素的最小浓度或最小质量。

检出限的定义为:能够给出3倍于标准偏差的吸光度时,所对应的待测元素的浓度或质量。

相对检出限:
$$D_c=\frac{c}{\frac{A}{3\sigma}}=\frac{c\times 3\sigma}{A}\ (\mu g/mL) \tag{9-6}$$

绝对检出限:
$$D_m=\frac{cV\times 3\sigma}{A}\times 10^{-6}(g) \tag{9-7}$$

式中 c——溶液中待测元素的质量浓度,μg/mL;

A——溶液中待测元素的吸光度;

V——溶液体积,mL;

σ——空白溶液(或接近空白的待测元素标准溶液)测量吸光度的标准偏差。它是对空白溶液或接近空白的待测元素标准溶液的吸光度不少于10次连续测定后,由标准偏差的计算公式求得的:

$$\sigma=\sqrt{\frac{\sum_{i=1}^{n}(A_i-\bar{A})^2}{n-1}}$$

式中 A_i——空白溶液第i次测量的吸光度;

$\bar{A}$——空白溶液n次测量的吸光度的平均值;

n——测量次数。

检出限是衡量一台仪器或一项分析方法能以一定置信度测量的最低浓度或最小绝对量的重要指标。它是仪器灵敏度和稳定性的综合指标。同一元素在不同仪器上的检出限可能不同;相同灵敏度的不同元素,检出限也可能不同。

需要指出的是:在检出限这样的浓度下,还不能准确测量待测元素的浓度。一般将检出限浓度再扩大3~10倍,才是仪器或方法的实际测量范围下限。

【例9-5】 以0.05μg/mL的Co标准溶液,每次5.00mL与水交替在石墨炉原子化器进行原子吸收光谱法测定,共测量10次,见下表。计算该原子吸收光谱仪石墨炉原子化测定Co的检出限。

测定次数 n	1	2	3	4	5	6	7	8	9	10
吸光度 A	0.165	0.170	0.168	0.165	0.168	0.167	0.168	0.166	0.170	0.167

解:计算出 10 次测量的吸光度的平均值和标准偏差,见下表。

n	1	2	3	4	5	6	7	8	9	10
A_i	0.165	0.170	0.168	0.165	0.168	0.167	0.168	0.166	0.170	0.167
$A_i-\overline{A}$	-0.002	0.003	0.001	-0.002	0.001	0	0.001	-0.001	0.003	0

$\overline{A}=0.167$

标准偏差:　$s=\sqrt{\sum(A_i-\overline{A})^2/(n-1)}$

$s=0.0018$

相对检出限:　$D_c=\dfrac{c\times 3\sigma}{A}=\dfrac{0.05\times 3\times 0.0018}{0.167}=0.0016\mu g/mL$

绝对检出限:　$D_m=\dfrac{cV\times 3\sigma}{A}=\dfrac{0.05\times 5.00\times 3\times 0.0018}{0.167}=0.008(\mu g)=0.8\times 10^{-8}g$

9.3.5.3　回收率

使用待测元素的加入回收率来评价方法准确度、可靠性,其使用方法参考 7.2.1 节内容。

9.4　原子吸收光谱法在有色金属分析中的应用

在现行的铜及铜合金化学分析国家标准 68 种方法中,有 21 种方法采用了原子吸收光谱法,其原子化方式或采用火焰原子化(Pb、Ni、Bi、Zn 等)或电热原子化(Pb、Ni、Fe、Sn 等)或化学原子化(Hg);在铝及铝合金的化学分析国家标准 39 种方法中,有 Cu、Zn、Mg、Cd 等元素共 10 种方法采用了火焰原子吸收光谱法;在钛及钛合金化学分析国家标准方法中,也大量采用原子吸收光谱法。

9.4.1　火焰原子吸收光谱法测定铜合金中的镉量

根据 GB/T 5121.22 改写。

9.4.1.1　范围

本方法规定了铜及铜合金中镉含量的测定方法。

本方法适用于铜及铜合金中镉含量的测定。测定范围:0.50% ~1.50%。

9.4.1.2　方法原理

试料用硝酸溶解,使用空气－乙炔火焰,在火焰原子吸收光谱仪波长 228.8nm 处,测量镉的吸光度。

9.4.1.3　试剂

除非另有说明,在分析中仅使用确认为分析纯的试剂和蒸馏水或去离子水或相当纯度的水。

a.1　硝酸(1+1)。

a.2　盐酸(1+3)。

a.3　铜溶液(1.6g/L):称取 0.4000g 电解铜(镉的质量分数不大于 0.001%)置于 150mL 烧杯中,加入 5mL 硝酸(a.1),加热至溶解完全,移入 250mL 容量瓶中,用水稀释至刻度,混匀。

a.4　镉标准溶液:称取 0.1000g 纯镉(镉的质量分数不小于 99.95%),置于 250mL 烧杯中,加入20mL盐酸(a.2),加热至完全溶解,移入1000mL容量瓶中,用水稀释至刻度,混匀,此溶液1mL含镉100μg。

9.4.1.4　仪器

b.1　火焰原子吸收光谱仪:附镉空心阴极灯。

b.2　在仪器最佳工作条件下,凡能达到下列指标者均可使用:

——灵敏度:在与测量溶液的基体相一致的溶液中,镉的特征浓度应不大于0.034μg/mL;

——精密度:用最高浓度的标准溶液测量10次吸光度,其标准偏差应不超过平均吸光度的1.0%;用最低浓度的标准溶液(不是"零"标准溶液)测量10次吸光度,其标准偏差应不超过最高浓度标准溶液平均吸光度的0.5%;

——工作曲线线性:将工作曲线按浓度等分成五段,最高段的吸光度差值与最低段的吸光度差值之比,应不小于0.7。

9.4.1.5　试样

厚度不大于1mm的碎屑。

9.4.1.6　分析步骤

c.1　试料

称取0.400g试样,精确至0.0001g。

c.2　测定次数

独立地进行二次测定,取其平均值。

c.3　空白试验

随同试料(c.1)做空白试验。

c.4　测定

c.4.1　将试料(c.1)置于150mL烧杯中,加入5mL硝酸(a.1)盖上表皿,低温加热至完全溶解,煮沸除去氮的氧化物,冷却。移入250mL容量瓶中,用水稀释至刻度,混匀。

c.4.2　移取10.00mL溶液于100mL容量瓶中,加入5mL硝酸(a.1)用水稀释至刻度,混匀。

c.4.3　使用空气-乙炔火焰,在原子吸收光谱仪波长228.8nm处,与系列标准溶液同时,以水调零,测量溶液吸光度。所测吸光度减去随同试料的空白溶液的吸光度,从工作曲线上查出相应的镉的质量浓度。

c.5　工作曲线的绘制

c.5.1　移取0mL、0.50mL、1.00mL、1.50mL、2.00mL、2.50mL镉标准溶液(a.4)分别置于一组100mL容量瓶中,加入10mL铜溶液(a.3)、5mL硝酸(a.1),用水稀释至刻度,混匀。

c.5.2　在与试料溶液测定相同条件下,测量系列标准溶液的吸光度,减去系列标准溶液中"零"浓度溶液的吸光度,以镉的质量浓度为横坐标、吸光度为纵坐标绘制工作曲线。

9.4.1.7　分析结果的计算

按下式计算镉的质量分数w_{Cd}:

$$w_{Cd}=\frac{\rho \cdot V_0 \cdot V_2 \times 10^{-6}}{m \cdot V_1}\times 100$$

式中　ρ——自工作曲线上查得的镉的质量浓度,μg/mL;

V_0——试液总体积,mL;

V_2——分取试液稀释后的体积,mL;

V_1——分取试液体积,mL;

m——试料的质量,g。

所得结果表示至小数点后第二位。

9.4.1.8 精密度

A 重复性

在重复条件下获得的两次独立测试结果的测试值,在表 9-4 给出的平均值范围内,两个测试结果的绝对差值不超过重复性限(r),超过重复性限(r)的情况不超过 5%,重复性限(r)按表 9-4数据采用线性内插法求得。

表 9-4 重复性限

镉的质量分数/%	0.500	0.96	1.44
重复性限(r)/%	0.014	0.03	0.03

注:重复性限(r)为 $2.83S_r$,S_r 为重复性标准偏差。

B 再现性

在再现性条件下获得的两次独立测试结果的测试值,在表 9-5 给出的平均值范围内,两个测试结果的绝对差值不超过再现性限(R),超过再现性限(R)的情况不超过 5%,再现性限(R)按表 9-5 数据采用线性内插法求得。

表 9-5 再现性限

镉的质量分数/%	0.500	0.96	1.44
再现性限(R)/%	0.017	0.04	0.05

注:再现性限(R)为 $2.83S_R$,S_R 为再现性标准偏差。

9.4.2 冷原子吸收光谱法测定铝及铝合金中的汞

根据 GB/T 20975—2007 改写。

9.4.2.1 范围

适用于纯铝中汞含量的测定,测定范围:0.0001% ~0.010%。

9.4.2.2 方法提要

盐酸-硝酸溶解,$SnCl_2$ 将 Hg^{2+} 还原为 Hg,在冷原子吸收测汞仪上,波长 253.7nm 测量汞蒸气的吸光度。

9.4.2.3 试剂、仪器

a.1 硝酸(ρ1.42g/mL),优级纯。

a.2 盐酸(ρ1.19g/mL),优级纯。

a.3 混合酸：硝酸(a.1)、盐酸(a.2)、水，以1+3+4体积比例混合。

a.4 重铬酸钾溶液(25g/L)。

a.5 硝酸－重铬酸钾溶液：称取0.5g重铬酸钾，用水溶解后加入50mL硝酸(a.1)，移入1000mL容量瓶，以水稀释至刻度，混匀。

a.6 氯化亚锡溶液(200g/L)：称取20g氯化亚锡($SnCl_2 \cdot 2H_2O$)溶于20mL盐酸(a.2)，移入100mL容量瓶，以水稀释至刻度，混匀。

a.7 汞标准贮存溶液：称取0.1354g预先经过硅胶干燥器充分干燥的二氯化汞($w_{HgCl_2} \geq$ 99.95%)，加入5mL硝酸(a.1)及少量水，微热溶解后，移入1000mL容量瓶，以硝酸－重铬酸钾溶液(a.5)稀释至刻度，混匀。此溶液1mL含汞100μg。

a.8 汞标准溶液Ⅰ：移取10.00mL汞标准贮存溶液(a.7)于100mL容量瓶，以硝酸－重铬酸钾溶液(a.5)稀释至刻度，混匀。此溶液1mL含汞10μg。

a.9 汞标准溶液Ⅱ：移取2.00mL汞标准贮存溶液(a.8)于200mL容量瓶，以硝酸－重铬酸钾溶液(a.5)稀释至刻度，混匀。此溶液1mL含汞0.1μg。

a.10 冷原子吸收测汞仪。

9.4.2.4 试样

厚度不大于1mm的碎屑。

9.4.2.5 分析步骤

b.1 按表9－6称取试样。

表9－6

汞的质量分数(w)/%	试样质量/g	定容体积/mL	分取试液体积/mL
0.0001～0.0005	0.5000	50	10.00
>0.0005～0.002	0.2000		5.00
>0.002～0.005	0.1000		5.00
>0.005～0.010	0.1000		2.00

b.2 测定次数

独立进行两次测定，取平均值。

b.3 空白试验

随同试料做空白试验。

b.4 测定

b.4.1 试料(b.1)置于150mL烧杯中，加入15mL混合酸(a.3)，盖上表皿，待剧烈反应停止后移至低温电炉上加热，使试料完全溶解，继续加热驱除氮的氧化物，取下冷却。加入0.5mL重铬酸钾溶液(a.4)，摇匀，移入50mL容量瓶，以水稀释至刻度，混匀。

b.4.2 根据试料中汞含量，按表9－6分取试液于50mL容量瓶中，加入10mL混合酸(a.3)，再加入0.5mL重铬酸钾溶液(a.4)，以水稀释至刻度，混匀。

b.4.3 移取10.0mL试液(b.4.2)放入汞还原瓶中，加入1.0mL氯化亚锡溶液(a.6)，迅速盖上还原瓶磨口塞，接通测汞仪气路，测量吸光度，记录最大显示值(每次测定前仪器均应调零)。试液吸光度减去随同试料所做的空白试验溶液的吸光度，从工作曲线上查出相应的汞浓度。

b. 5　工作曲线的绘制

b. 5. 1　移取 0mL、0. 50mL、1. 00mL、2. 00mL、3. 00mL、4. 00mL、5. 00mL 汞标准溶液Ⅱ(a. 9)，分别置于一组 50mL 容量瓶中，加入 10mL 混合酸(a. 3)，再加入 0. 5mL 重铬酸钾溶液(a. 4)，以水稀释至刻度，混匀。

b. 5. 2　移取 10. 0mL 系列标准溶液(b. 5. 1)放入汞还原瓶中，加入 1. 0mL 氯化亚锡溶液(a. 6)，迅速盖上还原瓶磨口塞，接通测汞仪气路，与试料相同条件下测量吸光度，记录最大显示值(每次测定前仪器均应调零)。以汞的浓度为横坐标，以标准溶液的吸光度减去空白试验溶液的吸光度为纵坐标，绘制工作曲线。

9. 4. 2. 6　分析结果计算

$$w_{Hg} = \frac{c \times V_0 \times 10^{-6}}{m \times \frac{V_1}{V_2}} \times 100$$

式中　c——从工作曲线查得汞的浓度，μg/mL；

V_0——b. 4. 2 定容体积，mL；

V_1——按表 9 - 6 分取试液体积，mL；

V_2——b. 4. 1 定容体积，mL；

m——称取试料(b. 1)质量，g。

9. 4. 2. 7　精密度

A　重复性

在重复条件下获得的两次独立测试结果的测试值，在表 9 - 7 给出的平均值范围内，两个测试结果的绝对差值不超过重复性限(r)，超过重复性限(r)的情况不超过 5%，重复性限(r)按表 9 - 7数据采用线性内插法求得。

表 9 - 7　重复性限

质量分数(w)/%	0. 0008	0. 0025	0. 0060
重复性限(r)	0. 00010	0. 00018	0. 00024

B　室间允许差

实验室之间分析结果的差值，应不大于表 9 - 8 中相应质量分数对应的允许差。

表 9 - 8　允许差

质量分数(w)/%	0. 0001 ~ 0. 0005	> 0. 0005 ~ 0. 0020	> 0. 0020 ~ 0. 0050	> 0. 0050 ~ 0. 010
允许差/%	0. 00005	0. 0002	0. 0005	0. 001

9. 4. 3　原子吸收光谱法测定铜合金中的镍量

在有色金属元素日常质量控制分析中，原子吸收光谱法被大量采用。下面以测定铜合金中镍量的日常质量控制分析规程为例作介绍。

火焰原子吸收光谱法测定铜合金中镍量的方法原理是：加入锶盐消除钴、锆等元素干扰，火焰原子吸收光谱法测定铜及铜合金中的 0. 001% ~ 1. 5% 的镍含量。硅含量大的试样加氢氟酸助溶;镍含量低于0.01%的试样,经过电解分离铜后测定。

(1)称取试样量及空白试验见表9-9。

表9-9 镍量—试样量—稀释体积—空白试验类型

镍含量(w)/%	试样量(m)/g	溶液定容体积(V_0)/mL	分取/稀释溶液体积/mL	空白试验类型
0.0010~0.010	2.500	电解除铜后,100	全量	试剂空白
>0.010~0.050	0.500	100	全量	
>0.050~0.25	0.100	100	全量	
>0.25~0.80	0.400	100	5.00/100	
>0.80~1.50	0.200	100	5.00/100	

(2)同时做试剂空白试验。

(3)溶解试样及分离富集见表9-10。

表9-10 试样溶解、制备试液

试样类别	溶解、制备试液方法
w(Ni)≤0.01%试样	加20mL硝酸(1+1),加热溶解,煮沸除氧化氮,加30mL过氧化氢(3%)、1滴盐酸(1+120),冷却,加水至130mL左右,安装电极,盖上两片半月形表皿,在搅拌下用2A电流电解除铜,溶液褪色后,不切断电源,一边水冲一边提起电极。将溶液加热蒸发至70mL以下,冷却,移入100mL量瓶中,加5mL盐酸(1+1)、10mL硝酸锶(20g/L),用水先后冲洗烧杯并移入量瓶,以水定容,混匀。以下按(5)测定
一般铜合金 w(Ni)>0.01%	①加5mL硝酸(1+1)、5mL盐酸(1+1),加热溶解,煮沸除氧化氮,冷却移入100mL容量瓶。 ②按表9-9,不需要分取的试液,加10mL硝酸锶(20g/L),以水定容,混匀,以下按(5)测定;需要分取的试液,以水稀释到刻度,混匀,按表9-9分取5.00mL,移入100mL容量瓶,加10mL硝酸锶(20g/L),以水定容,混匀,以下按(5)测定
硅青铜、硅黄铜	试样置于聚四氟乙烯杯中,加5mL硝酸(1+1)、5mL盐酸(1+1)、4滴氢氟酸(ρ1.13g/mL),温热溶解完全,加10mL硼酸(50g/L),冷却,移入100mL容量瓶。以下按"一般铜合金"②进行

(4)工作曲线。在7个100mL量瓶中,分别加入5mL硝酸(1+1)、5mL盐酸(1+1)、10mL硝酸锶(20g/L),用镍标准溶液分别加入镍0、25.0、50.0、100.0、150.0、200.0、250.0μg,以水定容。此标准系列的镍浓度分别为:0、0.25、0.50、1.00、1.50、2.00、2.50μg/mL。

(5)测定。使用空气-乙炔火焰,在原子吸收光谱仪的波长232.0nm处,以水调零,同时测定工作曲线和试液。试液的吸光度减去空白溶液的吸光度,从工作曲线上查出试液中镍的浓度c(μg/mL)。

(6)计算:

$$w(\mathrm{Ni})(\%)=\frac{c\times V_0\times N\times 10^{-6}}{m}\times 100$$

式中,N为待测溶液分取后稀释倍数,溶液全量使用、未经稀释的,$N=1$。

复习思考题

1. 原子吸收光谱法与紫外－可见分光光度法都是吸收光谱法，从方法原理上讲，原子吸收光谱法的吸光物质是__________；而紫外－可见分光光度法的吸光物质是__________。原子吸收光谱是__________光谱，而紫外－可见光谱是__________光谱。
2. 作为原子吸收光谱法定量分析依据的吸收定律，其数学表达式是__________。
3. 原子吸收光谱仪的主要部件有哪几部分，各部分的主要功能是什么？
4. 火焰原子化器主要由__________、__________和__________组成。
5. 火焰原子化常用的火焰有__________和__________。
6. 原子吸收光谱仪使用空气－乙炔火焰原子化，在点燃火焰时，应先开__________，后开__________。使用完毕，关闭火焰时应先关__________，熄灭火焰，再关__________。
7. 火焰原子化燃烧器若有盐类结晶，火焰呈齿状。此时应如何处理？
8. 原子吸收光谱仪的光谱通带与狭缝宽度有什么关系？
9. 原子吸收光谱定量分析中，有哪几种类型的干扰？
10. 测定硅酸盐试样中的 Ti 量。称取 $m_0 = 1.000$g 试样，溶解后移入 100mL 容量瓶中，稀释至刻度，混匀。移出此溶液 10.00mL，置于 50mL 容量瓶中，稀释至刻度，火焰原子吸收测得吸光度为 0.238。

    在 5 个 50mL 容量瓶中，分别加入 Ti 标准溶液体积（浓度为 10.00μg/mL）列入下表中。稀释至刻度，混匀，在火焰原子吸收光谱仪上测得吸光度也列入下表中。求硅酸盐试样中的 Ti 的含量。

加入标准溶液体积/mL	1.00	2.00	3.00	4.00	5.00
吸光度 A	0.112	0.224	0.338	0.450	0.561

11. 称取含镉试样 2.5115g，经溶解后移入 25mL 容量瓶中，稀释至刻度，混匀。移出此溶液 4 份，每份 5.00mL，分别置于 4 个 25mL 容量瓶中，再依次加入浓度为 0.5μg/mL 的镉标准溶液 0.00、5.00、10.00、15.00mL，并稀释至刻度，混匀，在火焰原子光谱仪上测得吸光度分别为 0.06、0.18、0.30、0.41。求试样中镉的含量 w_{Cd}。
12. 火焰原子吸收法测定铁的工作曲线在吸光度小于 0.5 范围内呈直线，其中 1μg/mL 标准溶液吸光度为 0.120，求铁的特征浓度。
13. 一台经过检修的火焰原子吸收光谱仪，测定铜溶液：0.020μg/mL，标尺扩展 ×10，各次测量值为：0.019，0.020，0.020，0.022，0.024，0.026，0.026，0.027，0.027，0.030。计算此仪器火焰原子吸收法的铜的检出限 D_c。

10 原子发射光谱法

本章提要：介绍原子发射光谱法的分析原理、仪器功能和定量测定方法；着重介绍光电直读光谱分析和电感耦合等离子体光谱分析的应用。

原子发射光谱法是根据被测元素的原子或离子，在光源中被激发而产生的特征辐射，通过判断这种特征辐射的波长及辐射的强度，对各元素进行定性和定量分析。

原子发射光谱法具有试样用量少、应用范围广、测量快速、灵敏度高、选择性好等优点。在钢铁、有色金属、地质、石化、医药等领域被作为主要分析手段而广泛应用。

原子发射光谱法发展很快，传统的摄谱发射光谱法已经很少应用，而被直读发射光谱法和电感耦合等离子体发射光谱法（ICP）所取代，使原子发射光谱法的测量准确度和测量自动化水平都大大提高。

10.1 基本原理

10.1.1 原子发射光谱的产生

原子发射光谱是由原子的外层电子在不同能级之间跃迁而产生的。

通常情况下，组成物质的原子处于最低能级状态、最稳定的状态，称为基态。当基态原子接受外界能量（如光能、电能或热能）时，原子的外层电子就从基态跃迁到不同的更高能级上，处于这种状态的原子，称为激发态。使原子从基态跃迁到激发态所需要的能量，称为激发电位，以电子伏特（eV）为单位。

处于激发态的原子极不稳定，瞬间（约经 10^{-8}s 后）便跃迁回到基态或其他较低能级。在电子从离原子核较远的高能级轨道跃迁回离原子核较近的低能级过程中，会释放出多余的能量。这部分能量便以光的形式辐射出来，因此就产生了发射光谱。

发射光谱的能量 ΔE 可用下式表示：

$$\Delta E = E_2 - E_1 = h\nu = h\frac{c}{\lambda} \qquad (10-1)$$

式中 E_2——较高能级的能量；

E_1——较低能级的能量；

h——普朗克常数，6.626×10^{-34} J·s；

c——光速，真空中约为 3×10^{10} cm/s；

λ——波长，nm；

ν——频率，Hz。

由式 10－1 可知：每一条发射光谱的谱线的波长，与跃迁前后的两个能级之差 ΔE 成反比。

由于原子内的电子轨道是不连续的（即量子化的），故得到的光谱是线光谱。

由于组成物质的各种元素的原子的结构不同，所产生的光谱也就不同，也就是说，每一种元素的原子都有自己的特征光谱线。

发射光谱分析就是检测这些特征谱线是否出现，以鉴别某种元素是否存在，这是光谱定性分析的基本原理。

同样，在一定条件下，这些特征光谱线的强弱与试样中产生这些特征光谱线的元素的含量有关。通过测量元素特征光谱线的强度，就可以测定元素的含量，这是光谱定量分析的依据。

所以，发射光谱分析的主要过程是在外加能量的作用下，使试样变成激发态气态原子，随后，将激发态原子所产生的辐射经过单色仪色散分光，形成光谱图；根据光谱图进行光谱定性或定量分析。

10.1.2　原子发射光谱的谱线强度

10.1.2.1　原子发射光谱的谱线强度与元素的浓度之间关系

原子发射光谱的谱线强度与元素的浓度之间存在如下关系，即罗马金经验公式：

$$I = Ac^b \tag{10-2}$$

式中　I——谱线强度；

c——元素浓度；

b——自吸收系数；

A——发射系数。

发射系数 A 是与试样组成、形态及放电条件等有关的参数。

自吸系数 b 值为 0 ~ 1。当浓度很小时，无自吸，$b = 1$；浓度 c 增大，自吸程度增大，b 值减小，谱线强度 I 也随之减小。

实际应用过程中，往往采用罗马金经验公式的对数形式：$\lg I = b\lg c + \lg A$。这样，只要控制实验条件，保持 b 是常数，谱线强度就只与试样中待测元素原子的浓度有关，而这正是原子发射光谱定量分析的基础。

10.1.2.2　影响光谱谱线强度的因素

影响谱线强度的主要因素有以下几个方面。

A　激发电位

元素的原子的激发电位越高，能被激发的原子数目越少，谱线强度越弱。

B　跃迁概率

跃迁概率是指电子在两个能级之间每秒跃迁的可能性的大小，它与激发态的寿命成反比，也就是说，原子处于激发态的时间越长，跃迁的概率就越小，产生的谱线强度就越弱。

C　激发温度

理论上光源的激发温度越高，谱线强度越大。但实际上温度升高，除了原子易于激发外，同时也增加了原子的电离，又会导致谱线强度减弱。所以，应该通过实验选择合适的激发条件。

D　基态原子数

谱线强度与进入光源的基态原子数成正比。因此，试样中被测元素的含量越高，发射谱线的强度也应该越大。

10.1.2.3　发射光谱分析的特点

与其他分析方法比较，发射光谱分析具有以下优点。

A　灵敏度高

发射光谱分析的相对灵敏度可达 0.1μg/g，绝对灵敏度可达 $10^{-10} \sim 10^{-11}$ g。

B 准确度比较高

相对误差一般为5%~20%。若使用ICP光源,相对误差可达1%以下。

C 选择性好

利用元素的特征谱线,可以较快定性鉴定某种元素是否存在,且每次可鉴定多种元素。

D 试样用量少

进行一次光谱分析,仅消耗几毫克样品。

E 分析效率高

可多元素同时进行分析,试样无须进行化学处理,分析速度快,几分钟内可得到多元素的分析结果。

发射光谱分析的缺点:一是不适用于多数非金属元素的分析;二是除电感耦合等离子体发射光谱法外,摄谱发射光谱法和直读发射光谱法都必须依赖固体标准样品;摄谱发射光谱法测量的相对误差比较大。

10.1.3 原子发射光谱定性分析

原子发射光谱用于元素定性分析,具有简单快速、可靠性高的优点,是一种较理想的定性分析方法。已有70多种元素可以使用原子发射光谱法进行定性分析。

10.1.3.1 定性分析的原理

因为每一种元素的原子结构不同,在光源激发作用下,各种元素的原子都能辐射出自己的特征谱线,根据光谱图上有无某元素的特征谱线出现,就可以鉴别试样中是否存在这种元素。这就是原子发射光谱的定性分析。

虽然每种元素可以产生许多按一定波长次序排列的特征谱线,但在实际定性分析时,并不需要把该元素的所有特征谱线都找出来,而只需鉴别出这一元素的少数几条灵敏线,就可以确定该元素的存在。

元素发射谱线的灵敏线,都是由低能级的激发态对基态的跃迁产生的,其跃迁概率最大,因此光谱发射线强度最强,这些谱线称为元素原子的共振线。其中,由最低能级的激发态对基态的跃迁产生的共振线称为第一共振线,是该元素的最灵敏线或称最后线,也就是当试样中该元素含量减少到最低时,最后仍可出现的谱线。

进行定性分析时,如果只见到某元素的一条谱线,尚不能断定该元素确实存在,因为有可能是其他元素的干扰谱线。所以,检出某元素是否存在,必须以该元素原子的第一共振线和至少一条次灵敏线都出现为依据。

10.1.3.2 定性分析的方法

原子发射光谱的定性分析有直接比较法和铁谱比较法两种。

A 直接比较法

在同一条件下,将未知试样与已知的含有待测元素的物质并列激发摄谱,根据得到的光谱图,相互比较,便可以确定待测元素是否存在。

例如,鉴别黄铜中是否含有铅,只要将这一未知黄铜试样与已知含铅的黄铜标准样品并列激发摄谱,根据得到的光谱图,相互比较谱线,便可以确定铅元素是否存在。

此方法简便,但仅适用于简单试样的定性分析。

B　铁谱比较法

由于铁元素在 210 ~ 660nm 波长范围内有很多相距很近的谱线，且每一条谱线的波长都已经准确测定，因此，可以以铁谱为参比，再把其他元素的灵敏线按波长位置插入铁谱图的相应位置上，制成元素标准光谱图，如图 10 - 1 所示。

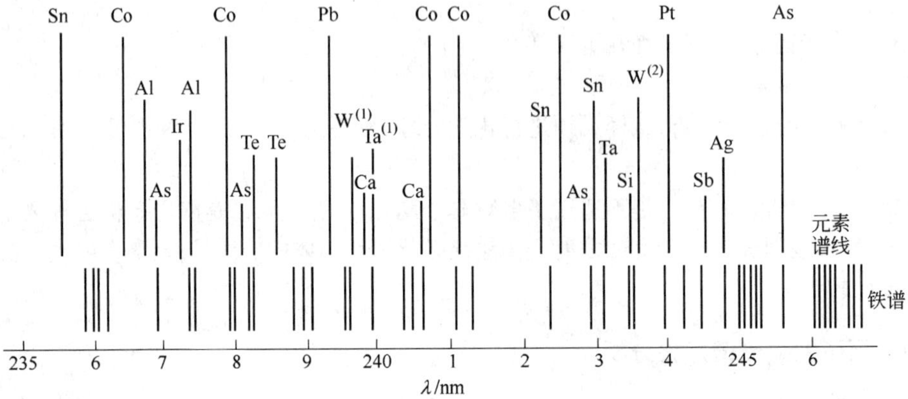

图 10 - 1　元素标准光谱图(部分)

在进行定性分析时，将未知试样与纯铁并列激发摄谱得到光谱图，并与标准光谱图进行比较，根据未知试样光谱谱线和标准光谱图上各元素灵敏线相互重合的情况，就可以直接确定有关谱线的波长和相应元素。

铁谱比较法应用广泛，适宜鉴别复杂组分。

10.1.4　原子发射光谱定量分析

由于在罗马金经验公式中，发射系数 A 是与试样组成、形态及放电条件等有关的参数，在实验中很难保持为常数，所以，根据未知试样光谱谱线强度的绝对值不能获得准确的定量分析结果。目前，大多采用测量谱线相对强度的方法即内标法进行光谱定量分析。

10.1.4.1　内标法的基本原理

从待测元素的谱线中选出一条谱线，称它为分析线；另外从“内标物”的谱线中选一条谱线，称它为内标线(或称比较线)。这两条线组成“分析线对”。

作为内标元素及内标线应尽可能满足下列条件：内标元素与分析元素具有相近的沸点、化学活性、电离电位、激发电位和相近的相对原子质量；内标元素的含量应是常数，不随分析元素含量的变化而改变；分析线对的波长、强度尽量接近。一般在基体元素(或加入定量的其他元素)的谱线中选一条谱线，作为内标线。铜合金分析中，一般采用基体元素铜作为内标元素。

内标法就是依据测量分析线对的相对强度(即分析线和内标线的绝对强度的比值)来进行定量分析的。

内标法可在很大程度上消除光源放电不稳定等因素带来的影响，因为尽管光源变化对分析线的绝对强度有较大的影响，但对分析线和内标线的影响基本是一致的，所以对其相对强度的影响不大。这就是内标法的优点。

测量获得的试样待测元素的分析线对的相对强度后，需要从工作曲线上求得待测元素的含量。工作曲线的制作以三标准试样法为最常用的方法，这是发射光谱定量分析最基本的方法。

10.1.4.2 三标准试样法

摄谱法分析时，将三个或三个以上的标准样品与待分析试样在相同条件下、于同一块感光板上摄取光谱，感光板经暗室处理后，测得标准样品分析线对的黑度（谱线深度）差值 ΔS，将 ΔS 与对应的标准样品的待测元素含量的对数 $\lg c$ 绘制工作曲线，如图 10－2 所示。然后根据试样分析线对的黑度差值，从工作曲线上查出待测元素含量。

三标准试样法的优点是：标准样品与分析试样一起摄谱，可以消除分析时各种因素影响引起的种种误差。但是三标准试样法需要花费较长的时间，消耗大量的标准样品，不能满足快速分析的要求。

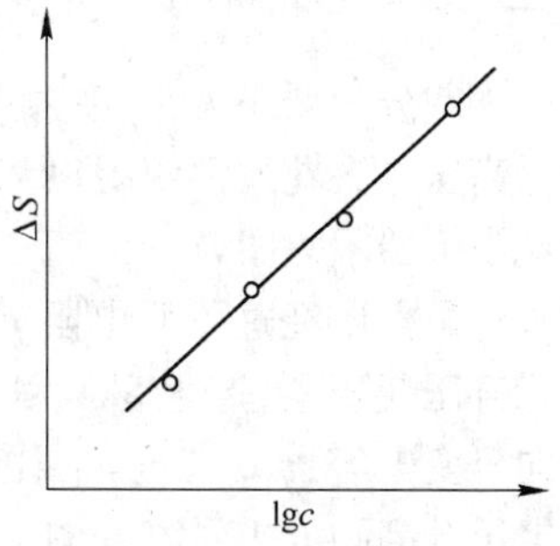

图 10－2 内标法工作曲线

10.2 原子发射光谱仪

原子发射光谱仪主要由激发光源、分光系统、检测系统三部分组成。

10.2.1 激发光源

光源具有使试样蒸发、解离、原子化、激发，产生原子辐射光谱的作用。

光源的稳定性、激发原子的灵敏性，对光谱分析的检出限、精密度和准确度都有很大的影响。因此，光源的选择非常重要。

常用的光源有直流电弧、交流电弧、电火花及电感耦合高频等离子体。一般原子发射光谱仪配备有多种光源，可供分析不同试样时选择。

10.2.1.1 直流电弧（DCA）

直流电弧一般采用接触法电弧，即先将上、下两极通上直流电，然后将两极轻轻接触，触点电阻很大使电极灼热，再将电极拉开，电弧即点燃。

直流电弧工作时，阴极释放出来的电子不断轰击阳极，使其表面上出现一个炽热的斑点。这个斑点称为阳极斑。阳极斑的温度较高，有利于试样的蒸发。因此，一般均将试样置于阳极炭棒孔穴中。试样在电弧中，受热分解为原子或离子，并被激发而发射光谱。

在直流电弧中，弧焰温度取决于弧隙中气体的电离电位，一般阳极可达 3800℃，阴极则在 3000℃以下。

直流电弧的主要优点是：检出限低，可分析痕量元素；连续背景和空气谱线弱；预燃时间短；结构简单、安全。

直流电弧的主要缺点是：放电不稳定，分析再现性差；弧层较厚，自吸现象严重，不适用于高含量组分的分析。

直流电弧主要应用于矿石等定性分析、半定量分析及痕量元素的定量分析。

10.2.1.2 交流电弧（ACA）

交流电弧有高压电弧和低压电弧两种。高压电弧使用不安全，已经很少采用。

低压交流电弧是采用高频引燃，不断“击穿”电极间的气体，造成电离，维持导电，低频低压交流电就能不断流过，维持电弧的燃烧。这种高频引燃、低频低压维持电弧的装置就是普通的交流电弧。

交流电弧是介于直流电弧和电火花之间的一种光源，与直流电弧相比，交流电弧较稳定，重复性好，常用于金属、合金中低含量元素的定量分析。其灵敏度比直流电弧差。

10.2.1.3　电火花(Spark)

火花分为低压火花、高频火花和高压火花，其中高压火花应用广泛。

高压电火花通常使用8kV以上的高压交流电，通过间隙放电，产生电火花。图10-3是高压火花发生器示意图。

电源电压经过可调电阻 R 适当降压后进入升压变压器，产生8kV以上的高电压，并向可变电容器 C 充电。当电容器两极间的电压升高到分析间隙 G 的击穿电压时，储存在电容器中的电能立即向分析间隙放电，产生电火花。由于高压火花放电时间极短，故在这一瞬间内通过分析间隙的电流密度很大，因此弧焰瞬间温度很高，可达10000K以上，故激发能量大，可激发电离电位高的元素。

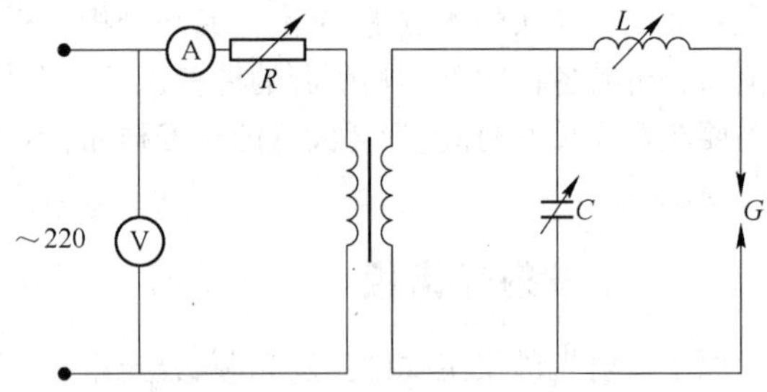

图10-3　高压火花发生器示意图

由于电火花是以间歇方式进行工作的，其平均电流密度并不高，所以电极头温度较低，且弧焰半径较小。

这种光源放电稳定性好，试样消耗少，激发能力强，适合于难激发元素分析和易熔金属、合金试样及高含量元素的定量分析。其缺点是灵敏度低，背景大，不适宜微量组分分析。由于火花激发斑点很小，若试样不均匀时，分析结果的代表性较差。

10.2.1.4　电感耦合高频等离子体(ICP)

采用电感耦合高频等离子体作为激发光源是近年来发展很快的新型光源。采用电感耦合高频等离子体作为激发光源的原子发射光谱仪，也是近年来发展迅速的分析仪器。

ICP作为光源的原子发射光谱仪的最大优点就是不依赖于固体系列标准样品。由于这种方法是采用溶液进样，因此试样必须首先进行化学处理制备成溶液。也正是可以用溶液分析，就可以用基准物质直接配制标准溶液，绘制工作曲线，这样就摆脱了一般发射光谱分析必须依赖固体标准样品的困境。因为标准样品的研制，不仅难度大，费时，均匀度不易满足要求，而且标准样品的品种有限。尤其对于新研制合金的分析，不可能有现成的一套标准样品可用。而使用电感耦合高频等离子体发射光谱法，只要配制标准溶液绘制工作曲线，就可以分析任何的新合金了。

ICP原子发射光谱的光源稳定性好，分析结果重现性好(即精密度好)、准确度高；谱线强度大、背景低，可降低测定的检出限；工作曲线的线性范围宽，可达5~7个数量级。

关于电感耦合高频等离子体激发光源及分析方法，将在10.4节单独介绍。

10.2.2　分光系统

无论是摄谱仪还是直读光谱仪，现在都采用光栅作为色散元件。它比棱镜分光具有更高的分辨率，且色散率基本与波长无关，更适合含有复杂谱线的元素分析。

光栅是利用光的衍射现象进行色散的一种光学元件，也称衍射光栅，是排列在一个光学平面或凹面上的许多等距、等宽、相互平行的狭缝或刻槽。

如果光线是通过狭缝产生衍射和干涉现象，这一类光栅称透射光栅；如果光线是通过刻槽面进行反射产生衍射和干涉的，称为反射光栅。

机刻光栅是在镀有铝膜的玻璃上，用精密的刻划机刻制而成；全息光栅是利用干涉原理，将两束相干的平行光束（激光）以一定的角度投射到涂有光敏材料的光栅毛坯上，在毛坯上形成明暗交替、平行和等间距的干涉条纹，经过显影、定影、真空镀膜后形成的光栅。这是现在广泛使用的色散元件。

光栅的主要性能有色散率和分辨率。

10.2.2.1 色散率

光栅光谱仪的线色散率，简称色散率，是评价光谱仪把不同波长的谱线分开的能力。色散率用波长差为 $\Delta\lambda$ 的两条谱线在焦面上色散分开的距离 Δd 来表示：$\Delta d/\Delta\lambda$（mm/nm）。实际应用中更常用倒数色散率（nm/mm），表示在焦面上每毫米距离所包含的波长差，其值越小，仪器色散能力越强。

10.2.2.2 分辨率

光谱仪的分辨率 R 是指光学系统能够正确分辨出两条相邻谱线的能力。一般常用两条可以分开的光谱线波长的平均值 $\bar{\lambda}$ 与其波长之差 $\Delta\lambda$ 的比值来表示分辨率，即 $R=\bar{\lambda}/\Delta\lambda$。

光栅的理论分辨率与光栅的刻划总数、光谱级次成正比。所以采用大面积、高刻线数的光栅，使用高级次谱线有利于提高分辨率。

$$R=m\cdot N=m\cdot W/d \tag{10-3}$$

式中 m——光谱级次；

N——光栅刻划数；

W——光栅宽度；

d——光栅常数。

10.2.3 检测系统

根据接受分光系统出射光的方式不同，有三种方式的检测系统，从而形成三种分析方法，即目视法、摄谱法和光电直读法。

10.2.3.1 目视法

用眼睛来观测谱线强度的方法称为目视法（看谱法）。这种方法仅适用于可见光波段。常用的仪器称为看谱镜，是一种小型的光谱仪，专门用于金属的定性和半定量分析。

近年来出现的手提式光谱仪具有看谱镜的灵活和一定的准确度，适合于在生产现场使用。

10.2.3.2 摄谱法

摄谱分析法是曾长期应用的仪器分析方法。现在，日益被光电直读分析方法所替代。

摄谱法是用感光板记录光谱。将光谱感光板置于摄谱仪焦面上，接受被激发的分析试样发出的光而感光，再经过显影、定影等过程后，制得光谱底片，其上有许多黑度不同的光谱线。然后用摄谱仪观察谱线位置及大致强度，进行光谱定性及半定量分析。用测微光度计测量谱线的黑度，进行光谱定量分析。

10.2.3.3　光电直读光谱法

如果将谱线的接收元件用光电倍增管(PMT)或电荷耦合元件(CCD)、电荷注入元件(CID)等来替代,由这些元件将光信号转换为电信号供分析处理,就称为光电光谱分析。由于检测到的电信号是由计算机直接读出光强大小或含量多少,所以又称为光电直读光谱分析。

从仪器的结构来分,光电直读光谱仪分为固定的多道型和单道扫描型两种。固定多道型适合于工厂大规模生产(产品种类变化不大)。其具有分析精度高、速度快的特点。但无法分析所设置的固定道以外的元素或新增加的分析元素。而单道扫描型直读光谱仪则更适合产品多变的用户,不过分析速度和分析精度要稍逊于固定型。

然而,随着新型的光信号接受、转换器件CCD、CID的广泛使用,诞生于20世纪90年代的全谱直读光谱仪器,使得分析的灵活性、高精度、速度快的特点得到较好的结合。它拥有几十万个检测单元,可以采集近紫外光、可见光、近红外光每个波长,分析人员可以针对不同试样选择最佳的分析谱线。

A　光电直读光谱仪的特点

光电直读光谱仪具有分析速度快、选择性好、检出限低(直接分析的相对检出限可以达到0.1~10μg/g)、精密度好(相对标准偏差能达到0.5%~1.0%)、操作简便等优点。当然,光电直读仪器价格昂贵,光电直读分析需要依赖同种合金的系列标准样品,这是限制它使用的因素。

B　光电直读分析对光源的要求

激发光源是光电直读光谱仪中的关键部分。由于光电转换和测量过程已由计算机处理,所以光电直读光谱分析的主要不确定度来源于光源。选择光源时应尽量满足以下要求:高的灵敏度、低的检出限、良好的稳定性、标准曲线线性范围宽、分析速度快、安全、易操作。

目前,常用的光源有:高压控波光源、低压火花高速光源、高能预火花光源、等离子体光源、辉光光源等。

C　控制气氛的使用

分析气氛对分析结果的准确性和检出限有很大的影响,使用氩气能取得较好的效果。当样品在氩气气氛中激发时,可防止样品在激发过程中的选择性氧化,使放电状态稳定。同时可减少带状光谱的出现,降低背景。并且,氩气的使用使氧对短波区(140~195nm)的强烈吸收大大降低,有利于对这一波段中C、P、S、B、Sn等元素的分析,扩大了分析范围。

火花放电一般有两个极端状态:凝聚放电和扩散放电。氩气纯度不够会导致样品激发不正常,色泽发白,元素谱线强度有不同程度下降,称为扩散放电;激发正常的放电为凝聚放电,谱线强度正常。各种仪器因光源不同激发斑大小会有所不同,色泽也会略有不同。

影响凝聚放电的因素有:

(1)氩气的纯度。一般要求氩气含量要达到99.995%以上。可以通过氩气净化器获得较高纯度的氩气。

(2)元素对氧的亲和力。越易氧化的元素,越易形成扩散放电。如含有Al、Si、Cr等组分较高的样品就易产生扩散放电。

(3)管道或放电室泄漏。氩气的出入口管道或放电室的泄漏使放电过程中引入氧气,影响正常放电状态。

(4)样品状况。氧化膜、汗渍、油渍、气泡、夹杂、裂纹等都影响凝聚放电。

10.3　光电直读原子发射光谱分析的应用

光电直读光谱分析法已经成为应用最广泛的分析方法之一。在铜、铝、钛、稀土等有色金属的分析领域，都担当着常规分析、质量控制的主要分析任务。

由于光电直读原子发射光谱仪器性能的不断提高，其分析的精密度也随之提高，已经作为行业的标准分析方法使用。

10.3.1 铜及铜合金分析——光电直读发射光谱法

根据有色金属行业标准 YS/T 482—2005 改写。

标准涉及了铜及铜合金常见分析元素 21 个，覆盖 GB/T 5231—2001《加工铜及铜合金化学成分和产品形状》中合金牌号 60 多个，同时可满足 ISO、ASTM、JIS、BS 等诸多标准系列的数百个合金牌号的分析。

本书只介绍该标准的主要内容，对原标准的个别部分做了文字和技术上的改动。

10.3.1.1 各元素的测定范围

各元素的测定范围列于表 10－1。

表 10－1 各元素的测定范围

元素	测定范围(w)/%	元素	测定范围(w)/%
Pb	0.0005～5.00	Si	0.0005～6.00
Fe	0.0005～8.00	Cr	0.0002～1.50
Bi	0.0002～0.10	Al	0.0005～15.00
Sb	0.0004～0.50	Ag	0.0005～0.20
As	0.0005～0.20	Zr	0.0005～1.00
Sn	0.0005～15.00	Mg	0.0010～0.50
Ni	0.0005～30.00	Te	0.0005～0.15
Zn	0.0005～35.00	Se	0.0005～0.10
P	0.0005～0.50	Co	0.0005～1.00
S	0.0005～0.050	Cd	0.0005～0.10
Mn	0.0002～10.00		

注：表中 Zn、Ni 等元素的测定上限达到 35%、30%，仪器条件要严格，精心操作，否则相对不确定度难以达到表 10－4 列出的重复性限(r)和再现性限(R)。

10.3.1.2 对仪器的要求

仪器应具有良好的稳定性和灵敏度。其主要技术参数应满足或优于表 10－2 中的技术参数。

表 10－2 技术参数

性能指标	技术参数
光栅焦距/mm	1000
波长/nm	120～800
氩气冲洗时间/s	3
预燃时间/s	5
积分时间/s	5

10.3.1.3　系列标准样品、再校准样品、控制样品

A　系列标准样品

系列标准样品是用来建立工作曲线的一组(至少4个)标准样品。应具备以下条件:

(1)国家级标准样品或公认的权威单位研制的标准样品;

(2)选用的标准样品应与分析试样的化学组成及冶金过程基本一致;

(3)具有适当的质量分数间隔(梯度)的4个以上的标准样品作为一个系列;

(4)标准样品系列能覆盖所分析元素的测定范围。

B　再校准样品

再校准样品是用来定期校正仪器工作曲线漂移的一个(或多个)标准样品。

再校准样品可以从校准样品系列中选取,也可从分析结果再现性好的试样中选取。再校准样品的主量元素的含量取产品标准的中间值、杂质元素含量取产品标准的上限值的90% ~ 100%为宜。

做仪器标准化时,激发再校准样品(最好两个样品),校准曲线可视情况或按一定周期进行。

C　控制样品

控制样品是每次分析时用来监控仪器状态的样品,应具有准确定值并与待测试样化学组成相近、组织结构相近,特别要求与待测试样铸造和加工过程尽量一致。

控制样品中元素含量的取值要求同再校准样品。

10.3.1.4　试样及制备

A　试样尺寸

带状、块状试样:厚度不小于0.5mm,以能覆盖激发孔腔为宜;

棒状试样:直径不小于6mm,长度与试样台相适应。

B　取样

分析试样应具有代表性、均匀、无气孔、无夹渣、无裂纹,试样表面无氧化、光洁平整。

样品可以从熔体中取,也可以从铸锭或加工件上取。

从熔融状态取样时,用预热过的铸铁模或钢模浇铸成型。若分析易挥发的元素(如磷),应采用坩埚直接从熔体中取样;从铸锭或加工件上取样时,应从有代表性的部位取样(一般产品标准中有规定);若有成分偏析时,应由供需双方协商取样方法。

C　试样加工

棒状和块状试样的分析面,用车床或铣床加工成光洁的平面,并保证在制样中试样不氧化,制样中可用无水乙醇冷却。

对不能用车床或铣床加工的试样,如带状试样,用水砂纸打磨样面(确保试样的代表性,注意热轧产品的表面脱锌问题),再用无水乙醇擦拭表面。如试样氧化可用硝酸溶液(1+1)清洗表面,并立即浸入水中,流水冲洗表面酸液,然后吹干以防再次氧化。

10.3.1.5　环境

仪器应放置在无电磁干扰、无振动、无腐蚀气体的房间。温度、湿度的控制按仪器要求配置。一般在8h内,温差不超过±2℃,相对湿度低于75%。

仪器应具备稳定、净化的单相220V电源;计算机应配备UPS电源。

10.3.1.6　分析步骤

(1)开机,按仪器使用要求预热。

(2)仪器工作状态控制及校准:

1)运用仪器提供的诊断功能,定时(每天或每班)对仪器状态进行诊断,如有异常及时予以处理,以保证其处于正常受控状态。

2)定期进行描迹,以使各元素发射强度获得最佳值。

3)定期按校准规范对仪器进行校准,以使各性能指标达到较佳值。

(3)根据试样的种类和合金牌号选择合适的标准样品。

(4)根据试样的种类和合金牌号选择分析程序,依据试验或说明书推荐,选择合适的激发条件和分析线对。分析线及内标线例见表10-3。

表10-3　常用的分析线和内标线例

元　素	波长/nm	适用分析范围(w)/%
背景	171.090,231.450,310.500,319.600	内标线
Cu	296.117,327.394	内标线
Pb	405.782	0.0001~5.00
Fe	371.994	0.0002~8.00
Bi	306.772	0.0001~0.10
Sb	287.792,206.833	0.0001~0.50
As	189.042	0.0001~0.20
Sn	175.790	0.0002~2.00
	317.502	2.00~15.00
Ni	341.54	0.0002~1.00
	380.71	1.00~35.00
Zn	334.502	0.0002~40.00
P	178.287	0.0001~0.50
S	180.731	0.0002~0.10
Mn	403.449	0.0002~10.00
Si	288.160	0.0002~6.00
Cr	357.869	0.0002~1.50
Al	305.993	0.0005~1.00
	396.153	1.00~15.00
Ag	338.289	0.0005~0.50
Zr	343.823	0.0005~1.00
Mg	285.213	0.0005~0.50
Te	185.720	0.0001~0.10
Se	196.092	0.0001~0.10
Co	345.351	0.0002~1.00
Cd	228.802	0.0001~-0.10

(5)工作曲线的建立和再校准样品原始强度的获得。根据待测试样的种类,选择建立工作曲线所需的标准样品和再校准样品,连续激发测量。每个样品激发3~5次,取其平均值存储。用标准样品的平均强度与对应的质量分数建立工作曲线并存储。获得的再校准样品测得强度即为再校准样品的原始强度(期望值)。

(6)仪器再校准。根据待测试样种类,选择再校准样品,按仪器说明书再校准程序进行,每个再校准样品连续激发三次,当重现性良好时,取其平均强度存储(获得值)。由获得值和原始强度(期望值)求得再校准系数。此步骤可根据情况按一定的周期进行(如一周或一个月)。

(7)控制样品分析。根据待测试样的种类,选择控制样品,按仪器说明书控制样品分析程序进行,每个控制样品激发三次,当重现性良好时,取其平均值存储。获得的平均值与控制样品的化学定值结果比较,当满足一定的不确定度范围时,可继续下一步分析。否则需重复进行仪器再校准或控制样品分析(或查明原因,直至控制样品分析程序通过为止)。

(8)试样分析。试样至少激发2次,数据稳定一致时取其平均值作为分析结果。分析结果以质量分数(%)表示,并按GB/T 8170—1987修约到产品标准规定的位数。

10.3.1.7　分析精密度

A　重复性

在重复性条件下,获得的两次独立测试结果的绝对差值应不超过表10-4所列重复性限(r),超过重复性限(r)的概率不超过5%。

重复性限(r)按表10-4所列数据,采用线性内插法求得。

B　再现性

在再现性条件下,获得的两次独立测试结果的绝对差值应不超过表10-4所列再现性限(R),超过再现性限(R)的概率不超过5%。

再现性限(R)按表10-4所列数据,采用线性内插法求得。

表10-4　铜及铜合金光电发射光谱法不同质量分数的重复性限(r)和再现性限(R)

元素的质量分数/%	重复性限(r)/%	再现性限(R)/%
0.0002	0.0002	0.0002
0.0010	0.0004	0.0005
0.010	0.002	0.002
0.10	0.008	0.01
1.00	0.03	0.05
10.00	0.20	0.30
35.00	0.52	0.70

注:重复性限(r)为2.83S_r,S_r为重复性试验标准偏差;再现性限(R)为2.83S_R,S_R为再现性试验标准偏差。

10.3.2　铝及铝合金分析——光电直读发射光谱法

根据国家标准GB/T 7999—2007改写。

标准适用于分析棒状或块状试样中的铁、铜、镁、锰、镓、钛、钒、铟、锡、铋、铬、锌、镍、镉、锆、铍、铅、硼、硅、锶、钙、锑、磷和钠共24个元素。

10.3.2.1　测定范围(表10-5)

表10-5　铝及铝合金光电直读发射光谱分析各元素分析线及测定范围

元　素	波长/nm	测定范围(*w*)/%
内标线(Al)	305.47 266.04 256.79	—
Si	288.15 251.61 390.55	0.0001~1.00 0.0005~5.00 0.020~15.00
Fe	239.56 371.99 273.07 271.44 259.93	0.040~1.20 0.00010~1.00 0.10~3.00 0.10~5.00 0.001~3.00
Cu	324.75 510.55	0.00010~0.50 0.20~11.00
Mn	403.45 293.30 259.37	0.00030~3.00 0.0020~2.00 0.00010~2.00
Mg	279.55 285.21 382.93	0.00010~3.00 0.0040~1.00 0.0030~11.00
Cr	425.43 267.71	0.0010~0.30 0.00030~3.00
Ni	231.60 341.47	0.0010~5.00 0.00020~3.00
Zn	213.85 334.50 330.26	0.0020~7.00 0.00050~0.50 0.00080~13.00
Ti	337.28 374.16	0.00010~1.00 0.10~10.00
Ga	417.21 393.36	0.0010~0.10 0.00010~0.50
V	311.07 310.23	0.00050~0.50 0.00050~1.00
Zr	339.19 343.82	0.00005~0.50 0.0050~0.50
Be	313.04	0.00002~0.50

续表 10-5

元　素	波长/nm	测定范围(w)/%
Pb	405.78 283.30	0.00050~0.10 0.0050~1.00
Sn	317.50	0.00050~20.00
Sb	259.80 231.14	0.00080~0.50 0.0010~1.00
Bi	306.77	0.0010~1.00
Sr	460.73	0.00010~0.50
Ce	399.92 357.75	0.0010~0.60 0.0010~0.50
Ca	396.85	0.00050~0.50
P	178.28	0.00010~0.10
Cd	228.80	0.0010~0.20
As	234.98 193.75	0.0020~0.050 0.0020~0.050
Na	589.00 589.59	0.00010~0.020 0.00010~0.020

10.3.2.2 方法提要

试样经加工,用激发系统激发,分光系统色散成光谱,对选用的内标线和分析线经过光电转换并测量,根据相应的标准样品绘制工作曲线,计算试样中各元素的含量。

10.3.2.3 设备、材料

标准样品:应与待分析试样化学组成和冶金过程基本一致。

激发间隙保护气体:高纯氩。

光电直读发射光谱仪:能满足分析精度要求。环境要求防电磁、防振、无腐蚀气体。温度、湿度按仪器说明书要求。

10.3.2.4 试样

A 尺寸

原则上保证试样将激发台的激发孔径完全覆盖,保证激发室不漏气;试样厚度应保证激发后试样不被击穿。

B 取样

从熔融状态取样时,用预热的铸铁模或钢模浇铸成型。应保证试样均匀、无气孔、无夹杂、无裂纹;从铸件或加工产品上取样时,应从有代表性的部位取样;若有偏析现象时,加工时应去掉偏析层。

C 试样加工

块状样品用车床或铣床加工成光洁平面。棒状样品端头切去5~20mm。加工时可用乙醇冷却,不能用润滑剂。

10.3.2.5 分析步骤

A 仪器工作状态控制及校准

利用仪器的诊断功能,定时(每班或每天)进行状态诊断。如有异常及时处理。

定期进行噪声、暗电流、光强度试验,并与原始数据及积累数据比较,从而确认相关系统是否正常。

定期对一个或多个化学成分均匀的铝合金试样进行谱线强度测定(10 次以上)并做数理统计处理,与原始积累数据比较,如有异常,对相关部件(如入射狭缝定位、第一透镜清理等)进行处理。

B 选择标准样品

根据试样化学组成选择标准样品。

C 分析参数

根据试样种类、化学组成,依据仪器说明书或试验选择激发条件和分析线对,确定分析参数。典型的内标线和分析线见表 10-5。

D 曲线漂移校正

每次分析试样之前,用一个或多个控制样品进行分析,确认所用工作曲线是否漂移。若已经漂移,则用校正样品对曲线进行漂移校正;然后再用控制样品予以确认。

注:控制样品可以在建立工作曲线的标准样品中选用,也可自制,但必须保证样品均匀且定值准确,控制样品与分析试样化学组成和冶金过程应保持一致。必要时,可采用化学分析方法做对比试验,校正分析曲线。

E 试样分析

试样至少激发两次,取平均值作为分析结果,并按照 GB/T 8170 规定将数字修约到产品标准规定的位数。

F 精密度

a 重复性

在重复性条件下,11 次独立测定值的相对标准偏差,不超过表 10-6 相应质量分数对应的相对标准偏差。

表 10-6 相对标准偏差

质量分数/%	≤0.001	>0.001~0.01	>0.01~0.10	>0.10~0.50	>0.50~1.0	>1.0~8.0	>8.0
相对标准偏差/%	14	9	6	5	2.5	2	1.5

b 室间允许差

实验室之间分析结果的相对偏差,应不大于表 10-7 相应质量分数对应的相对允许差。

表 10-7 相对允许差

质量分数/%	≤0.001	>0.001~0.01	>0.01~0.10	>0.10~0.50	>0.50~1.0	>1.0~8.0	>8.0
相对允许差/%	40	25	17	14	7	6	5

10.4 电感耦合等离子体原子发射光谱法(ICP－AES)的应用

10.4.1 方法概述

ICP光谱法是以电感耦合等离子体为激发光源的发射光谱法。ICP光谱法具有化学干扰少、基体效应小、测量范围宽(工作曲线的线性范围达5～7个数量级)、检测精密度高等优点,适合于金属及合金中质量分数在30%以下的组分的检测。

与分光光度法比较,ICP方法可多元素同时检测,提高了检测效率;与光电直读光谱法比较,ICP光谱法分析速度虽慢,但使用灵活,无须依赖固体系列标准样品。ICP光谱法和原子吸收光谱分析都是可以用基准物质绘制工作曲线,直接进行元素定量测定。因此,都是准确度较高的测量方法,是金属及合金新产品开发研制的有利条件。ICP光谱法可以多元素同时测定是它比原子吸收光谱法优越之处。

ICP即电感耦合等离子体炬光源,是原子发射光谱(AES)中激发光源的一种。它具有环状放电结构,样品在中心通道中激发,样品组分不进入放电区。因此,与火花、电弧等激发光源相比,ICP光源不直接影响放电参数,基体效应大大减少,甚至可以直接用溶液标准来分析各种基体中的被测元素。所以,特别适合于新产品研制时合金化学成分多变情况下的成分分析。

ICP光源在分析区的温度可达6000～7000K,原子化完全,因此检出限低;ICP的分析区周围温度高于分析区温度,当原子浓度大时,也不出现使用其他光源时产生的自吸现象。因此,使得浓度与谱线强度成正比的所谓线性范围宽达5～7个数量级。这样,一台仪器就可分析常量(一般限于质量分数在30%以下的合金组分)、半微量、微量等不同质量分数的合金成分。

虽然ICP方法比一般直读光谱方法检测速度慢、耗费氩气多,但是,由于可以直接用基准物质绘制工作曲线来测定未知试样,所以在量值传递方面,与需要使用同种合金的固体标准样品进行相对分析的光电直读光谱法和X射线荧光光谱法相比,具有量值传递环节少的优点,减少了测量不确定度的叠加。

在铜合金中,除了铜、氧、碳等个别元素外的其他二十几个元素,都可很方便地使用ICP方法进行定量检测。目前,在大量、充分的试验基础上,已制定了行业标准分析方法,并通过试验对方法的精密度进行了评估,在此基础上形成了铜及铜合金ICP分析的国家标准分析方法。

10.4.2 仪器各部分功能

电感耦合等离子体发射光谱法除了有独特的电感耦合等离子体光源之外,还有分光系统、检测器、测量系统。

10.4.2.1 等离子体光源

等离子体是一种高度电离的蒸气云,是物质的第四态,是电子、离子、原子、分子的混合体。

ICP光源由高频发生器(R. F.)、进样雾化系统和石英矩管组成。

高频发生器提供稳定的高频电流,通过绕制在石英炬管外管上端的铜管或银质管(带四氟乙烯保护),形成耦合线圈,把能量传输到高温火焰。高频发生器振荡频率为27.12MHz或40.68MHz,输出功率一般为750～1750W可调(有的仪器高频发生器功率可达2000W)。高频发生器输出功率的稳定性是影响检测稳定性的关键因素,其功率波动应低于0.05%(有的仪器功率波动仅为0.01%)。

进样雾化器把试样溶液喷成气溶胶。常用同心雾化器,通过蠕动泵提升待测溶液,或通过自吸喷雾。喷雾进入雾室后,较大液滴撞向雾室壁,成为废液从低处排出(或用反抽系统排出),而细小液滴随载气通过石英矩管的内管进入等离子体。

石英矩管由内、中、外三层同心石英管组成,分别通入不同流量的氩气。内管是载气,输送待测溶液的气雾进入等离子体;中管是辅助气,流量最小,其作用是使火焰高出炬管;外管是冷却气,流量最大,使石英管与火焰之间形成热隔离,保护炬管。

高频发生器的耦合线圈在矩管上半部,产生强烈振荡磁场。通氩气并点火后,在强磁场作用下,氩气部分电离并形成带电粒子环。通过高频耦合线圈,继续从高频发生器输入强大能量,使带电粒子高速运动,与气体碰撞,进一步使氩气充分电离,继续碰撞产生热量。这一过程像雪崩一样瞬间完成,形成等离子体焰矩(如图10－4所示)。内管的载气将样品溶液形成的气雾(气溶胶)送入等离子体焰矩,经蒸发、原子化、激发,当激发态瞬间回到低能态时,辐射出试液所含元素的各自特定波长的光。

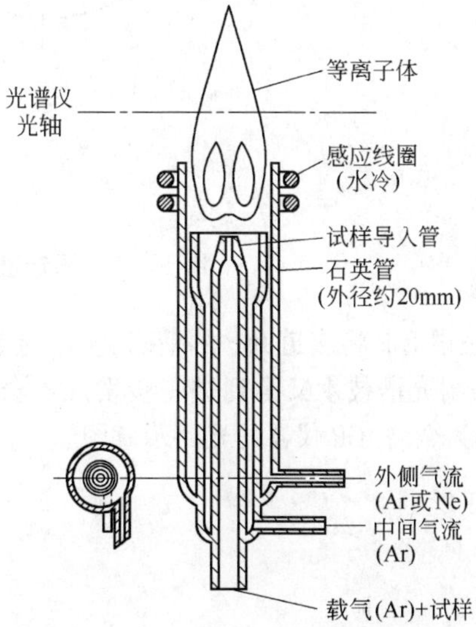

图10－4　等离子体焰矩示意图

ICP焰矩在耦合线圈的中心部分是核心区;向上高出线圈1～3cm是边缘区,是用于光谱分析的部位;再向上是尾焰区。

分光系统的入射狭缝,侧面接受激发原子辐射光的,是垂直火炬ICP。它的检测稳定性好;而水平火炬ICP的圆形入射狭缝是轴向正对焰炬的,它的测量灵敏度高,但稳定性比垂直火炬差。

10.4.2.2　分光和检测测量系统

分光系统使用光栅作分光元件。用中阶梯光栅＋石英棱镜交叉色散系统,分光效果更好。

单道扫描ICP采用计算机控制的步进电动机转动光栅,使光谱线依次通过出射狭缝,被光电倍增管接收。或者计算机控制光电倍增管在罗兰圆上移动,实现波长扫描。扫描型ICP分析速度慢,但可检测的元素多,且价格低。

固定道(多道)ICP使用多个光电倍增管,而与之相对应的多个出射狭缝,是按用户要求检测的元素预先刻好的。多道ICP稳定性好、分析速度快,但价格高。图10－5为固定道(多道)ICP仪器的光路示意图。

近年来,采用不同类型的“阵列检测器”检测,配以中阶梯光栅进行分光的全谱等离子体发射光谱仪,可检测从165～800nm波长范围内出现的全部谱线,兼有多道型和扫描型的特点。如采用电荷注入式检测器(CID)这种阵列检测器,其工作原理仍然是光电效应:当受到光照射时,由于光电效应而产生电荷,在检测器芯片表面加上电压使它产生可储存电荷的分立势阱,这些势阱构成检测器点阵。在28mm×28mm硅型的金属－金属氧化物半导体芯片上,包含着26.2万个点阵(感光点),每个都相当于一个光电倍增器,可以将试样中所有元素在165～800nm波长范围内出现的全部谱线记录下来并同时进行检测。

也有的仪器采用电荷耦合式检测器(CCD)。

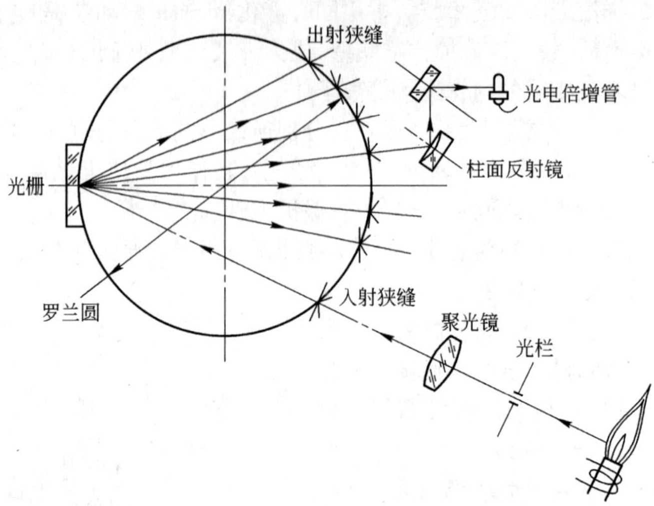

图 10－5　固定道(多道)ICP 仪器的光路示意图

全谱 ICP 将多道 ICP 的精确、快速与单道扫描 ICP 的灵活等特点结合起来,使快速发展的 ICP 发射光谱技术又得到进一步发展。全谱 ICP 可以是垂直火炬或水平火炬或双向观察。图 10－6为全谱 ICP 仪器的光路示意图。

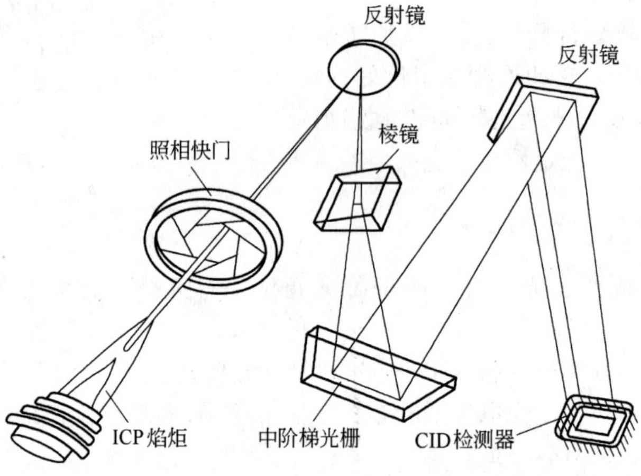

图 10－6　全谱 ICP 仪器的光路示意图

仪器操作和数据处理由计算机控制。新型的全谱 ICP 仪器,由于计算机软件功能提高,可以将样品中所有谱线存储、调出。

10.4.3　仪器测量条件选择

不同的仪器,测量条件的选择也有所不同。

10.4.3.1　分析线

从谱线强度、灵敏度、信号背景比、检出限、稳定性和共存元素有无干扰等方面综合考虑,选择合适的分析线。铜及铜合金常用的 ICP 分析线见表 10－8。

表10－8 铜合金元素常用ICP分析线

元 素	P	Ag	Bi	Sb	As	Fe	Ni	Pb	Sn
波长/nm	187.28	328.06	190.24	206.83	189.04	259.94	231.60	220.35	189.98
元 素	S	Zn	Mn	Cd	Se	Te	Al	Si	Co
波长/nm	182.03	206.20	257.61	226.50	196.09	214.28	396.15	288.15	228.61
元 素	Ti	Mg	Be	Zr	Cr	B	Hg	Cu	In
波长/nm	334.94	285.21	313.10	339.19	267.71	249.77	194.22	324.7	230.6

注:镍、锰质量分数大于3%时,波长选择为Ni341.47nm、Mn279.48nm;内标La波长为408.67nm。

10.4.3.2 高频发生器功率(W)

选择的功率增大,则净光强度(谱线强度减背景强度)也增加;但测量稳定性和工作曲线线性变差,同时也会降低功率管寿命。因此要综合考虑选择合适的功率。

10.4.3.3 雾化器压力(kPa)

压力大小反映载气流量(L/min)大小。压力增加,则净光强度呈下降趋势,灵敏度下降,但测量稳定性好。通过试验,以测量灵敏度高且强度稳定性好为前提,综合考虑进行选择。

10.4.3.4 辅助气流量(L/min)

辅助气流量增加,净光强度随之下降,可适当选较小流量。

10.4.3.5 积分时间(s)

积分时间太短,谱线瞬间波动不能统计平均;积分时间太长,分析速度慢。根据具体的分析要求选择积分时间。待测元素的质量分数低,一般积分时间应长些;待测元素的质量分数高,一般积分时间应短些。

10.4.3.6 分析泵速

影响试液提升量(L/min),一般对光强影响较小。

10.4.3.7 进行有无干扰的试验

除了仪器条件外,还要像其他分析方法一样,对溶液介质、酸度、基体和共存离子有无干扰进行试验、选择,才能得到准确的结果。

10.4.4 分析中的干扰

与发射光谱法的其他激发光源比较,ICP光谱分析是干扰比较少、分析精度比较高的方法。

ICP光谱分析中,样品的气雾通过高温等离子区,可认为被完全蒸发并原子化,因此化学干扰少,主要是基体效应和光谱干扰。

10.4.4.1 基体效应

当待分析元素含量低,称取的样品量比较多时,溶液中离子浓度大、黏度大,使得单位时间提升的溶液量降低,雾化效率降低。若溶液中含有硫酸、磷酸,也会降低雾化效率。而盐酸、高氯酸则对雾化效率影响不大。

克服基体效应的方法是使标准溶液与待测溶液的组成基本保持一致,或用标准加入法测定,抵消基体的影响。如果采用预先分离基体元素,则更有利于降低基体效应。

在分析铜及其合金时,当溶液中铜含量大于200mg时,使得磷、锑、铋、碲元素的背景抬高,可以通过在适当位置扣背景的方法加以消除。

10.4.4.2　光谱干扰

待测元素发射的谱线与其他元素或离子发射的谱线,在光谱仪上不能分辨时,产生光谱干扰。

可通过实际样品实验来选择受光谱干扰尽可能小的谱线,避免干扰。也可通过仪器的背景校正装置,进行背景校正(如在正常测量后,程序驱动入射狭缝平移,进行背景测量,然后扣减。或其他校正方法)。

锡峰与锑峰稍有翼重叠,当试样中含锡高而含锑低时,将会对锑的测定产生干扰。

10.4.5　ICP光谱在铜合金和铝合金分析中的应用

ICP光谱分析仪器发展很快,在有色金属分析中的应用也日益广泛,已经作为铜及铜合金和铝及铝合金国家标准分析方法使用。

10.4.5.1　铜及铜合金电感耦合等离子发射光谱分析方法

根据国家标准GB/T 5121.27—2008改写。

A　测定元素及范围

标准规定了铜及铜合金中的磷、银、铋、锑、砷、铁、镍、铅、锡、硫、锌、锰、镉、硒、碲、铝、硅、钴、钛、镁、铍、锆、铬、硼、汞25个元素的电感耦合等离子发射光谱测定方法。各元素测定范围见表10－9。

表10－9　各元素测定范围

元　素	质量分数/%	元　素	质量分数/%
P	0.0001～1.00	Se	0.0001～0.0020
Ag	0.001～1.50	Te	0.0001～1.00
Bi	0.00005～3.00	Al	0.001～14.00
Sb	0.0001～0.10	Si	0.001～5.00
As	0.0001～0.20	Co	0.01～3.00
Fe	0.0001～7.00	Ti	0.01～1.00
Ni	0.0001～35.00	Mg	0.01～1.00
Pb	0.0001～7.00	Be	0.01～3.00
Sn	0.0001～10.00	Zr	0.01～1.00
S	0.001～0.10	Cr	0.01～2.00
Zn	0.00005～7.00	B	0.0005～1.00
Mn	0.00005～14.00	Hg	0.0005～0.10
Cd	0.00005～3.00		

B 方法要点

该标准方法分为化学处理和仪器测定两部分。

化学处理的原理是:试样用硝酸和盐酸混合酸或硝酸分解。硒和碲的质量分数不大于0.001%时,以砷作载体共沉淀富集微量硒、碲与基体铜分离;铁、镍、锌、镉的质量分数不大于0.001%时,用电解除铜分离富集;磷、铋、锑、砷、锡、锰的质量分数不大于0.001%、铅质量分数不大于0.002%时,用铁作载体,氢氧化铁共沉淀磷、铋、锑、砷、锡、锰、碲、铅与基体铜分离;镍的质量分数大于14%时,以镧作内标。

仪器测定时,各溶液为酸性介质,在电感耦合等离子发射光谱仪各元素所对应的波长处,按各元素质量分数不同,选择相应的工作曲线,测量工作曲线各标准溶液的光谱强度。当工作曲线线性 $r \geqslant 0.999$ 时,可以进行试样溶液的测定。检查各测定元素谱线的背景,并在适当的位置进行背景校正,由计算机自动给出各测定元素的质量浓度。

标准给出了测量的重复性限(r)和再现性限(R),表10-10仅列出部分含量的 r 值和 R 值。

表10-10 部分含量时的 r 值和 R 值

质量分数/%	0.00010	0.0050	0.100	1.00	5.00	15.00	35.00
重复性限(r)/%	0.00004	0.0005	0.012	0.07	0.15	0.30	0.48
再现性限(R)/%	0.00006	0.0008	0.015	0.08	0.20	0.35	0.60

注:r 和 R 值分别为重复性条件下和再现性条件下,多次测定值的标准偏差的2.83倍。

10.4.5.2 铝及铝合金电感耦合等离子发射光谱测定方法

根据国家标准GB/T 20975.25—2008改写。

A 测定元素及范围

标准规定了铝及铝合金中铁、铜、镁、锰、镓、钛、钒、铟、锡、铋、铬、锌、镍、镉、锆、铍、铅、硼、硅、锶、钙、锑等22个元素的电感耦合等离子发射光谱测定方法。各元素测定范围见表10-11。

表10-11 各元素分析线及测定范围

元素/分析线/nm	质量分数/%	元素/分析线/nm	质量分数/%
Fe/259.940	0.0020~2.00	Cr/267.716	0.0020~0.50
Cu/324.754	0.0005~5.00	Zn/213.856	0.0010~5.00
Mg/285.213	0.0010~10.00	Ni/231.604	0.0020~1.00
Mn/259.373	0.0010~3.00	Cd/228.802	0.0020~0.25
Ga/294.364	0.0050~0.050	Zr/239.198	0.0020~1.00
Ti/334.941	0.0010~5.00	Be/234.861	0.0005~0.40
V/292.402	0.0010~0.30	Pb/220.353	0.10~1.00
In/325.609	0.010~0.10	B/249.678	0.0050~5.00
Sn/189.989	0.020~0.50	Si/288.158	0.50~10.00
Bi/223.061	0.010~0.50	Sr/407.771	0.0005~0.10
Ca/317.933	0.020~1.00	Sb/217.581	0.010~0.25

B 方法提要

根据铝及铝合金类型及元素含量,分别选择以下方法分解试样:

(1)盐酸和硝酸混合酸分解。适用于含硅小于0.5%的铝及铝合金除了硅以外的其他21个元素的测定。

(2)盐酸和过氧化氢分解。适用于铝及铝合金中除了硅和锑以外的其他20个元素的测定。

(3)氢氧化钠分解。使用聚四氟乙烯烧杯。适用于铝及铝合金中除了镓、铟、铋、镉、铍、硼、锑以外的其他15个元素的测定。

溶液直接以氩等离子体光源激发,进行光谱测定。在工作曲线中加入高纯铝,以基体匹配法校正基体对测定的影响。

C　测定

根据铝及铝合金类型及元素含量,一般称取0.2500~0.5000g试样。

根据试样含硅量是否大于0.50%,分别按方法提要的要求,采用不同的分解试剂分解试样。试样分解后,根据含量的高低,稀释体积从100mL至500mL不等。

称取与试样相同质量的高纯铝,随同试样操作,作为空白溶液。

对于含硅量大于0.50%的试样,要在盐酸或氢氧化钠溶解后,进行特别处理。

制备好的溶液直接以氩等离子体光源激发,进行光谱测定。

D　系列标准溶液配制

移取铝基体溶液于一组100mL容量瓶中,使铝的量与试液中含铝量基本一致。加入各元素标准溶液。溶液酸度与试液一致。另做空白,不加各元素标准溶液。

若采用氢氧化钠分解试样,那么系列标准溶液配制时要称取高纯铝置于聚四氟乙烯烧杯中,以氢氧化钠分解后,加各元素标准溶液。溶液酸度与试液一致。另做空白,不加各元素标准溶液。

系列标准溶液的数量一般为3~5个。

E　精密度

标准方法给出了不同质量分数的重复性限(r)和再现性限(R),见表10-12。两个独立测定结果的平均值的重复性限(r)或再现性限(R),可采用线性内插法求得。

表10-12　重复性限和再现性限

质量分数/%	0.0005	0.0010	0.0050	0.010	0.050	0.10	0.50	1.00	5.00	10.00
重复性限(r)/%	0.0001	0.0003	0.0006	0.0015	0.004	0.006	0.03	0.05	0.15	0.30
再现性限(R)/%	0.0002	0.0004	0.0007	0.002	0.006	0.012	0.04	0.08	0.20	0.35

复习思考题

1. 原子发射光谱法,影响光谱的谱线强度的因素主要有________、________、________和________。

2. 原子发射光谱仪器主要由________、________和________三部分组成。

3. 原子发射光谱定性分析方法有(　　)。

　A. 直接比较法　　B. 铁谱比较法　　C. 谱线强度比较法　　D. 谱线呈现法

4. 在发射光谱的各种光源中,近年来发展最快的新型光源是(　　)。

　A. 交流电弧　　B. 高压电火花　　C. 直流等离子体光源　　D. ICP光源

5. ICP光源与其他原子发射光源相比有哪些优点?

11 其他分析方法

本章提要:分别介绍 X 射线荧光光谱分析法和红外吸收气体分析方法。

11.1 X 射线荧光光谱法

X 射线荧光光谱分析法也属于原子发射光谱分析,但因其是原子内层的电子跃迁,有别于原子发射光谱分析的原子外层电子跃迁。因此,无论是仪器构造还是分析方法,与一般原子发射光谱分析都有所不同。

X 射线荧光光谱分析(XFS),是利用物质吸收 X 射线辐射后再发射 X 射线的性质建立起来的分析方法。由于入射光是 X 射线,发射出的光(荧光)也在 X 射线范围内,因此又称它为二次 X 射线光谱分析。主要用于常量元素分析。

X 射线荧光光谱分析的特点是:操作简便、分析速度快、自动化程度高,可多元素同时进行分析;非破坏性分析,可进行镀层分析;谱线简单,干扰少;分析范围宽:可用于元素周期表 C(12) ~ U(92)几十个元素的分析,含量可覆盖从 μg/g 到接近 100%;分析稳定性好,测量不确定度小。

表 11 - 1 列出目前 X 射线荧光光谱仪器分析黄铜组分的浓度范围实例。

表 11 - 1 X 射线荧光光谱仪器分析黄铜组分的浓度范围实例

元 素	Cu	Zn	Ni	Sn	Pb	Al
分析范围(*w*)/%	55 ~ 98	0.01 ~ 45	0.005 ~ 20	0.01 ~ 15	0.005 ~ 15	0.03 ~ 15
元 素	Fe	Si	Mn	P	Cr	Sb
分析范围(*w*)/%	0.005 ~ 6	0.01 ~ 6	0.005 ~ 5	0.002 ~ 1	0.005 ~ 1	0.001 ~ 1
元 素	Te	Zr	S	As	Cd	Bi
分析范围(*w*)/%	0.005 ~ 1	0.005 ~ 1	0.001 ~ 0.5	0.005 ~ 0.5	0.005 ~ 0.5	0.005 ~ 0.1

注:本表摘自岛津多道 X 射线荧光光谱仪 MXF - 2400 说明书。

X 射线光谱分析与原子发射光谱分析一样,也是相对分析方法,需要使用系列标准样品作为定量依据;X 射线荧光光谱仪结构复杂,价格高;对实验室环境要求较高;检出限高于光电直读发射光谱法,不适合痕量元素的分析;X 射线光谱是表层分析,对样品均匀性的要求高。

11.1.1 X 射线的产生

X 射线与可见光一样也是一种电磁波,波长范围是 0.01 ~ 10nm。用于 X 射线荧光分析的波段为 0.04 ~ 4.4nm。

X 射线光谱分为连续光谱和特征光谱。

11.1.1.1 连续 X 射线的产生

当高速运动的电子撞击金属靶面被突然停止,有的电子在一次碰撞时全部丧失能量变成 X 光子;有的电子同靶进行多次碰撞逐步失去能量,产生具有不同波长的 X 光子,因此形成连续 X

射线光谱。首次碰撞就被停止的电子产生的光子能量最大，波长最短(短波限)。短波限与加速电压的关系为：

$$\lambda_{min} = 1.24/V \quad (11-1)$$

式中　λ_{min}——短波限波长，nm；

V——加速电压，kV。

11.1.1.2　特征X射线的产生

特征X射线是样品中元素的原子受高能辐射的激发，从原子内层逐出电子产生空穴，由外层电子填充空穴，并以光子形式释放多余能量的结果。不同元素原子的电子能量不同，相应产生的X射线光谱的波长也不同，这就是元素的特征谱线。

X射线的波长可由下式获得：

$$\lambda = \frac{hc}{E_a - E_b} \quad (11-2)$$

式中　λ——X射线的波长，nm；

h——普朗克常数；

c——光速；

E_a——外层电子能量；

E_b——内层电子能量。

在X射线荧光光谱仪中，施加到X光管的电压必须达到一定的值，才能产生X射线。这个电压称为临界激发电压。元素在周期表中原子序数越大，激发时临界电压越高。

特征谱线的波长与原子序数存在一定的关系，可以用莫塞莱定律表达：

$$\frac{1}{\lambda} = KR(Z - \sigma)^2 \quad (11-3)$$

式中　λ——波长，nm；

K——常数；

R——里德堡常数；

Z——原子序数；

σ——屏蔽常数。

电子不能从任意高能量轨道向任一低能量轨道跃迁，而必须遵循莫塞莱定律的选择定则。

11.1.2　X射线荧光光谱仪

按分离特征谱线的方法，X射线荧光光谱仪可分为波长色散型(波谱)和能量色散型(能谱)两类仪器。在有色金属定量分析中多数使用的是波长色散型荧光光谱仪(见图11-1)。该类仪器又可分为顺序扫描型、同时多道型以及扫描+多道混合型。

仪器主要由X射线发生器、分光系统、探测系统、数据处理系统等组成。

由X射线管产生的一次X射线，激发试样，试样发出的各元素的混合荧光X射线光束经准直器到达分光晶体，经晶体衍射后的单色荧光到达探测器，探测到的信号经放大整形，由计算机处理得出分析结果。

分光晶体(见表11-2)是波长色散型X射线荧光光谱仪的核心。

晶体具有规则的几何点阵结构，X射线荧光光谱的波长较短，有一些晶体的晶面间距与X射线荧光的波长相当，可以对X射线起到衍射作用，所以选择晶体作为X射线荧光的分光元件。

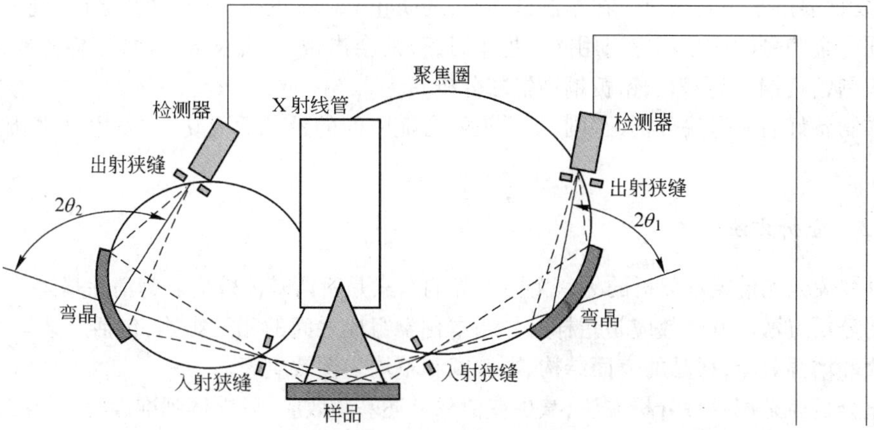

图 11-1　波长色散型 X 射线荧光光谱仪构造示意图

表 11-2　常见的几种分光晶体

晶 体 名 称	分子式	简称	衍 射 面	$2d$/nm
氟化锂	LiF		200	0.4027
酒石酸乙二胺	$C_6H_{14}N_2O_6$	EDDT	020	0.8803
异戊四醇	$C(CH_2OH)_4$	PET	002	0.876
锗	Ge		111	0.6533
氯化钠	NaCl		200	0.564
石　墨	C		002	0.6708

注：d 为晶体的晶格常数。

11.1.3　X 射线荧光光谱定量分析

影响 X 射线荧光定量分析准确度和精密度的主要因素有两个：一是制样技术，二是分析方法。

11.1.3.1　试样制备

X 射线荧光光谱分析是一种相对分析方法，即在相同条件下，测量出待测样品中元素的 X 射线荧光强度，与标准样品的 X 射线荧光强度进行对比，由标准样品的元素含量来计算待测样品中元素的含量。因此，必须保证标准样品与待测样品之间有尽可能一致的物理性质（表面、组织、结构、密度等）和尽量相近的化学组成。

X 射线荧光光谱分析的样品有块状样品、粉末样品、溶液与熔融样品等。有色金属及合金分析中最常使用的是块状样品。

所取样品不允许有气孔、夹杂；为使样品有代表性，要考虑取样部位、取样时熔体温度、样品的浇注形状等。

一般采用车床或铣床进行样品加工。例如铜合金样品，其表面粗糙度要达到 10μm 以下。为此，在样品加工时要注意刀具的选择：硬度较小的普通黄铜、紫铜、白铜等选用白钢刀（高速钢车刀）；硬度较大的铝青铜、铅黄铜、硅黄铜等合金选用合金车刀。

对于合金成分不均匀的，如锡磷青铜和锡锌铅系列青铜的化学成分容易偏析，为确保样品的代表性，要把表层车去几毫米。在车制试样时，要防止 Pb、Sn 低熔点金属的“涂抹”现象。

不同合金牌号的样品不应当用同一把车刀，否则会出现“记忆效应”（如车铝青铜的刀具紧接着又车制铅黄铜，就会影响铅黄铜中铝的分析）。

试样制备好后应尽快分析，否则，试样表面会随时间的延长而变化，如发生氧化、附着、潮湿等。

11.1.3.2　分析方法

X 射线荧光光谱定量分析的另一个主要影响因素是所谓基体效应。为消除基体效应必须采取合适的分析方法。基体效应是指样品的基本化学组成之间的相互影响，包括元素间 X 射线的相互吸收和增强效应，样品的表面结构、颗粒度和不均匀性效应等。

定量分析就是用各种分析方法，减少或消除上述基体效应，以求得到准确的分析结果。这些方法可分为实验校正方法和数学校正方法两类。前者包括标准曲线法、内标法、散射线标准法等；后者包括经验系数法、基本参数法、半基本参数法。可以结合具体的仪器所提供的分析软件，根据所分析的试样类别，考虑选择消除基体效应的分析方法。

11.1.4　铜合金 X 射线荧光光谱分析方法行业标准

有色金属行业标准 YS/T 483—2005《铜及铜合金分析方法　X 射线荧光光谱法（波长色散型）》，涉及铜及铜合金常见分析元素 14 个，覆盖 GB/T 5231—2001《加工铜及铜合金化学成分和产品形状》中合金牌号 50 多个，同时可满足 ISO、ASTM、JIS、BS 等诸多标准系列的数百个合金牌号的分析。

本书只介绍该行业标准的主要内容，并在标准基础上，对个别部分做了文字和技术上的改动。

11.1.4.1　各元素的测定范围

本标准规定了铜及铜合金中 14 个常见元素的 X 射线荧光光谱分析方法。各元素的测定范围列于表 11－3。

表 11－3　各元素的 X 射线荧光光谱法测定范围

元　素	测定范围（w）/%	元　素	测定范围（w）/%
Cu	40.00～98.00	Mn	0.010～15.00
Ni	0.010～35.00	Si	0.010～6.00
Zn	0.010～45.00	Cr	0.010～2.00
Al	0.010～15.00	As	0.010～0.50
Fe	0.010～10.00	P	0.010～1.00
Sn	0.010～15.00	Mg	0.010～1.00
Pb	0.010～10.00	Ag	0.010～1.00

11.1.4.2　方法原理

由大功率 X 射线管发射的一次 X 射线，照射试样平面使元素的原子激发，产生被测元素的特征二次 X 射线（即荧光 X 射线），该混合光经分光晶体色散分光，对应各元素的特征单色光由各自的检测器接收，由计数器等部件记录荧光强度。根据用标准样品制作的工作曲线，检测出试样中各待测元素的质量分数。

11.1.4.3 仪器

X射线荧光光谱仪应能满足本标准所规定的各元素的分析要求，具有良好的稳定性和灵敏度。其技术参数应满足或优于表11-4所列技术参数。

表11-4 技术参数例

X射线发生器	3kW 铍窗管，Rh 靶，端窗
	最大功率：3kW(50kV，100mA)
分光晶体	LiF，PET，NaCl，TAP，Ge
探测器	Ne，Ar，Kr－exatron Ne，Ar，Kr－multitron 闪烁计数器(SC)

11.1.4.4 标准样品、再校准样品、控制样品

标准样品、再校准样品、控制样品与10.3.1.3节相同。

11.1.4.5 试样及制备

A 试样尺寸

厚度不小于0.2mm，直径为25～50mm(取决于仪器的试样容器的尺寸)。

B 取样

分析用试样应具有代表性、均匀、无气孔、无夹渣、无裂纹，试样表面无氧化、光洁平整。

样品可以从熔体中取，也可以从铸锭或加工件上取。从熔融状态取样时，用预热过的铸铁模或钢模浇铸成型。若分析易挥发的元素(如磷)，应采用坩埚直接从熔体中取样；从铸锭或加工件上取样时，应从有代表性的部位取样(一般产品标准中有规定)；若合金有成分偏析时，由供需双方协商取样方法。

C 试样加工

试样用车床或铣床加工成光洁的平面。样面粗糙度对结果有一定的影响，尤其是分析含量较高的组分时，样面粗糙度的差异对分析结果有严重影响。故待测试样应与标准样品以及控制样品的加工方式、使用的刀具严格保持一致，以保证它们的表面粗糙度尽可能一致。

11.1.4.6 环境

(1)仪器应放置在无电磁干扰、无振动、无气体腐蚀的场所。温度、湿度的控制按仪器要求配置，一般在8h内温差不超过±2℃，相对湿度低于75%。

(2)仪器室应具备稳定的、经净化的三相380V和单相220V电源(必要时要配备稳压电源)，为确保分析数据不被意外破坏，应为计算机配备UPS电源。

11.1.4.7 分析步骤

(1)按仪器说明书将仪器设置到工作状态，稳定30min。

(2)仪器工作状态控制及校准：

1)运用仪器提供的诊断功能,定时(每天或每班)对仪器各部件状态进行诊断,如有异常及时予以处理,保证仪器性能正常。

2)定期按校准规范对仪器进行校准,以使各性能指标达到最佳值。

(3)根据试样的种类和合金牌号选择合适的标准样品。

(4)根据试样的种类和合金牌号选择分析程序,依据试验或说明书推荐,选择合适的分析条件和分析线(见表11-5)。

表11-5　分析条件

X光管:铑靶端窗管;管电压45kV;管电流50mA;试样自转:40r/min;面罩:ϕ25mm钛面罩										
分析元素	Cu	Pb	Fe	Mn	Ni	P	Si	Sn	Zn	Ag
分析晶体	LiF	LiF	LiF	LiF	LiF	Ge	PET	LiF	LiF	LiF
分析线	Ka	Lb	Ka	Ka	Ka	Ka	Ka	Ka	Ka	Ka
波长/nm	0.154	0.098	0.194	0.210	0.165	0.616	0.713	0.049	0.144	0.056

(5)工作曲线的建立和再校准样品原始强度的获得。根据待测试样的种类,选择建立工作曲线所需的标准样品和再校准样品,连续激发测量。每个样品测量3~5次,取其平均值存储。用标准样品的平均强度与对应的质量分数,建立工作曲线并存储。获得的再校准样品测得强度即为再校准样品的原始强度。

(6)根据仪器提供的方法,考虑共存元素和基体的差别所带来的干扰影响,对测定值进行校正,得出相关系数并存储。

基体校正方法示例:Lachance-Traill校正模型

$$C_i = R_i(1 + \sum_{i=1,i\neq j}^{n} \alpha_{ij} C_j) \quad (11-4)$$

式中　C_i——i元素校正后的质量分数,%;

R_i——i元素校正前的质量分数,%;

C_j——标准样品中j元素的质量分数(已知),%;

α_{ij}——j元素对i元素的吸收增强系数;

i——分析元素;

j——干扰影响元素。

(7)分析曲线的再校准。在使用过程中,应定期对分析曲线的漂移进行再校准,确保分析曲线稳定。所得校准系数一般为0.8~1.2。

(8)控制样品分析。每天正式分析试样之前,应先进行控制样品分析,并确认控制样品的分析结果与其标准值的差在允许误差范围内。

(9)试样分析。在上述条件都正常的情况下,试样重复分析3次,数据稳定一致时取其平均值作为分析结果。分析结果以质量分数(%)表示,按数据修约规则(GB/T 8170)修约到产品标准规定的有效数字位数。

11.1.4.8　分析精密度

A　重复性

在重复性条件下获得的两次独立测试结果的绝对差值应不超过表11-6所列重复性限(r),超过重复性限(r)的概率不超过5%。

两次独立测试结果平均值的重复性限(r)按表11－6所列的数据,采用线性内插法求得。

B 再现性

在再现性条件下获得的两次独立测试结果的绝对差值应不超过表11－6所列再现性限(R),超过再现性限(R)的概率不超过5%。

两次独立测试结果平均值的再现性限(R)按表11－6所列的数据,采用线性内插法求得。

表11－6 铜及铜合金X射线荧光光谱分析方法不同质量分数的重复性限和再现性限

元素的质量分数/%	重复性限(r)/%	再现性限(R)/%
0.010	0.0025	0.003
0.10	0.015	0.020
0.50	0.05	0.075
>5.00～10.00	0.08	0.10
>10.00～20.00	0.10	0.12
>20.00～40.00	0.12	0.15
>40.00～98.00	0.15	0.20

注:1. X射线荧光光谱分析较高含量时,其重复性限(r)和再现性限(R)在一定范围内数值变化不大。所以,一个含量段可以有同一个r或R。

2. 重复性限(r)为$2.83S_r$,S_r为重复性试验标准偏差;再现性限(R)为$2.83S_R$,S_R为再现性试验标准偏差。

11.2 气体分析

铜及铜合金对碳、硫、氧元素含量有限制要求。高频脉冲加热红外吸收气体分析法是目前准确快速地分析碳、硫、氧的方法。该方法干扰少,速度快,分析精密度和准确性好,已被作为国家标准分析方法。

11.2.1 碳、硫的测定

11.2.1.1 方法提要

称量碎屑样品,置于瓷坩埚中,加入钨锡型助熔剂,在高频炉中通入氧气,加热熔融,碳、硫分别转化为气体二氧化碳、二氧化硫,并随载气流经二氧化碳红外检测器和二氧化硫红外检测器,二氧化碳、二氧化硫吸收红外光,根据红外光被吸收程度进行定量测定。可检测铜及铜合金中碳或硫量大于0.0003%的试样。

11.2.1.2 瓷坩埚质量要求及处理

瓷坩埚,$\phi \times h = 25mm \times 25mm$,应不含碳、硫或含碳、硫量很低,而且同一批的瓷坩埚必须质量稳定。

瓷坩埚一般先经高温1200℃灼烧1～4h(根据产品质量、产地而确定灼烧时间),冷却后置于干燥器中待用。

在日常控制检测中,质量好的瓷坩埚,使用一次后,只要坩埚不破损,可以再使用一次,以降低分析成本。

11.2.1.3　试样

碎屑状，用丙酮清洗1～2次，冷风吹干，装入磨口瓶中备用。每次称取0.5～1g试样。

11.2.1.4　脉冲加热红外吸收仪预热与校准(标定)

仪器的高频炉功率1～2.5kW，频率6MHz以上。

仪器预热4h左右，检查仪器是否处于正常状态。

分析前，选择与待测样品中碳、硫的质量分数相近的标准样品，按仪器的校准程序进行校准。加入助熔剂(钨锡型助熔剂，粒度为400～800μm)的质量应不小于试样的质量。校准的结果与标准样品给出标准值之差，应在标准样品的标准值的允许差范围之内或小于检测方法给出的重复性限r。否则，应重新校准。

11.2.1.5　测定

将试样放在坩埚内，将助熔剂(钨锡型助熔剂，粒度为400～800μm)覆盖在试料上面，加入助熔剂的质量应不小于试样的质量。以下按仪器说明书规定程序操作。独立进行两次分析。仪器自动给出碳、硫的含量。

11.2.2　氧的测定

11.2.2.1　方法提要

将预先制备的试样投入经过高温脱气的石墨坩埚中，在氦气(或氩气)气流中，加热熔融，试样中的氧与坩埚中的碳生成CO，并被氦气(或氩气)气流带入400℃的稀土氧化铜炉，CO被氧化为CO_2，导入红外检测器，CO_2吸收红外光，根据红外光被吸收程度进行定量测定。方法可检测铜及铜合金中氧量大于0.0002%的试样。

11.2.2.2　石墨套坩埚

采用光谱纯的石墨加工而成。外坩埚内径ϕ14mm、高22mm、壁厚2mm；内坩埚外径ϕ12.8mm、高18.8mm、壁厚2.8mm。

11.2.2.3　试样处理

(1)试样车成ϕ3～5mm、长度大于40mm的圆棒或块状。加工时不要太热，防止氧化。

(2)以专用钢锉或手锯，将加工的圆棒或块截成所需试样(0.5～1g，长度小于12mm)。

(3)将试样放入混合酸中[28mL磷酸(ρ1.69g/mL)+10mL硝酸(ρ1.42g/mL)与62mL冰乙酸(ρ1.05g/mL)混匀]，侵蚀10min，取出后立即用纯水洗净，再用无水乙醇洗涤，冷风吹干后立即投入加样器分析。

(4)若发现试样氧化变暗，需按试样处理程序重新处理。

11.2.2.4　脉冲加热红外吸收仪的标定及分析条件

脉冲加热红外吸收仪加热功率不小于6.5kW(炉温不低于2400℃)，仪器的系统空白应低于0.00005%(分析试样前，要按分析条件进行空白试验)。

分析前，选择与待测样品中氧的质量分数相近的标准样品，进行标定，确定校正系数，对仪器校正。

推荐分析条件例:脱气功率5.5kW,分析功率4.5kW,分析时间30s。

11.2.2.5 气体

氦气(或氩气),纯度不低于99.95%;动力气,氩气或氮气,含油和水小于0.5%。

11.2.2.6 测定

(1)将试样投入加样器内;
(2)用专用金属刷清扫脉冲炉膛,装入新坩埚;
(3)按推荐分析条件例分析;
(4)计算机自动给出氧的质量分数。

12　化学分析的标准方法与标准样品

12.1　化学分析的标准方法

12.1.1　标准及化学分析的标准方法

12.1.1.1　标准化与标准

《中华人民共和国标准化法》已由中华人民共和国第七届全国人民代表大会常务委员会第五次会议于1988年12月29日通过,自1989年4月1日起施行。该法对标准的制定、标准的实施及相关的法律责任作出了规定。

所谓标准化就是为在一定的范围内获得最佳秩序,对实际的或潜在的问题制定共同的和重复使用的规则的活动。它包括制定、发布及实施标准的过程。

标准是对重复性事物和概念所作的统一规定。它以科学、技术和实践经验的综合成果为基础,经有关方面协商一致,由主管机构批准,以特定形式发布,作为共同遵守的准则和依据。

12.1.1.2　标准的分类

标准按使用范围可分为国际标准、区域标准、国家标准、专业(行业)标准、企业标准(也称企业规程);按内容可分为基础标准(包括名词术语、符号、代号、机械制图、公差与配合等)、产品标准、辅助产品标准(包括工具、模具、量具、夹具等)、原材料标准、方法标准(包括工艺要求、过程、要素、工艺说明等)。

国际标准化组织(ISO)是世界上最大的标准化专门机构。负责制定国际标准,协调世界范围的标准化工作。

国家标准,如中国国家标准(GB),美国国家标准(ANSI),英国国家标准(BS),德国国家标准(DIN),日本国家标准(JIS)。

我国的行业标准,如有色金属行业标准(YS),冶金行业标准(YB)。

我国标准分为强制性标准和推荐性标准两类。对强制性标准,必须严格执行,做到全国统一。对推荐性标准,国家鼓励企业自愿采用。

12.1.1.3　化学分析标准方法

化学分析标准方法是技术标准中的一种,它是与产品标准对应的。

化学分析标准方法是权威技术部门针对某种或某几种产品的化学成分分析推荐的方法。它在传递量值、保证测量一致性方面起到重要作用。

化学分析标准方法与一级标准物质(标准样品)结合起来可用于二级标准物质的定值;可以用于评价低级别的标准方法及常规分析方法;可以作为产品仲裁分析方法;可以作为产品认证的分析方法;可以作为仪器分析准确性的比对方法。

12.1.2 化学分析标准方法的制定

化学分析国家标准方法制定的一般程序是：

(1)由行业的标准管理部门提出标准的制定或修订计划，报请国家质量技术监督部门批准立项。行业的标准管理部门确定负责起草单位，并向负责起草单位和相关单位下达计划。

(2)负责起草单位接受标准起草任务后，拟订标准起草项目安排计划，提出时间安排、起草和验证单位等，上报任务下达部门备案。

(3)负责起草单位组织人员进行文献调研和访问，提出起草方法预备方案。

(4)召开有标准主管部门、负责起草单位、协作起草和验证单位参加的任务落实会，讨论起草方法预备方案，确定是否等同、等效采用国际标准或国外先进标准；确定是否继续沿用原标准方法；确定是否试验制定新的分析方法。并对每个方法的起草和验证任务、完成时间分工落实。

(5)进行起草实验。包括分析方法的条件试验、准确度试验（标准样品试验、加入回收试验）、精密度试验（重复性限 r、再现性限 R）。写出起草试验报告、验证试验报告。

(6)召开标准初审会，审查起草试验报告和验证试验报告，提出补充试验安排。

(7)召开标准审定会，确定标准报批稿，上报国家质量技术监督部门。

(8)由国家质量技术监督部门批准、发布实施。

本书在有关分析方法各章中列举了一些标准方法，可以从中了解相关的分析方法和标准方法的模式。

12.1.3 有色金属（铜、铝、钛）化学分析标准方法和分析规程

12.1.3.1 国家标准方法

铜、铝、钛是最主要的有色金属，所以这部分主要介绍铜及铜合金、铝及铝合金、钛及钛合金化学分析的国家标准方法。

A 铜及铜合金化学分析方法

铜及铜合金化学分析方法（GB/T 5121—2008）共有68种方法，见表12－1。

表12－1 GB/T 5121—2008各元素分析方法统计（共68种方法）

序号	方法	元素	方法数
1	重量法	Cu×3，Si	4
2	酸碱滴定法	S	1
	配位滴定法	Ni×2，Zn，Fe，Al×2	6
	氧化还原滴定法	S，Fe，Sn，Mn，Cr	5
3	分光光度法	(Cu)，P×4，Ni，As×2，Fe，Sn，Sb×2，Al，Mn，Be，Zr，Ti，Si×2，B	19＋1
4	火焰原子吸收光谱法	(Cu×2)，Pb，Ni，Bi，Zn，Co，Cr，Mg，Ag，Cd，Te	10＋2
	塞曼电热原子吸收光谱法	Pb，Ni，Fe，Sn，Mn，Co，Cr，Cd	8
	冷原子吸收光谱法	Hg	1
5	氢化物原子荧光光谱法	Bi，As，Sb，Se－Te	4
6	脉冲加热－红外吸收法	C－S，O	2
7	电感耦合等离子体原子发射光谱法	磷、银、铋、锑、砷、铁、镍、铅、锡、硫、锌、锰、镉、硒、碲、铝、硅、钴、钛、镁、铍、锆、铬、硼、汞(25个元素)	1

注：Al×2，表示有2种铝的测定方法；(Cu×2)，表示电解后的残余铜量的测定有2种方法。

各方法的分析范围和方法要点见表 12 - 2。

表 12 - 2　铜及铜合金各元素分析标准方法(GB/T 5121—2008)

序号	元素	质量分数/%	方法名称	方 法 要 点
1	Cu	50.00 ~99.00	□直接电解 - 原子吸收光谱法	试料用硝酸和氢氟酸溶解后，以过氧化氢还原氮的氧化物，加入铅以降低阳极上铂的损失，电解使铜在铂阴极上析出。阴极烘干后称量。电解液中残留的铜量用火焰原子吸收光谱法测定
		>98 ~99.9	高锰酸钾氧化碲 - 电解 - 原子吸收光谱法	试料用硝酸溶解，加入铅以降低阳极上铂的损失。以高锰酸钾将碲全部氧化为六价防止碲在阴极析出。以 2.0A/dm^2 进行电解，使铜在铂阴极上析出，阴极烘干后称量。电解液中残留铜的质量用火焰原子吸收光谱法测定
		>99.00 ~99.98	□电解 - 双环己酮草酰二腙(BCO)分光光度法	试料用混合酸溶解，调整溶液体积后，以小电流进行电解。电解终止后，铂阴极用水和无水乙醇洗涤、干燥、冷却后称量。电解后的溶液用分光光度法测得残留的铜量给予补正后，求得铜的总量
2	P	0.00005 ~ 0.0005	磷钼杂多酸 - 结晶紫光光度法	试料用硝酸 - 硫酸混合酸溶解。驱逐氮的氧化物，以 1 ~ 2A/dm^2 电流电解除铜，于稀硫酸介质中，在聚乙烯醇存在下，磷钒钼杂多酸与结晶紫形成红色离子缔合物，在分光光度计波长 545nm 处测量其吸光度
		>0.0002 ~0.12	※钼蓝分光光度法	试料用混合酸或硝酸溶解，在硝酸介质中，磷与钼酸铵生成磷钼杂多酸。用正丁醇 - 三氯甲烷萃取，以氯化亚锡还原磷钼杂多酸为钼蓝。在分光光度计波长 630nm 处测量吸光度
		>0.010 ~0.50	※钒钼黄分光光度法	试料用混合酸溶解，在硝酸介质中，磷与钒酸铵及钼酸铵生成磷钼钒杂多酸黄色络合物，在分光光度计波长 430nm 处测量其吸光度
		0.0005 ~0.5	◎钒钼酸盐光度法	试料用硝酸溶解。用高氯酸、氢氟酸和氢溴酸发烟消除干扰元素，用碳酸钠熔融分解不溶的磷酸盐。 含量在 0.01%(质量浓度)以下，以磷钼酸的形式萃取磷并光度测定钼蓝；含量在 0.005% ~0.5%(质量浓度)，以磷钒钼酸的形式萃取并光度测定
3	Pb	0.00010 ~ 0.0015	塞曼效应电热原子吸收光谱法	试样用硝酸溶解，将一定体积的试液注入电热原子化器中，用塞曼效应原子吸收光谱仪在 283.3nm 波长处测量铅的吸光度，按工作曲线法计算铅的质量分数
		>0.0015 ~5.00	□火焰 - 原子吸收光谱法	试料用硝酸或混合酸溶解，铅的质量分数大于 0.040% 时，不经分离直接进行原子吸收测定；铅的质量分数不大于 0.040% 时，用硝酸锶、氢氧化物共沉淀铅，与基体元素铜、锡、镍等分离。在酸性介质中，使用空气 - 乙炔火焰，在原子吸收光谱仪波长 283.3nm 处测量铅的吸光度
4	C,S	碳 0.0010 ~0.20 硫 0.0010 ~0.030	※高频红外吸收法	试料在助熔剂和氧气流下，高频感应加热熔融，碳和硫分别生成二氧化碳、二氧化硫，载入红外线检测器。根据被测气体吸收特定波长的红外光能变化测出碳和硫的质量

续表 12-2

序号	元素	质量分数/%	方法名称	方法要点
4	C,S	硫 0.00040~0.0020	※燃烧-碘量法	试样在 1200~1250℃氧气流中燃烧,将硫转化成二氧化硫被微酸性水溶液吸收,以淀粉为指示剂,用碘酸钾标准滴定溶液滴定至浅蓝色并保持不褪色,即为终点。以消耗碘酸钾标准滴定溶液的体积计算硫的质量分数
		硫含量 >0.010	◎燃烧酸碱滴定法	试料于 1250℃在氧中燃烧,燃烧气体吸收于稀的过氧化氢溶液中。在甲基红-亚甲蓝混合指示剂存在下,用硼酸钠滴定所生成的硫酸
5	Ni	0.0001~0.0010	※塞曼效应电热原子吸收光谱法	试样用硝酸溶解,将一定体积的试液注入电热原子化器中,用塞曼效应原子吸收光谱仪在 232.0nm 波长处测量镍的吸光度,按工作曲线法计算镍的质量分数
		>0.0010~1.50	※火焰原子吸收光谱法	试料用硝酸、盐酸的混合酸溶解,加入硝酸锶以消除钴、锆等元素的干扰,使用空气-乙炔火焰,在原子吸收光谱仪波长 232.0nm 处测量镍的吸光度。镍的质量分数在 0.010% 以下时,用硝酸溶解试料,电解除铜后进行测定
		>1.50~45.00	※Na_2EDTA 滴定法	试料用硝酸溶解,必要时滴加氢氟酸助溶,以电解法除铜。在乙酸盐溶液中,用丁二酮肟沉淀镍,残余铜及铁、铝、铅等干扰元素用硫代硫酸钠和酒石酸钠掩蔽。沉淀溶于硝酸,蒸发破坏丁二酮肟,加入过量的乙二铵四乙酸二钠(Na_2EDTA)标准溶液,以二甲酚橙为指示剂,在 pH 值为 5~6 时用硝酸铅标准滴定溶液滴定过量的 Na_2EDTA
		≤2.50	◎萃取、丁二酮肟分光光度法	在 pH 值为 6.5~7.2 时,以丁二酮肟甲烷萃取,在波长约 405nm 处,以三氯甲烷作参比溶液,进行试液和空白试液的分光光度测量得到镍含量
		合金元素的镍	◎Na_2EDTA 滴定法	通过沉淀丁二酮肟络合物使镍从试样的氨水溶液中分离。用氯仿萃取此络合物。蒸发有机物,消解络合物。用伏安终点指示法间接络合滴定测定镍含量
6	Bi	0.00001~0.0005	氢化物发生-无色散原子荧光光谱法	试样用硝酸溶解,在氨性介质中用氢氧化镧共沉淀铋并与基体铜分离,沉淀以热盐酸溶解。在氢化物发生器中,铋被硼氢化钾还原为氢化物,用氩气导入石英炉原子化器中,在原子荧光光谱仪上测定铋元素的荧光强度
		>0.0005~0.0040	火焰原子吸收光谱法	不含锡、硅的试料用硝酸溶解,含锡、硅的试料用混合酸溶解,用二氧化锰共沉淀富集铋,沉淀用盐酸溶解后,使用空气-乙炔火焰在原子吸收光谱仪波长 223.1nm 处测量铋的吸光度
7	As	0.00005~0.0010	氢化物发生-无色散原子荧光光谱法	试样用硝酸溶解,在氨性介质中用氢氧化镧共沉淀砷并与基体铜分离,沉淀以热盐酸溶解。在氢化物发生器中,砷被硼氢化钾还原为氢化物,用氩气导入石英炉原子化器中,在原子荧光光谱仪上测定砷元素的荧光强度

续表 12-2

序号	元素	质量分数/%	方法名称	方法要点
7	As	>0.0010~0.10	正丁醇-乙酸乙酯萃取、钼蓝分光光度法	试料用混合酸或硝酸溶解。用次溴酸钠或高锰酸钾将砷(Ⅲ)氧化为砷(Ⅴ),使其与钼酸盐生成砷钼杂多酸,用正丁醇-乙酸乙酯混合液萃取,以氯化亚锡还原为钼蓝,在分光光度计波长730nm处测量其吸光度。大量硅的干扰,加盐酸蒸干使硅酸脱水并过滤除去,铁质量高时,在空白溶液中加入相应质量的铁抵消其影响。铜及铜合金中的共存的其他元素不干扰测定
		合金元素砷或杂质砷	◎苯萃取钼蓝光度法	用苯从盐酸、氢溴酸和高氯酸混合溶液中萃取砷。然后用水反萃取,以钼蓝形式用光度法测定。 毫克量的磷和硅不干扰测定
8	O	0.00030~0.11	脉冲加热-红外吸收法	将预先制好的试料,投入经高温脱气的石墨坩埚中,在氦气(或氩气)气流中加热熔融,试料中的氧以一氧化碳析出或随同氦气(或氩气)通过400℃的稀土氧化铜炉,使一氧化碳氧化成二氧化碳,导入红外检测器进行测定。由计算机自动给出氧的质量
9	Fe	0.0001~0.0020	塞曼效应电热原子吸收光谱法	试料用硝酸溶解,将一定体积的试液注入电热原子化器中,用塞曼效应原子吸收光谱仪在248.3nm波长处测量铁的吸光度,按工作曲线法计算铁的质量分数
		0.0015~0.50	※萃取、1,10-二氮杂菲分光光度法	试料用盐酸及过氧化氢溶解,在约6mol/L盐酸介质中以4-甲基-戊酮-2萃取三价铁的氯化络合物,以抗坏血酸还原成二价铁并反萃取入水相,在分光光度计波长510nm处测量铁(Ⅱ)与1,10-二氮杂菲红色络合物的吸光度
		>0.50~7.00	重铬酸钾滴定法	试料用盐酸和硝酸溶解,在氨性溶液中沉淀铁,沉淀溶于盐酸后,以钨酸钠为指示剂,用三氯化钛还原铁(Ⅲ)至铁(Ⅱ),以二苯胺磺酸钠为指示剂,用重铬酸钾标准滴定溶液滴定
		所有铜合金的铁含量	◎Na_2EDTA滴定法	通过萃取铁(Ⅲ)-氯络合物从铜中分离铁,在pH值为4.5时用过量的Na_2EDTA进行螯合,用标准体积锌溶液(锌标准溶液)进行返滴定
10	Sn	0.0001~0.0020	塞曼效应电热原子吸收光谱法	试样用硝酸溶解,将一定体积的试液注入电热原子化器中,用塞曼效应原子吸收光谱仪在224.6nm波长处测量锡的吸光度,按工作曲线法计算锡的质量分数
		>0.0010~0.50	※苯基荧光酮-聚乙二醇辛基苯基醚分光光度法	根据试样的品种及含量,试料用硝酸、硫酸钾-硫酸或混合酸溶解,锡经水合二氧化锰共沉淀富集或直接在稀硫酸介质中与苯基荧光酮、聚乙二醇辛基苯基醚显色,在分光光度计波长510nm处测量其吸光度
		>0.50~10.00	□碘酸钾滴定法	试料用盐酸与过氧化氢溶解,用氢氧化铁共沉淀分离锡。在盐酸溶液中,以氯化汞作催化剂,用次磷酸钠将四价锡还原成二价锡。以淀粉为指示剂,用碘酸钾标准滴定溶液滴定
11	Zn	0.00005~2.00	□火焰原子吸收光谱法	试料用硝酸或硝酸加氢氟酸,或盐酸加过氧化氢溶解后,使用空气-乙炔火焰在原子吸收光谱仪波长213.8nm处测量锌的吸光度,锌的质量分数不大于0.0020%时,试料以硝酸溶解,电解除铜后进行测定

续表 12-2

序号	元素	质量分数/%	方法名称	方法要点
11	Zn	>2.00 ~6.00	4-甲基-戊酮-2 萃取分离-Na_2EDTA 滴定法	锌(Ⅱ)与硫氰酸盐在稀盐酸介质中形成络阴离子,用4-甲基-戊酮-2 萃取分离除去大部分干扰元素后,在六次甲基四胺缓冲溶液中,加入掩蔽剂以二甲酚橙为指示剂,用乙二胺四乙酸二钠标准滴定溶液滴定
12	Sb	0.00005~0.0020	氢化物发生-无色散原子荧光光谱法	试样用硝酸溶解,在氨性介质中用氢氧化镧共沉淀锑并与基体铜分离,沉淀以热盐酸溶解。在氢化物发生器中,锑被硼氢化钾还原为氢化物,用氩气导入石英炉原子化器中,在原子荧光光谱仪上测定锑元素的荧光强度
		>0.0010 ~0.070	※萃取结晶紫分光光度法	试料用混合酸溶解,硫酸冒烟并蒸发至近干。在盐酸介质中,五价锑的络阴离子与结晶紫所生成的络合物,用甲苯萃取,在分光光度计波长610nm处测量吸光度
		0.001~0.1	◎萃取罗丹明B光度法	将五价锑萃入异丙醚中,光度法测定氯锑-罗丹明B络合物
13	Al	0.0010 ~0.50	分离掩蔽铬天青S分光光度法	试料用硝酸溶解,有偏锡酸沉淀时过滤,电解除铜。用氢溴酸处理回收偏锡酸吸附的微量铝。磷的质量分数大时,用乙酸乙酯萃取铝-苯甲酰苯基羟胺络合物与磷分离,然后将铝反萃取于水相同主液合并。大量铅的干扰在电解除铜前电解除铅。硅高时以氢氟酸挥发除去。用高氯酸冒烟滴加盐酸除铬来消除其影响。铍的干扰以乙二胺四乙酸二钠为掩蔽剂氢氧化铍沉淀分离除去,用苦杏仁酸掩蔽钛。锌、镍的影响在空白试验中加入等量的锌和镍来抵消,用抗坏血酸和硫脲消除铁及残余铜的影响。铜合金中存在的其他元素无干扰。在pH值为6左右时,用铬天青S显色,在分光光度计波长545nm处测量其吸光度
		>0.50 ~12.00	苯甲酸铵分离-Na_2EDTA 络合滴定法	试料用硝酸溶解,用氨水和盐酸调节溶液的pH值,在缓冲溶液及盐酸羟胺存在下,使铝与苯甲酸铵生成沉淀,过滤。沉淀用盐酸溶解,加入过量的乙二胺四乙酸二钠,以对硝基酚为指示剂,用氨水和盐酸调节酸度,煮沸,冷却。加入六次甲基四胺,以二甲酚橙为指示剂,用锌标准滴定溶液滴定过量的乙二胺四乙酸二钠。加入氟化钠,煮沸,冷却。再用锌标准滴定溶液滴定被释放出来的乙二胺四乙酸二钠
		所有铜合金中的元素铝	◎铜铁试剂分离-Na_2EDTA 滴定法	在pH值为6左右时,以氟化钠解蔽后,用电位指示,用螯合滴定法测定铝
14	Mn	0.00005~0.0010	塞曼效应电热原子吸收光谱法	试样用硝酸溶解,将一定体积的试液注入电热原子化器中,用塞曼效应原子吸收光谱仪在279.5nm波长处测量锰的吸光度,按工作曲线法计算锰的质量分数
		>0.030 ~2.50	□高碘酸钾分光光度法	试料用氢氟酸、硼酸、硝酸的混合酸溶解,加入高碘酸钾将锰氧化为高锰酸,以亚硝酸钠选择性还原高锰酸而得到的底色液为参比,在分光光度计波长530nm处测量其吸光度
		>2.50 ~15.00	硫酸亚铁铵滴定法	试料用硝酸溶解,在磷酸介质中,用硝酸铵将锰氧化为三价,以苯代邻氨基苯甲酸为指示剂,用硫酸亚铁铵标准滴定溶液滴定

续表 12 - 2

序号	元素	质量分数/%	方法名称	方法要点
15	Co	0.00010 ~ 0.0020	塞曼效应电热原子吸收光谱法	试样用硝酸溶解，将一定体积的试液注入电热原子化器中，用塞曼效应原子吸收光谱仪在 240.7nm 波长处测量钴的吸光度，按工作曲线法计算钴的质量分数
		>0.0020 ~3.00	火焰原子吸收光谱法	试料用硝酸和氢氟酸溶解。在硝酸介质中，使用空气 - 乙炔火焰，在原子吸收光谱仪波长 240.7nm 处测量钴的吸光度。基体铜、镍和锰的干扰，在配制标准系列溶液时加入与试料相应量的铜、镍和锰予以消除；铅、锌、铁等其他共存元素均不干扰测定
16	Cr	0.00005 ~ 0.0010	塞曼效应电热原子吸收光谱法	试样用硝酸溶解，将一定体积的试液注入电热原子化器中，用塞曼效应原子吸收光谱仪在 357.9nm 波长处测量铬的吸光度，按工作曲线法计算铬的质量分数
		0.050 ~1.30	□火焰原子吸收光谱法	试料用硝酸、硫酸、氢氟酸溶解，在稀硫酸介质中用硫酸钠抑制锆、锰等元素的干扰，使用空气 - 乙炔火焰，在原子吸收光谱仪波长 357.9nm 处测量铬的吸光度
		铜 - 铬合金中的总铬含量	◎亚铁还原滴定法	溶解试料，用高氯酸氧化全部的铬，氧化时加入磷酸以防铬损失。用高锰酸钾氧化残余的三价铬。用二价铁溶液还原六价铬。用指示剂或借助于测量电压变化与所消耗滴定剂体积之间的关系来确定计量点
17	Be	0.100 ~2.50	羊毛铬菁 R 分光光度法	试料以硝酸溶解，在氨性缓冲溶液中，铍与羊毛铬菁 R 生成红色络合物，在分光光度计波长 550nm 处测量其吸光度
18	Mg	0.015 ~1.00	火焰原子吸收光谱法	试料用硝酸和氢氟酸溶解。在硝酸介质中，使用空气 - 乙炔火焰，在原子吸收光谱仪波长 285.2nm 处测量镁的吸光度。硅、铝、钛和铍的干扰，加入硝酸锶消除；铜、镍、铅、锌等其他共存元素均不干扰测定
19	Ag	0.0002 ~1.50	火焰 - 原子吸收光谱法	试料用硝酸溶解。若银的质量分数小于 0.005% 时，在 $c_{(HNO_3)}$ = 0.8mol/L 介质中，以巯基棉纤维吸附银与基体铜分离，用硫氰酸铵溶液洗脱银。使用空气 - 乙炔火焰，在原子吸收光谱仪波长 328.1nm 处，测定银的吸光度
20	Zr	0.10 ~0.70	二甲酚橙分光光度法	试料以盐酸、过氧化氢溶解，用高氯酸调整酸度，以二甲酚橙为显色剂，以试料溶液中加入乙二胺四乙酸二钠掩蔽锆后的溶液为参比，在分光光度计波长 540nm 处测量吸光度
21	Ti	0.050 ~0.30	过氧化氢分光光度法	试料用硝酸溶解，在酸性溶液中，加入过氧化氢使其与钛生成黄色络合物，在分光光度计波长 410nm 处测量吸光度
22	Cd	0.00005 ~ 0.0010	塞曼效应电热原子吸收光谱法	试料用硝酸溶解，将一定体积的试液注入电热原子化器中，用塞曼效应原子吸收光谱仪在 228.8nm 波长处测量镉的吸光度，按工作曲线法计算镉的质量分数
		0.50 ~1.50	□火焰原子吸收光谱法	试料用硝酸溶解，使用空气 - 乙炔火焰，在火焰原子吸收光谱仪波长 228.8nm 处，测量镉的吸光度

续表 12-2

序号	元素	质量分数/%	方法名称	方法要点
23	Si	0.0001 ~0.025	萃取-钼蓝分光光度法	试样用硝酸溶解并蒸发至稠浆状,加入氢氟酸溶解不溶性二氧化硅,用硫酸铝钾络合过量的氟离子。在 pH 值为 1.0~1.5 范围内,硅与钼酸铵生成硅钼黄杂多酸,在硫酸介质中用正丁醇萃取,有机相用硫酸联胺和氯化亚锡将硅钼黄还原成硅钼蓝,在分光光度计波长 630nm 处测量其吸光度。按工作曲线法计算硅的质量分数
		>0.025 ~0.40	钼蓝分光光度法	试料用硝酸和氢氟酸溶解,加尿素破坏氮的氧化物,硼酸络合过量的氟离子。在弱酸性溶液中,硅酸与钼酸铵形成硅钼酸,提高酸度后,用硫脲还原为钼蓝。在分光光度计波长 810nm 处测量吸光度
		>0.40 ~5.00	重量法	试料用混合酸溶解,酸不溶物用无水碳酸钠熔融、加盐酸反复蒸干使硅酸脱水,过滤,灼烧成二氧化硅。用硫酸及氢氟酸处理,使硅生成四氟化硅挥发去除,由除硅前和除硅后的质量差计算硅的质量分数
24	Se,Te	0.00005~ 0.0003	氢化物发生-原子荧光光谱法	试样以硝酸溶解,以氢氧化镧作共沉淀剂将硒、碲与干扰元素以及大量铜基体分离并得到富集,以氢化物-原子荧光光谱仪测定硒、碲的荧光强度
		Te:0.10 ~1.00	火焰原子吸收光谱法测定碲	试样用硝酸溶解。使用空气-乙炔火焰,在原子吸收光谱仪波长 214.28nm 处测量碲的吸光度
25	B	0.0010 ~0.025	姜黄素分光光度法	将试料溶于盐酸、硝酸,用磷酸、硫酸分解硼的化合物,在乙酸-乙酸铵缓冲介质中,硼酸与姜黄素形成有色化合物,在波长 540nm 处测量其吸光度
26	Hg	0.0001 ~0.15	冷原子吸收光谱法	试料以混合酸分解,用盐酸羟胺还原过剩的氧化剂,在酸性条件下,用氯化亚锡将二价汞还原成金属汞。在室温下用空气作载气,将生成的汞原子导入汞蒸气测量仪进行测定
27	磷、银、铋、锑、砷、铁、镍、铅、锡、硫、锌、锰、镉、硒、碲、铝、硅、钴、钛、镁、铍、锆、铬、硼、汞(25 个元素)		电感耦合等离子体原子发射光谱法	试样用硝酸和盐酸混合酸或硝酸分解。在酸性介质中,使用电感耦合等离子发射光谱仪,在各元素所对应的波长处测量其质量浓度。硒和碲的质量分数不大于 0.001% 时,以砷作载体共沉淀富集微量硒、碲与基体铜分离;铁、镍、锌、镉的质量分数不大于 0.001% 时,电解除铜分离富集;磷、铋、锑、砷、锡、锰的质量分数不大于 0.001%、铅质量分数不大于 0.002% 时,用铁作载体,氢氧化铁共沉淀磷、铋、锑、砷、锡、锰、碲、铅与基体铜分离、富集;镍的质量分数大于 14% 时,以镧作内标

注:※—推荐的仲裁方法; ◎—等同采用 ISO 方法;□—修改采用 ISO 方法。

B 铝及铝合金化学分析方法

铝及铝合金化学分析方法(GB/T 20975—2007,2008)涉及 24 个元素,共 38 种方法和 ICP 方法,见表 12-3。

各方法的分析范围和方法要点见表 12-4。

表 12-3　GB/T 20975—2007、2008 各元素分析标准方法统计(共 38+1 种方法)

序号	方　法	元　素	方法数
1	重量法	Cu, Si, 稀土	3
2	滴定法	Sn, Zn, Mg	3
3	分光光度法	As, Cu×2, Fe, Si, Mn, Sn, Ti×3, V, Ni, B, Cr, Zr×2, Ga, Be, Sb, 稀土	20
4	火焰原子吸收光谱法	Cu, Cd, Zn, Li, Pb, Ni, Mg, Sr, Cr, Ca	10
5	冷原子吸收光谱法	Hg	1
6	离子选择电极	B	1
7	电感耦合等离子体原子发射光谱法	铁、铜、镁、锰、镓、钛、钒、铟、锡、铋、铬、锌、镍、镉、锆、铍、铅、硼、硅、锶、钙、锑(共 22 个元素)	1

表 12-4　铝及铝合金化学分析方法(GB/T 20975—2007、2008)

序号	元素	质量分数/%	方法名称	方法要点
1	Hg	0.0001 ~0.01	冷原子吸收光谱法	盐酸-硝酸溶解, $SnCl_2$ 将 Hg^{2+} 还原为 Hg, 在冷原子吸收测汞仪上, 在波长 253.7nm 处测量吸光度
2	As	0.0005 ~0.02	钼蓝分光光度法	硫酸-盐酸-硝酸混酸溶解, CCl_4 从盐酸溶液中萃取 AsI_3, 再转入水相, 用 I_2 氧化为 As^{5+}, 与钼酸铵显色, 在波长 850nm 处测量吸光度
3	Cu	0.0005 ~0.012	新亚铜灵分光光度法	盐酸-硝酸溶解, 还原 Cu^{2+} 为 Cu^+, pH 值为 4.5 以三氯甲烷萃取 Cu^+-新亚铜灵, 在波长 460nm 处测量吸光度
		0.005 ~8.0	火焰原子吸收光谱法	$HCl-H_2O_2$ 溶解, 空气-乙炔或 N_2O-乙炔贫燃火焰, 在波长 324.7nm 处测量吸光度
		≥0.50	电解重量法	$HClO_4-HNO_3$ 溶解, $HClO_4$ 脱水、过滤除硅, 挥发含硅残渣回收铜, 加硝酸电解, 称量阴极
		0.002 ~0.80	草酰二酰肼分光光度法	盐酸溶解, 在乙醛存在下, 氨水调 pH 值为 9.1~9.5, 铜与草酰二酰肼形成紫色物质, 在波长 540nm 处测量吸光度
4	Fe	0.001 ~3.5	邻二氮杂菲分光光度法	盐酸溶解, 盐酸羟胺还原 Fe^{3+}, 调 pH 值为 3.5~4.5, Fe^{2+} 与邻二氮杂菲显色, 在波长 510nm 处测量吸光度
5	Si	0.001 ~0.40	钼蓝分光光度法	NaOH 加 H_2O_2 溶解, 盐酸和硝酸酸化, pH 值为 0.9, 硅与钼酸铵形成硅钼黄, 用硫酸提高酸度, 以 1-氨基-2-奈酚-4-磺酸或抗坏血酸还原为钼蓝, 在波长 810nm 处测量吸光度
		0.30 ~25.0	二氧化硅重量法	NaOH 溶解, $HClO_4$ 脱水、过滤、烘干、灼烧, 称量二氧化硅, 用氢氟酸挥发硅, 称量, 用两次称量的质量差计算硅量
6	Cd	0.01 ~1.0	火焰原子吸收光谱法	$HCl-H_2O_2$ 溶解, 空气-乙炔贫燃火焰, 在波长 228.8nm 处测量吸光度
7	Mn	0.004 ~1.80	高碘酸钾氧化光度法	NaOH 溶解, 硫酸和硝酸酸化, 磷酸存在下, 高碘酸钾氧化, 在波长 525nm 处测量吸光度

续表 12 - 4

序号	元素	质量分数/%	方法名称	方法要点
8	Zn	0.10 ~14.0	交换树脂分离，EDTA 直接滴定法	盐酸溶解，蒸发，2mol/L 盐酸溶解盐类，过滤不溶物，滤液通过强碱性阴离子交换树脂，以 0.005mol/L 盐酸洗脱 Zn，双硫腙指示剂，EDTA 标准溶液直接滴定
		0.001 ~6.0	火焰原子吸收光谱法	$HCl-H_2O_2$ 溶解，空气 - 乙炔贫燃火焰，在波长 213.9nm 处测量吸光度
9	Li	0.002 ~3.0	火焰原子吸收光谱法	$HCl-H_2O_2$ 及硝酸溶解，空气 - 乙炔贫燃火焰，在波长 670.8nm 处测量吸光度
10	Sn	0.005 ~0.35	苯基荧光酮分光光度法	硫酸溶解，回收残渣中锡，硫酸介质中，抗坏血酸还原 Fe^{3+}，动物胶为分散剂，苯基荧光酮显色，在波长 510nm 处测量吸光度。Ti、Zr 干扰，在空白中加等量 Ti、Zr 抵消
		0.03 ~1.0	铝还原 - 碘酸钾氧化滴定	盐酸溶解，与其他不溶物分离，在 CO_2 保护和 Sb 存在下，铝还原锡，淀粉指示剂，碘酸钾氧化滴定 Sn^{2+}
11	Pb	0.005 ~1.50	火焰原子吸收光谱法	盐酸 - 硝酸溶解，不溶物在铂皿中以氢氟酸 - 硝酸溶解，空气 - 乙炔贫燃火焰，在波长 217.0nm 或 283.3nm 处测量吸光度
12	Ti	0.001 ~0.50	二安替吡啉甲烷光度法	盐酸溶解，硫酸铜存在下，抗坏血酸还原 Fe^{3+} 和 V^{5+}，硫酸介质中，二安替吡啉甲烷显色，在波长 400nm 处测量吸光度
		0.5 ~7.0	过氧化氢分光光度法	NaOH 溶解，硫酸和硝酸酸化，加过氧化氢显色，在波长 410nm 处测量吸光度
		0.005 ~0.3	铬变酸分光光度法	NaOH 溶解，硫酸和硝酸酸化，抗坏血酸还原 Fe^{3+}，pH 值为 2 ~ 2.5 时生成钛 - 铬变酸，在波长 470nm 处测量吸光度
13	V	0.0005 ~0.50	三氯甲烷萃取，苯甲酰苯胺分光光度法	NaOH 加 H_2O_2 溶解，硫酸酸化，在硫酸 - 磷酸介质中，$KMnO_4$ 氧化钒为 V^{5+}，亚硝酸钠还原过剩 $KMnO_4$，三氯甲烷萃取钒 - 苯甲酰苯胺配合物，有机相在波长 440nm 处测量吸光度
14	Ni	0.001 ~0.01	沉淀萃取分离，丁二酮肟分光光度法	盐酸溶解，碱性中加铁与镍共沉淀，混酸溶解沉淀，在酒石酸等掩蔽剂存在下，氯仿萃取镍 - 丁二酮肟，稀盐酸反萃取，在 Br_2 氧化的氨性溶液中，加丁二酮肟与镍显色，在波长 445nm 处测量吸光度
		0.005 ~3.0	火焰原子吸收光谱法	$HCl-H_2O_2$ 溶解，空气 - 乙炔贫燃火焰，在波长 232.0nm 处测量吸光度
15	B	0.001 ~5.0	离子选择电极法	氢氟酸和 H_2O_2 溶解，生成氟硼酸根离子，氢氧化钠调节 pH 值为 5 ~6，用氟硼酸根离子选择电极测定。加 EDTA 消除铜、铁干扰
		0.005 ~0.06	胭脂红分光光度法	Br_2 加盐酸溶解，在浓硫酸介质中，硼以硼酸形式与胭脂红生成紫色配合物，在波长 585nm 处测量吸光度。钒有干扰
16	Mg	0.100 ~12.0	沉淀分离，CDTA 滴定法	盐酸溶解，在 H_2O_2、KCN 和少量铁存在下，氢氧化钠沉淀镁与铝、锌、铜、镍分离，盐酸溶解沉淀，$KMnO_4$ 存在下，以 ZnO 沉淀少量铁、锰、铝和钛，甲基麝香草酚蓝指示剂，CDTA 标准溶液滴定镁
		0.002 ~5.0	火焰原子吸收光谱法	$HCl-H_2O_2$ 溶解，N_2O - 乙炔（或在锶盐存在下用空气 - 乙炔）贫燃火焰，在波长 285.2nm 或 279.6nm 处测量吸光度

续表 12 – 4

序号	元素	质量分数/%	方法名称	方法要点
17	Sr	0.02 ~12.0	火焰原子吸收光谱法	HCl – H_2O_2 溶解，在氯化镧存在下，空气 – 乙炔富燃火焰，在波长 460.7nm 处测量吸光度。工作曲线溶液中加铝抵消其影响
18	Cr	0.0001 ~0.60	萃取分离 – 二苯基碳酰二肼光度法	硫酸 – 盐酸 – 硝酸混酸溶解，硝酸铈将 Cr^{3+} 氧化为 Cr^{6+}，4 – 甲基 – 戊酮 – 2 低温萃取 Cr^{6+}，用水反萃取到水相中，加二苯基碳酰二肼，形成配合物，在波长 545nm 处测量吸光度
		0.010 ~0.60	火焰原子吸收光谱法	HCl – H_2O_2 溶解，N_2O – 乙炔（或空气 – 乙炔，必要时加氯化镧）富燃火焰，在波长 357.9nm 处测量吸光度。工作曲线溶液中加铝抵消其影响
19	Zr	0.040 ~0.50	二甲酚橙分光光度法	HCl – H_2O_2 溶解，在高氯酸介质中，加二甲酚橙显色，在波长 665nm 处测量吸光度
		0.01 ~0.30	偶氮胂Ⅲ分光光度法	HCl 溶解，在盐酸介质中，加偶氮胂Ⅲ显色，在波长 535nm 处测量吸光度。强氧化剂、还原剂、硫酸盐和氟化物均有干扰
20	Ca	0.01 ~0.30	火焰原子吸收光谱法	NaOH 溶解，在盐酸介质中，以镧盐作释放剂，8 – 羟基喹啉作保护剂，N_2O – 乙炔富燃火焰，在波长 422.7nm 处测量吸光度。标准溶液加铝抵消其影响
21	Ga	0.005 ~0.050	丁基罗丹明 B 分光光度法	HCl 溶解，$TiCl_3$ 还原 Fe^{3+}，在 6mol/L 盐酸介质中，用苯萃取 $GaCl_4$ 与丁基罗丹明 B 生成的紫色配合物，有机相在波长 565nm 处测量吸光度
22	Be	0.0001 ~0.40	依莱铬氰兰 R 分光光度法	HCl 溶解，以 EDTA、酒石酸为掩蔽剂，pH 值为 9.5 的氨 – 硝酸铵缓冲溶液中，Be 与依莱铬氰兰 R（SCR）、溴化十六烷基三甲基铵（CTMAB）形成三元配合物，在波长 560nm 处测量吸光度
23	Sb	0.004 ~0.25	碘化钾分光光度法	NaOH 溶解，在硫酸介质中，用硫脲、抗坏血酸分别掩蔽铜、铁、锑，与碘化钾显色，在波长 330nm 处测量吸光度
24	稀土	0.001 ~1.50	三溴偶氮胂分光光度法	HCl 溶解，在盐酸 – 草酸介质中，以过氧化氢和乙醇消除 Ti^{4+} 和 Fe^{3+} 干扰，铈组稀土与三溴偶氮胂形成蓝紫色配合物，在波长 634nm 处测量吸光度
		>1.50	沉淀分离 – 草酸盐重量法	NaOH 溶解，稀土沉淀与 Al、Mg、Ca、Zn、Si 分离，盐酸溶解沉淀，pH 值为 2.0，以草酸丙酮沉淀稀土，灼烧称量
25	ICP 原子发射光谱法			见本书 10.4.5.2 节

另外，铝及铝合金光电直读发射光谱分析方法，单独列标准 GB/T 7999—2007，适用于铁、铜、镁、锰、镓、钛、钒、铟、锡、铋、铬、锌、镍、镉、锆、铍、铅、硼、硅、锶、钙、锑、磷和钠共 24 个元素。方法主要内容见本书 10.3.2 节。

C　钛及钛合金化学分析方法

钛及钛合金化学分析方法共 25 种，另外还采用 ASTM 标准作为行业标准，见表 12 – 5。

表12-5 钛及钛合金化学分析方法

序号	标准号	标准名称	代替标号	国家/行业
0	ASTME120:1996	钛及钛合金化学分析方法		行业标准
1	GB/T 4698.25—1996	海绵钛、钛及钛合金化学分析方法 硫化银分光光度法测定氯量	GB 3829.3—1983	国家标准
2	GB/T 4698.24—1996	海绵钛、钛及钛合金化学分析方法 丁二酮肟分光光度法测定镍量		国家标准
3	GB/T 4698.23—1996	海绵钛、钛及钛合金化学分析方法 氯化亚锡-碘化钾分光光度法测定钯量		国家标准
4	GB/T 4698.22—1996	海绵钛、钛及钛合金化学分析方法 5-Br-PADAP 分光光度法测定铌量		国家标准
5	GB/T 4698.21—1996	海绵钛、钛及钛合金化学分析方法 发射光谱法测定锰、铬、镍、铝、钼、锡、钒、钇、铜、锆量		国家标准
6	GB/T 4698.20—1996	海绵钛、钛及钛合金化学分析方法 高碘酸钾分光光度法测定锰量		国家标准
7	GB/T 4698.19—1996	海绵钛、钛及钛合金化学分析方法 硫氰酸盐示差分光光度法测定钼量		国家标准
8	GB/T 4698.18—1996	海绵钛、钛及钛合金化学分析方法 火焰原子吸收光谱法测定锡量		国家标准
9	GB/T 4698.17—1996	海绵钛、钛及钛合金化学分析方法 火焰原子吸收光谱法测定镁量	GB 3829.6—1983	国家标准
10	GB/T 4698.16—1996	海绵钛、钛及钛合金化学分析方法 惰气熔融库仑法测定氧量	GB 4698.16—1984	国家标准
11	GB/T 4698.15—1996	海绵钛、钛及钛合金化学分析方法 真空加热气相色谱法测定氢量	GB 4698.15—1984	国家标准
12	GB/T 4698.14—1996	海绵钛、钛及钛合金化学分析方法 库仑法测定碳量	GB 4698.14—1984 GB 3829.5—1983	国家标准
13	GB/T 4698.13—1996	海绵钛、钛及钛合金化学分析方法 EDTA 络合滴定法测定锆量	GB 4698.13—1984	国家标准
14	GB/T 4698.12—1996	海绵钛、钛及钛合金化学分析方法 硫酸亚铁铵滴定法测定钒量	GB 4698.12—1984	国家标准
15	GB/T 4698.11—1996	海绵钛、钛及钛合金化学分析方法 硫酸亚铁铵滴定法测定铬量(不含矾)	GB 4698.11—1984	国家标准
16	GB/T 4698.10—1996	海绵钛、钛及钛合金化学分析方法 硫酸亚铁铵滴定法测定铬量(含矾)	GB 4698.10—1984	国家标准
17	GB/T 4698.9—1996	海绵钛、钛及钛合金化学分析方法 碘酸钾滴定法测定锡量	GB 4698.9—1984	国家标准

续表 12 - 5

序号	标准号	标准名称	代替标号	国家/行业
18	GB/T 4698. 8—1996	海绵钛、钛及钛合金化学分析方法 碱分离 - EDTA 络合滴定法测定铝量	GB 4698. 8—1984	国家标准
19	GB/T 4698. 7—1996	海绵钛、钛及钛合金化学分析方法 蒸馏分离 - 奈斯勒试剂分光光度法测定氮量	GB 4698. 7—1984 GB 3829. 4—1984	国家标准
20	GB/T 4698. 6—1996	海绵钛、钛及钛合金化学分析方法 次甲基蓝萃取分光光度法测定硼量	GB 4698. 6—1984	国家标准
21	GB/T 4698. 5—1996	海绵钛、钛及钛合金化学分析方法 硫氰酸盐分光光度法测定钼量	GB 4698. 5—1984	国家标准
22	GB/T 4698. 4—1996	海绵钛、钛及钛合金化学分析方法 高碘酸盐分光光度法测定锰量	GB 4698. 4—1984	国家标准
23	GB/T 4698. 3—1996	海绵钛、钛及钛合金化学分析方法 钼蓝分光光度法测定硅量	GB 3829. 2—1983	国家标准
24	GB/T 4698. 2—1996	海绵钛、钛及钛合金化学分析方法 1,10 - 二氮杂菲分光光度法测定铁量	GB 4698. 2—1984 GB 3829. 1—1983	国家标准
25	GB/T 4698. 1—1996	海绵钛、钛及钛合金化学分析方法 铜试剂分光光度法测定铜量	GB 4698. 1—1984	国家标准

12. 1. 3. 2　行业标准分析方法

行业标准方法一般是在比较成熟的企业规程基础上制定的分析方法。它起到统一业内分析方法、便于仲裁分析采用的作用,并作为以后向国家标准过渡的一种标准形式。

行业标准方法数量有限。在铜及铜合金分析领域,《铜及铜合金分析方法　光电发射光谱法》(YS/T 482—2005)、《铜及铜合金分析方法　X 射线荧光光谱法》(YS/T 483—2005)和《电真空器件用无氧铜含氧量金相检验方法》(YS/T 335—1994)是目前仍在使用的三个行业标准方法。其中无氧铜含氧量的分析,已经有了红外气体分析方法作为国家标准方法,但由于红外气体分析方法使用尚不普遍,仪器价格也较高,所以在颁布国家标准的同时,仍保留了使用金相显微镜的行业标准分析方法。

12. 1. 3. 3　企业分析规程

标准检测方法虽然准确可靠,但有时操作比较烦琐。为了满足企业生产快节奏的要求,结合生产实际,试验制定分析规程。由于分析规程一般只针对个别合金牌号,因此方法比较简单、方便快速,其准确性也不一定比标准方法差。

分析规程的制定一般要经过以下试验过程。

A　试样溶解试验

铜合金一般用硝酸或盐酸加双氧水溶解。溶解试验要考虑以下几个方面:合金的化学组成;试样能否完全溶解;待分析元素不应在溶解过程中生成易挥发逸失的物质;是否有利于下一步分析;溶解方法力求简便、环保、成本低。

B 溶液酸度试验

化学反应能否进行和能否进行完全，与溶液的酸度有很大关系。既要选择保证化学反应稳定、完全地进行所需的合适酸度，又要选用方便的控制酸度的方法。

C 试剂用量

通过试验确定试剂（固体或溶液）的加入量、加入方式、加入顺序、不同试剂加入的间隔时间。有些试剂的加入量对测定结果的影响大，需要精确控制加入量。

D 选择各参数的最佳值

使用工作参数较多的仪器，要试验选择各参数的最佳值。

E 方法的测量精密度试验

按照所制定的规程，对同一个试样独立做 n 次分析，计算标准偏差 S、重复性限（$r=2.83S$）。与待测元素的国家标准方法的重复性限（r）比较。一般来说，一个好的分析规程的重复性限（r），应基本相当于国家标准方法的相同质量分数的重复性限（r）。

F 加入回收试验

向所称取的试样中加入一定量的待测元素，再按制定的规程分析，计算测定结果的回收率，即加入回收试验。若回收率太低，应查找原因，采取措施。

G 用标准样品进行验证试验

采用企业分析规程进行分析，其分析结果是否准确，可以通过检测同种合金的标准样品进行验证。若分析值与标准样品的定值之差在给出的不确定度范围内，则可以认为制定的规程是可行的。一般在未知试样分析的同时，与标准样品一起分析，既对分析规程进行验证，又对分析过程进行监控。

H 与标准分析方法进行比对分析

同一个试样，用所制定的分析规程和标准分析方法，分别进行实验。如果两个分析结果之差小于、等于或略高于标准方法的重复性限，说明分析规程是可靠的。

12.2 化学分析的标准样品

由于习惯不同，计量工作者通常称为“标准物质”，并采用与 ISO 指南 - 30 相一致的定义；而标准化工作者则更习惯将其称为“标准样品”（简称“标样”），并在 GB/T 15000.2—1994 中给出定义。

12.2.1 化学分析标准样品相关术语及应用

12.2.1.1 术语

A 标准样品（标样）

经过技术鉴定的、足够均匀的、附有有关性能（化学的、物理的、生物学的、工程技术的或感官的性能特征）数据证书的一批样品。

B 有证标准样品（CRM）

它是具有一种或多种性能特征，经过技术鉴定，附有说明上述性能特征的证书，并经国家标准化管理机构批准的标准样品。

C 均匀性

对同一编号的标准样品，不论其是否取自同一包装，通过检验，其被测定特性值都落在规定的不确定度范围内，就该标准样品的这一特性值而言，称为均匀性。

D　稳定性

标准样品在规定的条件下储存，在规定的时间间隔内，其特性值保持在规定的限值范围内的能力。

E　有效期

由研制单位说明并经标准化管理机构确认的日期，指在规定的条件下储存时，能作为标准样品使用的最终有效日期。

F　定值

采用技术上正确的方法，确定标准样品的一个或多个测定值的程序。

G　标准值

该值为经过技术上有效的程序鉴定，并在证书或随同标准样品所附的其他文件上所确认的数值。

12.2.1.2　标样的基本要求和在分析测试中的应用

标准样品应具备材质均匀、定值准确、性能稳定的条件，并附有证书。证书中一般包括：标准值及不确定度；简要制备程序；定值方法及定值实验室；均匀性及检验方法；正确的使用方法等。

标准样品的应用如下。

A　用于评价分析方法

用一种分析方法，独立检测标准样品 n 次，计算其算术平均值 $\bar{x}$、标准偏差 S。

(1)评定精密度：计算 $F = S^2/S_n^2$（S_n 是标样证书给出的定值实验室室内标准偏差）。

若 $F \leqslant F_{\alpha,f,j}$，则被评价的新方法精密度相当于或优于标样定值所用的方法。

式中，$F_{\alpha,f,j}$ 从“F 检验临界值表”中按显著性水平 α、计算标准偏差 $\boldsymbol{S}$ 时的自由度 f、计算 S_n 时的自由度 j 查出。

(2)评定准确度：若 $|\bar{x} - A_c| \leqslant 2S_j$，则被评定方法的准确度至少与标准样品定值方法相当。

式中，A_c 是标样的标准值；S_j 是标准样品定值实验室的室间标准偏差。

需要注意的是，当评价的是标准分析方法时，要选用一级标准样品，甚至只能使用基准物来验证。

B　用于仪器分析的工作标准（工作曲线、标准曲线）

仪器分析多为相对分析方法，常使用同类合金标准样品绘制工作曲线，然后分析未知试样。这样，不仅有利于消除基体影响和第三元素干扰，而且比使用标准溶液制作工作曲线更方便。

C　校准分析仪器

由于温度、湿度、振动、真空性能改变、粉尘污染等造成仪器输出信号漂移，需用标准样品进行校准，以保证分析数值的准确性。

D　用于监控分析过程，保证分析质量

使用标准样品与待测试样同时分析，可监控分析中所用试剂、仪器、分析方法、操作程序有无偏差。尤其在仲裁分析时，更需要用标准样品监控分析过程。

E　用于考核与评价

用来考核、评价试验室或分析人员的分析能力和水平。

12.2.2　化学分析标准样品的研制

12.2.2.1　有色金属标准样品研制相关技术标准、规范

A　国家标准

GB/T 15000.1《在技术标准中陈述标准样品的一般规定》

GB/T 15000.2《标准样品常用术语及定义》

GB/T 15000.3《标准样品定值的一般原则和统计方法》

GB/T 15000.4《标准样品证书内容的规定》

GB/T 15000.5《化学成分标准样品技术通则》

B 冶金标准

YB/T 082《冶金产品分析用标准样品技术规范》

YS/T 409《有色金属产品分析用标准样品技术规范》

C 计量技术规范

JJG 1006—94《一级标准物质技术规范》

12.2.2.2 铜合金标准样品(标样)研制程序

以铜合金标样研制为例,说明有色金属及合金标样的研制程序。

A 调研、下达任务

调查国内外该种标样市场供应状况,判断研制的必要性。申报标准管理部门。依据下达的研制任务,按相应的研制标准展开工作。

B 成分设计

(1)产品标准定型合金的标样,其主成分含量,一般在该合金技术条件所规定的范围上、下限向外延伸5%～15%;其杂质含量取上限值,一般不超过规定上限的30%。

(2)系列标准样品应合理安排各元素含量值的梯度变化,以较少的标准样品数覆盖更多的产品种类。每个元素的有效点一般设计5～6个点。各标样点的主量元素含量之和相差要小。不能因主量元素的变化导致样品性质发生变化。

(3)控制样品和校准样品的成分设计时,一般主量元素的含量取产品标准的中间值,杂质元素取规定上限的90%～100%即可。

(4)在一套标准样品中各点元素含量的设计应采取一部分元素含量递增,而另一部分元素含量递减相交叉的组合方法。同时还要考虑理论上相互干扰的元素,尽量使其含量随机变化,无规律可循。

(5)低熔点、低沸点的元素在熔化过程中极易损失,另一些氧化性较强的元素又极易氧化造渣而损失,如As、P、Zn、Cr、Mn、Si、Al、Fe等。因此必须考虑各元素加入有一定的余量。对多数中、低、微量元素应以中间合金的形式加入,以减少损失。

C 备料

熔炼标样前要先将相关的纯金属、中间合金备好,分析其化学成分。有时需对备料的表面进行去皮、酸洗等处理。

D 熔炼铸造

a 熔炼

熔炼可以在中、低频电炉或真空电炉中进行。要求炉温能达到1500℃,确保铜及其他金属、合金的熔化。

经预先配好的料按一定的顺序和时间间隔投入熔炼炉。占炉料量最大的金属先加,再加较难熔化而易还原的金属,易氧化、易挥发的金属后加,易熔且量少的金属最后加。

加铝和加锌的操作:铝和锌的熔化会产生大量的溶解热。加入铝、锌时必须降低炉温,甚至有时需要有意识剩余一部分铜而与铝、锌一起加入,使部分热量用于新加入的铜的熔化。并注意将铝、锌压入炉底熔化。

b　脱氧

使金属氧化物还原而除去氧的过程，称为脱氧。一般将表面脱氧剂和熔于金属中的脱氧剂结合使用。如用木炭或烟灰进行表面脱氧，同时加入一定量的铜磷合金脱氧。

c　标样熔炼中易产生的缺陷及防止办法

(1)气孔：气体在高温时以一定的量熔入铜水中。温度降低时气体从铜水中逸出，如在凝固前来不及逸出的气体就形成气孔。

防止办法：加覆盖剂；控制温度；控制时间；加脱氧剂；控制铜液凝固时间。

(2)偏析：结晶过程中，合金中各组分的化学、物理性能有较大差异时易产生偏析。铸件越大，凝固越慢，偏析程度越大。

防止办法：控制铸造速度；采用半连续铸造。

(3)夹杂：金属氧化剧烈或脱氧方法不当或加料方法不当易造成氧化物夹杂，而操作不当则造成夹灰等。

防止办法：熔炼过程中，尽量使金属液面不暴露在大气中；脱氧要彻底；浇铸前把浮渣清除干净。

d　铸造

合金熔化完后，过热200℃左右即可出炉。扒去覆盖剂，加入脱氧剂，搅拌，加入易熔的元素，搅拌均匀，即可铸造。

要保证合金成分的均匀，必须保证在尽可能短的时间内完成浇铸。一般半连续铸造的速度约10m/h。应严格控制浇铸速度一致。

e　铸锭低倍检验

从两端切取试片，观察有无气孔、疏松、明显裂纹和夹杂物等缺陷。若上述缺陷明显，则应重新熔炼、铸造。

E　均匀性初检

采用高灵敏度和高精密度的分析方法，在重复性条件下由同一人、短时间内完成均匀性初检。切片可用发射光谱法检验，也可以钻取碎屑，溶样用湿法化学法检验。

对棒状样品应从头、中、尾、1/4、3/4处取样；对短铸锭（不超过1m的）可以截去头和尾的铸造缺陷后，从两端取样。每个端面按上、中、下3个点取样，进行有限次（一般3次）独立测量，计算出标准偏差S，然后与分析方法的允许差Δ（或重复性限r）进行比较。

若$3S \leqslant \Delta$时，则认为均匀度初检合格。

F　标样加工

铸锭通过车、铣、刨等方法，按要求尺寸加工成块状或柱状、或碎屑。也可经水压机、油压机挤制成型，再车制成所需大小。

热挤过程的退火有利于组分的均匀化。

加工后按要求包装成可销售商品单元。

G　均匀性检查

a　抽样数量m

总体单元数少于1000个（套）时，取15～20个（套）；总体单元数大于1000个（套）时，抽取$2 \times \sqrt[3]{N}$个（N为单元个数）。

b　选择抽样方法

抽样时采用随机抽样方法。

c　检测

在重复性条件下（同一人员、同一仪器、短时间内）、选择有代表性和易偏析的元素，使用高精密度的分析方法、以随机次序、每样重复测定次数不少于2次。测定数据包括检测不确定度和样品不均匀引起的不确定度。

均匀性检验数据的保留位数应与仪器的精度保持一致,不得低于标准值的有效位数。

d 均匀度的检验方法

方差法检验的实质是:通过组间方差与组内方差大小的比较,判断各组数值之间有无系统偏差,即是否均匀。具体方法参考相关资料。

极差法检验是对各个样品测量的平均值之间的极差与各样品组内极差的平均值进行比较,若二者之间小于或等于某一临界值,则认为样品是均匀的。

H 标准样品的定值分析

均匀性检验合格后方可进行定值分析,定值分析人员和定值分析方式应满足以下要求。

a 参与定值分析的人员和实验室的资质

参与定值分析的人员应具备丰富的分析专业知识和熟练的操作技能;参与定值分析的实验室应经认可和授权。

b 定值分析方式

(1)1个实验室,用绝对测量方法(重量法、库仑法等),两名以上分析者独立测定,最好使用不同的仪器;

(2)1个实验室,用两种或两种以上的准确方法,并对方法准确度进行验证;

(3)至少6个实验室,用1种或多种准确方法,每个样品的每个元素报出4个独立分析数据为一组,总共不少于8组。铜合金标样研制大都采用这种方式。

c 确定有效数字

根据所用方法的精密度,确定有效数字。

I 数据统计处理

要进行数据汇总、离群值(各室一致性)检验、数据分布正态性检验、各室平均值等精度检验和稳定性实验。在各项检验均合格后,计算总平均值$\overline{\overline{X}}$(等精度情况下),并评估不确定度。

13 实验室建设与实验室认可

作为对产品质量进行检测和评价的实验室,如果仅有先进的仪器设备和优秀的人员,而缺乏科学的管理,未经过权威机构的评定并取得认可,那么,也得不到社会和用户的信赖和认可。目前,各国开展的实验室认可活动就是获得这种信任的主要途径。因此,近几年来,有色金属行业的企业实验室认可活动陆续开展起来。

13.1 实验室能力的通用要求

13.1.1 实验室认可及认可组织

实验室认可是由经过授权的认可机构对实验室的管理能力和技术能力,按照约定的标准进行评定,并将评定结果向社会公告,以正式承认其能力的活动。

1947 年,澳大利亚出现世界上第一个实验室认可组织。1977 年,国际实验室认可联合会(ILAC)成立,1996 年更名为“国际实验室认可合作组织”。它在亚太地区的区域组织是“亚太实验室认可合作组织”(APLAC)。“中国实验室国家认可委员会”(CNACL)是 ILAC 的正式成员。

13.1.2 对实验室能力提出的要求

1978 年,ILAC 发布了用于实验室认可的国际标准,即 ISO 导则 25:1978《实验室技术能力评审指南》。1982 年和 1990 年先后对导则 25 进行了修订。1999 年发布了国际标准,即 ISO/IEC 17025:1999《检测和校准实验室能力的通用要求》。2000 年,我国以 GB/T 15481—2000《检测和校准实验室能力的通用要求》等同采用。2005 年新版国际标准 ISO/IEC 17025:2005《检测和校准实验室能力的通用要求》(第二版)发布,中国实验室国家认可委员会以 CNAL/AC01:2005《检测和校准实验室能力认可准则》等同采用。该标准是各国实验室进行科学管理的准则,是各权威认可机构对实验室评审、认可的依据。同时也为国际贸易双方对认可实验室检测结果的相互承认创造了条件,对消除技术性贸易壁垒起到促进作用。

ISO/IEC 17025:2005 共 25 个要素(与 1999 年版比较,增加了“改进”这一要素),分为管理要求(15 个)和技术要求(10 个)两部分。对实验室的组织机构、工作程序、部门和人员的职责、应具备的资源、必须开展的活动都提出了要求。

13.1.2.1 术语

A 认可

认可是权威机构对某一机构或个人具备执行特定任务的能力的正式承认。

B 实验室认可

实验室认可是对检测/校准实验室进行指定类型的检测/校准能力的正式承认。

C 质量方针

质量方针是由组织的最高管理者正式发布的本组织的质量方向和质量宗旨。

D 计量溯源性

这是通过一条具有规定不确定度的不间断的比较链,使测量结果或测量标准能够与规定的参考标准(通常是与国家测量标准或国际测量标准)联系起来的一种特性。

E 实验室间的比对

这是按照预先规定的条件,由两个或多个实验室对相同或类似的被测物品进行检测并组织实施和评价。

F (实验室)能力验证

这是权威组织有计划地组织、利用实验室间比对确定实验室的检测能力并进行评价的活动。

G 质量体系

这是为实施质量管理所需的组织结构、程序、过程和资源构成的系统。

H 质量审核

这是确定质量活动和有关结果是否符合计划的安排,以及这些安排是否有效的实施并适合于达到预定目标的、有系统的、独立的检查。质量审核的目的是评价是否需采取改进或纠正措施。

I 管理评审

这是由最高管理者就质量方针和质量目标,对质量体系的现状和适应性进行的正式评价。

J (测量结果的)重复性

这部分内容详见7.4.1节。

K (测量结果的)再现性

这部分内容详见7.4.2节。

13.1.2.2 检测实验室的管理要求

A 组织

(1)实验室应是一个能够承担法律责任的实体。无论是法人单位(独立实验室)还是法人单位的一个组成部分(机构的二级单位,是法人授权单位),都应能承担起法律责任。

(2)实验室的管理体系应覆盖实验室所有的场所(包括固定场所和流动场所)。对不具有法人资格的实验室(如企业的中心实验室),企业的领导和相关部门的行为应做到不影响实验室检测工作的科学性、公正性。企业的领导应在其文件或声明中作出明确承诺,保证实验室独立自主地开展业务活动。

(3)实验室应有满足检测工作要求的管理人员、技术人员,其职责和权限应有明确的规定,这些人员应熟悉实验室的质量体系,具有检测方面的知识,能识别检测程序发生的偏离,应授予其采取预防措施或减少偏离的权利。

(4)实验室应制定保护客户的机密信息和所有权的程序文件。

(5)实验室应以组织结构框图的形式体现实验室的组织和管理结构,组织结构图应能显示其机构设置、岗位以及它们之间的关系。如果实验室是一个组织的一部分,应在组织结构图中标明其位置和与其他部门的相互关系。

(6)实验室应有量值传递图,其所有的量值都能溯源到国家基准。

(7)应有一名技术负责人和质量负责人,并指定其代理人,行使其管理职能。

(8)实验室应根据实验室的实际情况设置岗位并制定相应的岗位责任制,明确规定所有管理、操作和审核人员的岗位职能、权限、各岗位人员素质的要求等。岗位的职能、责任、权限应清晰、明确、可操作、能检查。

(9)实验室应对员工进行培训,并有长期的和年度的培训计划。

(10)用文件明确技术负责人(对实验室的技术、设备、管理工作全面负责)、质量负责人(对检测质量、质量体系、质量改进负责)、授权签字人(覆盖申报的检测项目、熟悉产品和检测方法标准、能判断检测数据的正确性)、质量监督员等关键人员的姓名、职务和职责。

B 质量体系

(1)实验室应建立、实施和维持与其活动范围相适应的质量体系。各实验室可结合本单位的情况,制定质量体系文件。质量体系文件一般分为三层:第一层为质量手册,第二层为程序文件(部门的具体管理活动),第三层为作业指导书(各专业检测过程描述)、报告、表格等作业指导性文件及技术支持性文件(如检测标准、方法,设备校准规范等),第三层文件可以以目录形式列出。质量记录也可作为第四层质量体系文件。

(2)质量手册应包括质量方针、具体的质量目标、组织实施质量管理所需要的组织结构、程序、过程和资源等,并由实验室最高管理者批准发布,使实验室所有员工熟悉手册内容及本岗位职责。

(3)质量手册中应描述各质量要素的内容,明确相关的责任部门(人员),并在程序文件中明确管理程序。

(4)技术负责人和质量负责人应保障质量体系有效运行,并定期对质量手册进行修订完善。

C 文件控制

(1)实验室应建立和维持控制质量体系文件的程序,内容包括质量体系文件的种类、范围、控制质量体系文件的要求(包括文件的制定、发布、修改、变更等),使质量体系始终处于受控状态。

(2)实验室所有在用文件必须有授权人或审批人。所有文件的发放、借阅都要有记录,并有其文件识别修改状态(如第几版、修订时间等)的标识。

(3)实验室所有在用文件都要有文号。文件管理人员必须定期收回作废的文件,持续保持现场使用的文件是最新的有效版本。有时因需要而以参考资料性保留的过期文件,应有相应的标识以示区别。

D 合同评审

实验室应根据客户的要求和实验室的仪器、设备、人员、检测能力等情况,选择满足客户要求的取样、检测、试验方法等,并以书面形式与客户协商,达成共识。对经常性用户的常规性检测,也可口头协商。

如果有些项目需要分包给其他实验室(必须是合格分包方)进行检测,也必须征得客户的同意。

如有偏离委托协议的情况应及时通知客户,并保留其所有的记录。

E 检测的分包

(1)当实验室由于不能预料的原因(如工作量多、仪器设备在用或临时故障、涉及其他的专业领域或暂不具备检测能力等)需将检测工作分包时(仅指部分检测项目,而不是全部转包),应分包给有一定资质的合格分包方。

(2)实验室应调查分包方的管理和技术能力,分包方应能满足 ISO/IEC 17025 标准的要求。实验室应建立分包方的档案,保留分包方的实验室认可、计量认证、审查认可的证书复印件等注册资料。

(3)实验室应就其分包项目与分包方签订分包合同,明确相互责任。分包方检测数据的传递、检测报告的编写及与用户的沟通,应有规定并明确各自责任。

(4)实验室应就其分包方的工作对客户负责(由客户自行指定或法定机构指定的分包方除外)。

F 采购

实验室应制定对检测有关的外购物品的采购程序,包括供应商的选择、评价,外购物品的计划、审批、验收、存储等。对重要物品(如试剂),要保存好验收及使用情况的记录。

对特殊物资(如超纯物、标准样品、有毒、易爆物品等)及曾引起过检测偏差的物资,要建立供方档案,明确采购责任。

G 客户服务

实验室应对客户负责,要及时收集客户的反馈信息,建立客户反馈意见登记表。并及时处理客户意见,与客户沟通。如出现检测的延误和偏离,应及时通知客户。

在保证其他客户机密的前提下,应允许客户到实验室监督与其有关的制样和检测工作。

H 抱怨处理

实验室应制定客户抱怨的处理程序,保存所有抱怨的记录。针对这些抱怨,指定部门、人员进行调查处理和验证,及时给予答复和纠正(如确因检测失误时)。

I 不合格检测工作的控制

实验室应制定不合格测试工作的控制程序,包括执行此程序的部门、职责、处理方法、纠正措施等。

当实验室发生不合格测试时,应按程序采取暂停工作、查明原因、评价其严重性、采取纠正措施、修改程序(确因程序文件的漏洞时)、批准恢复工作、通知相关客户等措施,确保实验室的检测工作持续改进,不再发生同类性质的偏离。

J 改进

实验室通过内部审核、数据分析、纠正措施、预防措施及管理评审来改进管理体系、管理程序和管理办法,使其更有效。应明确与此相关的部门(人员)的管理责任。

K 纠正措施

不合格测试工作可能发生在质量体系和检测工作的各个环节,例如:客户抱怨、质量控制、仪器校准、试剂、员工技术、操作水平、检测报告等。实验室无论在哪一环节发生偏离和有可能造成不合格测试的情况,都应指定部门、人员进行调查分析,查找原因,采取纠正措施,进行试验和验证,并对纠正措施的结果进行跟踪和监控,保存其所有的原始记录,确保纠正措施的有效性。

L 预防措施

实验室应按照持续改进的原则,通过质量监督、质量抽查、实验室间比对试验、实验室能力验证等,及时发现有可能对检测工作造成偏离的行为和过程,及时发现管理和技术漏洞,并采取预防措施。

当发生不合格测试等情况时,实验室应举一反三,针对类似检测业务采取预防措施。

M 记录控制

(1)实验室应建立记录控制程序,内容包括质量和技术记录的建立、识别、收集、索引、存档、清理,还应包括内部质量审核、管理评审报告及纠正、预防措施等质量方面的记录。

(2)所有记录都应清晰、明了,并有安全的存放地点和环境条件。记录应明确规定保存期,对电子记录应存储备份,防止未经授权的人侵入或修改。

(3)对于技术记录,即检测、校准等记录,应有足够的信息,详细记录原始的观测结果、检测环境、导出的数据、计算公式等,以便识别不确定度的影响因素,并保证该检测在尽可能接近原条件的情况下能够复现。记录应包括抽样人员、审核人员、校准人员等的标识(签字)。

(4)当记录中出现错误时,应执行杠改制度,即在错误数据上画一横杠(保证原始数据清晰可见),将正确的数据写在旁边,并加盖改动人印章或改动人签名。对电子存储记录也应采取同等措施,并加密保存,以避免原始数据的丢失或改动,从而做到各种操作的可追溯性。

N　内部审核

(1)为验证实验室的各项活动是否持续符合质量体系和实验室能力的通用要求,实验室每年都应制定内部审核计划,由质量负责人和经过培训的内审员组成内审小组,对实验室质量体系的所有要素进行内部审核。

(2)内审人员一般应独立于被审核的活动。内审方式可一次审核质量体系全部要素和涉及的科室,也可在一个周期(12个月)内分批审核质量体系的全部要素和涉及的科室。但是,每年要至少进行两次内审活动。

(3)对审核中发现的问题和不合格项,应在规定的时间内制定整改措施。并通过检查、检验、校准、鉴证等手段,验证纠正措施的有效性。

如果审核出的问题已经造成检测数据的偏离,应及时追回发出的检测报告,书面通知客户进行纠正。

(4)实验室所有的审核活动(计划、程序、内容、时间、审核人员、不合格项、纠正措施、验证结果等)都要予以记录,并作为管理评审的参考内容之一。

O　管理评审

与内审主要是现场评审不同,管理评审是办公室的评审。它应由实验室的最高管理者或管理者代表组织管理层对实验室的质量体系、检测活动进行评审,确定其质量体系运行是否有效,是否需要进行改动或改进,以确保实验室的质量体系和检测活动持续适用和有效。

(1)管理评审应考虑到以下方面:政策和程序的适用性,管理和监督人员的报告,近期内部审核的结果,纠正和预防措施,外部机构进行的评审,实验室间比对或能力验证结果,客户的反馈及抱怨,相关的质量控制活动、资源,职工的技术培训及实验室日常管理会议的有关议题等。对管理评审中发现的问题要采取措施并在规定的时间内完成整改。

(2)管理评审的典型周期为12个月。通过管理评审,确定质量体系文件是否运行有效,是否需要修改,同时制定下年度的质量目标、活动计划等,并以管理评审报告形式进行详细记录。

(3)管理评审应形成正式的管理评审报告。评审中提出的问题、问题的整改及整改效果等要作为管理评审报告的附件保存。

13.1.2.3　检测实验室的技术要求

A　检测结果

为保证检测结果的准确性和可靠性,对影响测试数据的因素,如人员、设备、测量溯源性、取样及检测样品的处置等进行控制,实验室在制定检测方法、编制程序文件、选择设备及培训人员时,必须考虑这些因素。

B　人员

人员是最宝贵的资源。一个实验室的管理水平和检测水平的高低优劣,很大程度上取决于人员素质,特别是对关键人员、重要岗位的任职资格应加以严格规定。

(1)实验室应根据工作需要配备足够的管理、监督、检测人员。实验室各类人员的资格应有明确界定,包括任职条件和上岗条件,并持有资质证书(如职务任命文件、职称证书、培训合格证书、特殊岗位资格证等),制定各自的岗位职责。

(2)实验室应有完善的培训计划,切实保证人员得到培训,使知识和技能不断更新,培训应包含以下内容:

1)岗位专业培训,包括专业基础理论知识、实际工作能力、工作经验、知识更新等。

2)应知应会培训,包括标准知识、质量控制与监督管理知识、计量理论知识、误差理论、数理统计与数据处理知识、产品质量监督等方面相关的法律法规及外语等内容。

(3)实验室的检测人员必须持证上岗。

C 设施和环境条件

(1) 实验室的设施、检验场地以及能源、照明、采暖、通风、恒温等应便于检测工作的正常运行。对影响检测结果的设施和环境条件的技术要求应制定成文件。

(2)实验室(包括临时的、可移动的设施)工作环境条件应能够确保测试结果的有效性和测量准确性。

(3)实验室应配备对环境条件进行有效监测、控制和记录的设施。对影响检测的因素,例如灰尘、电磁干扰、湿度、电源电压、温度、噪声、振动、雷电、有害气体等要予以重视。同时配置停电、停水、防火等应急的安全设施,以免影响检测质量。

(4)实验室任何相邻区域的工作(活动),在相互之间有不利影响时应采取有效的隔离措施,以防止交叉污染。

(5)实验室对进入检测工作区域的人员应有限制性的规定,并制定实验室内务管理条例。

D 检测方法及其方法确认

检测方法是实施检验的技术依据,它既是实验室开展检测服务的重要资源,也是实施检测工作不可缺少的过程。

(1)方法选择。若用户没有明确指定检测方法,则实验室可选用有效版本的标准分析方法进行分析。选择的依据应优先选择现行有效的国际标准(包括国外先进标准)、国家标准、行业标准。采用过期标准或企业标准(规程)或用户推荐的标准,应双方协商一致并做记录。

若用户提供检测方法,且实验室能够实施的,可按用户指定方法检测;若用户推荐的方法不适用,实验室须与用户重新协商检测方法。

在征得用户同意时,也可使用非标准方法分析。

(2)非标准方法确认。特别强调非标准方法的建立、确认、使用应遵循规定的程序,非标准方法应具备的信息(样品制备、方法精密度实验、与标准样品或其他成熟方法数据比对实验)。使用非标准方法应与用户沟通,取得委托方同意。

(3)经扩充或更改的标准方法也必须进行方法确认,即经过试验和验证,证实方法的不确定度达到检测要求并经技术负责人批准后,方可采用,并以文件形式打印成册。确认过程要有记录。

(4)在测量不确定度的评定方面,对校准实验室和检测实验室提出不同要求:校准实验室对所有校准类型都应具有并使用评定不确定度的程序;而检测实验室在某些情况下,可以找出不确定度的分量作出评定(如只进行不确定度的 A 类评定)。当公认的检测方法,已经规定了测量不确定度的(来源)极限(如已规定重复性限 r、再现性限 R),并规定了计算结果的表示方式时,实验室只要按方法操作,作出不确定度评定,即认为符合本款要求。

E 设备

仪器设备是实验室正常开展检测工作,并取得准确可靠的测量数据的重要资源之一。

(1)实验室应合理配备进行检测的必要的仪器设备。仪器设备购置、验收、使用应受控。未经定型的专用检测仪器设备需提供相关技术单位的验证证明。

应按要求编制仪器一览表,反映仪器设备基本情况,包括设备名称、型号、生产厂商、性能指标、安装地点、检定/校准情况、设备专责人等。

实验室应制订和实施设备的检定、校准的总体计划。设备应按检定、校准两种情况分类管理。

1)检定:有检定规程,已列入国家强制性检定目录的计量器具(仪器设备),可由经授权的计量检定机构进行检定并出具证书。

2)校准:列入国家强制性检定目录以外的计量器具(仪器设备),可由计量器具使用单位自行编制校准规程,并在计量管理部门备案后自行校准;或委托具有社会公用计量标准或授权的计量检定机构进行校准。设备使用人员要了解校准情况,保存校准记录和证书。

(2)每一台仪器设备,在投入使用前必须经检定合格或校准合格,并有合格证书,以证实其能够满足相应的标准、规范要求。

(3)实验室应检定(校准)的设备,必须在质量手册中规定其状态和相应标识,如标识的颜色、内容等,并在设备明显位置按质量手册中的规定加贴标识,便于使用人员选择。

1)合格证:计量检定合格者。

2)准用证:一般为经检查其功能正常者;或经比对鉴定适用者;或多功能检测设备,某些功能已丧失,但检测工作所用的功能是正常的,且经校准合格者;或设备某一量程准确度不合格,但检测工作所用量程段合格者;或降级使用者。

3)停用证:检验仪器、设备损坏者;检测仪器、设备经计量检定不合格者;检测仪器、设备性能无法确定者;检验仪器、设备超过检定周期者。

(4)实验室应对所有的仪器设备进行正常的维护,并有维护程序;如果任一仪器设备有过载或错误操作、或显示的结果可疑、或通过检定及其他方式表明有缺陷时,应立即停止使用,并加以明显标识。如可能,可将其贮存在规定的地方直至修复;修复的仪器设备必须经检定、校准或检验,证明其功能指标已恢复。

实验室应追溯由于仪器缺陷对近期进行的检测可能造成的影响。

(5)实验室的仪器设备必须由经过授权的人员操作(有授权的文字记录)。

(6)每一台仪器设备档案均应妥善保管。

F　测量溯源性

测量溯源性是通过不确定度明确的不间断的比较链将测量结果或计量标准的量值与规定的标准(通常是国家基准、国际标准或自然常数)联系起来。

凡对检测准确性和有效性有影响的检测仪器、设备,在投入使用前必须进行检定或校准。实验室应制订有关检测仪器的检定或校准的周期性计划,以确保实验室的测量可追溯到国际单位制或已有的国家计量基准。校准证书应能证明溯源到国家计量基准,并能提供测量结果和有关不确定度或经批准的计量规范的说明。

实验室自行检定/校准的仪器设备,按国家计量检定系统的要求,绘制能溯源到国家计量基准的量值传递方框图,以确保在用的测量仪器设备量值符合计量法规的要求。

G　抽样

必须依据制订的抽样程序和抽样计划进行抽样。

(1)抽样程序。为了使抽取样品具有代表性,确保检测结果的有效性,必须对抽样过程严格控制。

抽样程序一般包括以下内容:抽样依据(如合同、标准的规定);对抽样人员的要求;抽样单的设计、填写要求;有关抽样记录(包括有关抽样人员的标识、抽样环境条件)的要求。

(2)抽样计划是抽样活动的安排,包括抽样对象、抽样人员、完成抽样的时间要求;抽样数量;样品运输、接收要求等。

(3)当用户要求偏离抽样程序规定,如要求修改、增加或删减部分内容时,应详细记录用户要求和相关抽样资料，并告知相关人员。

H　检测样品的处置

涉及样品接收时的状态、样品检测要求、样品的标识和样品的流转、贮存等。

(1)实验室应建立对检测样品的唯一编码识别系统，以及同一样品在检测前后不同阶段(不同状态)下的标识制度，以保证在任何时候对样品的识别都不会发生混淆。

(2)实验室在接收样品时，应做必要记录，包括样品是否异常，是否与相应的检测方法中所描述的状态有所偏离。按照检测前样品检查确认程序，对样品的任何疑问必须澄清后方可检测。

(3)实验室应有样品的运输、接收、处置、保护、贮存、保留的程序。样品在检测过程中要按标识及时加以保护，避免受到非检测性破坏。检测完毕的样品，按规定予以保留，样品保管期不少于检测报告的申诉期。若用户提前取走样品或无法保留的样品，应有用户签字，实验室不再对样品负任何责任。对保管期满的样品，实验室可自行处理。

I　检测结果的质量保证

实验室应有质量控制程序，以监控检测结果的有效性和准确性。

应定期使用有证标准物质(样品)或次级标准物质(如内控标准样品)进行比对试验。

应定期参加与本实验室相关的实验室间的比对试验或能力验证。

组织经常性的质量抽查，使用相同或不同的检测方法或不同仪器、不同人员，对同一样品进行重复测试或对保留样品进行再次测试。

对发现的质量问题及时进行分析，制定相应对策进行整改。

J　检测报告

检测报告是实验室检验的最终产品，也是实验室工作质量的最终体现。

(1)报告应准确、客观，与原始记录一致，不准弄虚作假；报告应有明确结论；数据的有效数字保留合理；应采用法定计量单位。必要时，应评估测量不确定度。

报告应字迹清晰、无涂改；报告应标明样品状态、选用的检测方法、应用的主要仪器；报告应经被认可的授权签字人签字(手签)，检测实验室加盖检测专用章(专人保管)。

(2)检测报告信息应全面，包括用户名称及联系方式、取样情况及样品数量、状态、检测和判定所采用的标准、是否存在偏离评审合同的环节、是否有分包等信息，都应在报告中注明。

(3)实验室的检测报告应精心设计，合理编排，数据的表达应使用户易于理解。

不同类型的检测报告格式应逐一专门设计，标题应尽量标准化。

内部客户和有协议客户，检测报告可简化。

(4)检测报告的重大修改应另发书面的报告或修改单，并注明原检测报告的编号、名称。

13.2　检测实验室的认可评定

13.2.1　检测实验室质量体系的建立和运行

建立质量体系是一项系统工程，一般要经过几年努力，才能建立起健全的体系并能有效运行。初次建立质量体系时，可借鉴其他实验室做法，结合本身实际，经过几次反复，尽量使其比较完善。质量体系涉及诸多方面，下面仅强调其中几个方面。

13.2.1.1　质量体系建立

质量体系是为实施质量管理所需的组织结构、程序、职责、过程和资源。它包括仪器设备、实验场地、文字标准和物质标准、环境条件等物质部分，即硬件部分；也包括组织机构、质量文件、制度、职责等非物质部分，即软件部分。把这些资源有机地整合在一起，并通过管理评审、内部审核、实验室能力验证，不断使质量体系完善、健全。

建立质量体系的步骤：

（1）提高领导者的认识。建立质量体系，涉及实验室各部门，只有领导者认识到需要通过质量体系统一全体人员的行动，规范检测各个环节行为，达到步调一致，从而保证检测结果具有科学性、公正性、权威性，才会有建立质量体系的决心和动力。

（2）全员参与。通过组织全体人员学习评审的文件、准则，认识到建立质量体系人人有责，知道自己在体系中的位置、职责、需要掌握的技能等。

（3）确定质量方针和质量目标。质量方针应简短、概括，如“科学、公正、准确、及时”，“信誉是天，质量是命”，“依法、守信、热诚、公正”等表达实验室建立质量体系的宗旨。

质量目标应具体、量化，如规定用户满意率达到百分之多少；检测差错率达到千分之多少；本年度要通过实验室认可等具体目标。

（4）编写质量手册、程序文件。

（5）宣传、学习质量文件，执行文件规定，按文件进行内部审核、整改并修改质量文件。这一系列活动要反复进行 2 ~ 3 次，在质量体系运行有效后，才可以申请认可评审。

13.2.1.2　质量手册、程序文件

质量手册、程序文件是质量体系的文件化。

（1）编写质量手册就是把实验室能力的要求与本室具体情况相结合。质量手册就是评审准则的本室化。要结合实际，以能够执行、运转为目的。

质量手册的结构和内容包括：封面；批准页；修订页；目录；前言；适用范围；手册管理；质量方针、质量目标；组织机构框图；保证公正性的措施；参加能力验证的组织措施；质量体系各要素的分别描述；支持性文件目录等。

编制质量手册应注意以下几点：

1）尽量采用通俗、简单的语言，紧密结合本室实际，而不是照抄评审文件，仅仅是“标准的”展开。

2）把握可行性，不要使质量文件与实际运行状况相脱节。

3）注意实验室各部门之间职责的衔接。既不能有事没人管，也不能职责重叠、责任不清。

4）质量手册只原则性描述各要素的目的、范围、涉及部门、需要编制的程序名称、其他支持文件。具体、细致的规定应在程序文件中体现。有些比较简单的活动，无须再用程序文件展开，质量手册中也可具体规定。

（2）程序文件是把质量手册中描绘的质量活动转化为可操作的工作程序，对检测过程涉及的每一个环节作出具体、细致的规定（活动目的；谁来做；什么时间做；在什么地点做；做什么；如何做）。例如制定“样品管理的程序文件”，应该包括以下内容：

1）目的：样品是检测的对象，它的代表性、完整性直接影响检测结果的准确度。因此，必须对样品的采集（有的实验室没有现场采样业务）、接受、流转、保管、处理等全过程实施控制。

2）适用范围：检测业务科、各检测室。

3）职责：可按实际情况具体划分职责，每个环节都要有人负责。

4）对采集、接受、流转、保管、处理等环节作出具体的规定。

5）可以附上有的环节所需的表格，如样品接受登记表、样品处理申请表等。

13.2.1.3 关键人员配备

技术负责人、质量负责人、授权签字人是保证质量体系健全并能有效运行的关键人员，必须配备有组织能力、熟悉检测业务、有责任心的人员担任检测工作。这些人员要熟悉质量手册和程序文件，清楚自己的职责。

授权签字人要认真审查检测的记录、报告，了解相关标准规定及仪器设备的状况，确认无误后，才可签字并发出报告。

13.2.1.4 相关标准应齐全、有效

检测是依据相关产品标准和采用相关检测方法标准进行的，实验室要根据申报的检测项目，配齐所有标准，而且要管理好，既方便检测人员使用，又不丢失，便于查找。

标准是不断更新的。不能使用过期的无效标准。这就要求有专人负责收集、更新、更换新标准，回收、标识已失效标准，确保相关人员使用有效标准。

13.2.1.5 仪器、器具的检定、校准

如果仪器、器具本身的示值就不正确，那么即使检测人员操作再精心也不会有准确的检测结果。因此，仪器、器具必须按周期检定、校准。

仪器、器具在使用过程中，可能发生故障，甚至主要部件损坏。维修后，要重新检定、校准合格才可使用。并且要对发生故障前使用这台设备作出的检测报告进行评估或重新检测。

冶金行业的实验室广泛使用天平和各种容量瓶、滴定管、移液管。这些价值低廉的计量器具的检定、校准工作，往往被忽略。而恰恰是这些市场提供的器具，质量难以保证。使用前应该认真检定，合格后方可让检测人员领取使用，并应设法加以标识。

天平在使用过程中应周期检定，玻璃器皿一次检定合格即可。

13.2.1.6 重视样品管理

实验室要重视对实验样品的管理，做到：

(1)现场取样要确保所取样品能代表要检测的母体。有些产品标准中专门规定在什么部位取样，如何取样，取样多少。标准中没有规定的，应按一般规定或与用户协商取样。

(2)取样人员要做好记录，取样人要签字负责。

(3)样品应及时加以标识，即编号。标识应该是唯一的，检测各环节，一直到发出报告、保存样品都用同一编号。否则，容易出错。

(4)检测人员在检测前要对样品状况进行检查并做记录。不合格样品要退回。

(5)检测完成后剩余的样品(应该保证有足量样品供仲裁使用)要由专人保管，在适合的场所保存，以备重新检测或用户有异议时仲裁检验使用。

13.2.1.7 原始记录是基础工作

原始记录是质量管理的基础，必须人人重视。

原始记录包括检测记录、审核记录、人员培训记录、仪器检定记录等。所有记录必须真实，不得编造、篡改检测数据等内容。记录要及时，不能随便记在其他地方，然后再抄到记录本上。记录应清楚，误写需要更改的，要按相关的规定更改，由更改人盖章以示负责。决不可随意涂改。

原始记录应按质量文件规定的期限由专人收集、整理、编码、保管。

13.2.1.8　检测报告是实验室的产品

检测报告要与原始记录的数据一致，相互对应。应使用法定计量单位。报告一般应打印，不能有涂改。报告的结论要明确，格式要符合要求。

检测报告需经在授权范围内的授权签字人签字后，方可加盖实验室检验专用章，向用户发出正式报告。

检测报告应一式两份，发给用户一份，实验室保存一份。应按质量文件规定的期限由专人收集、整理、编码、保管。

13.2.2　实验室认可评定程序

实验室认可评定程序可分为评审前、评审、评审后三个阶段。由于评审的组织、评审人员的选择、不同行业、不同实验室规模，因此评审活动安排也差别很大，仅就应该注意的问题提醒一下。

13.2.2.1　评审前的准备

应当准备齐全的各种质量文件，并确信质量体系已有序运行之后，才可向评审组织提出申请，与评审组织联系评审日期、评审组组成，向评审组织提供资料。必要时，可向熟悉评审和检测业务的人员咨询，使准备工作更充分。

13.2.2.2　评审

评审就是核查实验室的质量文件是否符合评审标准要求，核查实验室的质量体系是否按所制定的质量文件实际运作，评估实验室的检测活动是否公正、科学。这里提醒以下几点：

(1)要向评审人员提供一份实验室建设情况汇报，简要介绍近几年来实验室人员、设备、场地、检测业务的基本情况和新的变化；介绍质量体系建立和运行情况；介绍实验室参与检测能力验证活动及得到的评价；介绍实验室主持或参与标准方法起草、标准样品研制情况；介绍用户对本实验室的评价情况等。突出介绍实验室的优势资源，让评审人员有初步印象。

(2)要选用既熟悉质量文件又熟悉检测业务的人员作为评审组的联络员，及时提供资料、联系人员、解释疑点。

(3)现场实验很重要，它反映实验室的管理水平和检测人员的技术水平，也影响评审组对实验室的评价。这要靠平时的学习和反复实践，没有捷径可走。但是，要通过宣传动员，让员工认真对待，在现场实际考核中发挥出真实水平。

13.2.2.3　评审后

按评审组提出的不符合项目，尽快落实整改，并及时提供整改证据。

附　　录

附录1　相对原子质量表

元素	符号	M_A	元素	符号	M_A	元素	符号	M_A
银	Ag	107.87	铪	Hf	178.49	铷	Rb	85.468
铝	Al	26.982	汞	Hg	200.59	铼	Re	186.21
氩	Ar	39.948	钬	Ho	164.93	铑	Rh	102.91
砷	As	74.922	碘	I	126.90	钌	Ru	101.07
金	Au	196.97	铟	In	114.82	硫	S	32.066
硼	B	10.811	铱	Ir	192.22	锑	Sb	121.76
钡	Ba	137.33	钾	K	39.098	钪	Sc	44.956
铍	Be	9.0122	氪	Kr	83.80	硒	Se	78.96
铋	Bi	208.98	镧	La	138.91	硅	Si	28.086
溴	Br	79.904	锂	Li	6.941	钐	Sm	150.36
碳	C	12.011	镥	Lu	174.97	锡	Sn	118.71
钙	Ca	40.078	镁	Mg	24.305	锶	Sr	87.62
镉	Cd	112.41	锰	Mn	54.938	钽	Ta	180.95
铈	Ce	140.12	钼	Mo	95.94	铽	Tb	158.9
氯	Cl	35.453	氮	N	14.007	碲	Te	127.60
钴	Co	58.933	钠	Na	22.990	钍	Th	232.04
铬	Cr	51.996	铌	Nb	92.906	钛	Ti	47.867
铯	Cs	132.91	钕	Nd	144.24	铊	Tl	204.38
铜	Cu	63.546	氖	Ne	20.180	铥	Tm	168.93
镝	Dy	162.50	镍	Ni	58.693	铀	U	238.03
铒	Er	167.26	镎	Np	237.05	钒	V	50.942
铕	Eu	151.96	氧	O	15.999	钨	W	183.84
氟	F	18.998	锇	Os	190.23	氙	Xe	131.29
铁	Fe	55.845	磷	P	30.974	钇	Y	88.906
镓	Ga	69.723	铅	Pb	207.2	镱	Yb	173.04
钆	Gd	157.25	钯	Pd	106.42	锌	Zn	65.39
锗	Ge	72.61	镨	Pr	140.91	锆	Zr	91.224
氢	H	1.0079	铂	Pt	195.08			
氦	He	4.0026	镭	Ra	226.03			

附录2　常用化合物相对分子质量表

化　合　物	相对分子质量	化　合　物	相对分子质量
AgBr	187.78	AgI	234.77
AgCl	143.32	$AgNO_3$	169.87
AgCN	133.84	AgSCN	165.95
Ag_2CrO_4	331.73	Al_2O_3	101.96

续附录2

化　合　物	相对分子质量	化　合　物	相对分子质量
$Al(OH)_3$	78.00	Cr_2O_3	151.99
Al_2SO_4	342.15	CuO	79.54
As_2O_3	197.84	Cu_2O	143.09
$BaCO_3$	197.35	$CuSCN$	121.62
BaC_2O_4	225.36	$CuSO_4$	159.60
$BaCl_2$	208.25	$CuSO_4 \cdot 5H_2O$	249.68
$BaCrO_4$	253.33	$FeCl_3$	162.21
$Ba(OH)_2$	171.36	$FeCl_3 \cdot 6H_2O$	270.30
$BaSO_4$	233.40	FeO	71.85
$CaCO_3$	100.09	Fe_2O_3	159.69
CaC_2O_4	128.10	Fe_3O_4	231.54
$CaCl_2$	110.99	$FeSO_4 \cdot H_2O$	169.96
CaF_2	78.08	$FeSO_4 \cdot 7H_2O$	278.01
CaO	56.08	$Fe_2(SO_4)_3$	399.87
$Ca(OH)_2$	74.09	H_3BO_3	61.83
$CaSO_4$	136.14	HBr	80.91
$Ca_3(PO_4)_2$	310.18	$H_2C_4H_4O_6$(酒石酸)	150.09
$Ce(SO_4)_2$	332.24	HCN	27.03
CH_4,甲烷	16.04	H_2CO_3	62.03
C_2H_4,乙烯	28.05	$H_2C_2O_4$(草酸)	90.04
C_2H_2,乙炔	26.04	$H_2C_2O_4 \cdot 2H_2O$	126.07
C_6H_6,苯	78.11	HCl	36.46
$C_6H_5CH_3$,甲苯	92.13	$HClO_4$	100.46
$CHCl_3$,三氯甲烷,氯仿	119.38	HF	20.01
CH_3OH,甲醇	32.04	HI	127.91
CH_3CH_2OH,乙醇	46.07	HNO_2	47.01
$CH_3CH_2OCH_2CH_3$,乙醚	74.12	HNO_3	63.01
CH_2O,甲醛	30.03	H_2O	18.02
CH_3COCH_3,丙酮	58.08	H_2O_2	34.02
CH_3COOH,乙酸	60.05	H_3PO_4	98.00
C_6H_5COOH,苯甲酸	122.12	H_2S	34.08
$KHC_8H_4O_4$,邻苯二甲酸氢钾	204.23	H_2SO_3	82.08
CH_3COONa,乙酸钠	82.03	H_2SO_4	98.08
C_6H_5OH,苯酚	94.11	$HgCl_2$	271.50
CCl_4	153.81	Hg_2Cl_2	472.09
CO_2	44.01	$K_2Cr_2O_7$	294.19

续附录2

化合物	相对分子质量	化合物	相对分子质量
KI	166.01	NaCl	58.44
KIO_3	214.00	$NaHCO_3$	84.01
$KMnO_4$	158.04	Na_3PO_4	163.94
KSCN	97.18	NaH_2PO_4	119.98
KBr	119.01	Na_2HPO_4	141.96
$KBrO_3$	167.01	$Na_2H_2Y \cdot 2H_2O$，EDTA二钠盐	372.26
KCN	65.12	NH_3	17.03
KCl	74.56	NH_4Cl	53.49
$KClO_3$	122.55	$(NH_4)_2S_2O_8$，过硫酸铵	228.20
$KClO_4$	138.55	$NH_4Fe(SO_4)_2 \cdot 12H_2O$	482.19
K_2CrO_4	194.20	$(NH_4)_3PO_4 \cdot 12MoO_3$	1876.53
$MgCO_3$	84.32	$NiC_8H_{14}O_4N_4$，丁二酮肟镍	288.93
$MgCl_2$	95.21	$PbCrO_4$	323.18
$MgNH_4PO_4$	137.33	PbO_2	239.19
MgO	40.31	$PbSO_4$	303.25
$Mg_2P_2O_7$	222.60	SO_2	64.06
MnO	70.94	SO_3	80.06
MnO_2	86.94	Sb_2O_3	291.50
$NaNO_2$	69.00	SiF_4	104.08
NaOH	40.01	SiO_2	60.08
Na_2SO_3	126.04	$SnCl_2$	189.60
Na_2SO_4	142.04	SnO_2	150.69
$Na_2S_2O_3$	158.10	TiO_2	79.90
$Na_2S_2O_3 \cdot 5H_2O$	248.18	WO_3	231.85
$Na_2B_4O_7$，硼砂	201.22	$ZnCl_2$	136.29
$Na_2B_4O_7 \cdot 10H_2O$，硼砂	381.37	ZnO	81.37
Na_2CO_3	105.99	$ZnSO_4$	161.43
$Na_2C_2O_4$	134.00	$Zn(CH_3COO)_2 \cdot 2H_2O$，乙酸锌	219.53

附录3　常见化合物的俗称及化学成分

类别	俗名	主要化学成分	类别	俗名	主要化学成分
硅	石英	SiO_2	钠	硼砂	$Na_2B_4O_7 \cdot 10H_2O$
	水晶	SiO_2		纯碱、苏打	Na_2CO_3
	打火石、燧石	SiO_2		小苏打	$NaHCO_3$
	玻璃	SiO_2		海波	$Na_2S_2O_3 \cdot 5H_2O$
	砂石	SiO_2		烧碱、火碱	NaOH
	橄榄石	$MgSiO_4$		芒硝	$Na_2SO_4 \cdot 10H_2O$
	硅胶	SiO_2		水玻璃	$Na_2SiO_3 \cdot nH_2O$

续附录 3

类别	俗　名	主要化学成分	类别	俗　名	主要化学成分
钾	黄血盐	$K_4Fe(CN)_6 \cdot 3H_2O$	铁	铁　矾	$Fe_2K_2(SO_4)_4 \cdot 24H_2O$
	赤血盐	$K_3Fe(CN)_6$		毒　砂	FeAsS
	灰锰氧	$KMnO_4$		黄铁矿	FeS_2
	火硝、钾硝石	KNO_3		摩尔盐	$(NH_4)_2SO_4 \cdot FeSO_4 \cdot 6H_2O$
	吐酒石	$K(SbO)C_4H_4O_6$	镁	白苦土	MgO
铵	卤　砂	NH_4Cl		卤　盐	$MgCl_2$
钡	重晶石	$BaSO_4$		菱苦土	$MgCO_3$
锶	天青石	$SrSO_4$		光卤石	$KCl \cdot MgCl_2 \cdot 6H_2O$
铬	红　矾	$K_2Cr_2O_7$		滑　石	$3MgO \cdot 4SiO_2 \cdot H_2O$
	铬　黄	$PbCrO_4$	锌	锌　白	ZnO
钙	电　石	CaC_2		红锌矿	ZnO
	白　垩	$CaCO_3$		闪锌矿	ZnS
	石灰石	$CaCO_3$		炉甘石	$ZnCO_3$
	大理石	$CaCO_3$		白　矾	$ZnSO_4 \cdot 7H_2O$
	霞石、文石	$CaCO_3$		立德粉、锌钡白	$ZnS + BaSO_4$
	方解石	$CaCO_3$	铅	黄丹、密陀僧	PbO
	萤石、氟石	CaF_2		红铅、铅丹	Pb_3O_4
	熟石灰、消石灰	$Ca(OH)_2$		方铅矿	PbS
	生石灰	CaO	汞	甘　汞	Hg_2Cl_2
	漂白粉	$Ca(OCl)Cl$		升　汞	$HgCl_2$
	硬石膏	$CaSO_4$		三仙丹	HgO
	白云石	$CaCO_3 \cdot MgCO_3$		辰砂、米砂	HgS
锰	软锰矿	MnO_2		雷　汞	$Hg(CNO)_2 \cdot 1/2\ H_2O$
铝	矾　土	Al_2O_3	铜	铜　绿	$CuCO_3 \cdot Cu(OH)_2$
	刚　玉	Al_2O_3		孔雀石	$CuCO_3 \cdot Cu(OH)_2$
	明矾、铝矾	$K_2Al_2(SO_4)_4 \cdot 2H_2O$		胆　矾	$CuSO_4 \cdot 5H_2O$
	高岭土	$Al_2O_3 \cdot 2SiO_2 \cdot 2H_2O$		赤铜矿	Cu_2O
	红宝石	Al_2O_3		黄铜矿	$CuFeS_2$
	绿宝石	$3BeO \cdot Al_2O_3 \cdot 6SiO_2$	砷	砒　霜	As_2O_3
铁	铁　丹	Fe_2O_3		雄　黄	As_2S_2
	赤铁矿	Fe_2O_3		雌　黄	As_2S_3
	磁铁矿	Fe_3O_4	锑	锑　白	Sb_2O_3
	菱铁矿	$FeCO_3$		辉锑矿	Sb_2S_3
	滕氏盐	$Fe_3[Fe(CN)_6]_2$	有机物	火棉胶	硝化纤维
	普鲁氏盐	$Fe_4[Fe(CN)_6]_3$		玫瑰油	苯乙醇
	绿　矾	$FeSO_4 \cdot 7H_2O$		蚁　酸	HCOOH

附录4　常见液体商品试剂的密度和浓度

试剂名称	化学式	相对分子质量	密度(ρ)/g·mL^{-1}	质量分数(m/m)/%	物质的量浓度(c)/mol·L^{-1}
盐酸	HCl	36.46	1.18～1.19	36～38	11.65～12.40
硫酸	H_2SO_4	98.08	1.83～1.84	95～98	17.73～18.38
硝酸	HNO_3	63.02	1.39～1.42	65～68	14.32～15.32
氢氟酸	HF	20.01	1.128	40	22.55
氢溴酸	HBr	80.92	1.38～1.517	40～50	6.82～9.37
氢碘酸	HI	127.91	1.50～1.55	45.3～45.8	5.31～5.55
磷酸	H_3PO_4	98.00	1.685～1.874	85～100	14.61～19.12
高氯酸	$HClO_4$	100.47	1.5～1.6	70～72	10.45～11.47
冰乙酸	CH_3COOH	60.05	1.049	99～99.8	17.29～17.43
氟硼酸	HBF_4	87.83	1.84	40	8.38
发烟硝酸	HNO_3	63.02	1.5	90～100	21.42～23.80
氨水	$NH_3 \cdot H_2O$	35.05	0.90	25～28	13.20～14.78
过氧化氢	H_2O_2	34.02	1.11	30	9.79

附录5　配合物稳定常数

配位体	阳离子	离子强度	温度/℃	$\lg K_1$	$\lg K_2$	$\lg K_3$	$\lg K_4$
NH_3	Ag^+	0.1	25	3.40	7.40		
	Cd^{2+}	0.1		2.60	4.65	6.04	6.92
	Cu^{2+}	2		4.13	7.61	10.48	12.59
	Ni^{2+}	0.1		2.75	4.95	6.64	7.79
	Zn^{2+}	0.1		2.27	4.61	7.01	9.06
Cl^-	Ag^+	0.2	25	2.9	4.7	5.0	5.9
	Fe^{3+}	1.0		1.48	2.13	1.99	0.01
	Hg^{2+}	0.5		6.74	13.2	14.1	15.1
	Pb^{2+}	1.0		1.62	2.44	1.70	1.60
SCN^-	Ag^+	4.0	25	—	7.57	9.08	10.08
	Fe^{3+}	1.8	18	2.3	4.2	5.6	6.4
	Ni^{2+}	1.0	20	1.18	1.64	1.81	
CN^-	Cd^{2+}	3.0	25	5.48	10.6	15.3	18.9
	Hg^{2+}	0.1	20	18.00	34.7	38.5	41.5
	Ag^+	0.1	20～25	—	21.1	21.8	20.7
$S_2O_3^{2-}$	Ag^+	0	20	8.82	13.5		
EDTA	Na^+	0.1	20	1.66			
	Li^+			2.79			
	Ba^{2+}			7.76			

续附录 5

配位体	阳离子	离子强度	温度/℃	$\lg K_1$	$\lg K_2$	$\lg K_3$	$\lg K_4$
EDTA	Sr^{2+}	0.1	20	8.63			
	Mg^{2+}			8.69			
	Ca^{2+}			10.69			
	Mn^{2+}			14.04			
	Fe^{2+}			14.33			
	Ce^{3+}			15.98			
	Al^{3+}			16.1			
	Co^{2+}			16.31			
	Cd^{2+}			16.46			
	Zn^{2+}			16.50			
	Pb^{2+}			18.04			
	Y^{3+}			18.09			
	Ni^{2+}			18.67			
	Cu^{2+}			18.80			
	Cr^{3+}			23.0			
	Fe^{3+}			25.1			
	Bi^{3+}			27.94			

附录 6　标准电极电位(18～25℃)

半　反　应	电极电位/V
$Li^+ + e \rightleftharpoons Li$	-3.045
$K^+ + e \rightleftharpoons K$	-2.924
$Ba^{2+} + 2e \rightleftharpoons Ba$	-2.90
$Sr^{2+} + 2e \rightleftharpoons Sr$	-2.89
$Ca^{2+} + 2e \rightleftharpoons Ca$	-2.76
$Na^+ + e \rightleftharpoons Na$	-2.7109
$Mg^{2+} + 2e \rightleftharpoons Mg$	-2.375
$Al^{3+} + 3e \rightleftharpoons Al$	-1.706
$ZnO_2^{2-} + 2H_2O + 2e \rightleftharpoons Zn + 4OH^-$	-1.216
$Mn^{2+} + 2e \rightleftharpoons Mn$	-1.18
$Sn(OH)_6^{2-} + 2e \rightleftharpoons HSnO_2^- + 3OH^- + H_2O$	-0.96
$SO_4^{2-} + H_2O + 2e \rightleftharpoons SO_3^{2-} + 2OH^-$	-0.92
$TiO_2 + 4H^+ + 4e \rightleftharpoons Ti + 2H_2O$	-0.89
$2H_2O + 2e \rightleftharpoons H_2 + 2OH^-$	-0.828
$HSnO_2^- + H_2O + 2e \rightleftharpoons Sn + 3OH^-$	-0.79
$Zn^{2+} + 2e \rightleftharpoons Zn$	-0.7628

续附录6

半 反 应	电极电位/V
$Cr^{3+} + 3e \rightleftharpoons Cr$	-0.74
$AsO_4^{3-} + 2H_2O + 2e \rightleftharpoons AsO_2^- + 4OH^-$	-0.71
$S + 2e \rightleftharpoons S^{2-}$	-0.508
$2CO_2 + 2H^+ + 2e \rightleftharpoons H_2C_2O_4$	-0.49
$Cr^{3+} + e \rightleftharpoons Cr^{2+}$	-0.41
$Fe^{2+} + 2e \rightleftharpoons Fe$	-0.409
$Cd^{2+} + 2e \rightleftharpoons Cd$	-0.4026
$Cu_2O + H_2O + 2e \rightleftharpoons 2Cu + 2OH^-$	-0.361
$Co^{2+} + 2e \rightleftharpoons Co$	-0.28
$Ni^{2+} + 2e \rightleftharpoons Ni$	-0.246
$AgI + e \rightleftharpoons Ag + I^-$	-0.15
$Sn^{2+} + 2e \rightleftharpoons Sn$	-0.1364
$Pb^{2+} + 2e \rightleftharpoons Pb$	-0.1263
$CrO_4^{2-} + 4H_2O + 3e \rightleftharpoons Cr(OH)_3 + 5OH^-$	-0.12
$Ag_2S + 2H^+ + 2e \rightleftharpoons 2Ag + H_2S$	-0.0366
$Fe^{3+} + 3e \rightleftharpoons Fe$	-0.036
$2H^+ + 2e \rightleftharpoons H_2$	0
$NO_3^- + H_2O + 2e \rightleftharpoons NO_2^- + 2OH^-$	0.01
$TiO^{2+} + 2H^+ + e \rightleftharpoons Ti^{3+} + H_2O$	0.10
$S_4O_6^{2-} + 2e \rightleftharpoons 2S_2O_3^{2-}$	0.09
$AgBr + e \rightleftharpoons Ag + Br^-$	0.10
$S + 2H^+ + 2e \rightleftharpoons H_2S$(水溶液)	0.141
$Sn^{4+} + 2e \rightleftharpoons Sn^{2+}$	0.15
$Cu^{2+} + e \rightleftharpoons Cu^+$	0.158
$BiOCl + 2H^+ + 3e \rightleftharpoons Bi + Cl^- + H_2O$	0.1583
$SO_4^{2-} + 4H^+ + 2e \rightleftharpoons H_2SO_3 + H_2O$	0.20
$AgCl + e \rightleftharpoons Ag + Cl^-$	0.22
$IO_3^- + 6e \rightleftharpoons I^- + 6OH^-$	0.26
$Hg_2Cl_2 + 2e \rightleftharpoons 2Hg + 2Cl^-$ ($0.1mol \cdot L^{-1}$ NaOH 溶液)	0.2682
$Cu^{2+} + 2e \rightleftharpoons Cu$	0.3402
$VO^{2+} + 2H^+ + e \rightleftharpoons V^{3+} + H_2O$	0.36
$Fe(CN)_6^{3+} + e \rightleftharpoons Fe(CN)_6^{2+}$	0.40
$2H_2SO_3 + 2H^+ + 4e \rightleftharpoons S_2O_3^{2-} + 3H_2O$	0.522
$Cu^+ + e \rightleftharpoons Cu$	0.5338
$I_3^- + 2e \rightleftharpoons 3I^-$	0.535
$I_2 + 2e \rightleftharpoons 2I^-$	0.56

续附录6

半 反 应	电极电位/V
$IO_3^- + 2H_2O + 4e \rightleftharpoons IO^- + 4OH^-$	0.56
$MnO_4^- + e \rightleftharpoons MnO_4^{2-}$	0.56
$H_3AsO_4 + 2H^+ + 2e \rightleftharpoons HAsO_2 + 2H_2O$	0.58
$MnO_4^- + 2H_2O + 3e \rightleftharpoons MnO_2 + 4OH^-$	0.682
$O_2 + 2H^+ + 2e \rightleftharpoons H_2O_2$	0.77
$Fe^{3+} + e \rightleftharpoons Fe^{2+}$	0.7961
$Hg_2^{2+} + 2e \rightleftharpoons 2Hg$	0.7994
$Ag^+ + e \rightleftharpoons Ag$	0.851
$2Hg^{2+} + 2e \rightleftharpoons Hg_2^{2+}$	0.907
$NO_3^- + 3H^+ + 2e \rightleftharpoons HNO_2 + H_2O$	0.94
$NO_3^- + 3H^+ + 2e \rightleftharpoons NO + 2H_2O$	0.96
$HNO_2 + H^+ + e \rightleftharpoons NO + H_2O$	0.99
$VO_2^+ + 2H^+ + e \rightleftharpoons VO^{2+} + H_2O$	1.00
$N_2O_4 + 4H^+ + 4e \rightleftharpoons 2NO + 2H_2O$	1.03
$Br_2 + 2e \rightleftharpoons 2Br^-$	1.08
$IO_3^- + 6H^+ + 6e \rightleftharpoons I^- + 3H_2O$	1.085
$IO_3^- + 6H^+ + 5e \rightleftharpoons 1/2I_2 + 3H_2O$	1.195
$MnO_2 + 4H^+ + 2e \rightleftharpoons Mn^{2+} + 2H_2O$	1.23
$O_2 + 4H^+ + 4e \rightleftharpoons 2H_2O$	1.23
$Au^{3+} + 2e \rightleftharpoons Au^+$	1.29
$Cr_2O_7^{2-} + 14H^+ + 6e \rightleftharpoons 2Cr^{3+} + 7H_2O$	1.33
$Cl_2 + 2e \rightleftharpoons 2Cl^-$	1.3583
$BrO_3^- + 6H^+ + 6e \rightleftharpoons Br^- + 3H_2O$	1.44
$Ce^{4+} + e \rightleftharpoons Ce^{3+}$	1.443
$ClO_3^- + 6H^+ + 6e \rightleftharpoons Cl^- + 3H_2O$	1.45
$PbO_2 + 4H^+ + 2e \rightleftharpoons Pb^{2+} + 2H_2O$	1.46
$MnO_4^- + 8H^+ + 5e \rightleftharpoons Mn^{2+} + 4H_2O$	1.491
$Mn^{3+} + e \rightleftharpoons Mn^{2+}$	1.51
$BrO_3^- + 6H^+ + 5e \rightleftharpoons 1/2Br_2 + 3H_2O$	1.52
$HClO + H^+ + e \rightleftharpoons 1/2Cl_2 + H_2O$	1.63
$MnO_4^- + 4H^+ + 3e \rightleftharpoons MnO_2 + 2H_2O$	1.679
$H_2O_2 + 2H^+ + 2e \rightleftharpoons 2H_2O$	1.776
$Co^{3+} + e \rightleftharpoons Co^{2+}$	1.842
$S_2O_8^{2-} + 2e \rightleftharpoons 2SO_4^{2-}$	2.00
$O_3 + 2H^+ + 2e \rightleftharpoons O_2 + H_2O$	2.07
$F_2 + 2e \rightleftharpoons 2F^-$	2.87

附录7　条件电极电位

半反应	条件电位/V	介质
$Ag^+ + e \rightleftharpoons Ag$	0.792	1mol/L $HClO_4$
	0.228	1mol/L HCl
$Ce^{4+} + e \rightleftharpoons Ce^{3+}$	1.70	1mol/L $HClO_4$
	1.71	2mol/L $HClO_4$
	1.61	1mol/L HNO_3
	1.62	2mol/L HNO_3
	1.44	1mol/L H_2SO_4
	1.28	1mol/L HCl
$Cr_2O_7^{2-} + 14H^+ + 6e \rightleftharpoons 2Cr^{3+} + 7H_2O$	0.93	0.1mol/L HCl
	0.97	0.5mol/L HCl
	1.00	1mol/L HCl
	1.05	2mol/L HCl
	1.08	3mol/L HCl
	1.025	1mol/L $HClO_4$
	1.15	4mol/L H_2SO_4
$Fe^{3+} + e \rightleftharpoons Fe^{2+}$	0.73	0.1mol/L HCl
	0.72	0.5mol/L HCl
	0.70	1mol/L HCl
	0.69	2mol/L HCl
	0.68	0.2mol/L H_2SO_4
	0.68	0.5mol/L H_2SO_4
	0.68	4mol/L H_2SO_4
	0.735	0.1mol/L $HClO_4$
	0.732	1mol/L $HClO_4$
	0.46	2mol/L H_3PO_4
$Fe(CN)_6^{3-} + e \rightleftharpoons Fe(CN)_6^{4-}$	0.48	0.01mol/L HCl
	0.56	0.1mol/L HCl
	0.71	1mol/L HCl
	0.72	1mol/L $HClO_4$
I_2(水) $+ 2e \rightleftharpoons 2I^-$	0.6276	1mol/L H^+
$MnO_4^- + 8H^+ + 5e \rightleftharpoons Mn^{2+} + 4H_2O$	1.45	1mol/L $HClO_4$
	1.27	8mol/L H_3PO_4
$Sn^{2+} + 2e \rightleftharpoons Sn$	-0.16	1mol/L $HClO_4$
$Ti^{4+} + e \rightleftharpoons Ti^{3+}$	-0.01	0.2mol/L H_2SO_4
	0.12	2mol/L H_2SO_4
	-0.04	1mol/L HCl
	-0.05	1mol/L H_3PO_4
$Pb^{2+} + 2e \rightleftharpoons Pb$	-0.32	1mol/L NaAc
	-0.14	1mol/L $HClO_4$

附录 8　部分难溶化合物的溶度积 K_{sp} 和它的负对数 pK_{sp}（18～25℃）

难溶化合物	K_{sp}	pK_{sp}	难溶化合物	K_{sp}	pK_{sp}
$Al(OH)_3$ 无定形	1.3×10^{-33}	32.9	$Hg_2(OH)_2$	2×10^{-24}	23.7
Al-8-羟基喹啉	1.0×10^{-29}	29.0	Hg_2I_2	4.5×10^{-29}	28.35
AgBr	5.0×10^{-13}	12.3	Hg_2SO_4	7.4×10^{-7}	6.13
AgCl	1.8×10^{-10}	9.75	Hg_2S	1×10^{-47}	47
AgOH	2.0×10^{-8}	7.71	$Hg(OH)_2$	3.0×10^{-26}	25.52
AgI	9.3×10^{-17}	16.03	Hg_2S 红色	4×10^{-53}	52.4
Ag_2SO_4	1.4×10^{-5}	4.84	$MgNH_4PO_4$	2×10^{-13}	12.7
Ag_2S	2×10^{-49}	48.7	$MgCO_3$	3.5×10^{-8}	7.46
$BaCO_3$	5.1×10^{-9}	8.29	MgF_2	6.4×10^{-9}	8.19
$BaSO_4$	1.1×10^{-10}	9.96	$Mg(OH)_2$	1.8×10^{-11}	10.74
$Bi(OH)_3$	4×10^{-31}	30.4	Mg-8-羟基喹啉	4.0×10^{-16}	15.40
BiI_3	8.1×10^{-19}	18.09	$Mn(OH)_2$	1.9×10^{-13}	12.72
$BiPO_4$	1.3×10^{-23}	22.89	MnS 晶形	2×10^{-13}	12.7
Bi_2S_3	1×10^{-97}	97.0	Mn-8-羟基喹啉	2.0×10^{-22}	21.7
$CaCO_3$	2.9×10^{-9}	8.54	$Ni(OH)_2$	2×10^{-15}	14.7
CaF_2	2.7×10^{-11}	10.57	α-NiS	3×10^{-19}	18.5
$CaC_2O_4\cdot H_2O$	2.0×10^{-9}	8.70	β-NiS	1×10^{-24}	24.0
$Ca_3(PO_4)_2$	2.0×10^{-29}	28.70	γ-NiS	2×10^{-26}	25.7
$CaSO_4$	9.1×10^{-6}	5.04	Ni-8-羟基喹啉	8×10^{-27}	26.1
$CaWO_4$	8.7×10^{-9}	8.06	$PbCO_3$	7.4×10^{-14}	13.13
Ca-8-羟基喹啉	7.6×10^{-12}	11.12	$PbCl_2$	1.6×10^{-5}	4.79
CdS	7.0×10^{-28}	27.15	$PbCrO_4$	2.8×10^{-13}	12.55
$Co(OH)_3$	2×10^{-44}	43.7	PbF_2	2.7×10^{-8}	7.57
$Cr(OH)_3$	6×10^{-31}	30.2	$Pb(OH)_2$	1.2×10^{-15}	14.93
CuCl	1.2×10^{-6}	5.92	PbI_2	7.1×10^{-9}	8.15
CuCN	3.2×10^{-20}	19.49	$PbMoO_4$	1×10^{-13}	13.0
CuI	1.1×10^{-12}	11.96	$PbSO_4$	1.6×10^{-8}	7.79
CuOH	1×10^{-14}	14.0	PbS	8×10^{-28}	27.1
Cu_2S	2×10^{-48}	47.7	$Sb(OH)_3$	4×10^{-42}	41.4
CuSCN	4.8×10^{-15}	14.32	Sb_2S_3	2×10^{-93}	92.8
$CuCO_3$	1.4×10^{-10}	9.86	$Sn(OH)_2$	1.4×10^{-28}	27.85
$Cu(OH)_2$	2.2×10^{-20}	19.66	SnS	1×10^{-25}	25.0
CuS	6×10^{-36}	35.2	$Sn(OH)_4$	1×10^{-56}	56.0
Cu-8-羟基喹啉	2.0×10^{-30}	29.70	SnS_2	2×10^{-27}	26.7
$Fe(OH)_2$	8×10^{-16}	15.1	$Ti(OH)_3$	1×10^{-40}	40.0
FeS	6×10^{-18}	17.2	$Zn(OH)_2$	1.2×10^{-17}	16.92
$Fe(OH)_3$	4×10^{-38}	37.4	ZnS	2×10^{-22}	21.7
$FePO_4$	1.3×10^{-22}	21.89	Zn-8-羟基喹啉	5×10^{-25}	24.3
Hg_2Cl_2	1.3×10^{-18}	17.88			

注：关于溶度积的概念，见 5.3.1 节。

附录9　重要物理常数

量	符　号	数值,单位	量	符　号	数值,单位
光速(真空)	c	2.99792×10^{8}, m/s	法拉第常量	F	96485.31 ,C/mol
普朗克常数	h	6.62608×10^{-34}, J·s	摩尔气体常量	R	8.31451, J/(mol·K)
电子电荷	e	1.602177×10^{-19}, C	玻耳兹曼常量	k	1.38066×10^{-23}, J/K
电子(静止)质量	m_c	9.10939×10^{-31}, kg	电子伏特能量	eV	1.60218×10^{-19}, J
阿伏伽德罗常量	N_A	6.022137×10^{23}, mol^{-1}			

参考文献

[1]《分析化学》编委会. 分析化学[M]. 北京:地质出版社,1995.
[2] 梅恒星,李跃群. 铜加工产品性能检测技术[M]. 北京:冶金工业出版社,2008.
[3] 刘珍主编. 化验员读本[M]. 北京:化学工业出版社,2008.
[4] 新世纪高等职业教育教材编审委员会. 分析化学[M]. 大连:大连理工大学出版社,2006.
[5] 黄一石,吴朝华等. 仪器分析[M]. 北京:化学工业出版社,2008.
[6]《无机化学》编写组. 无机化学[M]. 北京:人民教育出版社,1978.
[7] 南开大学化学系《仪器分析》编写组. 仪器分析[M]. 北京:人民教育出版社,1978.
[8] 北京矿冶研究总院分析室. 矿石及有色金属分析手册[M]. 北京:冶金工业出版社,1990.
[9] 朱明华. 仪器分析[M]. 北京:高等教育出版社,2005.

冶金工业出版社部分图书推荐

书　　名	定价(元)
有色金属塑性加工原理(有色金属行业职业教育培训规划教材)	18.00
金属学及热处理(有色金属行业职业教育培训规划教材)	32.00
重有色金属及其金属熔炼与铸造(有色金属行业职业教育培训规划教材)	28.00
重有色金属及其合金管棒型线材生产(有色金属行业职业教育培训规划教材)	38.00
轧制工程学(本科教材)	32.00
材料成形工艺学(本科教材)	69.00
加热炉(第3版)(本科教材)	32.00
金属塑性成形力学(本科教材)	26.00
金属压力加工概论(第2版)(本科教材)	29.00
材料成形实验技术(本科教材)	16.00
冶金热工基础(本科教材)	30.00
连续铸钢(本科教材)	30.00
塑性加工金属学(本科教材)	25.00
轧钢机械(第3版)(本科教材)	49.00
机械安装与维护(职业技术学院教材)	22.00
金属压力加工理论基础(职业技术学院教材)	37.00
参数检测与自动控制(职业技术学院教材)	39.00
有色金属压力加工(职业技术学院教材)	33.00
黑色金属压力加工实训(职业技术学院教材)	22.00
铜加工技术实用手册	268.00
铜加工生产技术问答	69.00
铜水(气)管及管接件生产、使用技术	28.00
冷凝管生产技术	29.00
铜及铜合金挤压生产技术	35.00
铜及铜合金熔炼与铸造技术	28.00
铜合金管及不锈钢管	20.00
现代铜盘管生产技术	26.00
高性能铜合金及其加工技术	29.00
铝加工技术实用手册	248.00
铝合金熔铸生产技术问答	49.00
镁合金制备与加工技术	128.00
薄板坯连铸连轧钢的组织性能控制	79.00
彩色涂层钢板生产工艺与装备技术	69.00
铝合金材料的应用与技术开发	48.00
大型铝合金型材挤压技术与工模具优化设计	29.00